ものと人間の文化史 159

香料植物

吉武利文

法政大学出版局

香料植物／目次

ハッカ（薄荷）　53

ユズ（柚子）　99

ヒバ（檜葉）　255

蒸留法の歴史——まえがきに代えて

私たちの日々の生活には、さまざまな植物の香りがあり、それらの香りは私たちの生活に彩りと豊かさを与えてくれている。その中でも、私たちが日常生活の中で特に香りを主に活用している植物は、香料植物と位置づけられる。

本書では、特に日本の土地で育った香料植物を取り上げ、その歴史的な変遷と、文化史的意義を考えてみようとするものである。

食の分野では「地産地消」という言葉をよく耳にするようになった。その土地で生産された食物を、その土地で食するというものである。国は、「地産地消」を食料自給率の向上に向け、重点的に取り組む事項として積極的に推進している。広い意味では日本で生産された食物をできるだけ食べることで、日本の食の文化を見直そうというものでもある。

香りについても、同様のことがいえるのではないだろうか。もちろん輸入された精油（エッセンシャルオイル）にもすばらしい香りのものが多くある。私もローズやネロリ、ジュニパーベリーなど好きな香りがいくつもある。しかしそればかりでなく、日本の土壌に根ざした植物の香りも大事にしたいと思っている。それらの香りには、植物が育った日本の土地の記憶が集積されているように思うからである。

日本の香料植物から香りを採っている人々と接すると、そうした地場のパワーと直に対峙することで得られるアイデンティティを感じることが多い。それは土地の精霊とコミュニケートする智恵ともいえる。

本書で取り上げた香料植物の多くは、水蒸気蒸留法（Steam Distillation）によって精油として抽出されている。その原理を簡潔に説明すると次のようなものになる（図1）。

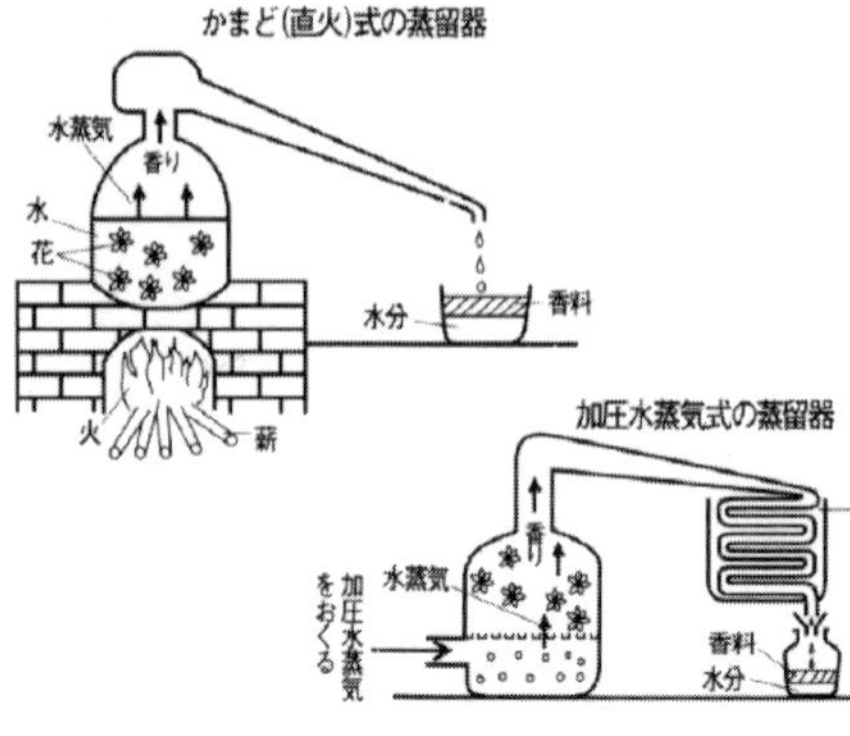

図1　水蒸気蒸留装置図解

> 互いに混じり合わない二種類の液を加熱すると、おのおのの組成の蒸気圧の和が全圧となるために、それぞれの沸点よりもはるかに低い温度で沸騰し始める。この現象を蒸留に利用すれば、沸点の高い油類を水蒸気の存在のもとで、その沸点よりも低い温度で留出させることができる。このような蒸留法を水蒸気蒸留と呼んでいる。
>
> この方法を用いると、植物などに含まれている沸点の高い香気成分でも容易に留出させることができるので、香料工業においては最も広く行われている蒸留法の一つとなっている。実際には採油しようとする草や木片などを水蒸気蒸留釜に詰め込み、これに水蒸気を通じて精油を留出させ、冷却器で凝縮してから水と油に分離する。（日本香料協会編『香りの総合事典』）

この油の部分が、精油（エッセンシャルオイル）で、水の部分すなわち蒸留水が、ローズウォーターやラベンダーウォーターなどと呼ばれているものである。

近年アロマセラピー（芳香療法）などの普及により、私たちの身の回りで、アロマや香りのアイテムを多く目（鼻）にするようになってきた。それらの香りの多くが、天然の植物から水蒸気蒸留法によって抽出された精油である。精油を使ったトリートメント、アロマポットやアロマディフューザーによる家庭での香りの演出、代替医療への応用など多岐にわたって活用されている。

これら流通している精油の多くは輸入品であり、日本の土地で育った植物は僅かである。しかし数少ない日本原産の精油ではあるが、それらの植物を調べていくと意外な史実や、日本の経済や文化との興味深い関わりがあることに驚くことが多かったのである。

また執筆するにあたり香料を製造する現場を取材するなかで、その装置に大変興味深いものがあった。植物によって蒸留装置も千差万別であった。そこには効率を上げるためや、より良い品質の精油を採るための、人々の並々ならぬ長年の努力の跡が刻み込まれていた。

したがって最初に蒸留法について一通り概説しておくと、各章での香料製造についての理解も容易になると考え、「まえがき」に代えて、この蒸留法について一通り述べさせていただくこととする。また蒸留は行っていないが、日本の香料植物としてぜひ紹介したいものとして石菖《せきしょう》と橘《たちばな》、琥珀《こはく》を取り上げた。いずれも古くから日本の文化に関わる興味深い香料植物である。

蒸留法の発見

蒸留法とは、その字のごとく「蒸す」ことが基本となっている。人類は、火の発見により、調理法として焼く、煮る、燻《いぶ》すなどと共に蒸すという方法を手に入れた。このことで料理のバリエーションが格段に増すことになる。蒸留装置も、蒸し料理の蒸し器も、蒸すという原理には変わりない。

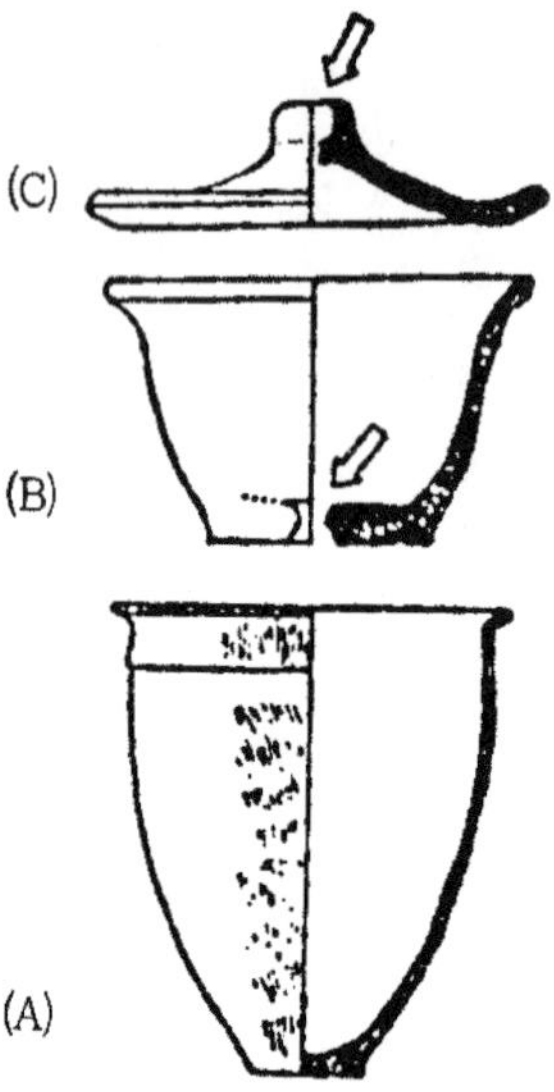

三つ組セットの弥生式土器（ふかし器具）
A，BおよびCの三部品からなりAには孔がないがBとCにはそれぞれ矢印のところに孔がある。
（森本六爾氏の図を転用）

図3　弥生式土器の蒸し器（『植物の名前の話』より）

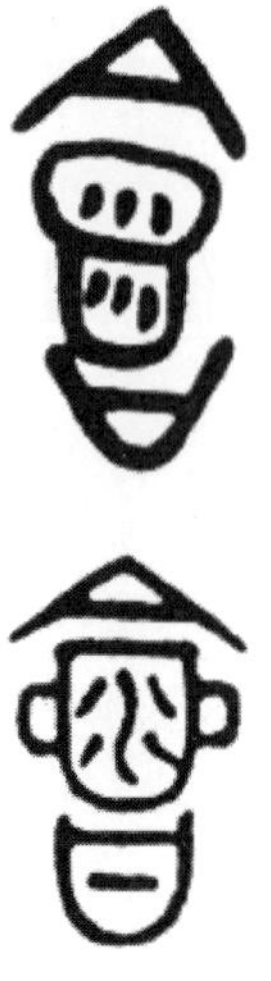

図2　「會」の象形（『字統』）

　この蒸し器を表現している漢字がある。「會」という字がそれである（図2）。『字統』（白川静）によると、「蓋のある食器の形。下部は甑《こしき》の形で、その上に蓋のある器をおき、下から蒸すもので、蒸し物を料理することをいう」、また「器蓋を合わせることから会合・会集の意」とある。確かにこの字は、下部が水を火で沸かしている様子を表し、真ん中の容器にはものが詰められているようである。そして上部は蓋が被せられている状態である。

　この字と同じ構造の土器が、弥生式の蒸し器の土器（甑《こしき》）として、多くの場所から発見されている（図3）。この土器も、三つの部分から出来ている。まず下部は開口の広い大きめの甕状の土器で、炉の中に立てて、水を入れ、沸かして、蒸気を真ん中の容器に導き、そこにある食料の、穀類であればデンプンなどを軟化させるのである。そして余分な蒸気は、上部の蓋の孔から逃がす仕組みだ。このように蒸気で蒸すための土器は、まさに「會」という字の原形にそっくりなのである。

そうすると、こんなシーンが想像されないだろうか。古代の人が、蒸し器で料理を作っている。水が沸騰してくると、蒸気が出始める。蒸気は真ん中の容器の中の食物のエキス（香り）を伴って、上部の孔から立ちのぼる。そして蒸気と共に立ちのぼる香ばしい芳香に気づく。「ああ何ていい香りなのだろう」と古代の人も思ったに違いない。そして偶然その蒸気が冷えて溜まった水（蒸留水と精油）のニオイを嗅いだらとても良い香りが残っていたことに気づき、なんとかそれを他の目的に使用しようと考えた。こうしたことをきっかけに、蒸し器から蒸留装置への改良がなされていったのではないだろうか。これが、お酒では蒸留酒となったと考えられる。

なお、蒸留機あるいは蒸留器と表記する場合がある。これは装置の精度によって使い分ける場合もあるが、本書では装置が頻出して紛らわしくなるので以下では蒸留装置で統一することとする（引用文は除く）。

蒸留法の歴史

蒸留の歴史について、小泉武夫氏は『銘酒誕生』（講談社現代新書）の中で次のように述べておられる。

ローマのプリニウス（自然科学者であり、将軍でもあった）は、生前、鍋に樹脂を入れて、その口を羊毛でおおい、それを煮つめ、テレビン精油を得ている。上をおおった羊毛から後でしぼり出すという原始的な方法であるが、ひょっとするとこれが最初の蒸留なのかもしれない。

残っている最も古い蒸留の記載は、紀元三〇〇年ごろのもので、パノポリスの著述家ゾシモスがアレキサンドリアに学校をつくった際、化学の授業の基本操作として濾過、溶融、昇華、蒸留を取り入れたというものである（Charles-Albert Reichen. "Geschichte der Chemie"—『化学年表』、一九六三年）。当時は錬金術が華やかな時代で、ゾシモスは化学の授業に「金の構造法」なるものまで導入していたと

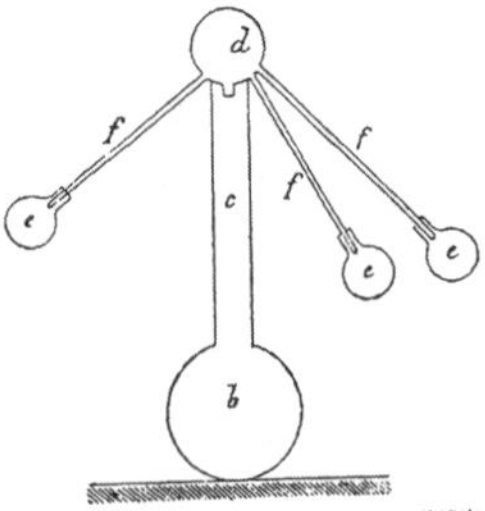

錬金術時代の蒸留装置の原理。アレクサンドリアの著述家ゾシモスが記したもの。(Die Naturwissenschaften in ihrer Entwicklung und ihren Zusammenhange)

錬金術時代の蒸留器。左上の円盤状のものは平面図。(Beiträge zur Geschichte der Naturwissenschaften XXIV)

図４　ゾシモスの記した蒸留装置の原理（上）と錬金術時代の蒸留装置（小泉武夫『銘酒誕生』より）

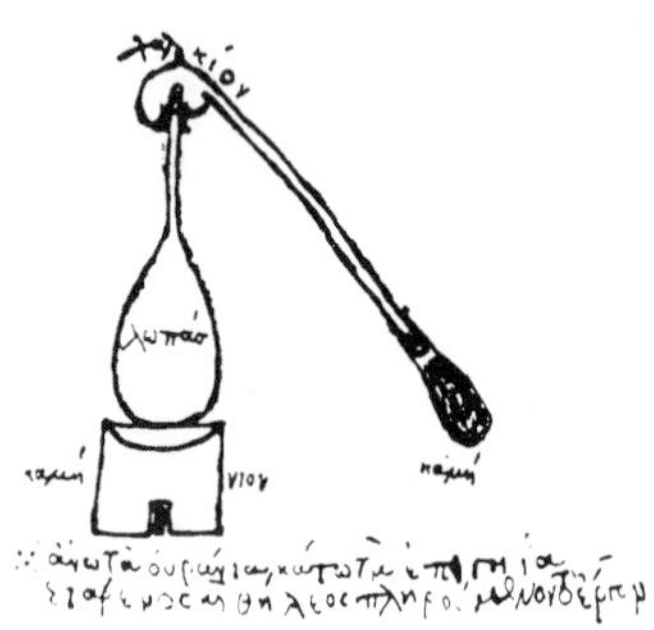

図５　アレクサンドリア時代（紀元前３世紀〜紀元７世紀）の蒸留装置（管間誠之介『焼酎のはなし』より）

いう。

ゾシモスが書き残した蒸留装置の図（図４）などがあることからして、紀元三〇〇年頃には一部の人の間では本格的な蒸留技術が既に行われていたのはまず間違いないであろう。

ギリシャ語で（ambix）は、「くちばし」から転じて蒸留や空冷を意味するというが（蒸留装置がくちばしの形に似ていた）（図５）、これにアラビア語の定冠詞「al」がついて、アラビア語の蒸留を意味する alambiq（al-ambiq）へと変化したと考えられている。（alcohol や algebra の「al」も同様に定冠詞）

このアラビア語で蒸留を意味する alambiq（al-ambiq）が、ポルトガル、スペインで（alambique）、オランダ、フランスで（alambic）、イタリアで（alambico）、イギリスで（alembic）と表記されるようになる。

一般的には蒸留法は一〇世紀までにアラビアで確立し、十字軍の遠征によりヨーロッパに伝播したとされている。しかしこうした言葉の変遷を考えると、アラビア人が、紀元一世紀以降（七世紀にアレキサンドリアに進入してからと思われるが）にまずギリシャより蒸留法を学び、より確立した蒸留技術が中世になって逆にヨーロッパに伝播したものと考えられる。

再び小泉武夫氏の『銘酒誕生』によると、インドでは二〜三世紀にまとめられた『アルタシャストラ』には冶金、医学、毒物などの製法に蒸留技術が使われており、また「発酵した飲みもの」という項目があり、蒸留酒が造られた可能性を示唆している。

中国では、医師で錬金術師でもあった葛洪《かっこう》（二八三？—三六三？）の『抱朴子』には、「煉丹術」と呼ばれる中国独自の錬金術についての記述があり、高度な蒸留技術がそれ以前からあったのではないかと推察されている。

このように、蒸留の技術は錬金術や煉丹術と密接に関わりながら発達してきた。こうした技術を背景に、十世紀前後にアラビアの医学や化学は、世界をリードする存在となっていた。薔薇水や薬品の蒸留に使用されていた装置がケロタキス（Kerotakis）またはアランビック（Alambic）と呼ばれていたことからして、この時期にほぼ香料（精油）を抽出するための蒸留が確立されたと考えられる。しかし、イスラム圏では禁酒が厳しい戒律で定められていたからか、アルコールの蒸留は行われなかったらしい。

アラビアで確立した蒸留法は、ここから西洋と東アジアの二つの系統に分かれて進化したようである。

西洋でのアルコールの蒸留は、一〇九六年の十字軍の遠征以降、アラビアの科学技術とともに蒸留法がヨーロッパに伝播してから始められるようになった。当初は飲料ではなく薬品であったらしい。

一二五〇年、フランスの錬金術師アルノー・ド・ヴィユスーヴは「ワインやワインの絞り粕を蒸留すると、ワインの最も精緻な部分が抽出され、これには生命を永らえさせる不思議な効力がある。まさに eau de vie オー・ド・ヴィー（生命の水）と呼ぶにふさわしいものだ」と記している。その弟子のレイモン・

図6　1880年頃フランスで使用されたラベンダーの蒸留装置（ファーム富田蔵）

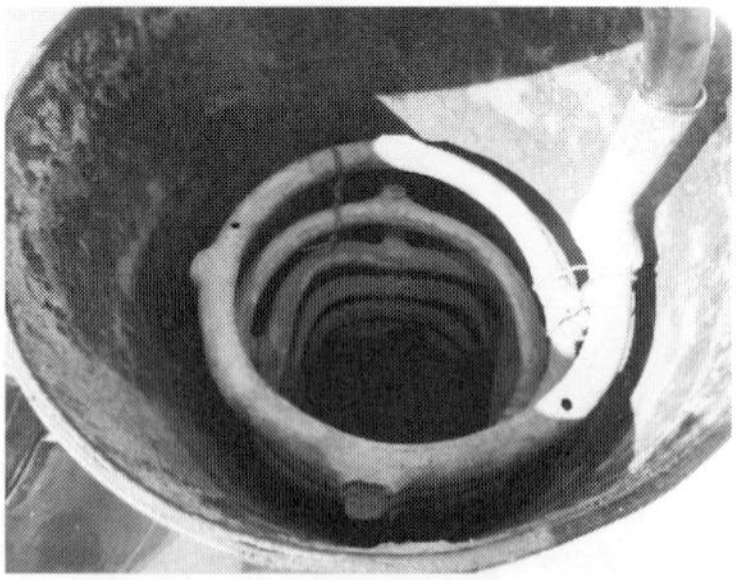

図7　図6の蒸留装置の冷却器内（螺施状の蛇管式）（ファーム富田蔵）

リュールも一三〇〇年頃、「人生の下り坂にきた人間を老衰から復活させるため、神がくだされた贈物」として liqueur divine リケール・ディヴァン（神の水）と呼んでいる（菅間誠之助『焼酎のはなし』）。

アルコール度数の高いこれらのものは、流行していたペストに効くということで飲まれるようになったという。こうしたことがきっかけとなって、一五世紀末からワインからはブランデーが、大麦の酒からはウィスキーというように、多くの蒸留酒が造られるようになる。

またアルコールは、注射の時、消毒のため皮膚を拭くが、当時アルコールに精油が含まれたもので体を拭いていたのである。オーデコロンの創案者ジョヴァンニ・パオロ・フェミニス（イタリアのピエモンテ地方出身）は、一六八〇年代のはじめ、ドイツのケルン（英語 Cologne）に近いライン川流域で、Aqua Admirabilis アクア・アドミラビリス（奇跡の水）を売って人気を博していた。それには蒸留したワイン（度数の高いアルコール）とベルガモット、ラベンダー、ローズマリーの精油が含まれていた。精油は水に溶けないがアルコールには溶ける。この精油がアルコールに溶けた状態のものが、その後の eau de cologne オーデコロン（ケルンの水）や香水として発展していくことになる。

西洋の蒸留酒や精油を抽出する蒸留装置の構造では、装置の上部から、鳥のくちばしのような、曲がった導管が出ているのが特徴的である（図6）。後には導管の先に、螺旋状の冷却器（水冷）も考案されていく（図7）。

蒸留酒（アルコール）も精油も、出発点は同じであり、いかにこの蒸留という技術が、これらの発達に貢献しているかが理解できよう。

中国の蒸留酒としては、宋の時代に白酒が造られ始めている。この白酒の旧式蒸留装置や、「だんびき」という江戸時代の八丈島の蒸留装置の図（いずれも小泉武夫『銘酒誕生』より）を見て私は驚いた。なぜなら、日本におけるハッカの蒸留装置（天水釜と呼んでいる）の初期のものとそっくりなのである。またハッカの製造に関わっている人には、酒造りに縁のある人が多い理由もそれで了解できた。

小泉武夫氏によると、日本における蒸留酒としての焼酎の伝播は、中国、タイ、琉球、薩摩といったルートによるとされ、遅くとも一五五〇年代には薩摩で造られていたとされている。その後全国に焼酎が普及していくのだが、初期のハッカの栽培地であった岡山・山形・新潟では、この焼酎の蒸留装置（細かなところの改良はあったであろうが）によってハッカを蒸留したところ、うまく蒸留出来たのだと思われる（図8・9・10）。

この蒸留装置では、水蒸気は装置の上部で冷やされて水滴となったものが中心に集められて管を伝わって外で集められる仕組みになっている。西洋の装置とは明らかに構造上の違いが見られる。

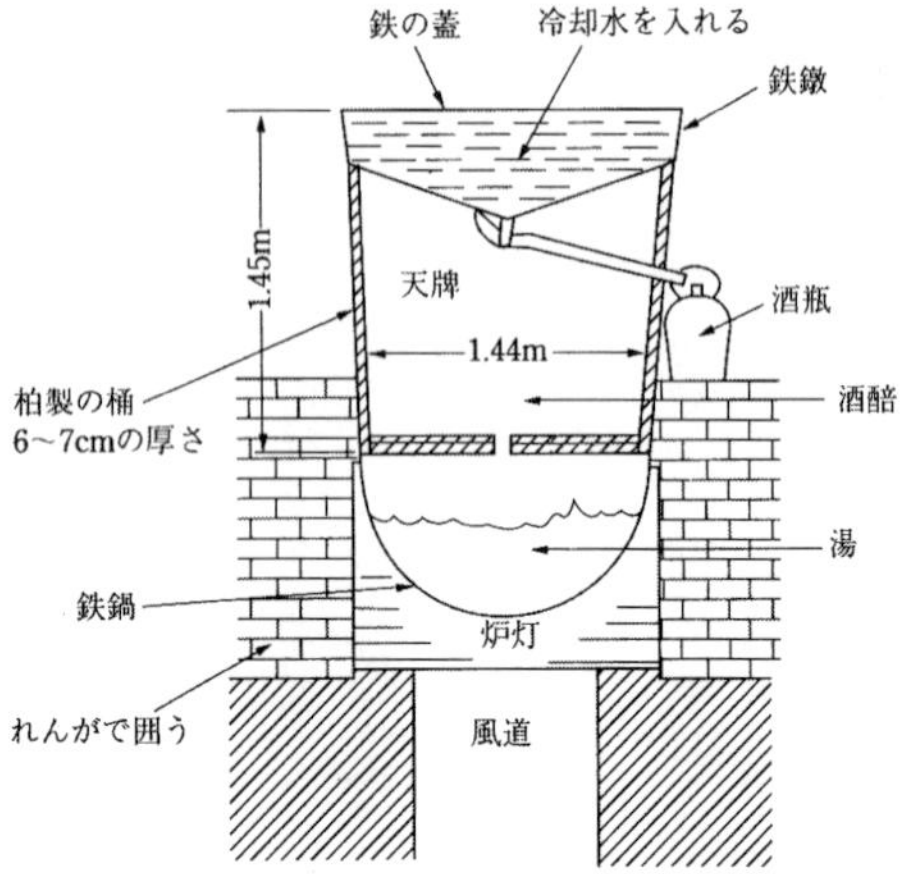

図８　白酒の旧式蒸留装置（小泉武夫『銘酒誕生』より）

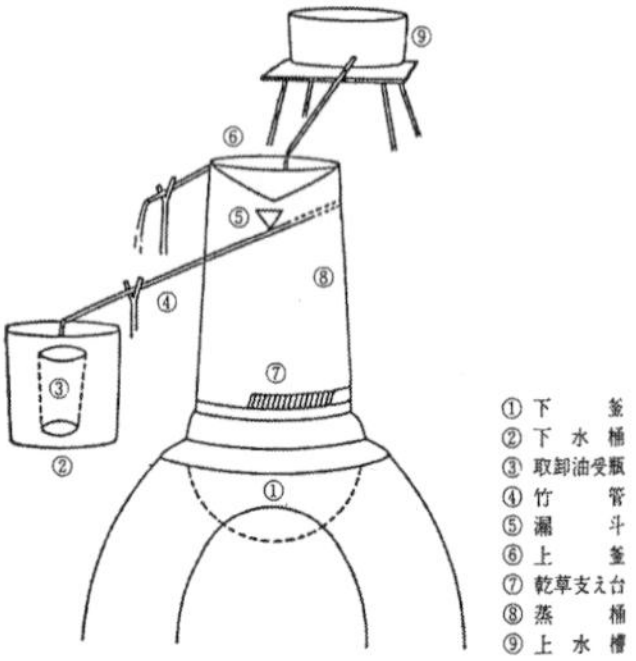

図10　ハッカの初期の蒸留装置（天水釜）（農商務省『薄荷ニ関スル調査』1914年）

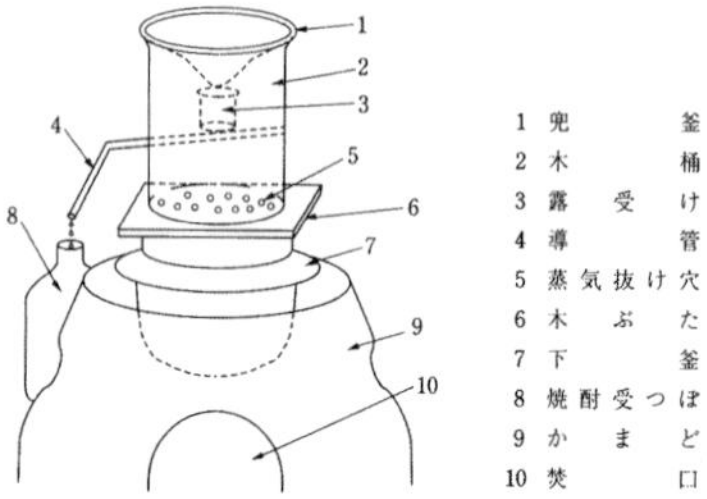

図９　八丈島の蒸留装置「だんびき」（小泉武夫『銘酒誕生』より）

同系統のものは、東部ヒマラヤのシコクビエを原料としたロキシーや、フィリピン・ルソン島の椰子油を原料としたニッパワインなどの東アジア圏の蒸留装置に多く見られる。この系統の違いについて、管間誠之助氏は『焼酎のはなし』の中で明確な見解を示している（一部改訂）。

アレクサンドリアのアランビックは現在化学実験室で使われている蒸留フラスコのようなもので、液体を蒸留するのに適しています。ブランデーはぶどうのしぼり汁を発酵させ、アランビックで蒸留しますが、固形分（大部分は酵母）が少ないため焦げつくことはありません。東南アジアの椰子酒や糖蜜酒も同様、このフラスコ型蒸留機で蒸留できます。しかし、東洋の麹（穀類にかびを生やしたもの）で、澱粉原料を糖化すると同時に酵母で発酵させた醪《もろみ》はどろどろしており、これを一度濾過した酒ならともかく、そのままアランビックで蒸留すると焦げついて蒸留機は一度で駄目になってしまいます。この澱粉を糖化するのに麹を使う酒造法は、かびの生えやすい高温多湿な夏をもつ東アジアの樫、楠、椿などの照葉樹が育つ地域に発達したもので、それが中国北部からインドネシアまで広がっています。東アジアに伝えられたアランビックは、その麹を使った酒づくりに適するよう改良されねばなりません。一四世紀のはじめに中国でアランビック型蒸留機が記録されてから百年たらずのうちに、東アジアの各地に続々と蒸留酒が出現しはじめ、それらの国々に同じ形の蒸留機が現在まで残っているところをみると、当時周辺諸国に大きな影響力をもっていた中国でアランビックの改良が行われ、東アジア諸国へ伝えられていったと考えるのが妥当と思われます。

初期の樟脳の装置の場合も、中国、琉球、薩摩と、焼酎と似たような伝播経路をたどっているが、装置は全く異なっている。樟脳の装置は他の植物の装置と比べてもかなり特殊なのである。これは冷却時に精油だけでなく結晶（樟脳）が出来ることと関連があるかもしれない。

酒の蒸留の始まりについては、以上のように大体わかっているが、日本における精油の蒸留についてとなると、具体的な資料が乏しい。

確かな資料としては、ミヒェル・ヴォルフガング氏とエルケ・ヴェルガー－クライン氏の「十七世紀の日本における西洋の蒸留技術の導入について」(『日本医史学雑誌』第五〇巻第四号)がある。江戸時代前期に、出島に蒸留装置を設置して、いくつかの精油を採ったとの記録を次のように紹介している。

東インド会社の資料には、一六六七年一一月六日、慣例に従い、就任した出島商館長ダニエル・シックス(Daniel Six)は、前任者のコンスタンチン・ランスト(Constantin Ranst)とともに長崎奉行所を訪れた。シックスによれば、同じ時期に交代する奉行河野権右衛門と松平甚三郎との会談で、二人から様々な新鮮な薬草からのエキス、薬油、蒸留酒を抽出できる経験豊かな年配の人物の派遣及びそのために必要な器具の提供を要請されたという。

これは当時幕府が財政難に陥り、輸入に頼らずに薬草やそのエキス、薬油を国内で生産出来るようにする目的があったからだとされている。

オランダから取り寄せなければならなかったガラス製の蒸留装置の納品は一六七一年になった。同年には「薬剤師で薬草熟知者」フランス・ブラウン(Frans Braun)、そして一六七四年にその特別任務のためにオランダで採用された「医学博士、薬草熟知者、蒸留師、及び化学者」ウィレム・テン・レイネ(Willem ten Rhijne 一六四七―一七〇〇)が長崎へ赴任している。ブラウンは持参した大型の蒸留装置を「皇帝(将軍)」の経費で建てられた「実験所あるいは蒸留小屋」に設置し、一六七二年に一連の薬油蒸留技術の教授を行い、医者であるテン・レイネは患者の治療にあたり、医療や医薬品に関する説明を行った。

茴香油《ういきょうゆ》(フェンネルオイル)、丁子油(クローブオイル)、肉豆蔲油《にくづくゆ》(ナツメグオイル)、陳皮油(オレンジオイルか)、ローズマリー油(ローズマリーオイル)、テレビン油など、単純な蒸留法から七日間を要する複雑な樟脳油(Oleum Camphorae)の製造方法までの伝習は短期間で実った。一六七二年五月にはブラウンの手を借りずに数名の日本人医師が出島の装置で丁子油などを蒸留できるようになり、それ以降も「皇帝(将軍)の蒸留小屋」でのヨーロッパ人や日本人による蒸留に言及する記述が商館長の日誌に見られるという(片岡容子訳)。

そして出島オランダ屋敷略図(図11)に描かれた「油取家」こそが蒸留小屋であり、ここで、日本で最初の本格的な西洋式蒸留装置での香料の蒸留が行われたと考えられる。この出島で行われた蒸留に関して

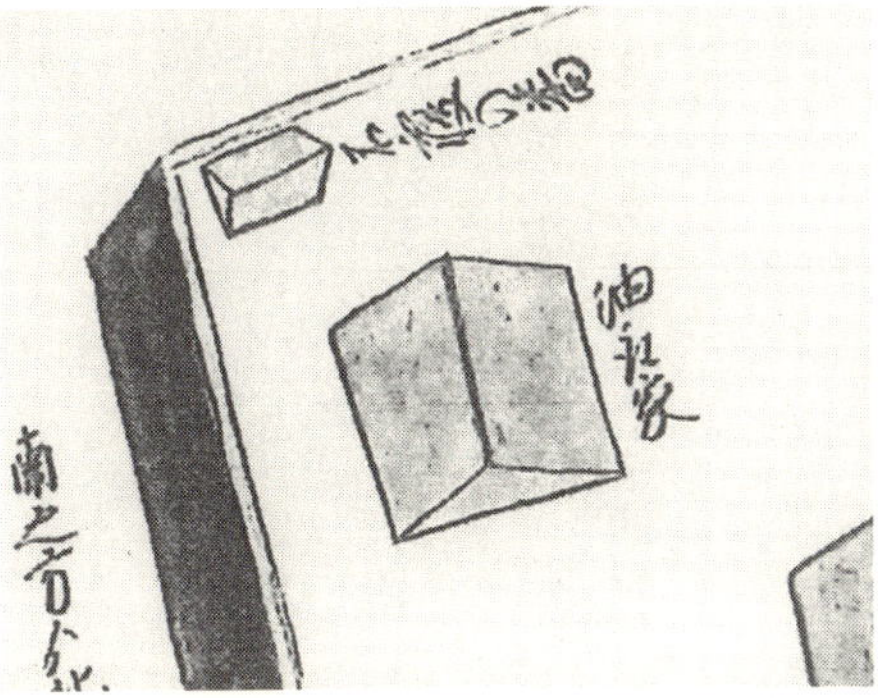

図11　出島オランダ屋敷略図(長崎歴史文化博物館蔵)に見られる「油取家」(蒸留家)島の隅に小さく「油取家」の文字が見える(シーボルト記念館『鳴滝紀要』17号抜刷)

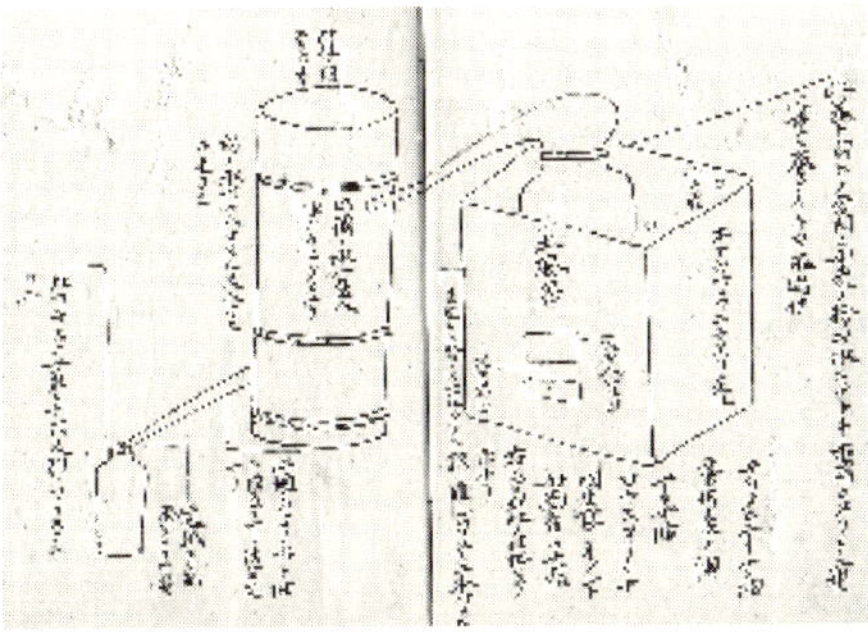

図12　寛文12年の蒸留装置(「蘭方秘訣」より)(M. ヴォルフガング『村上医家資料館のランビキについて』より)

は、阿蘭陀通詞の絵図付き報告が残っている（「蘭方秘訣」）（図12）。

この装置の甑《こしき》（釜）の部分は銅製で、くちばし状の導管も描かれている。また冷却器は「スランガ」と表記された螺旋状の蛇管が組み込まれている。甑と導管の接続部の解説文には、「この接続部に、小麦粉を水で溶いて木綿にすり込み、二重、三重に巻いて蒸気が漏れないようにする」とある。収率を高めるための、具体的な方法がメモされており、大変興味深い。この装置によって採れた精油としては、テリメンティナ油（テレビン油）、丁字油（クローブオイル）、蜜柑油（オレンジオイル）、ロウスマリイナ（ローズマリーオイル）、肉荳蔻（ナツメグオイル）、茴香油（フィンネルオイル）など、現代の私たちにも馴染みの精油が記されている。この装置は東アジア系統のものではなく、明らかに西洋の系統である。

オランダ商館での精油の蒸留はしばらく続けられたようだ。しかし第五代将軍綱吉が即位した直後、出島で製造した精油ではなくバタビアからの精油を献上品として求める通知が商館長に届いた。これにより蒸留装置を維持する会社の意欲は著しく低下したとされている。

先述の焼酎の蒸留装置等の影響によるハッカの蒸留は、最も早い時期とされる岡山でも十九世紀である（ハッカの項参照）。したがってこの出島での精油の蒸留の方が、遥かに早く行われている。この公式の技術導入は画期的なことであり、医療品に対する幕府の積極性を物語っている。ただこの技術が途中で途絶えたことは、残念であった。

ランビキという蒸留装置

また蒸留装置としては、江戸時代から「蘭引」（以下「ランビキ」）と呼ばれた小型の蒸留装置（高さ約三〇センチ）がある（図13）。これの名前も「alambiq」に由来しているとされている。同じく江戸時代に南蛮渡来の蒸留酒のことを「阿刺吉酒《あらきしゅ》」とか「荒木酒《あらきしゅ》」というが、これはアラビア語の「汗」（arrak）に由来するとされている。「阿刺吉酒」、「荒木酒」と呼んでいたのは、ランビキなどを使った蒸留により抽出された液体＝露液＝蒸留酒を「汗」＝「アラキ」（arrak）と喩えたからで、中国や東南アジアや南方の島々に既にあったものが日本にも伝来したと考えられる。

ミヒェル・ヴォルフガング氏の『村上医家史料館のランビキについて』では、ランビキの文書資料での初見を一六八六年に刊行された『貞享三ッ物』の「おなし山の西なるは、花ランビキの露とる家にて」という句としている。管間誠之助氏の『焼酎のはなし』にも、元禄十年（一六九七）人見必大の著した『本朝食鑑』には焼酎を造る蒸留装置について「俗に羅牟比岐《らむびき》と称す、もと南蛮の器にて比伊登呂（ビードロ）をもってまた之を造る」とある。このようにこのランビキは、日本への焼酎の伝播とは別系統で伝播されたと考えられる。

また先述の出島のオランダ商館関連の資料では、ランビキという表記が見られないことから、ランビキは、オランダではなくポルトガル人を通じて東南アジアから伝播したのではないかとも考えられている（ミヒェル・ヴォルフガング『村上医家史料館のランビキについて』）。

ランビキは、構造的には東アジアの蒸留酒用の装置の系統に属するものと考えられる。韓国には「소주고리」（ソジュッコリ）という蒸留装置がある。「ソジュッ」は焼酎、「コリ」は濾すという意味のようで、昔焼酎（蒸留酒）を造る装置であったらしいが、日本のランビキ同様陶器製である。ただ日本と比べて、冷却部は水が常に流れる仕組みではない。サイズもひとまわり大きいようだ（図16）。

日本のランビキは、それより小型で焼酎を蒸留するには効率が悪そうである。しかもランビキを所持していたのは、医者や薬種商が多いことから、ランビキは、薬としての薬酒、あるいは薬油を造るためのも

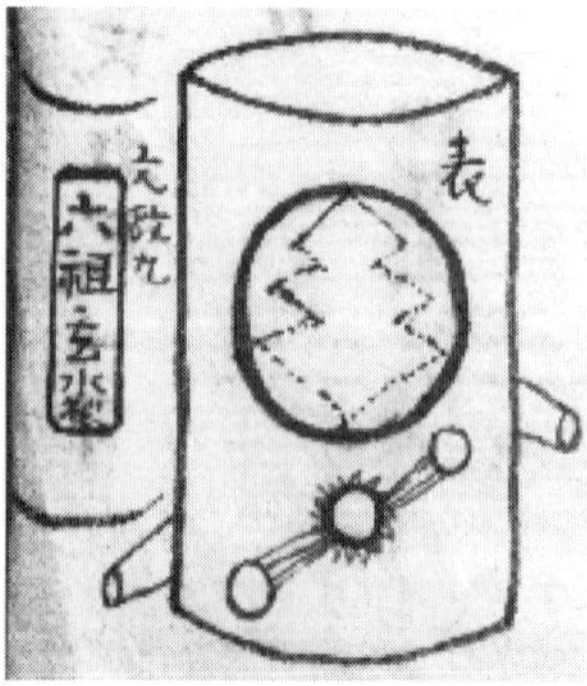

図14　村上玄水のランビキ草稿図

図13　ランビキ（村上医家史料館蔵）

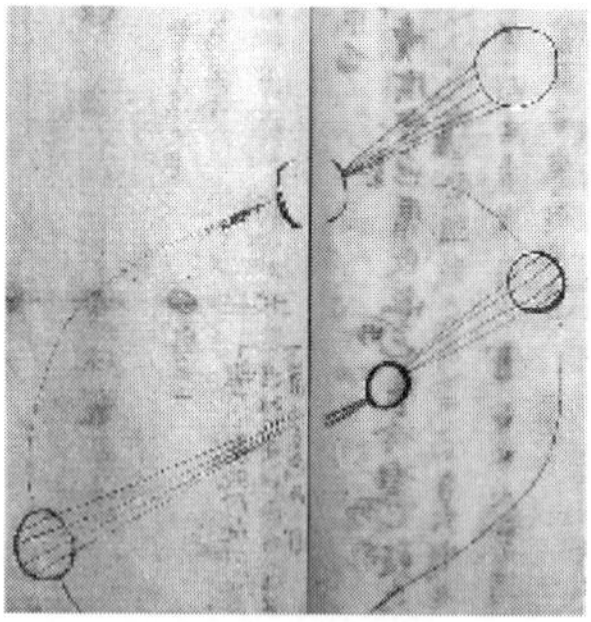

図15　村上玄水のスケッチ

（図13・14・15とも M. ヴォルフガング『村上医家資料館のランビキについて』より）

図16　韓国の焼酎蒸留装置（ソジュッコリ）

のであった可能性が高いと思われる。ただ一部上流階級の茶席などで、風流な酒を振る舞うのに使われていたかもしれない。

現存する日本のランビキのほとんどは陶器製で、その多くが白い梅花の染め付けと、獅子頭の取手が施されている。この意匠のランビキには、底に「寶山」と刻印されたものがいくつかあり、京焼（粟田焼）の雲林院寶山（現在で二十代目）の窯で造られていた可能性が高いと考えられる。また磁器では耐熱性に問題があったらしい。佐賀県武雄市歴史資料館蔵の鍋島焼のランビキは、藩の御用窯で焼かれた磁器製のものである。しかし磁器製なので耐熱性がなく、実用には不向きで、あくまでも装飾を目的としたものであったという。

多く普及していたランビキは、耐熱性を考慮して、陶器でも磁器に近い堅さの土が選ばれたようで、信楽や美濃、瀬戸近辺で焼かれたものではないかとも考えられているが、定かではない。ランビキについては、ルーツの問題などまだ解らないことが多く、今後の課題としたい。

ミヒェル・ヴォルフガング氏の『村上医家史料館のランビキについて』の論文で、興味深かったのは、大分県中津の医師で七代目村上玄水（天明元年～天保一四年）が考案したランビキの草稿図である（図14）。この人物は、シーボルトが活躍していた一八二六年の春に長崎から中津に戻っている。医学ばかりでなく天文、地理学など様々な分野に興味を持っていたとされている。

ランビキの草稿図には、天文に関係するような図柄が描かれている。ミヒェル氏は、玄水のスケッチ（図15）の中に、冬至と夏至の地球と太陽を示しているものがあり、ランビキの草稿図と酷似していることを指摘している。

一線上に配列してある地球と太陽の角度及び太陽から発する日差しの線が似ているだけでなく、ランビキの図における真ん中の円を囲むギザギザの線は太陽のイメージをさらに強めている。太陽を熱のもととして捉えるのは理解しやすいが、玄水がランビキの蒸留と自然界での太陽とを具体的にどのように結びつけたのかについてははミヒェル氏は、はっきりとした見解は示していない。

装置の裏面には「六祖玄水製」と自分の名前と、製作年の「文政九年（一八二六）」が記入されている。また玄水はこの草稿で冷却槽のサイズを大きくして、冷却水の交換頻度を減らそうとしている。

自分の名前を入れてまでその設計図を描いた玄水が実際にこのランビキを作らせたかどうかは不明だが、通常のランビキを利用していて、改善の余地に気づいたことは間違いなさそうである。

私には玄水のランビキの改善は、構造上の変更だけでなく、天文図にも関わっているように思われる。私が精油の蒸留に携わっている方を伺って印象的だったのは、精油が季節や気象の変化に左右されることを異口同音に述べていたことであった。特にモミやクロモジの精油に携わっている方たちは、満月と新月で精油の量や質が変化することを指摘していたのである。

旬のものを食べるといったことも、時間的な意味での地産地消と言えると思う。精油についても、季節や天候、そして冬至、夏至といった天文学的な見方も含めて、最上のものが出来る時期に蒸留することが必要になってくるのではないだろうか。

錬金術の原点となったギリシャ時代に遡ると、テオプラストスは、「乳香と没薬の木の切開は、一年でもっとも暑い日が続く犬座の星の昇るとき行わなければならない」と述べている。またプリニウスは『博物誌』の中で、「最初の自然の利にかなった採集が行われるのは、シリウスが昇る猛暑の時節である……。夏のあいだににじみでた乳香は秋になって収穫される。これがもっとも純度の高い乳香であり、白味がかった色を帯びている」と述べている。

これらのことから、香料採取に関しては、天文学的な条件が重要視されていたと考えられる。しかもテオプラストスは、「芳香は熱によって生みだされる体液の加熱の結果なのだ」「芳香は水分の加熱から生じ、そのとき熱の作用で湿気をふくむ有害な成分が排泄される」というように、蒸留法の原理に近いことも述べている。

こうした背景を踏まえて考えると、玄水のランビキの草稿図の意図も、天文学的、錬金術師的立場に立ったものとして理解できるのではないだろうか。医師としての玄水は、ランビキによって得られる薬油（精油）を薬として処方するあたり、やはり自然の摂理（宇宙の法則）に沿って生み出される薬油を願ったのではないだろうか。

最後に、明治元年（一八六七）に福沢諭吉が著した『訓蒙窮理図解』の中で蒸気や蒸留について解説している文を紹介したい。この書物は近代科学の成果をやさしく紹介しており、明治維新の学校の教科書として使われていたものである。婦人や子供などを含めて当時の人々が理解出来るようにと、平易な表現で科学知識を解説している。蒸留装置やランビキについても、日常生活の中で経験する現象を交えながら、わかりやすく説明されている。

なぜこの文を紹介したいのかというと、私の母校慶應義塾大学の創始者が、蒸留装置やランビキについて記しているからだけではない。福沢諭吉は、村上玄水と同じ中津出身なのである。福沢諭吉（一八三五～一九〇二）がこの『訓蒙窮理図解』を出版した明治元年（一八六七）当時三四歳、玄水（一七八一～一八四三）がランビキの草稿を記したのが文政九年（一八二六）、四五歳の時である。二人の間に交流があったという記録はないようだが、福沢諭吉は中津時代に村上医家の存在は当然知っていたであろうし、『窮理図解』にランビキの原理の説明が載せられているのも村上医家、特に玄水の影響が大きいと想像されるからである。

現存するランビキの絵図で、火を起こす部分の焜炉が描かれているものは意外と少ない。しかし『窮理図解』のランビキの絵図には、焜炉がきちんと描かれてあるのだ。一方、村上医家史料館のランビキは焜炉がセットになって現存している。ただし焜炉はランビキと同じ時代のものではないとのこと。仮に後の復元だとしても、ランビキの機能をきちんと説明しようとする共通の姿勢が感じられる。

中津藩は蘭学に大変熱心であったようで、以下のごとく幾多の人材を輩出している。藩医で蘭学の開祖とされた前野良沢（一七二三～一八〇三）は、オランダ語で書かれた解剖書『ターヘル・アナトミア』を杉田玄白等と翻訳した。その成果は安永三年（一七七四）、杉田玄白、中川淳庵等により『解体新書』として出版され、近代医学の発展に大きく貢献した。

蘭学を奨励していた藩主奥平昌高《まさたか》は、その命により、文化七年（一八一〇）、日蘭辞書『蘭語訳撰』を刊行させた。

村上玄水は文政二年（一八一九）、藩主に許されて九州で史料が残る最初の人体解剖を行っている。玄水は、その時の解剖の詳細な記録を『解臓記』として残した。

嘉永二年（一八四九）、辛島正庵を筆頭とする中津の医師十名は、長崎に赴き、バタビア（現ジャカルタ）由来の痘苗を入手し、中津に持ち帰って種痘を実施し、成功した。

大江雲澤（一八二二～一八九九）は「医は仁ならざるの術、努めて仁なさんと欲す」という医訓を示し、外科医としてのみならず、教育者としても、優れた業績を残した。

こうした背景があって、諭吉自身も安政元年（一八五四）長崎に蘭学修業に出て、翌年大坂の緒方洪庵《おがたこうあん》塾に入門している。一八五八年に藩命で江戸中津藩屋敷に蘭学塾を開くことになった。これが後の慶應義塾に発展するのである。

また『窮理図解』には天文に関する項目もあり、ここでは昼夜の事、四季の事、日食・月食の事が解説されているのだが、その図が玄水の図と雰囲気がよく似ているのである。福沢諭吉にとって、玄水からの影響は大きいものがあったと思われる。

明治維新に、教科書として使われていた文章を通して、蒸留や蒸留装置について、明治時代の人々の目線で味わっていただけたら幸いである。

第五章　雲雨の事

水気《すいき》の騰降《のぼりくたり》は熱の増減に由《よ》り一騰一降《いっとういっこう》以て雲雨《うんう》源《もと》となる

平たき皿に水をいれて棚の上に置けば、知らぬ間にその水乾付き、雨後に路の乾き、旱魃《ひでり》に池の乾き。湿《ぬれ》たる手拭の乾き、洗濯物の乾くは何ぞや。唯これを乾くとのみいわずして、よく心を留め、その乾きし水の行衛《ゆくえ》は如何《いかが》なりしやと尋るに、こは皆温気に由て蒸騰《むしのぼ》り（蒸発する）しなり。斯《か》く昼夜の間断《たえま》なく蒸騰る水気を名《なづ》けて蒸発気（水蒸気）という。矢張《やはり》湯気の道理（目に見えない水蒸気も目に見える湯気と同じであること）なれども、さまで温気強からずして蒸騰るものなり。既に蒸騰ればその水気は空気の内に混じてよく物を湿《うるお》す。四、五月ころ烟草《タバコ》の湿《しめ》るはその証拠なり。又秋より冬の間は空気乾けるゆえ、七、八月の頃、虫干をするも、乾きたる空気に衣服を晒して、春夏の間、自然に浸《しみ》込《こみ》し湿気を払わんがためなり。又熱気甚だ強ければ水の蒸騰《むしのぼ》ることも甚だ速し。手拭《てぬぐい》を火鉢にて炙《あぶ》れば直《すぐ》に乾き、鍋の水少くして火に焚《た》けば直にいりつく（水気がなくなる）。或《あるい》は又紅く焼たる鉄の版金《いたがね》

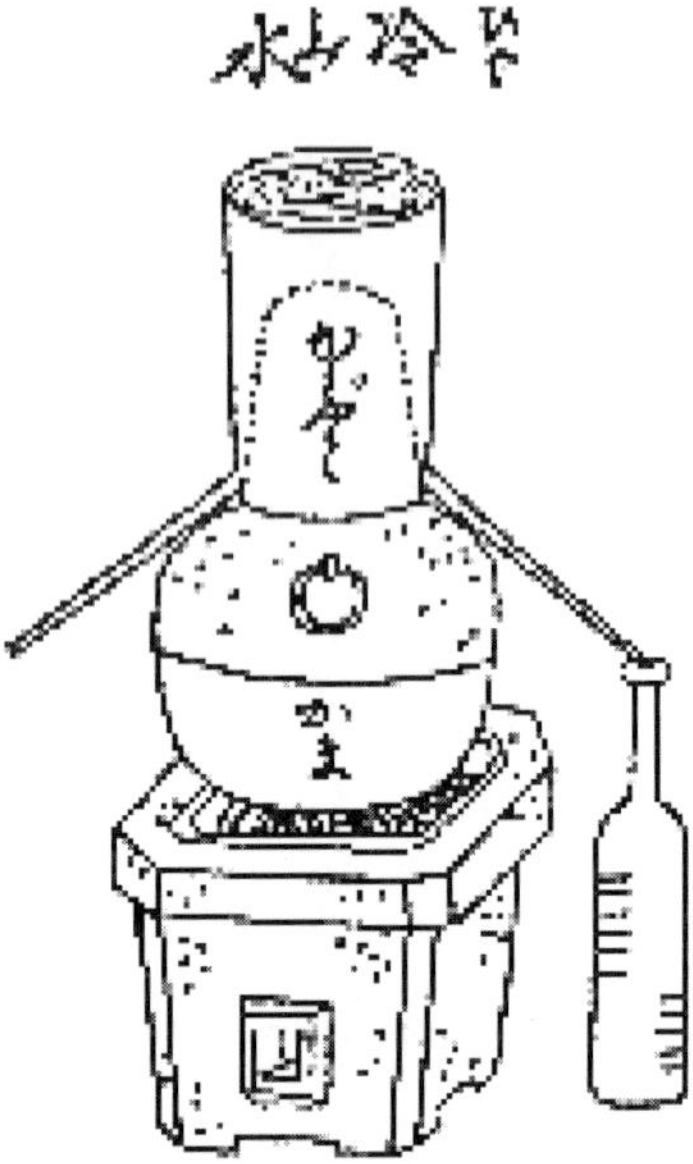

図17 「日本流らんびきの絵図」
（福沢諭吉『訓蒙窮理図解』より）

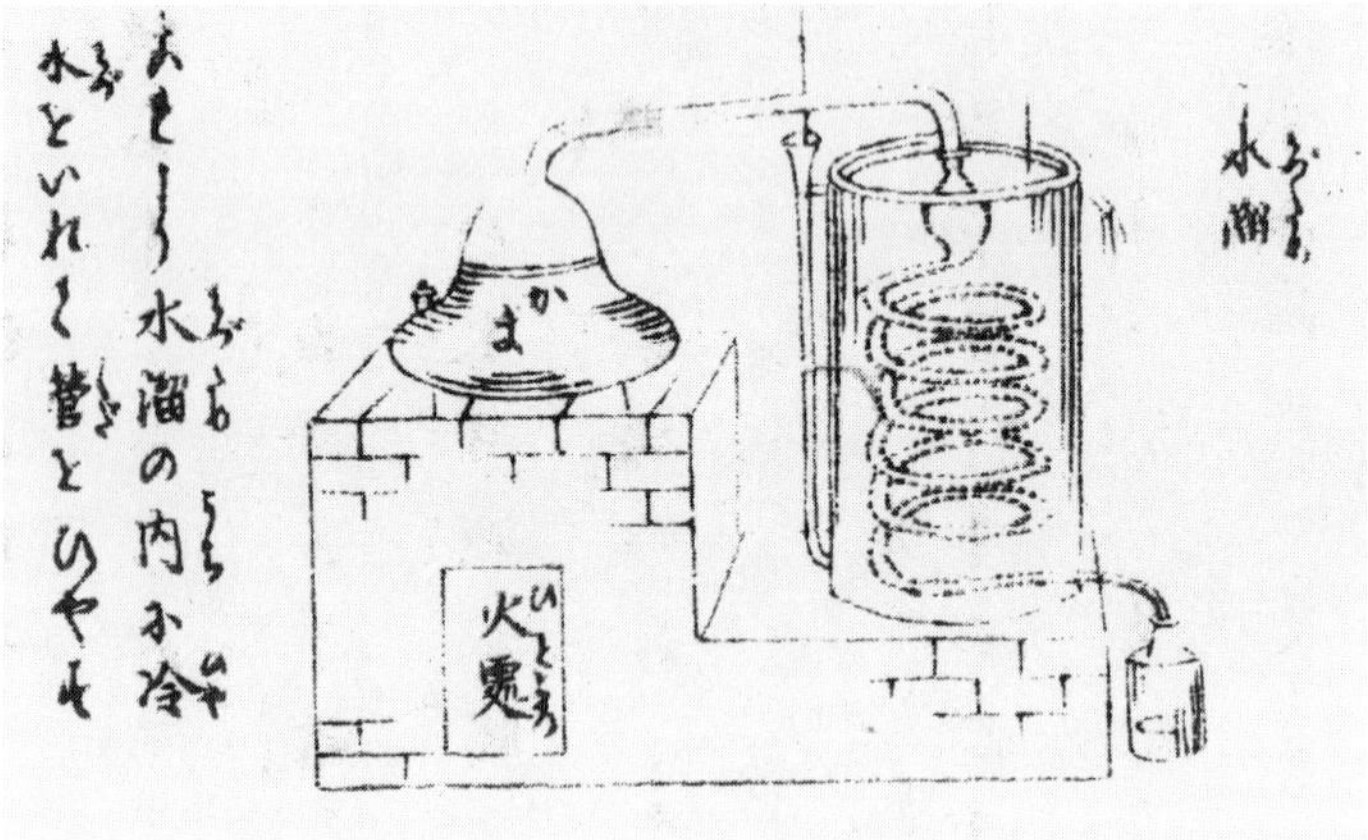

図18 「蒸留装置の絵図」（福沢諭吉『訓蒙窮理図解』より）
蛇管式の冷却器の仕組みを説明している

（薄くのばした金属板）に水を滴《たら》せば、水の火にかゝりし痕も見せず。こは水のいまた熱鉄へ届かざる前に蒸発気となり、その蒸発気にて上より滴り落る水と鉄版《てついた》との間を仕切りて、その実は版へ直に水の付くことなければなり。叉手を湿《しめ》してこれに熱鉄の湯を灌《そそ》ぐとも火傷《やけど》をすることなし。如何にも不思議のようなれども、道理を考うれば、驚くに足らず。鉄の湯のいまだ手に届かざる前に、その熱気にて湿《うるお》いたる手より蒸気立騰り、恰《あたか》も手に蒸気の皮を一重《ひとえ》蒙《こうむ》りたる姿にて、鉄湯《てつのゆ》は直に手に付くこと能《あた》わざるなり。鋳物師《いものし》の戯れに人を驚すことあり。

扠《さて》蒸発気（水蒸気）は目に見えずといいしなれども、蒸騰《むしのぼ》り（蒸発する）し後に冷ゆれば雲霧《くもきり》の状《かたち》となりて目に見るべく、冷ゆること甚だしければ、雲霧の状を変じて原《もと》の水に返る。冬は湯殿に湯気立籠《こも》れども、夏には見えず。牛の鼻息、冬は夥しく見ゆれども、夏はこれなし。蒸発気の冷ゆれば雲霧となる証拠なり。蒸露缶《ランビキ》にて焼酎叉は花の露（薔薇の花を蒸留して取った水。薔薇水）など取るも、蒸発気の水に返る理に基きたるものなり。

この仕掛にて釜に酒を沸せば、酒の精（アルコール）のみ先ず湯気となりて蒸騰り、冷き兜《かぶと》の裏につき、湯気の状と変じて露となり口より出ず。即ち焼酎なり。故に酒を沸す火は成丈《なりたけ》強く、兜を冷す水は成丈冷きをよしとなす。西洋にては蒸露缶の法、巧《たくみ》にして、下に記す図の如き仕掛あり。この仕掛なれば、釜の湯気は蟠屈《とぐろまき》たる管の中を通りて、その道長きゆえ、十分に冷て露となること多し。

蒸露缶の仕掛なくとも、蒸発気の化して水となるを見るべし。夏の日、薬罐《やかん》に新汲《くみたて》の冷水をいれ置けば、薬罐の外側に露たまりて、水の漏りしかと疑うほどなり。こは薬罐の漏るにはあらず、空中の蒸発気、冷き薬罐に触れて露となりたるなり。薬罐の水、自然に暖まれば、露も亦散じて空中に立騰《たちのぼ》り、薬罐は乾きて常の如《ごと》し（図17・18）。

クロモジ（黒文字）

伊豆天城のクロモジ精油

伊豆でクロモジから精油を採っている人がいるという情報は驚きであった。

精油（エッセンシャルオイル）は日本でも最近ではアロマセラピー（芳香療法）など、生活のなかにさまざまなかたちで使われるようになってきている。しかしその多くが輸入品で、日本に自生している植物の精油は数えるほどである。ましてやクロモジのように、一般的にはそう親しみがあるとはいえない植物から精油を採っているのはいたって珍しいケースなのだ。

いったいどんな香りなのだろう。そんな疑問と興味を持ちながら、早速その精油を取り寄せてみた。

クロモジの精油は、クスノキに似たスゥーッとした香りであるが、薬臭くない。それに柑橘系やバラの香りの雰囲気も兼ね備えており、全体としては凛としていて、何とも不思議な香りであった。精油に品格というものを感じたのは、私にとってクロモジの精油が初めてであった。送られてきた精油には、次のような一文が添えられてあった。

茶屋宿・花吹雪は旅館業（観光業）という形で、ここ伊豆高原の歴史と風土、また広く伝統的日本の非常に高い文化性を再考し、それを表現すべく今日までやってまいりました。

図1　クロモジ　クスノキ科の落葉低木で2メートルほどになる

元来、日本人は山へ入り、間伐をし、枝を集め、その薪を使い生活をしてきました。人の手が入ることで、森は育ち、人間は豊かに生活することが出来ていたのです。現在の森はどうでしょうか。人が入らなくなり、荒れ放題でジャングルのような山林となってしまいました。私たちは、そうした山に入り、うっそうと茂った黒文字の枝を間伐し、森に光りを入れ、そこに下草が育つという〔日本の森〕本来の美しい国土を復活させる一助を果たしたく存じます。

旅館という箱に食事と温泉を用意して、お客様を待つだけの〔現在までの旅館業〕ではなく、旅館・花吹雪として地域性・伝統性を高め、自然と一体化した〔本来の観光〕というものをこれからも模索していく所存でございます。

クロモジ精油の再現はその第一歩ですが、林業であり、農業でもある旅館業を目指してまいります。

この旅館のオーナーは市川信吾氏。三〇年前に伊豆に移り住んで来たとのことである。

クロモジの香りに魅せられた私は、クロモジから精油を採っているところに行ってみようと思い、早速「花吹雪」のある伊豆高原へと向かった。

東京駅から伊豆の踊り子号に乗り、約二時間で伊豆高原駅に到着。そこから歩いて一〇分ほどで「花吹雪」に着く。周囲の垣根にはクロモジが使用されている。昔静岡の豪族は魔除けのためにクロモジの垣根を張り巡らしていたらしい。クラブハウスのエントランスでは、クロモジの香りが、森の妖精のような雰囲気を醸し出して出迎えてくれた。宿泊棟や貸し切り風呂は森のなかに佇むようにあり、自然のなかを散策しながらいろいろなお風呂に入ることができる。クロモジ風呂では、クロモジの香りが脱衣室に漂い、浴槽の端には高さ一メートルほどのクロモジの枝が一本活けられてあった。鄙《ひな》の湯という名前の露天風呂は、垣根や屋根がすべてクロモジの枝で設《あつら》えてあった。そしてどのお風呂にもクロモジの香りのシャンプー、リンス、ボディソープ、フェイスソープが用意してある。自然と設備がひとつになっており、森林浴ができてとても気持ちがよい。

「花吹雪」で特に人気を集めているのがクロモジのエステである。クロモジの精油に、キャリアオイルも地元伊豆大島産の椿油を使用したものである。これこそ、その土地に根ざしたものをその土地で消費するという意味で「香りの地産地消」といえよう。

伊東市富戸《ふと》在住のセラピスト安藤あけみさんによると、クロモジはマッサージに使用する精油として最もふさわしいとのこと。また椿油はオレイン酸という人肌に近い成分を八五パーセント前後含んでおり、安藤さんの経験からも最高のキャリアオイルといえるのだそうだ。この安藤さんも、横浜から富戸に住み着くようになり、黒文字と出会い、そのとりこになったそうだ。

図２　「花吹雪」でのクロモジの蒸留装置

さて、肝心のクロモジの蒸留であるが、「花吹雪」で見せていただいた蒸留装置はいたってシンプルなものであった（図2）。「素人が見よう見まねでつくったのですよ」と市川氏。一回に採れる精油の量は五〇ミリリットル程度とのことであった。確かに装置は大量に精油を採るような大がかりなものではない。ステンレス製の容量が四〇リットルほどの釜に、ガラス製の冷却装置が組み合わされている。釜の周りには蒸気が漏れないようにタオルがまかれてあった。見るとそのタオルが焦げ茶色に染め上がっている。偶然できたクロモジの草木染めである。

蒸留時の蒸気の香りが何ともいえない。蒸気とともにクロモジの香りが鼻腔に届くやいなや、まさに至福の感覚がやってきた。「香りでこんなに幸せな気分が味わえるなんて」アロマセラピーとはこういうもののことなのだと、つくづく実感する。こんなクロモジの蒸し風呂があったらと思う。

伊豆でのクロモジ油の製造の歴史は明治時代からのものだという。また、全国いたるところに自生するクロモジだが、温暖で霧につつまれることの多い気象条件にある伊豆の天城山のものが、芳香と採油率に優れているのだそうだ。

市川氏はクロモジから精油を採るようになった経緯を、次のように語ってくれた。

「約三〇年前、こちらで現在の旅館業を始めたときに地元の名士の方が、郷土資料館の館長をなさっておりまして、生活史を研究されておりました。その方から伊豆では以前クロモジから精油を採っていたことを聞きました。昔は主に石鹸香料に使われていたのだそうです。

クロモジの精油が盛んに採られていた頃は、蒸留水も『もんじゃ湯』といってお風呂に活用されていました。実際にクロモジの蒸留水は膚にも効果的でたいへん喜ばれたようです。

温泉旅館を商売として始めたものとして、このクロモジのお風呂を再現したいという思いになりまして、ではまずクロモジから精油を採ってみようということになり、自分たちで実験的に始めてみたのです。現在でもいろいろ試行錯誤してやっております」

また市川氏は、クロモジからの蒸留を、伐採した直後より数日おいて行っているのだそうだ。特に興味深かったのは、満月のときの方が同じ量からでも、二〜三割精油の採れる量が多く、香りもよくなるという話だ。

多く採れるという点について、井上重治氏は、「満月のころは根からの水分の吸収が盛んで、このためにクロモジの生合成系（生体がその構成成分である生体分子をつくり出すメカニズム）も活発になると推定される。反対に新月のころは水の吸い上げが悪くなるので、木を移植するには最適だといわれる。この傾向は多くの植物に共通しているが、クロモジの場合は特に顕著であるという」（「伊豆クロモジ油物語」後編、『アロマトピア』87号）と述べている。市川氏は植物と身近に接していることで、自然にそうした植物のメカニズムをキャッチすることができるのであろう。

クロモジの効能

クロモジ（学名 *Lindera umbellate*）の香りの主成分は、ターピネオール（Terpineol）・リモネン（Limonene）など。タービネオールは、高ぶった神経を鎮めて良く眠れるようにする作用、鎮咳作用、去痰作用、抗喘息作用、気管支粘膜の充血をとる作用、などがあるといわれている。リモネンは、柑橘系に多く含まれる成分で、胃液などの分泌を高め食欲を増進する、胃潰瘍の予防効果、胃腸の働きをバランス良く整える作用、発ガン予防効果、また、血行を促進するため、快眠効果があるといわれている。

アロマセラピーの普及に伴い、ラベンダーやローズマリーなど、西洋の精油ではその香りの効果や効能の研究が進められている。クロモジの香りについては、先の井上重治氏が白癬菌などへの抗菌活性を報告している。それによると、白癬菌に対する最小発育阻止濃度（ＭＩＣ）で、抗菌精油として定評のあるティートリー油よりも四倍も強いという結果が出たという。

その他、脚気、一時的に血圧を下げる作用、円形脱毛症、ふけ、抜け毛防止、養毛効果まで期待できるとのこと。また浴剤として使用する際には、神経痛、リュウマチ、関節痛、肩こり、腰痛、冷え性、捻挫、打ち身、いんきん・たむしなどの寄生性皮膚病、アトピー性皮膚炎に効果があると言われている。

生薬としてのクロモジは幹を乾燥させたものを烏樟《うしょう》と呼び、薬用酒などにも使われている。

ウショウには、高ぶった神経を鎮めてよく眠れるようにする作用、痰を除き、咳を鎮め、気管支粘膜の充血を取る作用などがあります。また、一時的に血圧を下げる作用も確認されています。原料となるクロモジの根皮には、胃腸の働きをバランスよく整える芳香性健胃薬としての効能や、急性胃腸炎や下痢などにも効きめがあります。クロモジの枝葉は刻んで入浴剤にすると、神経痛、リウマチ、肩こり、腰痛に加え、体を温める効果もあるので冷え症や、湿疹、小児の皮膚のただれにもよいといわれています。ウショウを薬酒に使うと、煎じたときに比べて香り高い精油成分が効率的に抽出されます。

（養命酒のホームページより）

またクロモジの根皮を乾燥したものは、釣樟《ちょうしょう》といい、急性胃腸カタルや脚気《かっけ》に効き目があるとされている。

市川氏自身の体験では、精油を採るためにクロモジの伐採に森に入り、山積みになったクロモジの芳香が漂うなかで、酒を飲んだり食べたりすると、とにかく美味しく、気分がすごくいいのだそうだ。

その他民間の療法の事例としては、村上光太郎氏のアドバイスとして、「腰・膝・肘などの痛みに、クロモジを採集し、陰干しにして入浴剤にすると改善する」「クロモジの枝・葉や根皮を約一〇グラム煎じて湿布すれば、関節リウマチやねんざなどに効果があるばかりでなく、いんきん・たむし・疥癬などの皮膚病や湿疹などにも効果がある。また煎液の服用は急性腸カタルや食欲不振などにも効く」とある（玉舎義一「腰や膝の痛みとりにクロモジ」『現代農業』平成十八年七月号）。

煎液の造り方としては、「水一・五リットルにクロモジの乾燥枝葉一〇～一五グラムを入れて煮沸したら、弱火で二〇～二五分煎じます。これで薄茶色の香り高い煎液のできあがりです」とあり、「この煎液を朝夕コップ一杯ずつ（一五〇～一六〇cc）四、五日飲み続けたら不思議なことに膝の痛みが消えていた」との報告がなされている（『現代農業』平成十九年十二月号、小澤章三「ありがとうクロモジ」）。

クロモジの香気の心理・生理的変化への影響については、赤壁善彦氏（山口大学農学部生物機能科学科准教授）の次のような研究報告がある。

クロモジの精油の入った瓶と無臭の瓶を嗅いだ後の、交感神経と副交感神経の割合を見てみると、クロモジ油を嗅いだ場合は、交感神経の割合が減少し、副交感神経の割合が無臭瓶に較べて有意に増加する傾向にあったという。このことからクロモジ精油を嗅ぐとストレスの解消や精神安定などのリラックス度の改善が期待できる結果となった。また脳波に関しては、クロモジ精油を嗅ぐことによって、β波の割合が有意に減少している傾向が認められた。
被験者のほとんどがクロモジの香りを好ましい香りと判断し、気分が改善されたと評価し、その半数は体調も改善されたと回答した。（『アロマリサーチ』42号）

香りの機能性や効用など、輸入される精油の研究はなされているが、日本の精油に関しての研究報告は少ないので、今後多くの研究報告がなされることを期待したい。

日吉家三代にわたるクロモジ蒸留

市川氏は、明治時代から三代にわたって、クロモジから精油を採っている方が伊東市の富戸にいらっしゃるということで、紹介してくださった。

富戸は海に面しているが、山にも囲まれた小さなのどかな半農半漁の町であった。太平洋に面した蒼い海の景色が大変すばらしい。

そのお宅は富戸の鎮守三島神社のすぐ近くであった。出迎えに出てこられたのは、ご主人の日吉秀清《ひできよ》氏と奥様の公世《まさよ》さん。挨拶もそこそこに、庭にあったクロモジの蒸留装置を見せていただいた。「昨日蒸留したばかりだったのですよ。蒸留中は神社のあたりまで香っておりましたよ」と奥様。残念ながらそのときは蒸留作業には立ち会えなかったが、見るとまだ蒸留装置に蒸留後のクロモジが残ったままであり、そこから立ちのぼる馥郁としたクロモジの香りがまだ辺りにも漂っている。

蒸留装置の大きさは、高さ一メートル二〇センチ、直径約一メートルのドラム缶型である。素材は繊維強化プラスチック、通称FRPといわれるもので、ガラス繊維をプラスチックの中に入れて強度を向上させた複合材料を使用している（小型船舶の船体や、自動車・鉄道車両の内外装、ユニットバスや浄化槽などに

図３　明治20年代の蒸留装置　左端の樋で近くの沢から水を引いている（日吉秀清氏蔵）

使われるものと同等）。

蒸留装置にはクロモジの枝葉が約一五〇〜二〇〇キロ納まり、一回の蒸留で約〇・五〜〇・七リットルの精油が採れるそうだ。また蒸留装置の近くにはバスタブが置いてあった。うかがうと、昨日蒸留作業を手伝いに来た息子さんのお子さんたちが、蒸留時の冷却に使った水に（といっても冷却直後はお湯の状態になっているが）蒸留水を混ぜてお風呂に入っていたとのことだった。市川氏の言っていた「もんじゃ湯」がまさにこのお風呂であった。昔はこうしたお風呂に、近所の方にも入ってもらっていたそうである。浴槽の水に鼻を近づけると、まだクロモジの香りが残っていた。

クロモジの蒸留は、秀清氏の祖父鈴木秀吉氏が、明治二十年頃にこの地で最初に始めたのだという。秀清氏は、私に当時の秀吉氏が写っている一枚の写真を見せてくださった（図３）。秀吉氏は蒸留装置のそばで、おそらく採れたクロモジの精油が入っていると思われる瓶を持って飄々と立っていた。まるで仙人か、はたまた錬金術師の風貌を漂わせる秀吉氏。浮世離れしているような不思議な世界を醸し出している写真である。

秀吉氏がクロモジから精油を採ろうと思い立ったのは何故なのか。孫にあたる秀清氏にもはっきりしたことはわからないらしいが、ちょっと変人だが仕事一筋で、頭がよくいろいろなものを自分でつくったりすることがうまかったようである。また氏の写真の裏には英語で、「富戸でクロモジの精油製造を始める」という内容の走り書きが残されてあった。西洋の新しいものを積極的に取り入れようとした明治の人の一端を垣間見る気がした。

明治維新以来、横浜には西洋のさまざまな真新しい文物が入ってきた。それらを学ぶなかから明治の日本人は、短期間に多くの国産品を生み出したのである。当時の秀吉氏も横浜で、西洋の新しいものをたくさん目にしていたと思われる。その中におそらく精油の蒸留装置もあったのではないだろうか。明治時代は伊東までの鉄道はなく、横浜や東京へはもっぱら船が交通手段だったとのこと。そうした不便なところであったにもかかわらず、富戸でのクロモジ油の製造が、蒸留による採油の事例（産業としてのレベルで）としては日本では初期のものなのである。

当時の蒸留装置を見ると、その特異性に驚く。蒸留装置には熱を逃がさないように莚《むしろ》が巻かれてある。特に冷却器は特徴がある。秀清氏は「鉄砲」と呼んでいたが、蒸留装置の上部より横に曲がり、先にゆくにしたがって次第に細くなっている長さ二メートル五〇センチほどのパイプ状のものである。一般的な蒸留装置では、この部分は、蒸留装置と冷却器を繋ぐ導管（もしくは空冷部）と呼ばれる部分なのだが、この装置では、釜の中の香りのついた蒸気は、このパイプを通るときに冷却されて、先端から精油と蒸留水が出てくるのである。

外見からは判らないが、この冷却器は二重構造になっている。香りのついた蒸気は内管の中を通っている。水は外管と内管のパイプの間を、蒸気の流れとは逆に、下から入れて上から排水している。内管にいくつか穴が開いているのは、冷却面積を増やすための工夫であろう（この冷却方法は現在でも変わりなく引き継がれている）。また冷却のための水は、当時水道がないので、沢か湧き水が出るところから樋でひっぱってきているらしく、当時の採油のための苦労のあとがうかがわれる（冷却器についてはハッカの項でも述べる）。

秀吉氏の次男の日吉清捷《きよかつ》氏（秀清氏の父）は、永廣堂という香料会社に入社し、調香の技術を学ばれたそうである。清捷氏が昭和十九年に授与された調香技能証が今でも日吉家に残されていた。清捷氏の時代は永廣堂がバックアップしてクロモジ以外の精油の生産も行っていたようだ。

日吉家には清捷氏が大きな木の桶に入って蒸留作業を行っている写真も残されている。秀吉氏の装置より大きなものだが、今井源四郎氏による大正七年出版の『香料の研究』（農商務省商工局）の「クロモジ」に記載されている蒸留方法はこの時代のものと思われる。貴重な資料なので長くなるが以下に引用する。

伊豆地方にて黒文字油を蒸留するは七月乃至九月頃農家の閑暇を利用して原料を採集せしめ、原料豊富にして其運搬に便宜冷却装置の水を利用し得る傾斜の地を撰み炉を築き、連日作業夜間作業に当り温熱の放散を防ぐが為め釜の全部及蒸留桶の二分の一を地中に埋めて蒸留所と為す。

炉は石を以て築き釜は鉄製の平釜なり蒸留桶は杉材にして四尺の釜に使用するには高さ六尺二寸口径四尺五寸底径五尺なり用材の厚さ一寸三分許りにして底の中央に直径一尺二寸乃至一尺三寸の蒸気孔あり、此孔上に直径二尺の蓋あり、蒸気は蓋と底との間隙より入る、底の周囲に近く給水鉄管の通ずる孔あり、而して桶は釜の周囲にある煉瓦にて支へ桶の蓋の直径は口径と同一にして、蓋の中央には冷却器と接続する口あり此口に近く直径一寸の小孔を設く之れ分離器より分別せし多少の油分を伴ふ水を此口より再び桶内に流入せしめ油分の回収を行ふものなり。

原料を桶に詰むるには丸葉詰と称し山出しの儘即ち葉幹共通内に投じ足にて踏み締め可及的密に詰む、此際釜を適度に熱し徐々に蒸気を発生せしめ下部の葉幹を軟弱となし充分密に詰む、直径四尺の釜を用ふれば此間大抵四時間を要して二百貫を詰む、多量に詰むるに従ひ利益多しとす、職工は二人を要し普通一日に二釜の蒸留を行ふ。

水蒸気に伴ひたる油分を凝縮するにはリービッヒ式を改良せるものにして長さ十尺口径六寸直立一尺の後屈曲せしめ水平以下に傾け管は次第に細く先端の直径は二寸五分なり、傾斜部分は内外の二管よりなり其間に冷水を流通せしむ（後略）。

（なお、二重構造のリービッヒ式冷却装置については「ハッカ」の項でふれる）

日吉秀清氏にもこの部分を読んでいただいたが、父清捷氏が蒸留を行っていたのとそっくり同じであることから、この書が当時の様子を正確に伝えていることがわかった。

また実際にクロモジの精油製造にもたずさわっていた永廣堂社長安宅精三氏によると、クロモジ油は主に石鹸香料などの調合香料の素材のひとつとして取引されていたという（ただし黒文字石鹸という名前の商品は発売されなかったらしい）。

やはり先の『香料の研究』にも、「黒文字油はゲラニオール、リナロール、チネオール（シネオール）の製出原料となすを得べく叉石鹸香料として多量に応用せられ叉香水頭髪油にも加ふ、安価にして比較的芳香なるを以て欧州香料家の注目する處となり盛んに輸出を見んとするに当たり偽和品を供給せし者ありて欧州市場に於て一時其声価を失せしは惜むべし、此点に注意せば今後其輸出量は増大し得べし」とあり、クロモジの香りの成分から特定の成分を抽出していたことや、主に石鹸や整髪料に使用されていたこと、そして一時は海外にも輸出されていたことがわかる。

また昭和四十二年（一九六七）十月四日発行の『日本農業新聞』の静岡版によると、戦前の最盛期で六月から十月まで採油作業を行って約一・五トンの精油を採っていたが、現在（昭和四十二年）では五分の一まで減ってしまったと掲載されており、伊豆におけるクロモジ油の生産の歴史を物語っている。

秀清氏によると、クロモジを山から伐採して背負梯子（ショイワク・ショイコ＝背中で物を運ぶ道具）で蒸留するところまで運んでいくことでも現金が得られたらしく、当時の富戸では、貴重な収入源となっていたのだそうだ。

このような歴史を持つ富戸のクロモジであるが、三代目の秀清氏もご先祖から受け継いできた伝統的なクロモジの蒸留技術を継承し続けているのである。ご夫婦からは、クロモジで商売をしようというより、クロモジの蒸留を続けたいという想いが伝わってくる。

植物から精油を採る水蒸気蒸留法であるが、その装置や技術は、植物によって微妙に違いがある。日吉家の現在の蒸留装置は『香料の研究』に記載されているものと技術的にはほぼ同じものである（現在では釜の素材や、薪などを使用した焚釜から石油を使った蒸気のボイラーに変っている）。それは最新の蒸留装置というわけではないが、クロモジから精油を採るのには理に適っているのであろう。

この貴重な伝統技術（装置も含めて）が途絶えたとしたら、とても残念なことである。幸い秀清氏のご子息が継承することになっているそうだが、他では見ることのない貴重な蒸留装置でもあるので、私は日吉家のクロモジの蒸留の過程を記録すべく、一度立ち会わせてもらった（図4）。

日吉家では、県の森林整備課の許可を得て、県有林からクロモジを採集している（私有地の場合には、

図4　クロモジの伐採風景（伊豆御室山付近）

土地の所有者の許可を得ているとのこと）。

　私が同行させていただいた場所は、大室山近くの、県道沿いの杉林の中であった。杉木立の中に高さ二～四メートルぐらいのクロモジの木が群生している。枝は植木鋏で切れる太さぐらいのところで伐る。太い枝から伐ると木にダメージを与えてしまうし、釜に入れるとすき間ができ、収率が悪くなるのだそうだ。

「葉のよく付いている太い枝を曲げて、細い枝のところで伐るんですよ」公世さんはそう言って、慣れた手つきで枝を伐っていく。クロモジの枝をパチンパチンと切る度に、クロモジの芳香が鼻に飛び込んでくる。クロモジの森林浴である。何かとても贅沢な一時に感じられた。

　そうして伐った枝葉は一定の大きさに縄で束ねてトラックで持ち帰る。日吉家では持ち帰ったクロモジを一晩おいてから蒸留するという。次に釜（蒸留槽）にクロモジの枝葉を詰めていくのだが、人が釜に入って踏みしめながら詰めていく（踏圧）。すき間なく詰めた方が多くの精油が採れるのだそうだ。この作業が結構大変で、始めてから詰め込みが完了するまで約二時間を要した。

詰め込みが半分を過ぎるとボイラーを短時間焚いて蒸気を送り始める。これは熱で原料をしなやかにし、釜に入れる量を多くするためだそうだ（これらの作業など『香料の研究』の記録のままである）。現在の装置では灯油でボイラーから水蒸気を釜の底に送り込むようになっている。詰め込みが終わると、釜の上部に布を敷いて木の蓋をする。布はクロモジの枝葉が冷却部のパイプに入って目詰まりしないためのものだ。釜と蓋のすき間には、蒸気が漏れないように、粘土状の土を指で埋め込んでいく。

蓋の真ん中の穴に「鉄砲」と呼んでいる冷却部のパイプを設置する（リービッヒ式の改良したもの）。やはり蒸気漏れ防止のために、蓋とパイプのすき間には布を絞って詰め込む。冷却水を注入する水道のホースをパイプの先端部の注入口に繋ぐ。パイプの先端部には出てきた精油と蒸留水を分離して取り出す「分水器」というものを据える。「分水器」の仕組みはこうだ。クロモジの精油は水より比重が小さいので留出液の上層に集まり、下層に水が溜まる（水より比重が大きい精油はその逆になる）。下層の水（といっても実際にはお湯の状態であるが）は自動的に排出される。日吉家ではバケツに溜めて、いっぱいになると浴槽に移している。溜まった精油は分水器内である高さに達すると精油のみが収油される仕組になっている。

蒸留開始から十分ほどで、冷却部のパイプの先端より抽出液が出始めた。分水器の上層に徐々に精油が溜まりだし、二十分ほどすると精油が出てきた。精油は蒸留開始から一時間ほどで約四〇〇ミリリットル、最終的には約二時間で五〇〇ミリリットルが採油できた。

蒸留後に、冷却部のパイプ、蓋を外す。釜の中の残り滓は一晩ほどそのままにして、釜から出し、最後に畑の肥料として使用する。

以上が日吉家におけるクロモジの蒸留過程だが、このように精油が誕生する瞬間に立ち会えたことは、私にとって新鮮で、とても幸せな体験であった。自然の素材から化学変化によって、別なものを生み出すのが錬金術であるが、蒸留という技術も錬金術そのものであると感じられた。

また蒸留直後、蓋を外した状態で蒸された釜のクロモジに顔を埋めると、蒸気とともに何ともいえないクロモジの香りが漂ってきた。クロモジの蒸気浴、蒸し湯（顔浴）である。なんという幸せな香り体験、極楽気分だろうか。ずっとこうしていたいと思うほどの至福のときであった。

秀吉氏、清捷氏、秀清氏と三代にわたって続いてきたクロモジ油の蒸留。それは効率化を目指し、機械化されたものではなく、どこかクロモジに寄り添っているようなエコロジカルなものであった。富戸でのクロモジの蒸留が、「香りの遺産」としてこれからも引き継がれていくことを祈りたい。

それにしても秀吉氏、清捷氏、秀清氏のクロモジの蒸留に対する情熱とは、一体どこから湧いてくるものなのだろうか。ご先祖様からの伝統といってしまえばそれまでなのだが……。

確かなことは、お三方とも黒文字の香りに魅せられていたということである。そして「花吹雪」の市川氏も、セラピストの安藤あけみさんも然り。かく言う私もそのひとりなのである。

クロモジの民俗学

クロモジの香りに嵌《はま》ってしまった私は、人に会えば伊豆のクロモジの話をし、クロモジの香りを嗅いでもらった。多くの人が好感を持って、「今までに嗅いだことのない不思議な香りだ」「日本的な香りがする」などと感想を述べてくれた。なかには、「すばらしいアートに出会ったときの感覚と同じものをクロモジの香りから受けた」という人もいた。

私はクロモジの香りを嗅いだ人の表情のなかに、単に良い香りに対する反応とは違うものがあるような気がしてならない。何故なら、嗅いだ瞬間に目の奥が光るような反応が、多くの人から感じられたからである。それはクロモジの香りに歴史や伝統が凝縮されているからともいえよう。

最近の香りの研究でも、後天的ではなく、特定の神経経路が決められて、先天的に匂いや香りに対する情報処理（好き嫌いや忌避反応）が行われていることもあることが明らかになったそうだ。

クロモジの香りに対しても、先天的に日本人の心や魂に響く何かが組み込まれているのかもしれない。

クロモジを民俗学の立場から注目していたのは柳田國男である。

『神樹篇』のなかでは、越後から東北では、熊やアオシカ（カモシカ）を捕った後に、山の神に感謝の意を表す儀式でクロモジを用いることがあること。京都では、クロモジのことを「鳥柴《とりしば》」と呼び、鷹狩りの獲物を人に贈るのに、クロモジの木に結わえていたことなど。こうした事例を挙げて、クロモジが信仰や祭りの樹木であることを解明している。

柳田國男はまず、次の平安時代の神楽歌に注目している。

　榊葉の　香をかぐはしみ　尋《と》めくれば　八十氏人《やそうじびと》ぞ　まとゐせりける

（訳）榊の葉の香りがよいので、その場所を求めて尋ねくると、多くの人たちが楽しそうに寄り集まっていることだ。

これを踏まえて『神樹篇』をみてみよう。

幣は幣帛という語も久しく行われ、絹布・木綿などの繊維品に限るように見られているが、少なくとも日本の常民の間では、食物が最も弘く行われ、それも祭りの木に直接結び付けられていたことが、これから次々に判明するだけでなく、さらに一歩進めて我々の榊、神の御目にも最も好ましく、悦ばしく見えた木の枝が、本来はこの黒モジという木ではなかったかということも考えられる。古い祭の歌の一つに、榊葉の香をかぐはしみとあるのを繞って、昔の学者の間でもこの点は議論があった。今いうマサカキは美しい葉の色だけれども、香というものがまったくなく、残念なことにはその生育区域が限られ、この木のない土地では今でもいろいろなものを代用している。上代の文献にサカキというのは、一種の植物に限られていなかったということは、真淵大人以来、多くの学者がもう認めている。最初から土地ごとに区々だったにしても、その最も多く選ばれた木、すなわち香をかぐはしみと言われたのは、黒モジまたはその類のものだろうかと私は思う。同じ樟科の中でも、この木は特に広く分布し、寒い国々にもよく育ち、北は津軽の海峡を越えて、蝦夷が島の山々にも茂っている。我々日本人の鼻の記憶、すなわちいつまでも忘れがたかった木の香はここに留まり、かつ弘々と広がって行くことができたのも、結局は黒モジが樟科の中でも、最も寒い土地まで栄えて行く特色があったからで、これがちょうど旭川や豊原で稲を栽培するような民族が、同じ南種の中でも日本人だけであったことと、併行するものではなかったろうか。他にもいろいろの大切な用途をもつ木だけれども、それが発見せられたのも、本来は忘れがたい木の香があったためで、今日はたった一寸五分ばかりの爪楊枝になって、町に住む人たちの間に名を知られているのも、この古い伝統の最後の残形であったとも想像し得られる。(『柳田國男全集14』ちくま文庫)

柳田國男はこの「榊葉の香をかぐはしみ」の歌の「さかき」が元々香りのする植物であり、クスノキ科のクロモジであったと推論している。そしてクロモジのことを「我々日本人の鼻の記憶、すなわちいつまでも忘れがたかった木の香」とも表現しているのである。

どうやら柳田國男も、クロモジの香りに魅せられていたひとりだったようである。

他にも山陰地方では、正月に餅花といって、餅をクロモジの木に花のように挿して飾る風習がある。御柱祭で有名な長野県諏訪大社上社の「御射山祭《みさやま》」では、御手幣に「ぢしゃ」といってクロモジが使われていたという。「クロモジちうものは神様の木だもんで。香りが良いから、獣の臭いを消すもんで、獲物を神様にお供えするときに一緒にお供えした」(寺田鎮子・鷲尾徹太『諏訪明神　カミ信仰の原像』)という。またカンジキ(深い雪の上を、足を沈めずに歩行できるように、靴の上から装着するもの)の素材としてもクロモジ(大葉クロモジ)が使われているのだ。

青森県の三内丸山遺跡には、縄文時代前期〜中期(約五五〇〇〜四〇〇〇年前)の大規模な集落跡が見つかっている。私がここを訪れた時にまだ発掘中の箇所を見学させてもらったが、その周辺の林の中にクロモジ(大葉クロモジ)の木を見つけることができた。葉を揉むとあのクロモジの独特の香りがした。狩猟にも関わるクロモジは遙か縄文時代の息吹を伝える香りといえる。

石鹸香料として使われたクロモジ

クロモジにますます興味を持った私は、クロモジが石鹸香料に使用されていたという事実を調べてみることにした。

石鹸については、横浜開港資料館に初期の石鹸製造に関する資料が残されていた。それによると、初の国産石鹸製造に成功したのは、堤磯右衛門(横浜磯子出身)という人物で、明治六年(一八七三)三月、横浜(現在の南区万世町二丁目)で製造所を建築、同七月に洗濯石鹸、翌明治七年には化粧石鹸の製造に成功している。

当初の原料は牛の脂身・煙草の茎・食塩だったという。苛性ソーダ(水酸化ナトリウム)が輸入されていなかったので、煙草の茎で代用していたという。明治八年（一八七五）頃になると椰子油・アザラシ油・落花生油・牛油・ソーダ・香料などを東京や横浜の商人から購入している。植物油や動物性の油に苛性ソーダやボッタアス（炭酸カリウム）を混ぜて加熱し、出来上がった石鹸水溶液に食塩を加えグリセリンと石鹸に分離したとある。さらに蜂蜜やバラの油を混ぜたとあり、この頃から匂い石鹸が作られるようになったと思われる（「堤石鹸製造所とその資料より」『開港のひろば』第一〇〇号、二〇〇八年）。

明治十年（一八七七）政府主催第一回内国勧業博覧会で、磯右衛門の石鹸は花紋賞を受賞した。賞状には「品位良好弘ク需要ニ供スベシ」と書かれている。その後、香港・上海へも輸出され、明治十年代の前半に堤石鹸製造事業は最盛期を迎えた。

香料については、明治十四年（一八八一）の記録に、茴香油（フェンネル）、桂枝油（シナモン）さらにバラ、迷迭香（ローズマリー）の香料を混ぜたとあり、さらに香りの良い石鹸づくりが行われていたと思われる。

堤石鹸で特筆すべきことは、石鹸の種類とラベルのバリエーションの豊富さである。種類は、洗濯石鹸、化粧石鹸の他、害虫駆除の鯨油石鹸、海水でも使える海水石鹸、コレラ予防の石灰酸石鹸など多種にわたっている。またラベルは、西洋風なものから、桃太郎を題材にしたもの、旭に松竹梅、若樹の桜など日本風なものまで、花札の絵柄のようで実に楽しい。堤磯右衛門の良質な国産石鹸へのこだわりがうかがわれる。なお、堤磯右衛門の石鹸は、平成二十二年（二〇一〇）に当時のラベルのままに復刻版として出された（株式会社エクスポート）。

明治二十三年（一八九〇）『時事新報』主催の優良国産石鹸の大衆投票で第一位になるが、全国的な不況のなかで経営規模の縮小を余儀なくされ、翌年創業者の磯右衛門が死去、その二年後の明治二十六年

（一八九三）ついに廃業に至っている。

残念ながら、石鹸製造の創業者とされる堤磯右衛門の資料からは、クロモジの精油の使用に関するものは見つけられなかった。

その後何社か石鹸製造メーカーに問い合わせてみたが、古い記録のことについて確かな裏付けになる資料を見つけることができなかった。

何か手掛かりはないものかと思っていたが、『香りの本』平成十九年（二〇〇七）十二月号（日本香料協会）に、花王株式会社の調香師廣瀬孝博氏が書かれた「石鹸の魅力、その歴史と最近の動向」というタイトルの文章を見つけることができたのである。そこには何と花王石鹸創業者の石鹸香料の処方箋に、クロモジ油が使われていたと書かれてあったのだ。早速廣瀬氏にお電話すると、「花王ミュージアムに行けばその処方のメモがあるはずなので、そちらに問い合わせてみたら」と、お教えいただいた。花王ミュージアムに問い合わせたところ、館長の根本利之氏が、「処方箋のメモは確かに展示されているのでいつでもご来館ください」と親切に対応してくださった。

花王ミュージアムは墨田区文花のすみだ事業場内に併設されてあった。ミュージアムは、石鹸の歴史がその時代時代の生活スタイルの変遷とともに展示されており、とても興味深いものであった。また何とありがたいことに、根本氏は、創業当時やクロモジの処方などの資料を用意していてくださったのだ。いただいた社歴に関する資料『花王石鹸五十年史』によると、岐阜県恵那郡福岡（現在の中津川市）出身の長瀬富郎氏が、明治二十年（一八八七）、東京日本橋馬喰町（現在の中央区馬喰町）に長瀬商会（資本金五百円）を設立、明治二十三年（一八九〇）に「花王石鹸」を発売している。

「花王」の名前の由来については、当時の輸入石鹸以上の品質で「顔」にも使える石鹸という意味の

「顔石鹸」から「香王」「華王」などの案を経て「花王石鹸」に至ったということである。

また、「長瀬商店は特に外国優良石鹸への対抗上、その花王石鹸の香料について、細心の注意を払ったもののごとく、（明治）二十三年秋には、本舗内に香料調合所の実体が備はり、初代富郎氏自身がこれに当ったもののやうである」と記されてあった。こうしたことから、初代富郎氏自らが香りの処方に直接かかわっていたことがわかる。

明治二十四年（一八九一）一月二十一日付「売薬部外願」の当時の花王石鹸（最初の石鹸の処方と思われる）の香料の処方には、ユーカリプトス油（一分）、蘇合香（一分）、山椒油（一分）、茴香油（一分）とあるが、クロモジはまだ使われていない。

しかし『花王石鹸五十年史』に記載されている、明治二十五年（一八九二）に鳴春舎（堀江小十郎氏）が東京商業会議所へ出した報告書（工業調査報告書）によると、「香油　総而輸入品ナリ。内地製ハ、クロモジ油、橙皮油（ミカンの皮を圧搾したものか）其他僅少」とある。

『香料の研究』（農商務省商工局、大正七年発行）の「クロモジ」の項には、「本邦に於けるくろもじ油の製造は今より約三十年前より行はれしものにして現在の産油年額は一万数千斤乃至二万斤なるが如し」とあり、明治二十年代には既にクロモジ油の蒸留が行われ、石鹸にクロモジ油が使われていたと考えられる。

なお、鳴春舎については、『中外商業新報』（明治四十五年＝一九一二）「最近の工業界上篇　輸出品工業調査」に「鳴春舎は明治九年堀江小十郎氏之を創設す、実に本邦に於ける石鹸製造業の鼻祖也とす、花王石鹸の製造元として故長瀬氏を提掖《ていえき》（助けるという意味）して長瀬工場及び某商店の基礎を作りたる村田竜太郎氏は実に其高弟也、村田氏は今現にライオン石鹸工場を経営し……」とあり、興味深い。

先のとおり、花王石鹸では、初代長瀬富郎氏が創製以来本店内で自ら香料調合に当たっていたが、請地工場が建築された明治三十五年（一九〇二）十二月に調合所も同工場内に移されることになった。そしてこの年の十二月八日付の処方のメモにクロモジが記載されているのである。これがミュージアムに展示されている花王石鹸の創業者長瀬富郎氏直筆の石鹸の処方メモで、花王石鹸におけるクロモジの処方の初見である。

黒のインクの文字が明治三十五年（一九〇二）のもの。朱の字は明治三十七年（一九〇四）十二月に改訂がなされたもの。さらに明治四十年（一九〇七）四月に全面改訂したことが記されている。

先述の鈴木秀吉氏が、富戸でクロモジの蒸留を始めたのが明治二十年（一八八七）頃であり、これは長瀬商会設立とほぼ同じ時期である。そして明治二十五年（一八九二）の記録にクロモジの精油の石鹸への使用が認められることからしても、鈴木秀吉氏がクロモジの蒸留を始めた明治二十年（一八八七）から二十五年（一八九二）頃には、既に石鹸にクロモジの精油を使用する需要があったと考えられる。

花王石鹸でも、請地工場に移転したときは、事業の拡大される時期であり、香りの処方もこのとき一新し、クロモジの精油を新規に採用したか、あるいは既に使用していたが、多量に処方に加えたとも考えられる。いずれにしても、その後の大正時代の花王石鹸の香料の仕入額の記録にもクロモジの購入額が一番目立つので、花王石鹸では、明治から大正の時代にクロモジの精油の配合された石鹸が多く製造されていたことは間違いないであろう。

メモの処方箋には、クロモジ油の他、茴香《ういきょう》油、桂子油、山椒油の計四種類の香料が記されていた（クロモジ以外は輸入香料）。茴香油はフェンネルオイルというもの。桂子油はシナモンオイルまたはカシアオイルであろう。山椒油については、安宅精三氏によると、昔はシトロネラ油のことを香料の関係者は山椒油と呼んでいたそうで、日本に自生している山椒から採ったものではないとのことであった。

また、前記『香料の研究』のレモングラスの項には、「さんせう油と誤称すれども之を芸香《うんこう》料の植物山椒（*Zanthoxylum piperitum, D. C.*）より得たる山椒油と同一視すべからず、市場には金弗或は銀弗さんせう油と称しレモングラス油、香水茅（レモングラスの一種とされる）油を販売するものあり」とある。シロネラ油、レモングラス油のどちらかであったかはわからないが、日本に自生するいわゆる山椒ではなかったようである。

また、芸香《うんこう》は生薬名で、ヘンルーダ（ミカン科）のこと。ここではミカン科という意味のつもりで「芸香料」と誤表記したのかもしれない。

さて、この処方箋からは、当時の長瀬富郎氏の石鹸にかけるなみなみならぬ想いが読み取れる。クロモジ油は、何と全体の五〇パーセントとかなりの割合なのである。この割合でどんな石鹸になるだろうと思い、後日同じ処方で石鹸をつくってみた。なお、山椒油については、今回は安宅氏のシトロネラ油の方を使用してみた。すると意外にもクロモジの香りが突出することもなく、全体に調和のとれた石鹸らしい香りにまとまったのである。

クロモジ油の香りは、単体で嗅いでそれほど弱く感じるというものではない。しかし他の香料と組み合わせるとクロモジ自体の香りは目立たなくなるようである。自分を主張するというよりも全体を調和させる働きがあるように感じられるのである。またクロモジ油単体だけでの石鹸でもクロモジ特有の香りは出にくいようである。

このクロモジの特徴は、別のことからも同じような結果が出た。知人の陶芸家の片岡哲氏に、クロモジの木で釉薬《ゆうやく》を作ってもらい作品に使用してもらった。すると、クロモジの灰を加えた釉薬は、全体の雰囲気を変え、味わいのある風合いを出したのだそうだ。

西洋の自己主張型ではなく、没個性によって全体のために機能することを良しとする日本人的な性格をクロモジは有しているともいえる。

長瀬富郎氏の日本オリジナルの石鹸への情熱は、日本人的な性格を持ち、日本に自生するクロモジから採れた、日本オリジナルの精油を配合することにも込められていたのだ。そして長瀬富郎氏も柳田國男や日吉家の人々、市川氏と同様にクロモジの香りに魅せられていたのではないだろうか。

長瀬富郎氏の生まれ故郷は、岐阜県恵那郡福岡（現在の中津川市福岡）である。かつては中山道の宿場町などが近くにあったJR東海の中津川駅から車で三〇分はかかる山あいにその生家はあった。まさに島崎藤村の『夜明け前』に描写されている「木曽路は山また山である」といったところなのだが、なかなか立派なお屋敷であった。

私が伺った平成二十二年（二〇一〇）、当家の主は、長瀬富郎氏の兄の孫にあたる長瀬規男氏であった。当時から現在まで、長瀬家では造り酒屋を生業にしているそうだが、代々林業にも従事していたという。

規男氏によると、今でもこのあたりの山に入ればクロモジの木をよく見かけるとのことであった。また規男氏は幼い頃に、羊羹などをクロモジの楊枝で食べたことや、この地方の名物である五平餅（ご飯を潰したものに、クルミ・ゴマ・エゴマなどを混ぜたタレをつけて炭火で炙ったもの）に刺す串に、クロモジが使われていたことなどを話してくださった。

富郎氏も幼い頃にクロモジの香りに親しんでいたのであろう。それは富郎氏にとっても、「鼻の記憶であり、いつまでも忘れがたかった木の香」であったように思われてならない。

ところで、島崎藤村の『夜明け前』は、黒船来航以来の幕末の激動期の木曽路の有り様が描かれている。

そのなかで、登場人物の木曽路の人々が、横浜土産の石鹸を珍しがっているシーンが印象的であった。富郎氏にも、似たような体験があったればこそ、国産石鹸製造会社花王が生まれたのではないだろうか。

このクロモジは、なんと国外で注目され始めているようだ。イギリスのIFA（International Federation of Aromatherapists）の公式機関誌『Aromatherapy Times』（No. 81, Summer 2009, pp. 8-9 by Margaret Pawlaczyk-Karlinska）によると、「近年絶滅の可能性が危惧されるローズウッド精油の代替に、日本の黒文字の精油を使用できないかと、アロマセラピストの間で注目を浴びるようになってきた」ということである。

記事ではさらに、新潟地方の民話では山の神様の木とされていたことなど、日本の歴史、伝統文化、芸術に深く根ざした樹木として紹介している。日本のアロマセラピストや、香料に関わる人ばかりでなく、日本の植物そして日本の文化を愛する多くの人にこの香りを嗅いでいただき、活用していただきたいと切に願っている。

クロモジも橘《たちばな》（後述）も伊豆の地に馴染んだ植物であり、香りが特徴的である。橘の葉は、どの柑橘よりも香り高く、透明感のある香りである。だから橘もきっと昔はクロモジと同様に「さかき」であったと私は考えている。日本においては、どれかひとつではなく、ある範囲を満たせば許容するような関係性が重視される。一面では曖昧さにも通じるのであるが、これは八百万《やおよろず》的な思考法からきているのではないだろうか。つまり万物には神様が宿っているという考え方だ。

たとえば、日本の芸道のひとつとされる蹴鞠《けまり》では、蹴鞠を行う庭には、根のはっている木が必要とされるという。人が空中に蹴り上げる鞠の運動に活力を与えるのは、鞠の精の存在が不可欠と考えられていたのである。この鞠の精は実は植物の精霊でもあり、庭に植えられた樹木をたどって、鞠の中に宿るというのだ。

また仏師は木の中の仏様の声を聞き、それに導かれて仏像を彫るという。あるいは西洋の登山では、山は征服するものであるが、日本では神が顕現するところであり、山は崇める場所となる。神社のご神体が元々は山自身であったというのもこのことによる。食べものでいえば、自然の食材の良さを活かすという考え方も八百万的であろう。

この八百万的な思考法には、人間の知恵や技術が主ではなく、自然（＝神）が主で人間が従という関係性が認められる。これはとてもエコロジカルな思考法ではないだろうか。

こうした八百万的な思考で考えると、植物やその土地の地場が発する情報をキャッチする感性（見えないもの＝精霊などと仲良くすること）によって、私たちは自然（精霊）から豊かな恩恵を受けることができるようになるのである。

そしてその土地に育った植物の精霊は、私たち人間のところにやってきては、さまざまに働きかけているのかもしれない。木に宿る仏様が、仏師にここを削ってほしいと囁くように、ときには香りとなって精油にしてほしいと囁きかけるのではないだろうか。植物から採れた香りのことを精油とかエッセンスと呼ぶくらいなのだから。

言い換えれば、精油とは植物の魂（スピリット）の変容でもある。だから精油を採る蒸留という作業は、錬金術でもあるのだ。その精霊（精油）たちは、人間の考えの及ばない力や関係性を生み出してくるのである。それを私たち人間は「縁」とか「偶然」とか「シンクロ」などと考えているのかもしれない。

ハッカ（薄荷）

世界のハッカ

歯磨きや湿布剤、キャンデー、チューインガム、口中清涼剤など、すーっとした独特の清涼感のあるハッカの香りは、現代の私たちの生活のなかに、なくてはならない香りのひとつになっている。

ハッカ属 Mentha. spp. は世界中に三〇種類以上あるといわれている。日本で主に栽培されていたものは和種ハッカ（Mentha arvensis L. var. piperascens Malinv. ex. Holmes）といい、シソ科 Labiatae の多年草で、精油に含まれるメントール（ハッカの主成分）の量が多いのを特徴としている（精油成分の六五パーセント以上）。一方、メントールの量が少ないものは洋種ハッカといい、ペパーミント（西洋ハッカ）やスペアミント（緑ハッカ）、アップルミント、ベルガモットミント、パイナップルミントなど、種類ごとに異なった呼び名がある。

ミントは英語「mint」からの外来語で、フランス語では「menthe（マント）」、ドイツ語では「Minze（ミンツェ）」という。これら「ミント」を表す言葉は、ギリシャ語の「menthe」、ラテン語の「mentha」に由来し、ギリシャ神話に登場する美少女ニンフ（森に住む精霊・妖精）の「メンタ（メンテー、ミンターとも）」の名にちなんだものである。メンタは冥府の神ハーデース（ハデス）に愛されるが、ハーデースの妻であるペルセポネーの嫉妬によって、草に変えられてしまう。その草が「ミント」で、「ペパーミント」のことである。また、ミントが清涼感ある香りを放つのは、草に変えられてしまったメンタが、自分の居場所を知らせるため、芳香を放つようになったことからといわれる。このような逸話から、恋人や夫婦間でミントを添えてプレゼントを贈ることは、「よそ見をしないで、わたしだけを見ていて」という想いを伝えることになったという。ミントの花言葉は高潔・貞淑・美徳で、ペパーミントに限定すると、心の暖かさだとか。

エジプトでは三〇〇〇年前にハッカ草を香水風呂に入れていたとか、ミイラの頭の下に敷いて腐敗防止に用いていたともいわれている。中国でも古くから漢方薬として使われていた。中国の最古の医学全書『千金方』（六二三年）に「蕃荷」と表記されてあり、『唐本草』（六五九年）には「薄荷」が医薬として用いられたと記されている。『本草綱目』（一五九〇年）には、「呉薄荷」「籠薄荷」「南薄荷」「金銭薄荷」などの品種が記載されている。

ハッカの原産地は明らかではないが、日本、中国、シベリア、サハリンに分布している。また洋種ハッカについては南ヨーロッパの地中海沿岸あたりが原産と考えられている。

日本にはシルクロード、中国・朝鮮を経て奈良時代に伝わったとされている。正倉院文書の天平宝字六年（七六二）の記述に「目草」という名前があり、わが国最古の本草書『本草和名』（九一八年）には「薄荷」が、漢和辞書『和名抄』（九三四年）にも「薄荷」とあり、和名で「波加（ハカ）」と読んだとされている。丹波康頼が著した『神遺方』（九八四年）には洗眼剤として記されている。

貝原益軒が編纂した『大和本草』（一七〇九年）には、「生薬を刻み、膾に加え、又、煎茶、燗酒に和して飲む。本草にも、茶に代えて飲むといえり。痩弱の人久しく食べからず。猫くらえば酔う。猫の酒なりと云う。猫の咬みたるに汁をぬるべし、相制するなり」とあり、現在のミントの活用によく似た内容がうかがえて興味深い。また江戸幕府の「万延元年庚申某月、暴瀉病ノ流行スルヲ以テ、其予防法ヲ頒布ス」という触留のなかにハッカ油を用いた処方が見られるという。病気の感染をハッカの香りで防ごうとしたのであろうか。

諸薬種の輸入概況について、江戸幕府が対馬藩へ公式の報告書を貞享三年（一六八六）に求めている。そのときの輸入品目にハッカが記載されている。また土岐隆信氏の「総社の薄荷」（総社の地域誌『然』二〇〇八年春号）によると、江戸幕府は享保七年（一七二二）に和薬改会所を設け、各地の薬種問屋の代表を集め、市場に流通する和薬の品種とその品質についての統一見解を求めているが、そのなかにもハッカが見られるという。既にこの時期にある程度の栽培が行われていたものと考えられる。中央の政策に呼応し

図１　ハッカ　シソ科の多年草

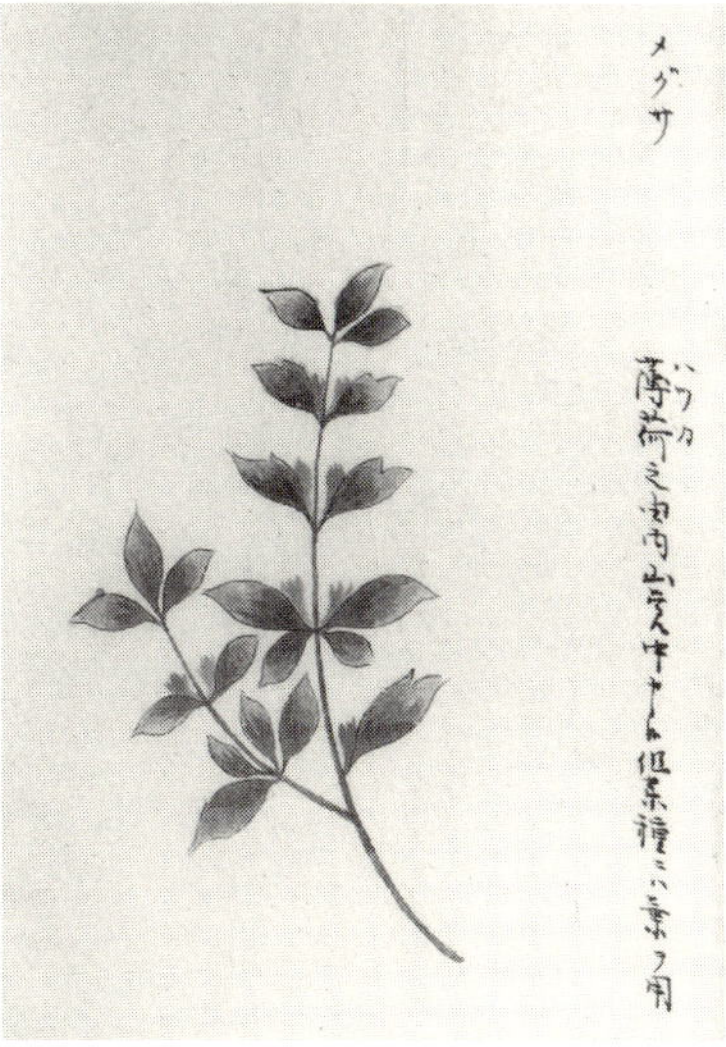

図２「享保七年越中物産記」に描かれたハッカ（「メグサ」と表記されている）（県立立山博物館図録『薬草と加賀藩』より）

てか、同年に「享保七年越中物産記」という記録がある。当時の越中立山での採薬記録であるが、これにはハッカが彩色絵で描かれている（図2）。絵の右に「メグサ」と表記されているが、やはり洗眼剤として使われていたのであろうか。

ハッカ栽培の始まりは岡山の総社

先の土岐隆信氏の「総社の薄荷」では、岡山でのハッカ栽培は文化十四年（一八一七）に総社で始まったとされている。これは明治四十一年（一九〇八）一月に発行された岡山県内務部発行のハッカ報告書に基づいている。それによると「文化十四年（一八一七）頃に備中門田（現在の総社市門田）の秋山熊太郎が江戸からハッカの種根数十本を持ち帰り、自作畑の一隅で試作した」とされている。これが日本での本格的なハッカ栽培・蒸留の始まりとされている。

秋山熊太郎は毎年五畝ほどの栽培を行い、取卸油（水蒸気蒸留後の精油の状態のもの）に焼酎を混合し、岡山、尾道、広島方面の菓子屋へ行商によって販売した。その栽培方法、精油の製法を秘密にして独占事業にし、「門田の薄荷屋」とネーミングして評判になった。二代目石蔵のときには、一反五畝、三代目熊次郎のときには、三反の栽培地から四四斤（二六・四キロ）のハッカ油を製造したとされている。

明治十九年（一八八六）には一町三反にまでなり、以後岡山県では、吉備郡（現在の総社市）、邑久郡、小田郡、後月郡、浅口郡、川上郡、倉敷市など県南を中心に栽培が本格的に行われていった。栽培は冬畑に種根を植え付け、六月から十月の間に三回刈り取りを行った。刈り取ったハッカは二〜三週間乾燥した後に蒸留し、採油した。

岡山県での主な栽培品種は、「青茎種」、「赤茎種」、「さんび」、「はくび」などであった。栽培は広島県にも及んだらしく（別ルートで江戸末期に導入されたという説もある）、岡山県と合わせて備前、備中、備後をまとめて「三備の薄荷」と称していたという。

岡山県でのハッカ栽培の最盛期は大正十四年（一九二五）～十五年（一九二六）頃とされ、作付面積は二〇〇〇町歩、蒸留装置の数も六〇〇台を数えており、昭和二年の記録でも生産量が二〇〇トンを超えているのである。

他に先立って岡山県総社で、ハッカの栽培・蒸留が始められたのは何故なのだろうか。先の土岐隆信氏の「総社の薄荷」によると、現在総社で最初にハッカ栽培を始めたとされる秋山家には、栽培や精油の製造に使った装置・道具類などは残されておらず、唯一製品に貼ったラベルに捺す木印（図3）が残されているとのことである。

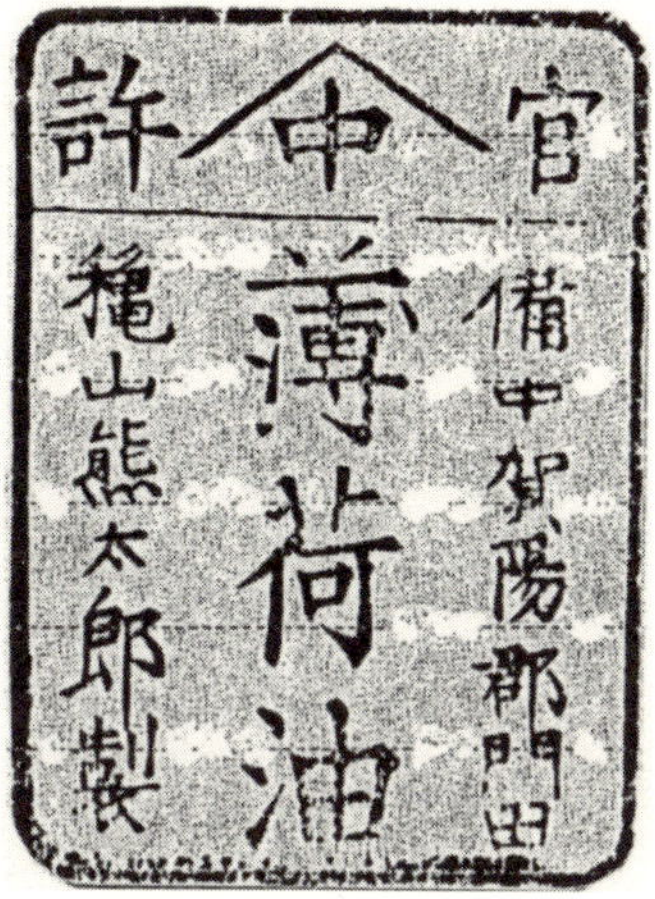

図3　薄荷油販売の官許印（土岐隆信「総社の薄荷」『然』12号より）

しかし手がかりとなるような興味深い事実があった。ここ総社では売薬が行われていたのである。売薬といえば越中富山が思い出されるが、富山の売薬の歴史をみると、岡山から学んだものだという資料がある。それによると、江戸時代、富山藩二代目藩主前田正甫《まさとし》のとき、備前の国岡山の医師第一一代万代浄閑が、正甫の家来日比野小兵衛に反魂丹《はんごんたん》の製法を伝えたというのである。

この資料は藩の公的文書ではないので、信憑性については疑問とされている。しかし、火のないところ煙は立たずである。現在総社宮のある門前に「総社市まちかど郷土館」が建っているが、ここには総社の売薬の歴史資料が数多く展示されている。富山ほど知られていないが、売薬が根付く揺籃の地であったのである。（ちなみに、秋山熊太郎は薄荷栽培から手を引いた後に、この場所で酒造業を始めている。）

総社は、古代朝鮮の百済などからの多くの渡来人（秦氏）が移り住んで来たところでもあった。あの「桃太郎」の伝説の鬼ヶ島のモデルとされる鬼ノ城という山城や、鉄器（鍛冶）をつくっていた蹈鞴《たたら》の遺跡もある。

吉備津神社にはこの鬼とたたらに関連する興味深い神事が今でも行われている。それは鳴釜《なるかま》神事という特殊神事である。実はこの神事にこそ、蒸留技術に関する情報が記録されていると思われるのである。

この神事の起源は、御祭神（吉備津彦命）の百済渡来の温羅《うら》（鬼）退治の話に由来している。命《みこと》は捕えた温羅の首をはねて曝したが、不思議なことに温羅は大声をあげ唸り響いて止むことがなかった。困った命は家来に命じて犬に喰わせて髑髏《どくろ》にしたが唸り声は止まず、ついには神社のお釜殿の釜の下に埋めてしまったが、それでも唸り声は止むことなく近郊の村々に鳴り響いた。命が困り果てていた時、夢枕に温羅の霊が現れて「吾が妻、阿曽《あそ》郷の祝《ほうり》の娘をして、命の釜殿の御饌《みけ》を炊《かし》がしめよ。もし世の中に事あれば竃《かまど》の前に参り、幸有れば裕に鳴り、禍有れば荒らかに鳴ろう。命は世を捨てて後は霊と現れ給え。われは一の使者となって四民に賞罰を加えん」とお告げになった。命はそのお告げの通りにすると、唸り声も治まり平和が訪れた。以上が鳴釜神事の起源である。

お釜殿でこの神事に仕えた老婆が、温羅の妻阿曽女《あぞめ》であった。鬼ノ城の麓に阿曽の郷があり、代々この阿曽の娘が奉仕していたという。またこの阿曽の郷は昔から鋳物の盛んな村であり、お釜殿に据えてある大きな釜が壊れたり古くなると交換するが、かつてそれに奉仕するのはこの阿曽の郷の鋳物師の役目であり特権でもあった。

この神事には、神官と阿曽女の二人が奉仕をしている。阿曽女が釜に水を注ぎ湯を沸かす。釜の上には蒸籠《せいろ》がのせてあり、常にその蒸籠からは湯気が上がっている。神事の奉仕になると祈願した神札を竈《かまど》の前に祀り、阿曽女は神官と竈を挟んで向かい合って座り、神官が祝詞を奏上する頃、蒸籠の中で器に入れた米を振る。そうすると鬼の唸るような音が鳴り響き（この音は「おどうじ」と呼ばれている）、祝詞を奏上し終わる頃には音が止む。この釜から出る音の大小長短により吉凶禍福を判断するが、その答えについては奉仕した神官も阿曽女も何も言わず、各自が自分の心でその音を感じ、判断するということである。

蒸留技術の基本が記憶されていると思われるのは、次のようなことによる。釜をつくるには製鉄（鍛冶）の技術がもちろんなくてはならない。またハッカの栽培については生薬の知識が必要である。蒸留には化学的な知識も要求されるであろう。そこで神事の中の、蒸気が発生している蒸籠の中で器に入れた米を振るというところに注目したい。精油を採るための蒸留法では、精油を採る植物の香気はまず蒸気と共に植物から離れる。玄米を振り、そこに発生する音の瞬間こそ、蒸留により植物の精（精油）が誕生する時であり、産声とでもいうものではないだろうか。

奈良時代、聖武天皇の命によって国分寺が各地に創建された。国分寺は、ここ岡山の総社にも創建され、現在でも五重塔（江戸後期に復元されたもの）が当時の面影を伝えている。こうしたことからも、備中総社地域が、文化的に進んだ土地であったことが想像できる。作家司馬遼太郎やジャーナリストの大宅壮一が、頭脳明晰な意味で「岡山県人ユダヤ人説」を唱えていたというのも理解できることである。

こう考えると、やはり秦氏などの古代テクノクラート集団であった渡来人がもたらした技術を総合したところに、ハッカ製造も誕生したと考えられるのである。なお、岡山に関わる渡来人とされる人物に、和《わ》気清麻呂《けのきよまろ》がいる。和気清麻呂は宇佐八幡の御託宣を時の天皇に伝えた人物とされているが、宇佐八幡が鍛冶の神の一面を持っていることは見逃せない。また臨済宗の開祖栄西は中国よりお茶といっしょにハッカも持ち帰ったとされている。栄西は岡山出身で、吉備津神社の権禰宜《ごんのねぎ》の子として生まれているのである。こうしたことを総合して考えると、岡山はハッカと蒸留技術に大変縁がある地といえるであろう。

十九世紀、安政年間には、ハッカの蒸留技術はお隣の広島へも広がっていく。安政元年（一八五四）広島近田村の佐藤亥三郎が、大和よりハッカ種苗を取り寄せ、栽培を始めた。佐藤は芋焼酎の製造（蒸留）にヒントを得てハッカの蒸留に成功する。岡山の秋山は製法を秘伝としたが、佐藤は自分のものとせず、まわりの人に教えたらしく、そのため広島での薄荷の作付け面積は増加したといわれている。

焼酎の蒸留は中国、タイ、琉球を経由して鹿児島に伝播したとされている（小泉武夫）。岡山の秋山熊太郎の場合も取卸油に焼酎を混合している。そして佐藤の場合は芋焼酎の製造（蒸留）にヒントを得てハッカの蒸留を行ったという。このことからして、「蒸留法の歴史」で述べたように、ハッカの蒸留に関しては、どちらも焼酎の蒸留技術からの影響があってのことのように思われる。

岡山・広島から新潟・山形へ

岡山や広島で栽培が始まったハッカは、明治初期には既に山形や越後でも栽培されていた。山形では明治六年（一八七三）に日本で最初のハッカの輸出を実現したという。その後も輸出は年々増加し、明治十年（一八七七）から十九年（一八八六）頃までは、山形県にはハッカブームがわき起こったという。

『南陽市史編集資料』第十二号（南陽市史編さん委員会）には明治七年（一八七四）から同二十三年（一八九〇）までの、山形でのハッカに関する多勢家と長谷川家のやりとりの書状（多勢吉郎家文書）が載せられていて、当時の商売のリアルな様子を伝えている。

多勢家と長谷川家は親戚関係で、ともに明治期に製糸業とハッカ製造を行っていたという。ハッカは輸出品で外国為替相場に影響されるため、情報交換が必要であった。また多勢吉郎次は、息子の吉太郎を横浜の茂木商店に、多勢長兵衛の息子の亀吉は鹿島屋にそれぞれ常駐させて、逐一相場の動きを把握し有利な取引をはかっていたという。横浜開港資料館には、「大日本横濱多勢製造 K. TASE」と表記された「ペパーミントクリスタル」のハッカ商標（ラベル）が残されている（図4）。

また山形市在住の渡辺正三郎は、明治三十年代の後半頃から、ハッカ玉（薄荷錠）というものを販売していたらしく、製品に同封した説明書らしきものが残されている。それにはハッカを固形の錠剤にしたことで、携帯に便利になったこと。世界の博覧会で多くの賞を受賞（受領金牌）した経歴を誇らしく掲げている（図5）。

図4　ハッカ商標（ラベル）
（横浜開港資料館蔵）

その使用法としては、旅行・散歩・通学時、頭痛、めまい、運動疲れ、勉強疲れ、仕事疲れ、暑気あたり、肩こり、人ごみに入る時、眠気さましなど。また氷嚢の代用として薄荷錠で軽く額を撫で、その上に濡れ手拭いを置くと冷感が著しいなどと書かれていて、現在の熱中症対策グッズと何ら変わりないものもあり、なかなかに興味深い。

『天童再発見　人びとのくらし』（野口一雄著）によると、こうした固形のハッカ脳を入れるこけしのような容器が山形県西川町大井沢中村にあった木地工場で生産されていた

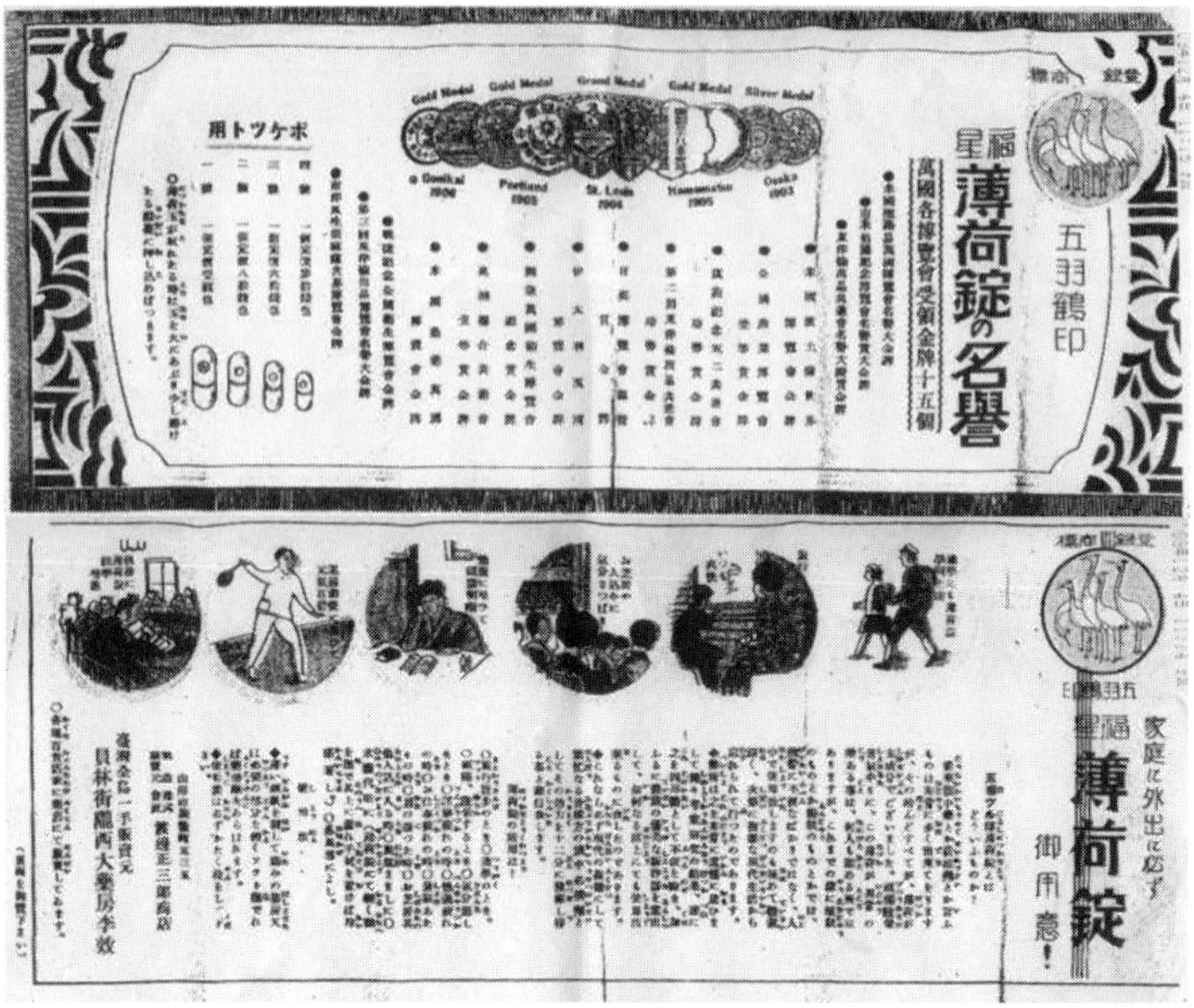

図５　薄荷錠（ハッカ玉）の説明書（山形）（渡辺正一郎氏蔵）

図６　薄荷錠の容器　木地業とのコラボ商品として興味深い

図７　薄荷玉の入ったしいこけし（塚越勇氏蔵）

という(図6)。

木地業を営む志田栄家には、表紙に「大正四年壹月以降　薄荷容器　木地製品控」、裏表紙に「中村木地工場」と記された大福帳や大正四年中村工場での薄荷容器製作中の写真が残っていて、往時のハッカ生産の盛んな様子を伝えている(野口一雄「山形県西川町大井沢の木地業」『村山民俗』第十号)。

木地とハッカのコラボレーションとしては、山形こけし会の会長であった柴田一氏が戦前、こけしをモデルに創案した「薄荷玉」というものがある。こけし人形をくりぬき、その中に銀紙で包んだ薄荷玉を入れて、ネジ式木栓で封入されている。こけしの中に薄荷玉が入っているのは大変珍しく、山形ならではのものである(図7)。

また山形には当時のハッカの栽培と製法過程が解説入りで描かれている貴重な絵馬(「薄荷栽培製法之図」明治二十三年(一八九〇)奉納、山形市郷土資料収蔵所蔵)が残っており、当時の様子を窺い知ることができる(図8)。特に興味深いのは、蒸留装置で、北海道で「天水釜」と呼ばれている初期のハッカ蒸留装置とそっくりなものが描かれてある。つまりそれは、焼酎の蒸留装置とそっくりということである。その後山形県立博物館にこの天水釜のハッカ蒸留装置の桶(甑《こしき》)の部分が保存されていることがわかった。スギ材で底には蒸気を通す穴も確認できた。また桶の側面一か所に四角の穴が開いており、冷やされた油を含んだ蒸留水が、ここに取りつけられた樋を通って外に集められたのである(図9)(蒸留装置については後に詳述する)。

北海道庁の『植民広報』(明治四十五年一月)の「本道の薄荷栽培」では、「古来著名の産地は越後の塩沢、羽前の黒川、備前(備中の誤りか)の岡山にして」と越後の塩沢を挙げている。『大日本地名辞書』にも「塩沢駅には近世薄荷を産物とし、薬用のため遠近に販売せらる」ともある。塩沢とは現在の新潟県南

図８　「薄荷栽培法之図」絵馬
（山形市郷土資料収蔵所蔵）

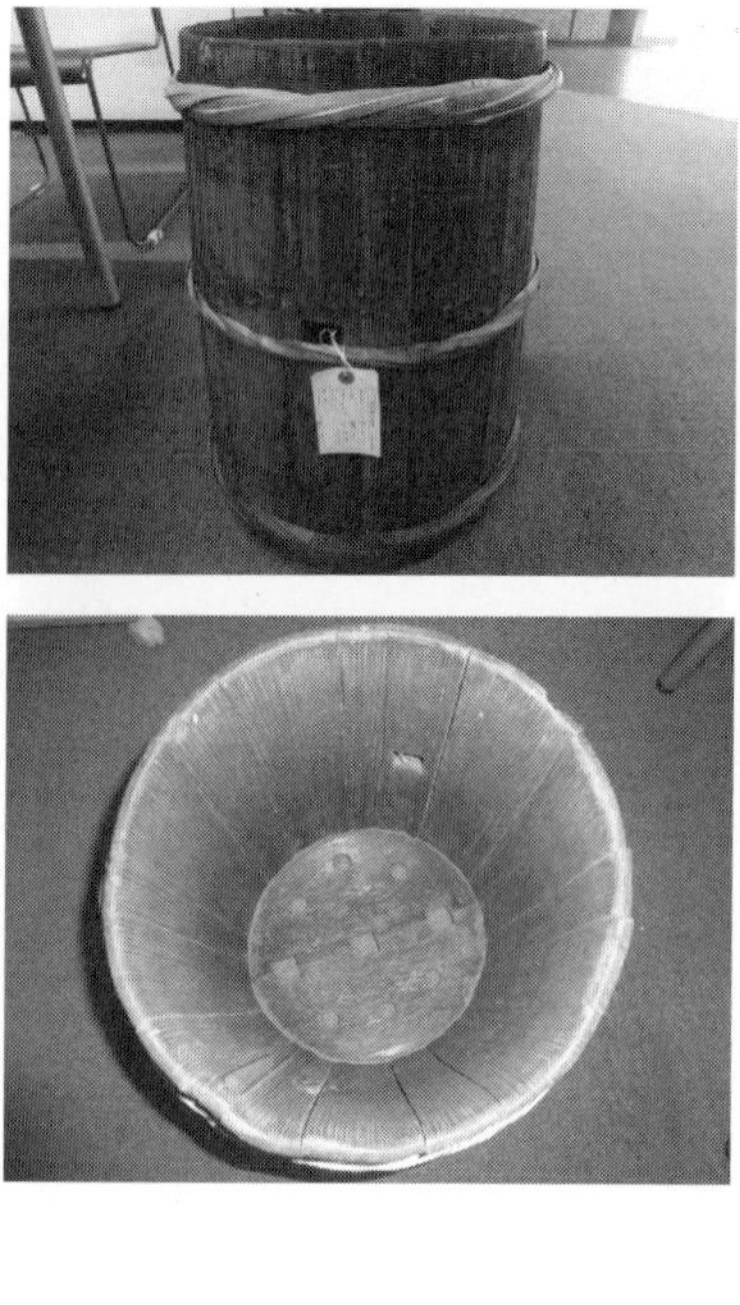

図９　ハッカ蒸留装置の蒸留桶（甑）
天水釜タイプで、焼酎の蒸留装置と同じもの。中で冷やされたハッカの香気を含んだ蒸留水は、管を通して、この側面の孔の外で集められる。桶の底は水蒸気が下から上ってくるように、孔が開けられている。（山形県立博物館蔵）

魚沼市である。現在ではハッカの栽培は行われていないが、ハッカ糖という砂糖菓子を製造するお店が数軒存在している。

私はそのうちの一軒、お菓子のアオキ（青木條右衛門）というお店にハッカ糖を注文させていただき、資料も送っていただくようお願いした。しばらくして届いたハッカ糖は白墨を小さくしたかたちで、口に入れるとじんわりと溶けて、甘みとハッカの涼しい香りが口腔に広がってきた。子供の頃食べたハッカのドロップはそれほど好きではなかったが、ハッカ糖は美味であった。一つ食べるとまた食べたくなる、シンプルな味なのだが、何かがたくさん詰まっているような豊かさが感じられた。送られてきた資料には以下のようなことが記されていた。

戦国時代、上杉謙信は塩沢の住民が献上したハッカを戦の間愛用したという伝説があること。江戸時代三国街道塩沢宿が整備された頃、ハッカを栽培、蒸留して出来たハッカ脳を「薄荷圓」として販売した。せき止め、頭痛、虫歯の痛み止め、めまい、船酔い、かご酔いに効果があるとして、塩沢のハッカは高値で江戸、大坂に取引されたという。彫刻師石川雲蝶や熊谷源太郎による薄荷の大看板は、三国街道沿いの名物となっており、当時の盛況ぶりを物語っている。

ハッカ糖のあまりの美味しさに、私は塩沢のアオキ商店を訪れ、青木則昭氏（第十二代青木條右衛門）とお会いさせていただいた。青木氏は「上杉謙信の話は信憑性があまりありませんが、塩沢でハッカが栽培され製造されていたのは確かだと思います」とにこやかに答えてくださった。

アオキ商店にも江戸時代の「薄荷圓」と書かれた看板が店内に飾られてあった（図10）。「薄荷圓」の字の右には、「第一気付け　暑気払い　万病に用い即効なり」とある。つまり薬として売られていたことがわかる。また「薄荷圓」の字の上には「寒製」と書かれてある。青木氏によると、ハッカの収穫は秋で、

図10　江戸時代の薄荷の看板
（塩沢・青木商店蔵）

それ以降の冬にかけて蒸留してハッカ油を採っていたとのこと。したがってこの地方の寒さに晒すことで、ハッカ脳の結晶が自然と出来たことを表しているのだという。「薄荷圓」の圓は円であり「粒」の意味もあるので、結晶の「ハッカ脳」として売られていたことも確かである。

こうして考えると、塩沢でのハッカは、蒸留によるもので、それも文化年間（一八〇四～一八一七）に既に始まっていたといわれている。

アオキ商店には明治二十年（一八八七）の製薬免許証があるが、それにも「薄荷脳・薄荷油」の製造に対しての免許となっている。同じ時期には山形でも造られており、蒸留装置も山形の装置と同じものだと考えられるが、塩沢では装置らしきものは発見されていない。

しかし『植民広報』の記載で見れば、塩沢（新潟県）、黒川（山形県）、備前（岡山県）が最も早い時期からハッカの生産に関わっていたのは確かであろう。加えて塩沢には越後のミケランジェロともいわれる石川雲蝶や、小林源太郎などが彫ったハッカの看板の存在や、安政四年（一八五七）のハッカの売上高を示す「物産取調書上帳」があり、史料としては見るべきものが多いようだ。

塩沢は江戸時代、三国街道の宿場町として賑わっていた。また日本有数の豪雪地帯でもあり、奈良時代から続く麻織物の雪晒しや、雪解け水による米や酒造りなど、北国ならではの文化を育んできたところでもある。この越後の雪深い生活を伝えた『北越雪譜』（江戸時代のベストセラーであったという）の著者鈴木牧之《ぼくし》もこの地に生まれている。また牧之の実家や、牧之の娘婿の勘右衛門や末子の青木源左衛門はハッカの製造に携わっている（現在は平野屋青木酒造）。

現在の塩沢宿は都市計画事業のもとに、雪国特有の雁木《がんぎ》（二階の屋根の庇を長くのばして、歩廊としたもの）のある和風建築の街造りが進められており、通りの名前も「牧之《ぼくし》通り」と名づけられている（平成二十三年度都市景観大賞）。

横浜居留地のハッカ屋敷

山形や塩沢でハッカが盛んに造られていた明治二十年代、横浜在住のイギリス人商人サムエル・コッキングが、最新の機械設備を持っていて、ハッカなどを買い付け、精製し輸出品としていた（このコッキングは横浜に明治十四、五年に石鹸工場も創業している）。ハッカについてコッキングは元千葉県農事試験場の林修已技師に栽培上の指導を得て採集していたようで、当時はコッキング商会と言うより薄荷屋敷といった方がよかったらしく、横浜の外国人居留地、山下町五五番地（コッキングが五五番地に在所したのは明治十八年（一八八五）から二十九年（一八九六）の間とされている）の倉庫の周辺には輸出品のハッカの清涼感のある香りが漂っていたという。ヨーロッパではペパーミント油とメンソールが「コッキング・メンソール」として売られて、コッキングはハッカ貿易の先駆者として知られることになった。

このことを裏付けるかのように、平成十九年（二〇〇七）から二十年（二〇〇八）に行われたこの外国人居留地区の遺跡発掘調査により、五五番地からハッカボトルの破片が出土している。破片から陽刻を復元すると「COCKING & co/JAPAN OIL PEPPERMINT」などの文字が確認されている（図11）。

実物のボトルの破片はミントグリーン色であった。発掘に当たった公益財団法人かながわ考古学財団の

図11　横浜外人居留地区の遺跡で発掘された19世紀のハッカボトル破片
（神奈川県教育委員会蔵）

天野賢一氏によると、破片から推定してコーラ瓶程度の大きさのボトルとのことであった。このボトルに山形や越後のハッカが精製されて海を渡っていったと想うと、感慨深いものがあった。

余談ながら、コッキングは、江の島に当時としては大規模で最新の温室設備をそなえた植物園を、明治十八年（一八八五）に造園している。この温室には石炭を使ったボイラー設備があった。石炭で熱せられた蒸気は配管を通じて温室に行き渡るように設計されている。このようなボイラー設備の技術は精油蒸留にも通じるものであり、コッキングがハッカの製造を行っていたことの裏付けにもなるであろう。

『江の島植物園とサムエル・コッキング』（内田輝彦著、一九六一年）には、昭和の初めに、植物学者の牧野富太郎もこの植物園を訪れていて、その時の写真が載せられてあった。江の島のサムエル・コッキング苑には、今なお当時の遺構が残されている。

コッキング以降、日本人では長岡佐介（長岡実業株式会社三代目）が明治二十五年（一八九二）ハッカ製造に着手する。薬種貿易商の小林桂助（小林桂株式会社創業者）は明治三十年（一八九七）頃にハッカ工場を横浜に建設。また同じ頃、鳥居徳兵衛（現鳥居薬品株式会社二代目）と藤野善輔が「日本薄荷輸出会社」を横浜で興している。

彼らはそれぞれ原産地の取卸油からハッカ油やハッカ脳を製造し、屈指のハッカ輸出商になっている。輸出先は主に米国、英国、ドイツで、当時のハッカは既に日本の輸出の花形であったようだ。こうした状況が、北海道でのハッカ生産の背景にあったのである。

北見・オホーツクのハッカの歴史

北海道でのハッカの試作は渡島管内山越郡八雲村の徳川農場が明治十八年（一八八五）に始めたのが最初とされている（日塔聡「薄荷談義」）。この農場は旧名古屋藩主徳川慶勝が困窮していた士族を移住させた開拓農場であった。西洋式の農具を使用し、多角化を計ったがハッカは成功せず、明治二十五年（一八九二）には農場も閉鎖に追い込まれている。徳川家は家康以来伝統的に薬草に熱心であることからして、慶勝もハッカを試みたのであろう。

北海道では、主に山形や福島などハッカ栽培の盛んであった所からの移住者によって生産が始まる。明治二十四年（一八九一）頃、山形県東村山郡高擶《たかだま》村（現天童市）出身の屯田兵・石山伝次郎（資料によっては石山伝兵衛とある）が郷里の山形から種根を導入し、永山村（現旭川市）で栽培に成功した。旭川市博物館内に常設展示されている「永山屯田兵屋」は、明治二十四年（一八九一）に二〇〇戸建設された内の一戸で、同年山形から入植した石山伝次郎とその家族が使用したものである。

次に明治二十九年（一八九六）には会津若松出身の渡部清司が永山から種根をもらって現在の網走管内湧別町で栽培に成功する。このときの品種は山形県産の在来種「赤丸」で、石山伝次郎が故郷の山形より入手したものだったという。

明治三十年（一八九七）、これまた山形出身の小山田利七が入植し、網走管内遠軽町で本格的にハッカの栽培と蒸留を行い、取卸油の製造に成功する。

小山田利七が使用した蒸留装置は、郷里の山形方面の装置を真似て作られたものらしく、これらは「天水釜＝在来釜」と呼ばれている（先述の山形の絵馬に描かれていたものと同種）。この装置は、川石を粘土で積み重ねて竈《かまど》を造り、その上に木の桶を乗せた手作りのものであったとされる（蒸留装置の変遷については後にふれる)。小山田利七は、開拓者にハッカ栽培の有益性を熱心に説いたらしく、後に北見地方でハッカ栽培が広がったのも、彼の功績が大きかったといわれている。

北見の自然はハッカ栽培に適していた。五~六月に適度の雨が降り、七~八月は気温が高くなり、収穫時期には乾燥して雨風が少ないのである。また輸送においても当時は馬での運搬であったが、他の作物よりも運びやすく、効率が良かったのだ。

こうしたことから、明治三十四年(一九〇一)頃になると、野付牛(現北見)でのハッカ栽培の機運が高まってくる。寒川江直助が兵村一区(現端野)、前田徳五郎が同二区(現三輪)、伊東長次郎が同三区(現相内)で栽培を始めている。三人は、やはり山形出身の屯田兵やその家族で、屯田兵解隊前後に、それぞれ開墾した給与地に種根を植え付けた。

当時の様子を、明治四十五年(一九一二)一月発行の『植民広報』でみてみよう。

明治三十四年十一月山形県人伊東傳兵衛の父長次郎(万延元年二月生)によって薄荷草が栽培される。……資金十円を投じて三十四年十一月、湧別村の井上八兵衛より種根を購入し、約八畝歩(八アール)に栽植したるにその成績良好ならず、翌三十五年九月僅かに油一組(二斤=一・二キロ)収穫したるに過ぎざりしも、その年十月更に湧別より百二十円分の種根を買い一町五反歩(一・五ヘクタール)栽培せしに良好にして、三十六年十月、取卸油四六組を収穫し山形に輸送したるに四四八円五〇銭の価額を得たり。

当時、大豆は一反歩の収穫一石(一五〇キロ)価格四円。大麦は一石五斗(七五キロ)三円五十五銭……

つまり明治三十六年(一九〇三)頃、一反(一〇アール)当たりの大豆や小麦が四円のときに、ハッカではなんと三〇円、七倍以上の収入が得られたのである。この反収の高さから一般の開拓農家の注目を集め、網走管内一円で爆発的に作付面積が拡大していくのである。

また、先にハッカを生産していた山形に輸送したとあるが、その後、ハッカの取引については、神戸・横浜などの国内外から集まった民間大手商人が生産農家を回って買い付ける取引形態が行われるようになる。当初北見の生産農民は販売に対する知識がなく、本州の岡山や山形産よりも相当安価な値段で取引されていたという。明治三十九年（一九〇六）頃までは、代金の精算は、現品と引き換えに、一組（約一・二キロ）当たり三〜四円の前渡金が支払われた。残金は、下湧別や網走などの積出港から横浜港に着いた時点で、「上がり相場」と称して、一組当たり五〇銭〜一円の追加払いが行われていた。こうした投機的な取引が盛んで、業者と農家間のトラブルも頻発したといわれている。

開拓民も高額の現金収入が得られるハッカは魅力的であったであろう。また輸出により、莫大な利益をもたらすハッカは当時の大手商人ばかりでなく、国益にも貢献するものであったと推察される。

「より高く売りたい、少しでも安く買い付けたい」この生産者とそれを買い付ける商人とのトラブルというのは何もハッカに限ったことではないであろう。ただハッカに関しては利潤が莫大であっただけに、サミュエル事件などトラブルも拡大化したように思われる。

サミュエル事件

ハッカ取引における買手の商略を端的に露呈し、北見全域を混乱させ、北見ハッカの歴史上拭いきれない一頁となったのが、サミュエル事件である。この事件の概要を以下に述べる。

明治四十四年（一九一一）に小林、鈴木（鈴木商店は樟脳の項も参照）、矢沢、多勢の四大手業者で独占された管内ハッカ市場に、横浜の長岡商店が進出して、前四者の協定価格六円五〇銭を無視して二〇銭高で買い付けをしたのに端を発し、防戦に回った鈴木は八円で買い付けるなど協定が破られ、本町では一一円五〇銭、野付牛では一二円六〇銭まで高騰し、品物が払底した。このことは、ハッカ相場の設定に疑問を抱いていた生産者ばかりか、相場に関心の薄かった農民一般にも不信の念を抱かせるものとなった。

ところが翌明治四十五年（一九一二）になると、長岡も協定に加わって買付価格を八円六〇銭に協定し、仲買人はその線にそって八円で買付にかかり、一週間後には七円五〇銭、最後は七円に引き下げて買取る手段に出た。尻上がりの前年相場と逆さまなこの挙は、売り惜しむ生産農家が歳末支払いに窮する盲点を狙い打ちしたもので、結果は大手業者の思うツボに落ち込むこととなった。こうした実情に処して、次のような打開策が講じられた。

上湧別村長兼重浦次郎は横浜地方の相場を調べた結果、協定価格が意外に安いことから、政治家を通じ、神奈川県知事に北見産ハッカを農会で集荷し一括取引するという条件を提示し、新たな買入業者の紹介を求めた。これによってロンドンのサミュエル商会横浜支店が紹介され、両者は直ちに秘密交渉を進め、商会側が主張する「道農会が責任をもったら引き受ける」との要求に基づき、十一月三十日に道農会で道庁斡旋のもとに、商会と生産者代表間で一年委託販売の契約が調印された（サミュエル商会については後述の樟脳にも関わることになる）。

両者の協約価格は一組九円とし、値上がりの場合は一三円までは商会の取得、一三円以上は両者で折半するというものであった。

しかし、この秘密協約はたちまち他業者の察知するところとなり、当初の業者協定価格は崩れて、三日間で九円から一五円三五銭に高騰するという大乱戦となった。農家では、お互いに乗馬で親族知人に刻々変わる相場を知らせ合い、安売り防止に努め、そのために「湧別の馬という馬は皆乗りつぶしてしまった」(『北見薄荷工場十五年史』)ほど、北見ハッカは狂乱相場に操られて騒然としたのであった。

この結果、せっかくの協約販売が危うくなったので、道庁、道農会、村長、警察分署長ら指導的立場の者が地区を巡回し、農家を説得して、ようやく一〇万四〇〇〇斤余をとりまとめ、サミュエル商会に委託したが、狂乱の影響は同商会に一一万六〇〇〇余円の損失金をもたらすものとなった。

サミュエル商会は長びく事後処理解決のため、大正四年(一九一五)十二月に管内生産者九六九人を相手取る「貸付金残金及立替金請求」の訴訟をおこし、紛争は法廷に持ち込まれたが、係争のさ中に同十二年の関東大震災で所管の横浜裁判所が羅災し、一件書類が焼失したことで立ち消えになったといわれている。

明治四十四(一九一一)年、四十五年(大正元年)(一九一二)とつづいたハッカ騒乱の反動は、ただちに大正二年(一九一三)に露呈した。この年は大凶作で、ハッカも三分作の減収で品不足であったから、農家は前二ヵ年の高値経験に照らして売り応じを渋ったが、大手商人側は二年連続の協定崩れによる損失を取り戻すため、策を案じて前渡し金(内金)による集荷を行い、農家の売り惜しみの裏をかく戦略で譲らなかった。このため、野付牛では鈴木商店の事務所が破壊され、本町でも道路に火を炊いて不当をなじるなどの挙があり、なんとか色をつけろと騒ぎたてたが、結局は僅かの包み金で終わった。次いで翌三年(一九一四)は三組で一〇円という前例のない安値で買いたたかれるありさまで、サミュエル事件の反響は厳しかった。

その後もハッカ相場が大手商人に独占される情況は変わらず、昭和七年(一九三二)に産業組合を通じた北海道信用購買販売組合聯合会(現ホクレン農業協同組合連合会)の委託販売が開始されるまで、その影響はサミュエル事件後二〇年間続いたのである。

以上がサミュエル事件の大筋であるが、この事件の資料が北見のハッカ生産者側からの資料であるため、大手商社サイドはどうしても批判の的にされているのである。公平に判断するには、商社サイドの言い分を記した資料も必要なので、以下に、『長岡創業二〇〇年記念誌』（長岡実業株式会社発行）から、商社の見解を紹介しておく。

その後サミュエル事件もあり薄荷の相場は波乱を招き低迷期を迎える事になった。この事を生産者側は大手商人の策謀だと非難する声が高まったが、大手商人としてもただ薄荷を買い付けするだけでなく、これを海外市場へ販売しなくてはならない。その為には毎年の生産量と海外の需要量を模索しながら相場の見通しを読み取る事が、商売の帰趨に関わる事であった。例え一時的に人為的相場があったとしても最終的には需給バランスに落着くのが相場である。

北見におけるハッカ生産の盛衰

さて、北見のハッカであるが、『北見新聞』掲載の「北見のハッカ今昔物語」（昭和五十八年六月十九日）では、明治三十六年（一九〇三）以降のハッカ栽培の広がりを次のように記している。

明治三十八年には上仁頃で松浦準一郎が試作を、四十年に島光作、三宅光太郎が植付けし、本格的な栽培熱の到来となる。同地区はのちに仁頃ハッカの産地として世界に名を馳せることになる。戦前は全耕地の七割がハッカ畑という景観を呈した。北陽では四十二年に栽培をはじめた馬淵茂平が先駆者である。

（中略）

作付面積をみても三十五年に七七町歩だった耕作地が三十六年に一四一町歩、三十七年には一一六四町歩に及び、それが四十年には二〇七九町歩を示し、第一次のピークを迎える。これは全道の五五％の比率だ。

北見のハッカの主たる生産の時期は、明治四十年（一九〇七）から昭和十五年（一九四〇）頃までだとされているが、昭和に入り、取り扱い農産物の価格低下に直面した北海道信用購買販売組合聯合会（現ホクレン農業協同組合連合会）が、民間業者に代わり安定的な高値買い付けを求める農家の要望を受け、取引に進出するようになった。昭和七年（一九三二）には遠軽村に「北見薄荷工場」の建設を計画するが、工場用地寄付に応じて野付牛町に予定地を変更。翌年工場が完成した。操業五年目の昭和十三年（一九三八）の同工場取卸油は、当時の世界の生産量の七割を占めるまでに至った。まさにこの時期が北見のハッカの絶頂期であった。その後日中戦争の激化に伴う国の統制強化で、大規模な減反を余儀なくされ、一時生産が途絶える。

戦後は、北見市を中心に二三市町村の農家がハッカ耕作組合を結成。朝鮮戦争の影響で米国向けの需要が増え、昭和二十五年（一九五〇）頃から急速に作付面積が拡大した。一九五一年以降、収油量や芳香性の向上を目指し、北海道遠軽農業試験場（遠軽町）で寒地品種八品種、岡山県農業試験場倉敷薄荷分場（岡山県倉敷市）で暖地品種四品種が開発され、それぞれの地域で普及した。

しかし、インドやブラジル産の安価なハッカに押されて国内の生産は徐々に衰退。昭和三十五年（一九六〇）以降合成ハッカが登場、昭和四十六年（一九七一）のハッカ輸入自由化でほぼ消滅した。ホクレン北見ハッカ工場も昭和五十八年（一九八三）のハッカ輸入関税引き下げのあおりを受け、同年北見のハッカ生産に終止符を打った。

ハッカ草から製品になるまでの流れ

ここまでざっとハッカの通史を述べてきたが、次にハッカの収穫から製品になるまでを概説しておく。

農家では、九月の中ごろからハッカの刈り取りを始める。刈り取ったハッカは「はさかけ乾燥」により、よく乾燥（一〜二週間程度）させてから蒸留装置に詰め、水蒸気で蒸していく（このとき、草の乾燥が不十分だと蒸気の通りが悪くなり、収油率が減ってしまう）。生じた蒸気を冷やし、水と油に分けて油を採り出す。このようにして採った油をハッカの場合は、取卸油《とりおろしゆ》という。ハッカ以外の植物の場合は、一般に精油（エッセンシャルオイル）と呼ばれるものがこの段階のものを指す。ここまでがハッカ農家で行われる作業である。取卸油は脳分（取卸油に含まれる結晶分のこと）検査を受けてからハッカ工場へ運ばれる。

工場に運ばれた取卸油は、冷却され分離機にかけて、結晶（粗脳《そのう》）と油（粗油《そゆ》）に分けられる。粗油（ヤニなどを含み赤っぽいので赤油ともいう）は、水蒸気で再度蒸留し、香りのよいハッカ油（白油）にする。一方、粗脳は、溶かし直してもう一度結晶化（再結晶）させて、品質のよいハッカ脳（結晶）にする。こうしてできたハッカ油とハッカ脳を製品として出荷する。

北見のハッカ探訪

北見のハッカの取材にあたっては、北見市在住でハッカ製品の販売会社ハッカランドの代表である岡崎貞雄氏とご子息の一樹氏に、北見のハッカにかかわる所を案内していただいた。最初に訪れたのが北見ハッカ記念館とそれに併設してある薄荷蒸溜館であった。

ハッカ記念館は、旧ホクレン北見ハッカ工場の事務所を改修して昭和六十一年（一九八六）四月に記念館としてオープンし、歴史を伝える様々な資料が展示されている。建物の内部も当時のままで、世界に誇った HOKUREN（ホクレン）ブランドハッカの中枢部であったことが偲ばれる。

平成十四年（二〇〇二）十二月十日には記念館のとなりに「薄荷蒸溜館」がオープンした。館内では先人が工夫を重ねて作りあげてきた数々の蒸留装置を展示し、五月上旬から十一月上旬までは蒸留実演も楽しめる。私が訪れた日も、ハッカの蒸留の実演が行われており、むせ返るほどのハッカの良い香りが施設内に立ちこめていた。

ハッカが現在の北見の礎《いしずえ》を形成する重要な産業となったことから、北見ハッカ記念館は、平成十九年（二〇〇七）十一月三十日、経済産業省より日本近代化産業遺産として認定されている。

図12　ハッカ御殿　北見ハッカの全盛期が偲ばれる

次に案内していただいたのは、市内中心部から車で約二〇分、仁頃町の国道七号沿いにある「仁頃はっか公園」である。ここには通称「ハッカ御殿」と呼ばれている建物があった（図12）。小樽にはニシン御殿といって、ニシン漁の最盛期に富を得た網元の建物が残されているが、ここ仁頃には、ハッカ御殿がハッカ生産の往時を偲ぶ建物として残されていた。この建物は、北見ハッカ黄金期のハッカ商・五十嵐弥一氏の私邸であったものを修復・移設したものとのこと。物置には当時の農機具や生活用品、「田中式蒸留機」が展示されている。ハッカで景気がよかった頃の仁頃地区には、パチンコ屋や映画館などの娯楽施設があったそうだが、今のこの地の環境からはとても想像できない。この施設の担当の北見田園空間情報センターの館長である諏訪敦彦氏によると、公園の敷地内にハッカが植えられてあり、蒸留小屋ではかつてハッカの生産に携わっていた人たちが、「仁頃香りの会」を結成して、北見のハッカの歴史のPRにと、以前使用していた蒸留装置を再利用して蒸留の実演を行っているとのことであった。

「仁頃香りの会」の副会長である信田邦雄氏によると、一度は北見から消えたハッカであるが、以前生産に携わっていたこの地域の人たちのハッカへの熱い想いと郷愁は冷めやらず、「仁頃香りの会」が組織されたという。蒸留装置のある小屋に隣接して六アールの畑で「ほくと」などの品種を栽培し、収穫したハッカを乾燥させ、蒸留の実演も行っている（採れた精油は数限定だが希望者に販売もしている）。またこうした一連の作業の体験学習も行われており、貴重な香りの文化の伝承に取り組んでいるとのことである。

近年のアロマセラピーの普及、本物志向などの時代の流れにともなって、個人ユーザーや企業からの問い合わせも多くなってきたので、単なる文化の継承だけではない感触をもたれているようである。

余談ではあるが、北見出身で私の知人でもある画家の伊藤彰規氏より、個展のとき（平成二十二年五月）に何か香りとコラボレーションできないかとの相談があった。そのとき真っ先に浮かんだのが北見のハッカであった。伊藤氏の絵は静謐であるが、どこか北の大地の記憶を感じさせてくれる。そんな北見出身の伊藤氏が生み出す精霊（絵）と、北見の大地から採れたハッカの精油（香り）がどんな語らいをするのかを、私自身も体験してみたかったのである。

北見産のハッカの香りの演出については、幸いにも伊藤氏と会場となるゴトウギャラリーのオーナーにもご賛同いただくことができた。そこで信田氏にその旨をお伝えすると、快く平成二十一年に仁頃で採れたハッカの取卸油（精油）を一〇〇ミリリットル送ってくださった。香りは小型の超音波アロマディフューザーを使用して、会期間中ギャラリーに北見のハッカの香りを漂わせることができた。

北見のハッカは一般のペパーミントオイルと比べて、落ち着きとある種の渋みを内包している。ペパーミントオイルが屈託なく明るい感じであるのに対して、静のエネルギーといったものを感じるのである。

一日だけ開催されたトークショーでは、伊藤氏が故郷北見の街がまだハッカの香りがしていた頃の思い出などを話された。伊藤氏の作品は青が特徴的に表現されることが少なくない。それは無意識ではあるが、北見のハッカの香りの記憶の原風景から来ているのではないかと私も感想を述べた。ハッカはクールミントガムのように、涼しい北の大地のイメージに合う。そしてミントグリーンというようにブルー系統の色を連想する。青は静であり清でもある。

寡黙な伊藤氏は、トークショーがうまくいくか心配されていたが、終始なごやかな雰囲気の中で終えることができた。きっと北見の土地の精霊がたくさん応援していてくれたに違いない。

図13　明治41年創立当時の上仁頃小学校
後ろはハッカ小屋を利用した校舎

仁頃に話を戻すと、仁頃はっか公園から車で五分のところにある上仁頃美里開拓資料館にも蒸留装置があるということで、こちらへも立ち寄ることにした。

上仁頃美里郷土研究会の大槻一氏と山本重徳氏に丁寧に案内していただくことができた。ここには、北見最古のハッカ蒸留装置のひとつとされる天水釜が残されてあった。その他にも、リービッヒ管の応用タイプの冷却器（これはクロモジの蒸留を行っている日吉家のものと構造がまったく同じもので興味深い。後述の装置解説を参照）や、陶器の底に穴が開いた分水器などがあった（後述の装置解説を参照）。大槻氏によると、この分水器は、底を蒸留中指で塞いでおき、水と精油が溜まりだしたら穴から水を流し、上澄みの油だけを採っていたというのである。蒸留の間中、容器を持ち続けていたのだろうか。

ここの資料館でもうひとつ印象に残ったのが、開拓時代の一枚の写真であった（図13）。この写真は、明治四十一年（一九〇八）この美里地区に初めて出来た小学校の開校時の写真である。先生一人と男子児童二名、女子児童一名で、ハッカ小屋を利用し、草や笹を刈り集めて雨や風雪を凌いだ仮校舎だったという。ハッカ小屋というから、蒸留の装置があったのだろうか。子供たちのちょっと緊張した初々しい顔と、後ろのハッカ小屋のたたずまいがなんともいえない雰囲気を醸し出しているのだ。

岡崎氏の実家も、この仁頃の近くでやはりハッカの生産を行っていたそうで、子供たちは蒸留中の装置の中にカボチャやジャガイモなどを入れて、蒸留後にほどよく蒸されてハッカの風味の付いたものをおやつ代わりに食べていたそうだ。そんな話をしていると、岡崎氏の現在の実家の方は大槻氏と懇意にしておられ、ここの資料館の展示物への寄贈もされていたことがわかった。

岡崎氏は現在ハッカ製品の販売をされている。そしてご子息の一樹氏も最近お父様の家業を継ぐ決心をされたとか。「何だか今回は私の先祖の回向《えこう》のようなものを感じます」と感慨深げにおっしゃっていた。

滝上のハッカ生産

北見から少し離れるが、現在ハッカの生産が最も盛んなのが滝上町だ。ここも栽培は明治の末期から始められていたとのことである。この町でハッカづくりを八十年続けているのが「秀晃園」の瀬川晃一氏。瀬川氏は収油率が高い「ほくと」という品種と比べてもハッカ脳分が二割以上多く、香りの良い最新品種

「ＭＪ23号」という品種を独自に開発している。精油として採っているのもすべてこの「ＭＪ23号」からということであった。瀬川氏自信の「ＭＪ23号」のハッカ精油は、私がこれまで嗅いだミント系の香りにはないものであった。ハッカ特有のスーッとした清涼感だけでなく、フローラルな感じと嫌みのない甘さが調和したバランスの良い香りであった。口コミで瀬川氏のハッカの香りの良さを聞いて、注文してくるセラピストが多いというのも頷ける。

「ハッカ茶やほうじ茶とのブレンドなどお茶としてハッカ自体のご要望も多いので、精油を採る分だけにまわせません。精油をもっとほしいと注文をいただくのですが、数量を限定してお分けしているのが現状です」と語る瀬川氏。このハッカの良い香りの秘密は、土壌にあるのだそうだ。そのため大量生産というわけにはいかず、大手からの注文にも断っているとのことであった。そこには量を多くするのではなく、あくまでも良質のものをという真摯な想いが感じられる。大地とハッカと会話のできる人だけが生み出せる香りとはこういうものなのであろう。滝上では、藤村利夫氏など若い世代もハッカ造りを始めている。そして儲けではなく、ハッカをこの北見や滝上からなくしたくないという北の大地への熱いハッカ魂を多くの方々との交流を通して強く感じさせていただいた。

最後にハッカ魂の象徴的人物である、加賀操を紹介したい。ホクレンの二代目北見ハッカ工場長であった加賀操は、生産農民を結集し、共同集荷販売、工場生産と輸出体制を確立することによって、短期間にホクレンブランドを世界に君臨させた立て役者である。彼は北見薄荷工場閉場の座談会でこう述べている。

人間の力だけで、わずか一年か二年で世界に広まるというのが僕は不思議なんだ。……僕は、それが薄荷の魂ではないかと思う。ここが後世に残しておきたいところなんだ。僕はやったが、薄荷にやらせてもらったんだ。……工場が出来た基の気持ちを言っておきます。あれは北見の薄荷の魂、薄荷を作る農家の魂がもとで出来たんです。薄荷の魂が工場に移って、工場で働く人の魂がそこで反応して、あんな記録的なことになったとわたしは思っています。薄荷工場は終わったが、工場は非常に満足していると思う。あれだけの歴史を作ってもらったと考えているでしょう。

加賀操は明治三十二年（一八九九）岡山県美星村（現美星町）の造り酒屋の長男として生まれた。既に述べたように岡山県は、ハッカ栽培の発祥の地であった。また当時の酒屋は米の原料の醸造米を自前で作っている兼業農家でもあり、加賀の家にもハッカが栽培されていたらしい。

やはり岡山でハッカ造りを始めた二人も酒造に関わっているし、何度も言うように醸造（特に蒸留酒）と精油の蒸留には技術的な共通性があってのことであろう。

幼年時代からハッカの香りに囲まれていた加賀は、北大農学部農学科に進学の後、道庁農政課に配属され、再びハッカと出会うこととなる。加賀はハッカ農家に対する行政指導方針を『ハッカ政策大綱』としてまとめた。大綱は品種改良や耕種法の改善、共同販売組織の確立などを柱とするもので、これが後の北見ハッカの繁栄の基になったとされている（砂田明『北の華　薄荷物語』）。

ハッカ蒸留装置の変遷

植物から精油を採る方法としては、蒸留法（水蒸気蒸留＝steam distillation）が一般的である。植物に水蒸気をあてて香気が含まれた水蒸気の状態をつくり、それを冷却して水と油に分離する。この油の部分がいわゆる精油（エッセンシャルオイル）である。薄荷ではこの状態のものを取卸《とりおろし》油《ゆ》と呼んでいる。

ハッカについて調べていくなかで特に興味深かったのが、この蒸留装置の種類の豊富さとその変遷であった。より収率を高めるためのさまざまな改良があり、それだけハッカが産業として盛んであった証でもあろう。人々のハッカに懸けた並々ならぬ想いが蒸留装置には込められている。

北海道のハッカ蒸留装置の発達に関しては、山田大隆氏（酪農学園大学教授）が優れた調査論文を発表している。以下では氏のハッカ蒸留に関するいくつかの論文を踏まえて概略を述べる。

蒸留装置は大きく分けて、蒸気発生機、蒸留槽、冷却器、分水器の四主要部からなっている。蒸気発生機には、平釜（鰊釜《にしん》から伝熱面積の大きい平釜タイプに改良された）に水を入れて下から薪などで焚いて水蒸気を発生させる方法（初期）と、石油や重油などでボイラーによって蒸気を発生させる方法がある。（鰊釜とは北海道で獲れ過ぎた鰊を魚肥にするため茹でるのに使用していた釜のことを指す）

蒸留槽は、木製の胴桶や鉄製の蒸留槽が使われている。槽内部に乾草を入れ、何人かで踏み込み（踏圧）、蒸気との接触が十分できるようにする。蒸気のロスを少なくすることで、脳・油分の出がよくなるのだ。冷却器は水蒸気を冷やして液状にする部分、分水器は、冷却器で分離した水と油から精油（油の部分）を取り出す装置である。

・天水釜式蒸留装置（明治末まで使用）（図14）

蒸気発生機には、オホーツク漁場で使用する鰊釜《にしん》を転用し、「返し胴」と呼ばれる木樽（蒸籠《せいろ》、径五〇センチ、高さ六〇センチ、天地空き）に、ハッカ乾草を詰め、下から水蒸気で蒸す。この蒸気を冷水を張った上部の蒸留日本酒製造用天水鍋（直径六〇センチ、深さ一五センチ）に香気を当てて冷却し、鍋頂部にロート状椀を置き、竹筒桶で水を張った分水器に液化した含水香気である取卸油を導く。

二〇貫目（約七五キロ）の草を蒸すことが出来たが、香気が含まれた水蒸気が途中で逃げてしまう欠点

図14　天水釜蒸留装置（上仁頃美里開拓資料館蔵）

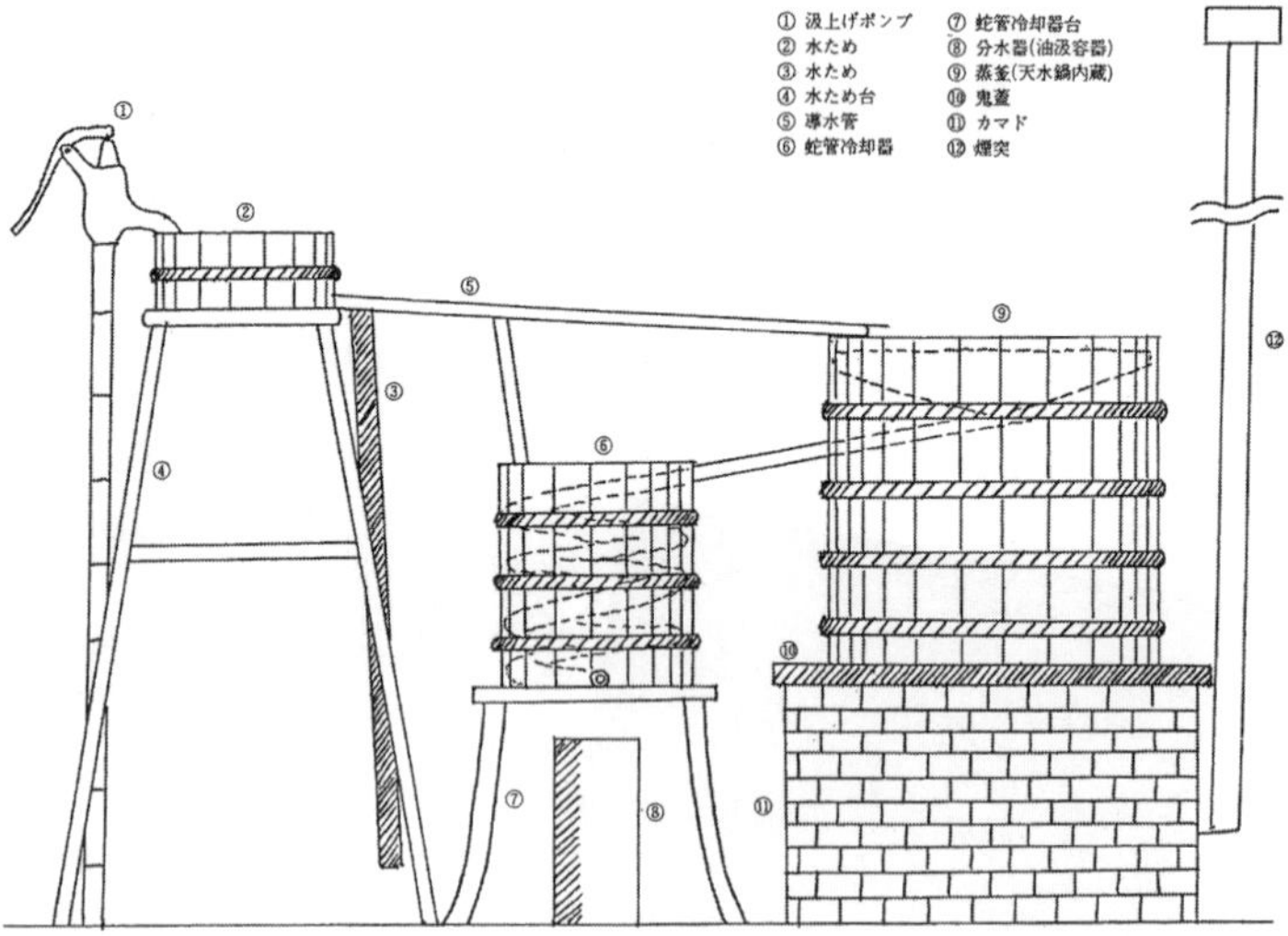

図15　蛇管式天水釜（大正時代）の構造図（加賀操原図、北見ハッカ記念館蔵）
（『技術と文明』8巻2号別冊「北見地方の薄荷蒸留技術の発達過程」より）

もあり、石油缶一八リットルの取卸油を採るのに三日を要し、収率は極めて悪かったようだ。

この装置が北見地方で最初の蒸留装置である。先述の薄荷の栽培と製法の解説入りで描かれている絵馬(「薄荷栽培製法之図」)に描かれた天水釜や、山形県立博物館収蔵の木桶が天水釜式蒸留装置の蒸留槽であることからも、主に山形県からの入植者によって伝わったとされている。

・蛇管式天水釜蒸留装置(大正初期~末期まで使用)(図15)

収油率を高めるために、蒸桶を大型化し、桶の上の釜を蓋に代えて、その中央に穴を開けて導管を取り付ける。その先を別に作った冷却器の蛇管(香気が含まれた水蒸気が通る管が螺旋状になっているもの)に接続し、蛇管の先を分水器に連ねる。

天水釜(鍋)に手押しポンプ汲み上げ水槽から冷却水を循環させ、滴下水と蒸気を上部から横管で取り出し、これを冷却槽内の水蛇管に連結して、連続的、能率的に香気を冷却し取卸油の生産を行った。

・箱蒸籠《はこせいろ》式蒸留装置(昭和初期に使用)(図16)

木製蒸籠は正月の餅づくりに多用された農家常備の蒸し器で、ハッカ作面積の増大に対応して、大型化してハッカ蒸留用に使用した。

箱型に組んだ蒸し器を三層四層に組み上げて使用したため、約三〇〇キロもの草を入れることができるようになり、天水釜の約四倍の収油が可能となった。しかし接合部に隙間が生じ、ここから蒸気が逃げてしまうため、布片や粘土・小麦粉などで隙間を埋めるなど、かなりの労力を要した。また蒸気を取り出す蓋が平らであることで蒸留に時間を要した(水蒸気が蓋の上部で水滴となって下に落ちてしまうため)。

冷却部は蛇管式天水釜に内蔵された低能率の天水釜を廃止し、代わりに横一メートル長のトタン製太管(管径二分一まで漸減)の空冷導管をのばし、水冷蛇管式冷却器に繋げた。この空冷+水冷の二重冷却法は、

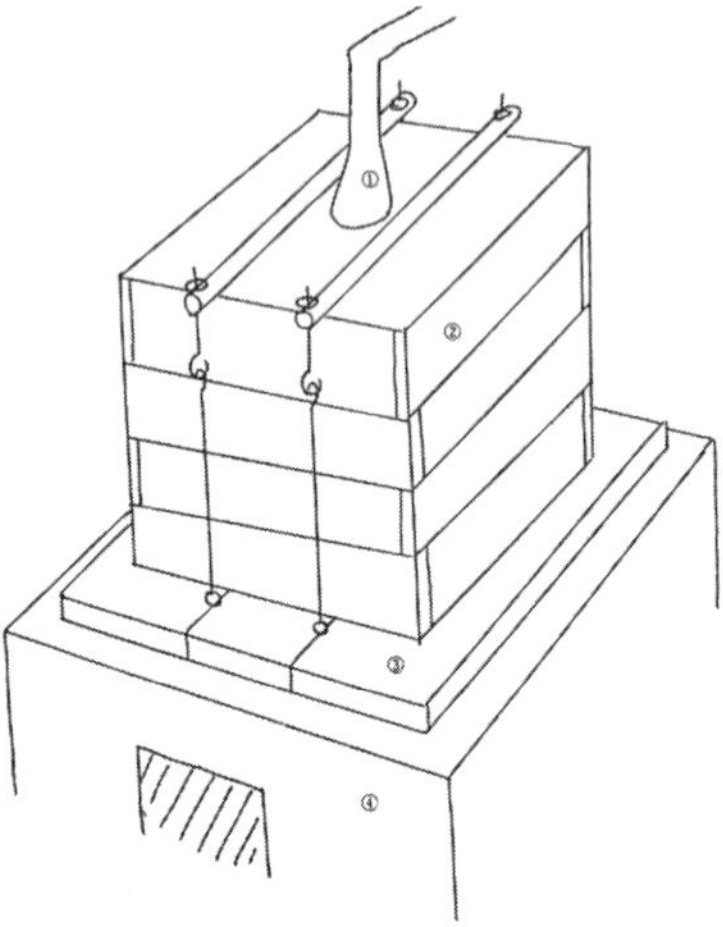

図16　箱蒸籠式蒸留装置　加賀操原図（北見ハッカ記念館蔵）

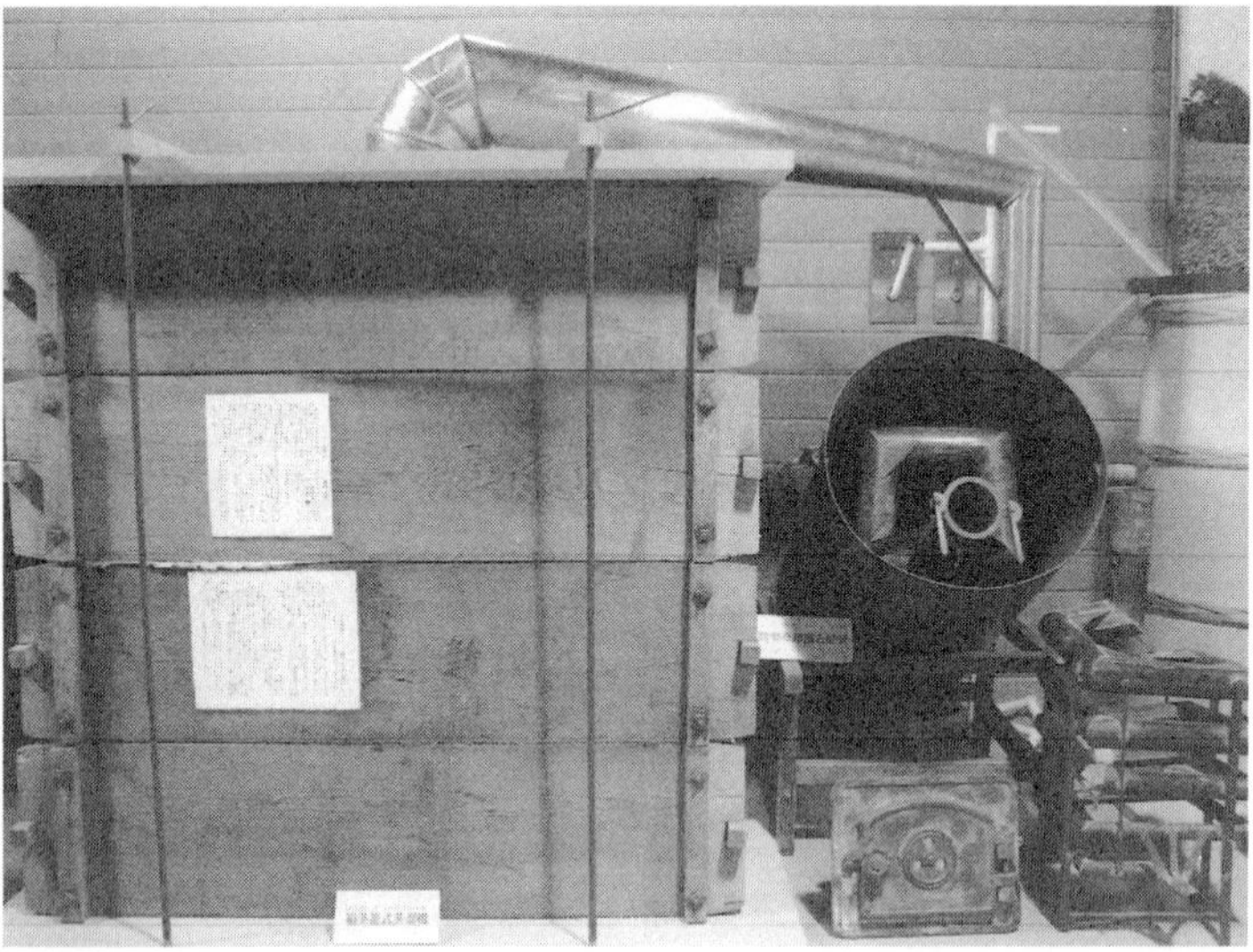

箱蒸籠式蒸留装置（北見ハッカ記念館蔵）

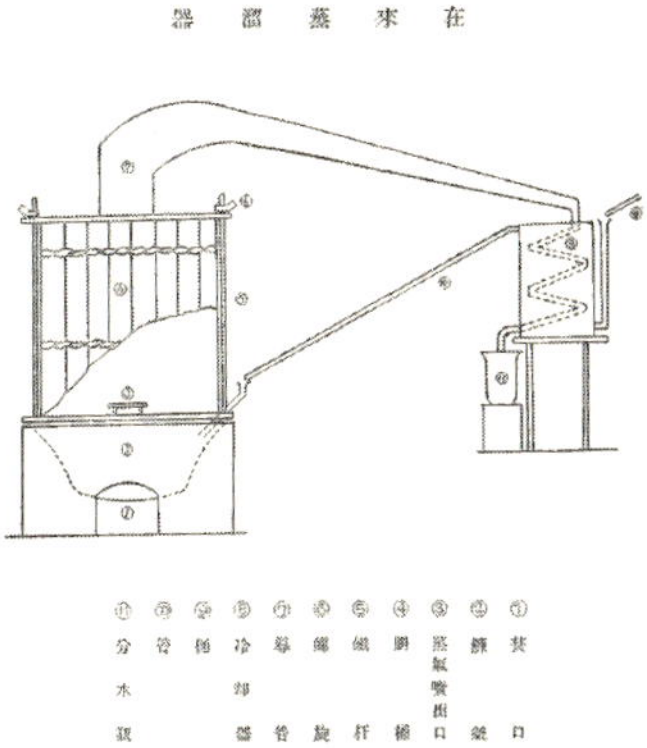

図17　旧在来式蒸留装置（『薄荷』1934年）

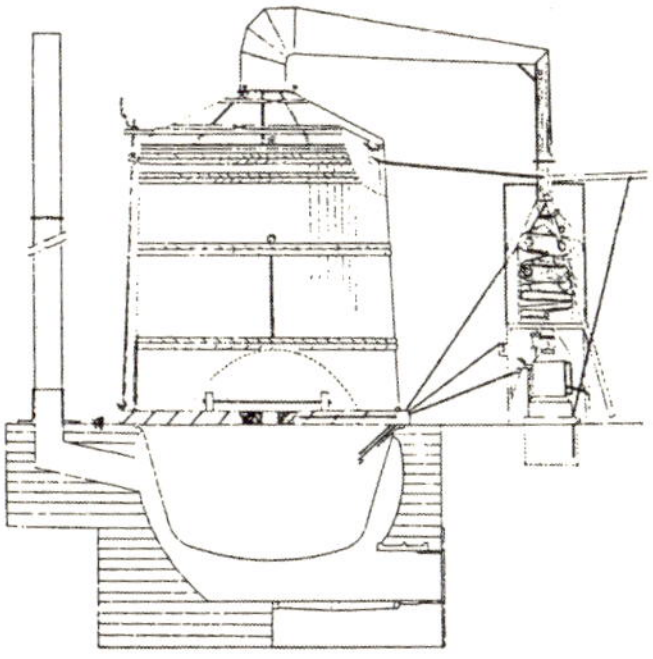

図18　田中式蒸留装置　ハッカ蒸留の代表的装置（『北見市史・下』）

その後の北見式ハッカ蒸留装置の冷却器の基本となった。

・観音開き型（昭和初期）

箱蒸籠式は木製で四隅の組上げ強度に問題があり、この耐久性改善のため、蒸籠を木製から鉄箱製として耐久性を高めた。四隅の角を落として蒸気の通りを改善して収油率を高め、これまで難点の草詰め替えを蒸籠前面の扉からの出入りで行い、回転率も向上した。この方式開発は一連の金属製近代式（北工式二、三号機）の基となった。

・旧在来式蒸留装置（昭和初期〜昭和十年）（図17）

箱蒸籠式蒸留装置以後、耐久型蒸留装置として、ハッカ産業全盛期に多用されていた装置である。いわゆる蒸留装置らしい形体が整ってきている。

特徴は蒸桶に木樽（標準で直径一・一メートル、高さ一・四メートル、同一径胴）を利用していることである。上蓋は従来通りの平蓋で、押さえ棒二本を用いてそれを下の鬼蓋と四本のボルトナットで締め、密閉する。詰め替えは巻き上げ万力と車輪使用の懸胴法である。

山形県天童市の天童民芸館に保存されているハッカ蒸留装置もこの系統のものと思われる。異なるのは、蒸留発生機と蒸留槽と冷却器が別々になっていることだ。鉄製の釜で水蒸気を発生させ、木樽の蒸留槽に配管を伝って水蒸気を送るようになっている。この装置が山形でいつ頃使用されていたかはわからないが、天水釜よりは進化した装置であるから、明治後期以降と思われる。

・田中式薄荷蒸留装置（昭和八年＝一九三三〜昭和三十五年＝一九六〇頃まで使用）（図18）

ハッカ生産の史上最大期を支えた、蒸留装置市場最大の優れた装置とされている。北見在住のハッカ生産者であった田中篠松氏が考案した蒸留装置。

この田中式（昭和三年に北見に入植した田中篠松氏が考案した）と呼ばれる蒸留装置は、旧在来式蒸留装置に比べて竃《かまど》の工夫と、特に胴にかぶせた平蓋を円錐形（富士蓋）に改良したのが特徴である。平蓋を傘型（ラッパ状）にすることで蒸気が導管に集まりやすくなる。また蓋のへりに樋をつけて、蓋の内部についた水滴が落ちないように施されている。

竃は高床で炊口を高くし、煙突を設けて火勢の増強を図っている。冷却器では、杉本式の直管多管式二重冷却法を導入し、急速冷却の多孔式の蛇管（田中式冷却器）を考案した。また草詰め替え胴自体を上蓋とともにチェーンで引き上げ、蒸留後の排草を容易にした（懸胴法）。分水器では外周に水を入れて冷却し、分水効果をより高める工夫がなされている（田中式分水器）。

これらの改良で、旧在来式の約六倍の生産のアップがなされた（取卸油一キログラム当たりの生産性比較）。

田中篠松氏は岐阜県荘川村（現高山市）町屋に生まれた。明治三十八年（一九〇五）に北海道に渡道、愛別村伊香牛、士別多寄村に入植した。次いで明治四十二年（一九〇九）、中川村帝室御料林小作となり、ハッカ栽培・蒸留技術をマスターする。昭和三年（一九二八）野付牛（北見市）川東に入植、昭和五年（一九三〇）改良機を作成。その後特許申請も六度を数え、実用第一号機を完成させた。

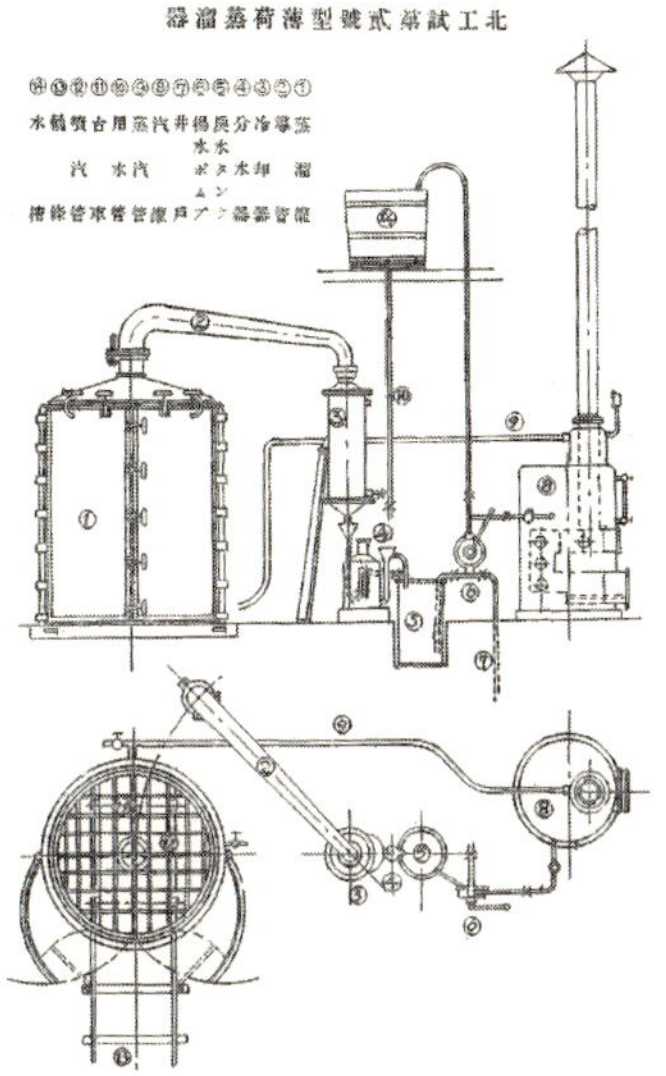

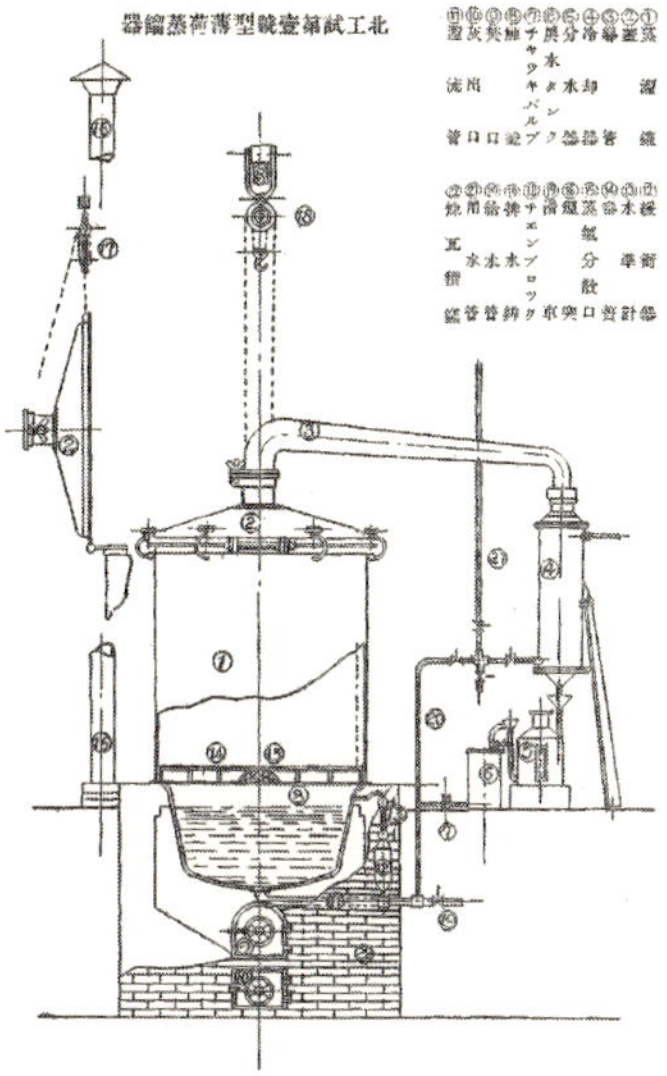

図19（上右） 北工試式蒸留装置１号機
図20（上左） 同２号機
図21（左） 同３号機
（ともに『北海道農事試験場彙報』58号『薄荷』1934年）

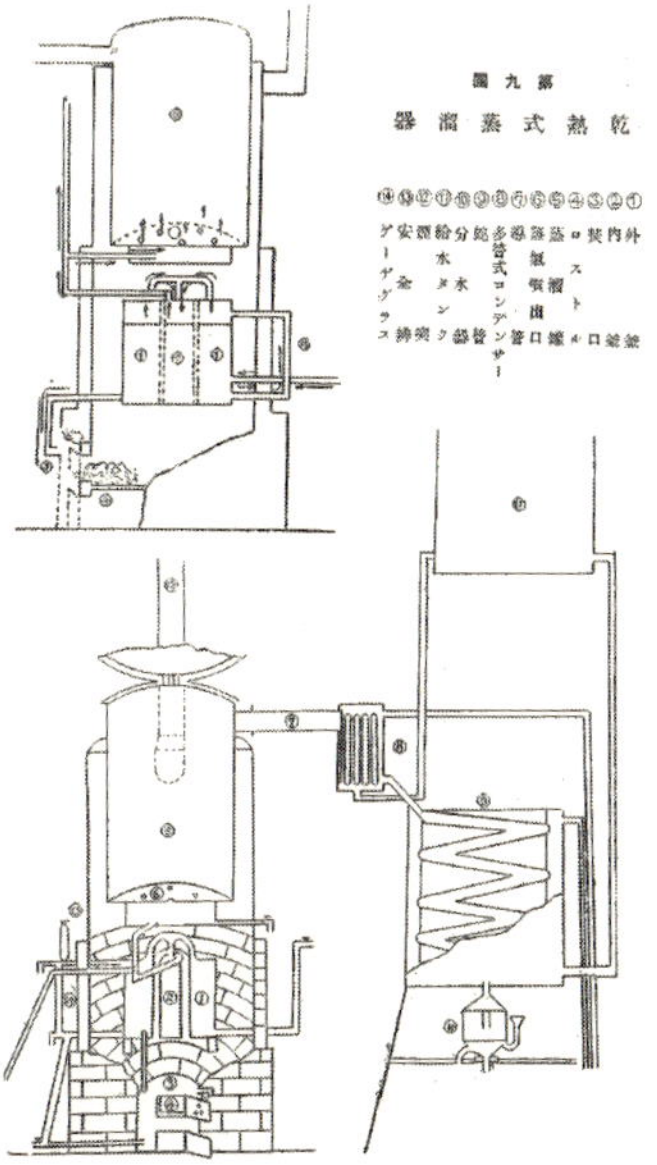

この装置は在来式より大幅に改良され、さらに蒸留装置の製品の品質の均質化と、蒸留技術の伝播に不可欠な装置の規格化生産を具体化した。これにより、従来ハッカ生産農家でまちまちであった蒸留装置のサイズが一定化し、性能、価格、使用数において、田中式薄荷蒸留装置は確固たる地位を占め、注文が殺到する。昭和八年（一九三三）「田中式蒸留機製造販売組合」を結成、五人の専門家を配して製造・販売を行った。

この評判は全国に知られるようになり、千葉県、茨城県、静岡県にとどまらず、台湾、アメリカにまで輸出されるようになった。

・北工試式蒸留装置（昭和八年〜十七年、昭和三十六年〜四十年の二期）

共同化用の化学装置工学に基づく金属製の近代式蒸留装置。一号機（図19）の冷却器は小型高性能の水冷多管式で、分水器も新開発の高性能のものであった。全体の収率は田中式よりやや上回る程度であったが、操作に熟練が必要で、ハッカ農民には支持されなかった。

二号機（図20）は蒸留発生装置に重油ボイラーを初めて導入した。これまでの従来式の鰊《にしん》釜式は一気圧で、三〇〇キロのハッカ蒸留に四時間要したのに対して、二〜三気圧を使用できる高圧蒸気により一時間で終了し、作業効率が高まった。

草の詰め替えは釜の横側からの観音開きとし、蒸留槽の底にレールを敷き、釜のサイズに合わせた板を載せてトロッコで草の出し入れを容易にする工夫がなされている。

三号機（図21）は二〜四連の重連機で、在来式の寿命の尽きた昭和四〇年（一九六五）以降在来式を大きく代替したが、合成ハッカなどの生産により、天然のハッカ生産が減少し、使用された装置の数はきわめて少なかった。

図24　集団産地化式蒸留装置（滝上町）

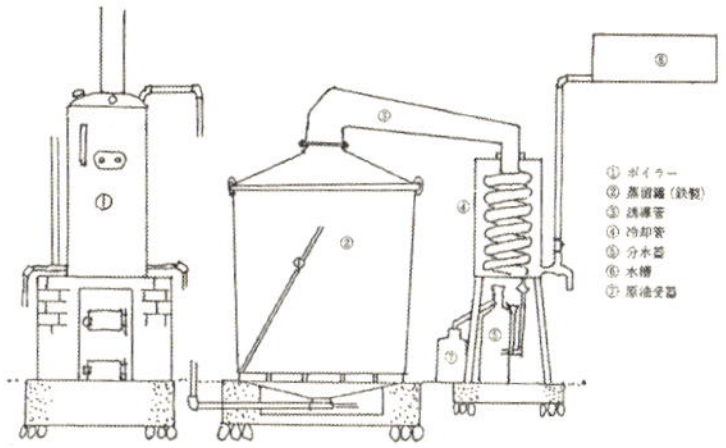

図22　ボイラー式移動蒸留装置（ハッカ記念館蔵）

図25　蛇管式冷却器（ファーム富田蒸留の舎）

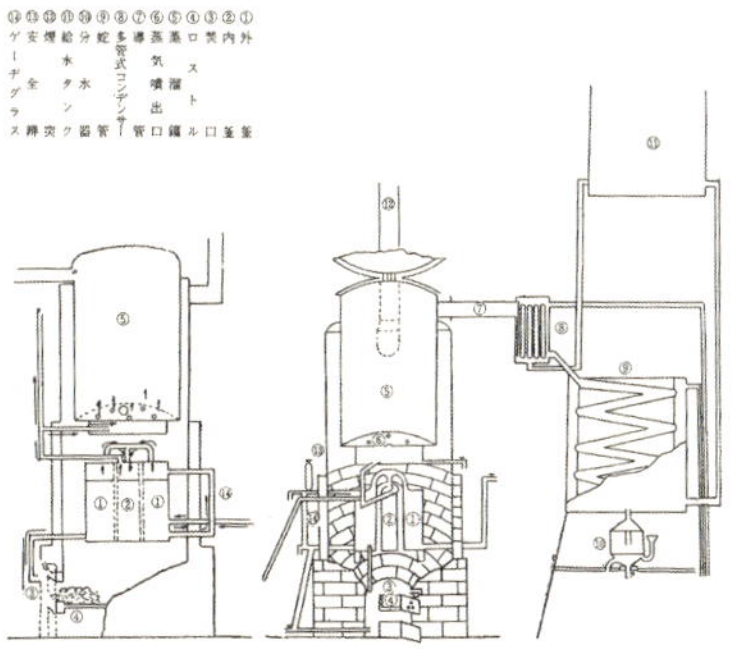

図23　乾熱式蒸留装置（『薄荷』1934年）

・農試式装置（昭和二十一年＝一九四六～）

ボイラー式移動蒸留装置（図22）

乾熱式ハッカ蒸留装置（図23）

小型ボイラー式ハッカ蒸留装置

戦後、ハッカの耕作が衰退するなかで、ハッカ再興の期待を受けて造られた小型金属製の蒸留装置である。

ボイラー式移動蒸留装置は、北農試北見支場遠軽試験地の笠野秀雄氏が品種の改良とともに小型で効率が高く、しかも移動用の装置として作成したもの。灯油縦ボイラーを使用。蒸留槽の直径五〇センチ、高さ七〇センチのブリキ製で、蓋は田中式の傘（ラッパ）型、空冷導管と水冷蛇管が付く。小規模生産用として多用された。

乾熱式ハッカ蒸留装置は、農林省農試北見支場が東京本部高岡重吉に試作を依頼したもの。縦ボイラーで、蒸留槽の容量は三〇キロ。炊き口は水管式で、ボイラーは加熱面積が広く、内外二個の円釜（外釜高さ三六センチ、厚さ温水部分で一二センチ、内釜高さ同、厚さ一〇センチ、二つとも上でパイプで連結）からなり、保温性と低燃費の点で優れていた。

小型ボイラー式ハッカ蒸留装置は、固定式縦ボイラーを移動式のガスコンロ上で使える小型ボイラーで、ポータブルで、小回りの効く蒸留装置として評価も高かった。

・集団産地化式蒸留装置（図24）

昭和四十二年（一九六七）、北海道庁は、ハッカ蒸留機の最終型として、集団利用（共同化）のための大規模装置の開発と導入を計画した。これは、ハッカの蒸留を一〇アールで一釜処理（八〇〇キロ）、農家一軒一二〇アールで一〇釜分の処理として、二二軒分を装置二基で一セットとして充当した。こうした共同蒸留設備を点在的に造った。

伝統的田中式の蓋の付いた埋め込み式蒸留装置（直径二・五メートル、高さ二メートル、地上一・五メートル）で、ボイラーよりの導管は地下に埋め込まれている。冷却器は多管式。別室の大型重油ボイラーはIHI呉ボイラー製（伝熱面積二四・五平方メートル、蒸気量一・二五キログラム／分、最高圧力一〇気圧）今日では装置のほとんどが青ジソの蒸留に転用されているが、滝上町ではハッカの蒸留にも使われている。

冷却器

天水釜の時代、天水釜下部で直接蒸気を液化したが、気体として散逸する量が多く、効率の悪いものであった。次に螺旋状の蛇管（通常四～六回巻、全長八～九メートル、管径同一）を採用することにより、蒸気の散逸が少なくなり、収率が向上した。

蛇管式冷却器（図25）は蛇管と冷却水槽から成っている。蛇管は銅または真鍮製で、冷却槽内に浸漬し、その末端が分水器に連絡している。冷却水槽には絶えず冷水が注入される。温められた温水は排出され、槽内が一定の温度に保たれている。この温度は精油を採る植物によって異なる。ハッカでは摂氏一〇度ぐらいが理想的らしい。これより高いとハッカ脳油分が揮発してしまい、また低温になると蛇管内に脳分の結晶が生じてしまうという。この温度調整の巧拙がハッカ蒸留作業のポイントとなっている。

箱蒸籠式になると、本格的な北見型冷却器（空冷＋水冷）が生まれる。空冷器は長さが約一メートルのトタン製の導管（先が徐々に細くなっている）が水冷蛇管式冷却器に繋がっている。この二重冷却法は、この後の北見式ハッカ蒸留装置の冷却器の基本型となった。

導管は釜の出口の直径に対して約七倍の長さの金属管（テンビン）とし、先端部（水冷部との接続部）を出口の径の二分の一の管径にしている。次の水冷器は管の工作上一辺四〇センチの正方形（やや長方形のもある）で円筒を形成し、四～六回螺旋状に巻かれ（全長八～九メートル）出口が水冷部の入口の三分の一に絞られている。つまり蒸留槽の出口からは、直径で六分の一、面積で三六分の一に減少させている。このように漸減管径（径を徐々に細くする）のため、蒸留装置のパーツの製作中最も難しいものであったと考えられている。この工夫は、気体の液化に伴う減圧逆流に対する考慮であった。

蛇管を浸す冷却水は下方から入れて上方で排水させているが、水冷冷却器の排水口で温度を一〇度に保つことが必要で、メントールの融点四二度に対するハッカ脳の結晶化による管の閉塞を防ぐように計算されている。在来式はこのシステムを踏襲している。

蛇管式冷却器以外で特に興味深いのが、杉本式冷却器（長管式＝杉本式蒸留装置ともいう）と呼ばれるものである（図26）。これは蛇管ではなく、導管が水冷冷却部も兼ねている二重構造のものである（空冷と水

図27　杉本式冷却器の内管
冷却効果を高めるために孔が開いている（上仁頃美里開拓資料館蔵）

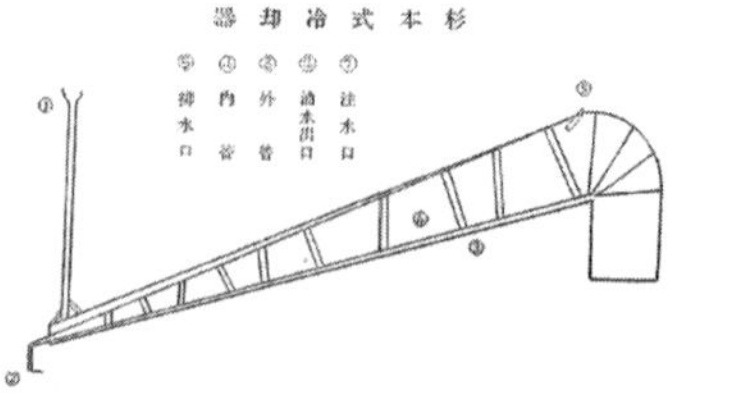

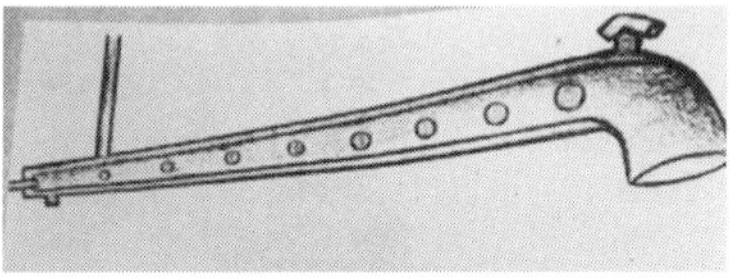

図26
上：杉本式冷却器（『北海道農事試験場彙報』58号『薄荷』1934年）
下：日吉家クロモジ蒸留装置の冷却器の図
クロモジの冷却器は明治20年代からの方式で行われているので、ハッカの装置もその影響を受けたものと思われる。

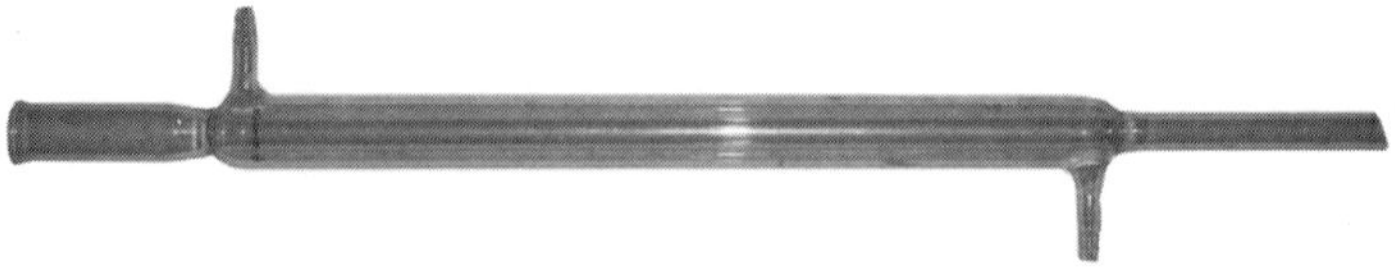

図28　リービッヒ冷却器

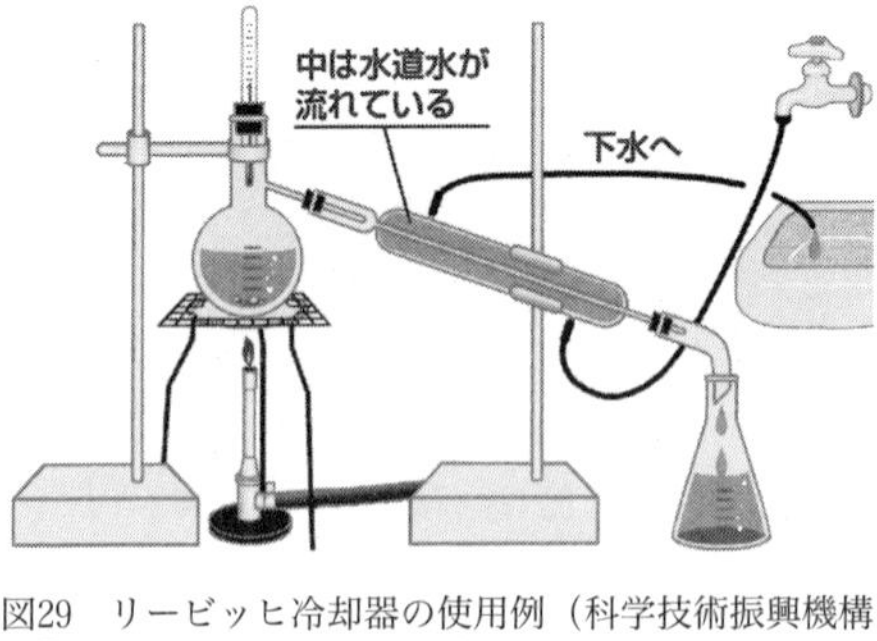

図29　リービッヒ冷却器の使用例（科学技術振興機構「理科ネットワーク」提供）

冷の混同)。内管は揮発分が通っていて、外管は内管を包み、また内管を横断する管があり、その中を冷却水が流れている。この型の冷却器は先述の上仁頃美里開拓資料館に内管部(図27)が、西興部村郷土館の蒸留装置には同じ方式の一式が現存している。

またクロモジの項で述べた、日吉家の現在の蒸留装置の冷却器がまったく同じものであった。この方法は明治二十年代の祖父の鈴木秀吉氏の装置の冷却器とまったく変わっていないらしい。

薄荷蒸溜館の佐藤敏秋氏によると、このタイプの冷却方法は、現在のガラス製の蒸留実験装置の冷却部(リービッヒ冷却器)と同じ構造であり、理になかった方法だといえるそうだ。

リービッヒ冷却器(Liebigkühler, Liebig condenser)は、外管に冷却水を流し、内管を通る加熱によって気体になったものを冷やして凝縮させるガラス器具のことである。リービッヒコンデンサーともいう。この装置はドイツの化学者ユストゥス・フォン・リービッヒによって一八三一年に発明されている(図28)。内管の一方から、高温蒸気(水蒸気)が流れて(図28の左)、もう一方(図28の右)に蒸留水と精油として出て来る。冷却水は、管の右下側から入れ、左上側から排出する。このような互いに反対向きの向かい合う流れの間で、熱交換をするシステムを向流熱交換(向流冷却)という。この向流熱交換システムは、熱効率のよい熱交換システムとされている。

仮に図28で、冷却水を左上から入れた場合は、冷却水と高温蒸気が同じ向きの流れになる(並流)。この場合、理想的に熱交換が行われた場合でも、出口の温度は、冷却水と高温蒸気の最初の温度の中間になる。蒸気と冷却水が接触を開始する時は温度差が大きく熱交換の効率もよいが、先へ進むに従って、温度差は減少し、効率が落ちる。

冷却水を右下から入れた場合は、向流熱交換となり、効率よく熱交換が行われると、蒸気は冷却水の初めの温度近くまで冷すことが可能となる（図29）。

なお、リービッヒは、様々な有機化合物の分析を行っている。ヴェーラーとともに苦扁桃油《くへんとうゆ》（アーモンド油）からベンゾイル基（C6H5CO−）を発見し、有機化合物の構造を基によって説明した。他にも、クロロホルム、クロラール、アルデヒドなどをはじめ多くの有機化合物を発見している。応用化学においては、植物の生育に関する窒素・リン酸・カリウムの三要素説、リービッヒの最小律などを提唱し、これに基づいて化学肥料を作った。そのため、「農芸化学の父」とも称されている。

リービッヒが冷却器を発明したのが一八三一年であるから、明治以降の蒸留装置には、この冷却器の原理が採用されたものがあってもおかしくない。

日吉家には、先々代の時代に、北見のハッカ生産者の人に蒸留装置のノウハウを伝えたという話が伝わっているとのことであった。冷却装置についても、その技術が当然伝わっていたはずである。伊豆のクロモジの蒸留が、北見のハッカの蒸留より早かったことを考えると、日吉家の伝承もそう間違ったものではないのではないだろうか。

クロモジ油製造の日吉家の冷却装置（リービッヒ冷却器と同じ原理）と、上仁頃美里開拓資料館や西興部郷土館のハッカ製造における杉本式冷却器の共通性はそんなことを物語っているようである。

田中式の冷却器は、蛇管式と杉本式（長管式）を合体させたものである。蛇管中に杉本式のように冷却水が触れる部分を多くするための孔が開いた管を採用している。また材質をブリキから伝導率の高い銅製に変更して冷却効率を大幅に高めた。

北工試式一号機からは、空冷器は在来式からのものであるが、水冷器は欧米技術導入による多管式というものになった。これは、直径一・八センチ、長さ九〇センチの管三六本を内蔵した、直径二一センチ、高さ六八センチのものである。冷却水はやはり下方から入り上方で排水される。蒸留槽からの蒸気は三六本の管に分散して冷やされ、下方で一つになる仕組みだ。コンパクトでありながら冷却効率の高いものであった。

乾熱式ハッカ蒸留装置の場合では、蒸留槽からの導管に続いて多管式の冷却装置が設置され、次に蛇管式が連結されている。

集団産地化式では、蒸留槽の後に乾熱式ハッカ蒸留装置の多管式を通し、その後水冷管と再度多管式冷却器を設けていた。

分水器

蒸留装置のパーツでは、分水器も興味深い重要なパーツである。蒸留装置の分水器とは、冷却の後、水と油に分離した状態から油すなわち精油を収油するパーツのことである。ハッカの場合油分は、比重が水より軽いため上層に、水が下層に集まる（精油の多くは水より比重が軽く上部に溜まるが、中には比重が重く下に溜まるものもある）。世界各地で行われている精油の蒸留は、採る植物によって、それぞれ独特の工夫がなされている。分水器だけをみてもとても興味ぶかい。

天水釜、蛇管式天水釜では、先述の陶器の底に穴が開いた取壺（山形式デカンタ）で、上澄みの油分を壺縁の切り口（注ぎ口）から取り出した。底の穴は指で押さえるが、押さえる指の強さを加減して、水を排出した。木製のものや銅製で上方に擂鉢状の部分を設けたものもあった。これら初期のものは、大変な手間であったことがうかがえる。

先の天童民芸館収蔵の蒸留装置の分水器は、陶器製（三つ）と銅製（二つ）の二種類が現存していた。

陶器製の一つは猪野沢焼と染め付けで印されていて、なかなかのものであった。北海道にはまだハッカ蒸留装置がいくつか現存しているが、山形でのハッカ蒸留装置としては、ほぼ原形が残っている唯一のものである。

箱蒸籠式以後の大量生産時代は、油水流入口の他、水と油の出口を分ける方式となる。内部の筒が全部ガラス製の杉本式や、上方に部分的に油分用のゲージグラスが付いた遠藤式などがあった。

私が確認したものでは、西興部郷土館に保存されているハッカ蒸留装置の分水器には、「杉本式最新式薄荷製造分水機」と書かれたプレート版が付いていたが、これが前者にあたるものである。

北工試第一号機付置の北工試式分水器は在来式（杉本式や遠藤式）を改良したもの。直径二五センチ、高さ五〇センチのゲージグラス付きで、油水分離された後に外より加圧水を送り内部の油を有効に取り出せる効率の良いものであった。

田中式分水機では、底部の水冷却により油水分離が促進されたが、集団産地化式でも、原理は同じで大型化が図られている。

ハッカの生産は、ハッカによる様々な製品からも、産業としての価値が高かったことがわかる（現在も天然のハッカから製品が製造されている）と同時に、ハッカ生産のための装置の変遷から見ても、産業の技術遺産として、評価すべきものがたくさんある。

ユズ（柚子）

ユズの学名は *Citrus Junos Siebold* といい、カラタチに次いで耐寒性の強いミカン科の高さ約四メートルの常緑小高木である。Junos はユズの古名ユノス（柚之酸）の意味。

枝には長いトゲがあり、葉は長楕円状卵形で、柄の翼は著しく広いのが特徴である。五月の中旬頃に白色五弁の花をつける。花には雄しべが二〇本前後ある。果実は単球形で径四〜七センチ、重量一〇〇〜一三〇グラム程度。果皮は凹凸が著しく、いわゆるユズ肌を呈し、果肉は柔軟多汁である。

現在の日本で栽培されるユズには主に三系統あり、本ユズとして「木頭系」・早期結実品種として「山根系」・無核（種無し）ユズとして「多田錦」がある。「多田錦」は本ユズと比較して果実がやや小さく、香りが僅かに劣るとされているが、トゲが少なくて種もほとんどなく、果汁が多いので、本ユズよりも多田錦の方が栽培しやすい面がある（長いトゲは強風で果実を傷つけ、商品価値を下げてしまう）。

ユズは調理用柑橘（酸柑類）として、その爽快な酸味と快い独特の香気で日本人の食生活になくてはならない柑橘種である。ユズとその血縁種であるスダチの原産地は中国揚子江の上流といわれており、わが国に渡来した年代は不詳とされているが、飛鳥・奈良時代には既に伝わっていたようである。

日本では岩手県釜石を北限として広く全国に分布している。関東近辺でも家の庭に植えているのをしばしばしば見ることができる。日本国内の産地としては、高知県馬路《うまじ》村や北川村など高知県東部地方の山間部が有名である他、山梨県増穂町や栃木県茂木《もてぎ》町等、全国各地の生産地の多くは山間部である。日中と夜の気温差が大きいところが生育に適している。

海外では、韓国最南部の済州島およびその周辺地域、中華人民共和国の一部地域で栽培されているらしいが、世界でもその消費・生産量はともに日本が最大だそうだ。花言葉は「健康美」。

ユズの利用法

ユズの果汁は、日本料理等において調味料として、香味・酸味を加えるために用い、また果皮は七味唐辛子に加えられるなど、香辛料・薬味としても使用される。青い状態・熟れた状態の両方とも用いられるように、ユズほど和食文化に貢献している香りはないであろう。

柚子胡椒

柚子胡椒《ゆずこしょう》とは、唐辛子とユズの果皮のペーストに塩をブレンドして熟成させた調味料の一種である。大分県特産とされ（大分ではカボス胡椒も製造されている）、九州北部では一般的な調味料として知られている。発祥は、大分県日田郡天瀬町（現在の日田市）。

名称に「胡椒」がついているが、これは「コショウ」ではなく「トウガラシ」のことをさす。九州の一部では、このように「トウガラシ」のことを「胡椒」と呼ぶ地域が少なからずあり、その場合には、「コショウ」は「洋胡椒」と呼んで区別している。青唐辛子を使った柚子胡椒は緑色、赤唐辛子を使った柚子胡椒は橙色になる。

地元では鍋料理や味噌汁、刺身、そうめんなどの薬味として用いられるが、私の家では、両親が九州出身なので、水炊きなどの鍋には欠かせない。レモンと醤油を一対一の割合にしたレモン醤油に、柚子胡椒を加えるのがわが家の鍋の流儀である。近年、全国的に知られるようになってからは、入手も容易になり、様々な使い方をされている。

（作り方）

一、青い柚子の皮を薄くむき、細かくみじん切りにする。実は後ほど使用。
二、種を取り除いた青唐辛子を、細かくみじん切りにする。
三、擂鉢で、みじん切りにした青唐辛子と柚子の皮をすりつぶす。完全にすりつぶさないよう注意。
四、塩を加え、味を調える。また、柚子の実の部分を搾った果汁を適量加える。
五、消毒済みのビンや密閉容器などに移し、冷蔵庫で保存する。

熟したユズでも酸味が非常に強いため、直接食用とすることはほとんどない。薬味としてではなくユズ自体を味わう調理例としては、果皮ごと薄く輪切りにして砂糖や蜂蜜に漬け込む方法などがある。お吸い物やお蕎麦やうどん、ラーメンなどに果皮を小さくきざんで少量添えると、ユズのふわっとした風味が湯気とともに漂い、えもいわれない。これこそ日本を代表する「香りの風景」のひとつであろう。

韓国では「柚子茶」が一般的な飲み物（韓国伝統茶）としてある。

柚子茶は、ユズの果皮を砂糖で煮て、その香りのついた砂糖湯を熱湯でうすめた飲み物である。絞ったユズの果汁を砂糖と無発泡水で割ったレモネードのような飲み物もある。果汁はチューハイ等にも用いられ、ユズから作られたワインもある。

柚子練り

皮は綿をつけたまま薄切りにし、果実も刻んでそこに蜂蜜を混ぜて練り込む。大分の湯布院では、それは地元で昔から親しまれているお茶うけで、各家々で作り方が少しずつ違うらしい。旅館玉の湯で柚子練りをつくっているところをテレビで見たが、近所の人が集まって、柚子の表皮を深くむき、果肉の部分をていねいに刻んで、まろやかに炊きあげていた。つくっている光景は観光客も見ることができるのだ。湯気とともにユズの香りが立ちこめている光景は、テレビからでも香りを感じるほどとても印象深かった。

湯布院の湯布はその昔「柚冨」と書かれたそうで、柚子の生育に適しているという（山間地で寒暖の差が大きい）。地元の人が「百年柚子」と呼んでいるユズのことを辰巳芳子氏は次のように記している。

「畑」の集落は、湯布院盆地の南西部、湯平の一部にあり、大分川下流域の丘陵地で、山籠る、こっぽりとした良好な農村である。

畑の柚子は樹高十米に及ぶ大樹林で、枝一杯たわわに実をつける。

夕陽を受ければ黄金色に輝き、祭りの万灯のようであろう。

年を経たなりものの味は、別格というが、加えて、レフ現像の好影響がありはしないか。つまり大分川に照る陽光の反射が丘にあたれば、果実の裏側にも陽がまわる。

水辺（海、河川、湖）と傾斜地。二つの条件が備われば、地の涯と雖も美味はおのづから生まれる約束なのだ。

かくして、百年柚子は、どこまでも香り高く酸味清冽でありながら、翁のこなれのように優しい。二、三回霜にあたれば、底味はよりまろやかに、口あたりは「きざみ柚子」に絶好となる。

（辰巳芳子・中谷健太郎『毛づくろいする鳥たちのように』）

柚餅子

柚餅子は、ユズの果肉をくり抜き、皮に味噌や砂糖、ピーナツ、ごまなどを詰め、せいろで蒸した後、約三か月間干し上げる。国内では武士の携帯食・保存食になっていたともいわれ、薄く切って食するのが基本である。ユズの風味が口に広がり、茶漬けや酒のつまみとして珍重されている。

柚餅子が現在もつくられているのは、奈良県十津川村や和歌山県田辺市龍神村、静岡県天龍村などで、地元の伝統食として見直そうと、それぞれの土地で継承のための活動が行われている。

ユズ湯

突いて見て沈めても見て柚子湯かな

ユズ湯とはユズを浮かべた風呂のことである（柚子湯は冬の季語）。

日本では、古来より冬至にユズの湯に入浴することが伝統的な習わしとされてきた。何故冬至にユズ湯なのかというと、「冬至」に「湯治《とうじ》」が、かけられており、また、「ユズ（ゆず）」だけに「融通（ゆうずう）が利《き》くように」という願いがこめられていると言われる。もちろん、ユズがこの時期に旬を迎えているのは確かである。

ユズ湯は血液の流れを良くする血行促進効果が高く、古くより、ひび・アカギレを治し、風邪の予防になると伝承されてきた（冷え性や神経痛、腰痛などをやわらげる効果もあるという）。

正しいユズ湯の入り方としては、ユズの果実を五～六個輪切りにして、湯に浮かべる。皮膚が弱い人の場合は、輪切りにしたユズの果実を熱湯で二〇～三〇分蒸らし、その後、布袋に入れて湯に浮かべるとよい。

血管の拡張に関与している血液中の成分にノルアドレナリンというものがある。この成分を採取して、その濃度変化をユズ湯とさら湯にはいった場合についてで比較してみる。ノルアドレナリンは拡張した血管を収縮させるために働く成分で、分泌が盛んということはその時点で血管が拡張していることを示す。このことから、ユズ湯に入ると血管がより拡張していることが分かる。つまりユズ湯に入ると、血管が拡張して血液の循環がよくなるというわけだ。血液の循環がよくなると、冷え性や神経痛、腰痛などがやわらぐ。また果皮に含まれるクエン酸やビタミンCにより、美肌効果も期待できるという(東京ガス(株)都市生活研究所の調べによる)。

ユズ湯には厄落としのための「一陽来復《いちようらいふく》」の呪文というものがある。「一陽来復《いちようらいふく》」という言葉を唱えながらユズ湯に入ると、運がよくなるのだそうだ。

一陽来復とは、悪いことばかりが続いたあと、これからはようやく好運に向かうという意味。冬至には来年が良い年でありますよう「いちようらいふく、いちようらいふく」と唱えながらユズ湯に入るのである。

ユズの香気

ユズの香気成分としては、約七五種類の成分が見出されている。主成分は、D-リモネン、γ-テルピネン、β-フェランドレン、α-ピネン、ミルセンなどで、これらはモノテルペン炭化水素といわれる化合物である。またセスキテルペン炭化水素としてピシクロゲルマクレンが約二パーセント含まれているのが特徴のひとつとされている。香りの特徴を出すためには、低沸点含酸素成分中の、リナロールやチモールやα-テルピネオールなどが重要なファクターとされている。

ユズの精油は、果皮を圧搾することや水蒸気蒸留法（減圧水蒸気蒸留法）により採油されている。精油の生産では高知県が最も多く、独特の爽やかな柑橘の香りのため、海外からも注目され始めている。

四万十のユズ精油

ユズの精油の代表的な生産地のひとつが、高知県四万十町である。案内してくださったのは、「株式会社エコロギー四万十」の代表田辺憲一氏。株式会社エコロギー四万十は、四万十町の旧大正町有志による民営企業として設立された。

この四万十を熱く愛する田辺憲一氏に、株式会社エコロギー四万十のユズの蒸留研究室を案内していただいた。研究室に入るなりにユズの圧倒的な芳香のお出迎えである。冷凍庫に保存されていたユズの果皮が、蒸留のために解凍されていた（図1）。これらのユズの果皮は、県内の農協でユズ果汁を搾った残りを回収したものとのこと。果汁を搾った残り滓の部分を再利用しているわけだ。会社の名前がエコロジーとエネルギーの造語であるエコロギーだそうだが、まさに名前のとおりの実践といえよう。

蒸留装置もユニークなものであった。酒造会社が焼酎の蒸留に使用していたものを自分たちで改良・工夫したものであった（図2）。

蒸留槽はステンレス製で、ユズの果皮三〇〇キロに水四〇〇キロを混入する。重油を使用したボイラーによる減圧蒸留により三〜四時間で約一・五〜二キロの精油が採れる。冷却部は、蒸留槽の上の導管の太いところに多管式、その先に蛇管式と二重装備となっている。ところが分水器がないのである。私が伺った時は、ちょうど蒸留後の蒸留水を流し、最後の精油だけを取り出すところだった。蛇管式の冷却器の下部から蒸留水を排出しながら、上部の精油の部分が出てくるのをスタッフが見計らって精油を採り出していた。ハッカの蒸留の初期に使用されていた底に穴が開いた容器を連想してしまった。装置は多少ローテクの部分があっても、取り出されたユズの精油は、品質の良い香りである。

蒸留水もまだユズの香りが残っていて、しっとりとしており、化粧水などへの応用も考えられそうである。

ここ四万十の天然ユズオイルの本格的な生産販売は平成十八年（二〇〇六）からだそうで、現在年間の生産量は約七〇〇キロ。精油の香りはユズの香りそのもので、爽やかで清々しい香りである。この四万十のユズの精油の香りを嗅いでもらうと、だれひとりとして嫌な顔をする人はいない。それほど多くの日本人に好まれる香りといえる。

アロマセラピーなどの普及で、ユズのような国産の精油への関心も出てきているが、量的にはまだまだ

図1　蒸留に使われるユズの解凍された果皮

図2　焼酎の蒸留装置を改良したユニークなユズの蒸留装置。上部に多管式冷却器、次に蛇管式冷却器と、二重に冷却器を装備している。

で、田辺氏は化粧品会社や香料会社、食品会社、そして海外でも活用していただきたいと抱負を語っていた。

ユズの蒸留作業に誇りと愛着を持って取り組んでいるスタッフの皆さんの姿が、ユズの香りのように清々しく印象的であった。

また、ユズオイルを利用した商品作りを行っており、石鹸、入浴剤、ヒーリングジェル、土佐和紙の脂取り紙、などの製品を開発している。これらの商品は、東京ビッグサイトで開催された第三十二回ホビーショー（平成二十年五月八〜十日）に「四万十川中流域四万十町ＰＲ」として出展。全国展開へ向けての第一歩となった。

ホビーショーへの初めての出展だったそうだが、手作りのユズの石鹸やユズの精油やその他の製品など、小さなスペースにもかかわらず多くの人々が来場して盛況であった。

「エコロギー四万十」によるこのような農林バイオマスの副産物利用によるユズオイルの他、ポンカンオイル（ポンカン精油）、小夏オイル（小夏精油、日向夏オイル）の生産をしており、四万十町も香りの地産地消の模範事例といえる。こうした活動は今後大いに注目されると考えられる。

ところで、四万十町のユズの精油の蒸留装置は、焼酎の蒸留装置を改良したものであるが、その蒸留装置を紹介したのが、やはり四万十町の株式会社無手無冠《むてむか》代表取締役山本彰宏氏である。

蒸留に関して知識のなかった田辺氏は、山本氏に蒸留装置を探してもらったそうだが、それ以外にもいろいろと技術的なことを教えてもらったとのこと。

山本氏曰く、「社名『無手無冠』は、『冠におぼれず、飾らず、素朴な心を大切に、ひたすら自然を生かした地の酒造り』という当社酒造りの姿勢に由来し、創業百十余年、豊かな郷土資源を生かした地酒造りに徹しています」。

この「無手無冠」の精神は、「何ごともストーリー、ドラマがなければ」だそうだが、こう語る山本氏のお顔からもそれを感じることができた。山本氏に蔵の中を案内していただいたが、麹や栗焼酎のもろみの何ともいえない芳醇な香りがあたりにたち込めていた。

焼酎の蒸留技術と、香料の蒸留技術の関連性はこれまでも述べてきたが、田辺氏が山本氏から蒸留に関する技術的なアドバイスを受けたことなどを聞くと、きっと昔もこれと似たようなことがあって、ハッカの蒸留も行われていたのではないかと思われた。そうすると、精油の蒸留に関わっていた人の多くが、酒造と関わっていることがよく理解できるのである。

山本氏によると、このあたりは古くは幡多《はた》という地名だったという。四万十の人々の血の中には土木や炭焼き、鍛冶、養蚕、染め、和紙、そして酒造りなど多くの技術をたずさえて朝鮮半島から日本にやってきたあの秦《はた》氏の血脈が流れているのかもしれない。

私が四万十を訪れて最初に驚いたのも、人々の技術に対する飽くなき探求心であった。ただ単に自然を大切にするという、お題目だけのエコロジーではなく、そういう想いを持ちながら現実にどう自分たちが生きていくかということに四万十町の人は「熱い」のだ。人々のこの熱いエネルギー（エコロギー）があってこそ、自然の産物も活かされるのではないだろうか。ユズやお酒など四万十町で生まれる香りも、こうした人々のエネルギーと無関係ではないように感じられる。

柑橘、特に、ユズの研究の第一人者で、四万十のユズ油の蒸留の技術的指導をされてきた沢村正義氏（現、土佐ＦＢＣ人材創出特任教授）も、ユズの可能性について以下のように述べている。

ユズの精油は、日本の精油として海外からも注目され始めています。世界に柑橘の種類は一万種以上といわれていますが、そのなかでも柚子の香りは個性的な香りなのです。ヨーロッパでも関心が高いのです。柚子の香りは一番インパクトが強いのです。おそらく外国人があまり経験したことのない香りなのではないでしょうか。またオリエンタルなイメージもあるようです。ですからユズ精油は日本を代表するだけでなく、世界に通用する可能性を秘めていると思います。

アロマテラピーの市場でも、精油というのは九十九パーセント外国産の精油です。しかし今から日本のアロマテラピーがさらに発展していくためには、日本古来の精油が必要とされてくると思うのです。

昔自分が身近にあった香りに対するノスタルジアなイメージ。そういう昔からあった香りというものは、日本人に抵抗なく受け入れられると思います。そういう意味では日本古来の香りというのは、これからアロマテラピー分野でも求められるのではないでしょうか。そのなかでも、ユズ精油が第一にくるのではないか。橘も好まれるでしょうし、昔から親しまれてきた香りというもので、心の落ち着きが得られるのではないでしょうか。

柚子の需要の高まりというのも、日本古来の香りに対する要望が高まってきたからと考えられる。

エコロギー四万十では、平成十八～二十年度、沢村教授らと共に科学技術振興機構育成研究で「柚子搾汁後残滓のエココンシャスな精油抽出・処理技術の開発」(『高知大学国際地域連携センター年報』平成十九年度)で超音波印加型減圧水蒸気蒸留法を実用化し、安全・安心な新たなユズの精油の製法を開発した。

減圧水蒸気蒸留法は、他の精油抽出法と比べ、より上質の精油を抽出する方法とされているが、これまでは少ない量の精油しか抽出できなかった。そこで、減圧水蒸気蒸留中に超音波を印加する（操作の目標である対象に対して人為的に操作可能な何かを作用させ、それによって対象の状態を変化させること）という新技術（特許取得済）により、上質の精油を効率よく抽出することに成功したという。超音波を減圧水蒸気蒸留に応用することで、蒸留原料の組織間に振動が与えられ、繊維類やペクチンなどの中に包み込まれた精油滴をより効率よく組織から切り離すことができるのだそうだ。

また、この方法による蒸留後の残渣は堆肥化が容易で、資源を無駄なく利用することが出来るようになる。超音波印加型減圧水蒸気蒸留法は、地球環境に優しい資源循環型の新しい精油抽出法でもある。数ある植物精油抽出方法でも、世界で初めての超音波印加型減圧水蒸気蒸留法による植物精油は、現在エコロギー四万十だけしか生産することができないとのこと。「夢音香《ゆめおとか》」は、今回新たに開発されたこの超音波印加型減圧水蒸気蒸留法で抽出された植物精油の統一ブランド名なのだそうだ。

柚子の生産では高知県が全国の五〇パーセント以上を占めている。この柚子の搾り滓はほとんど産業廃棄物として捨てられているのが実情であった。この滓から効率よく精油を採るのだが、水蒸気蒸留よりさらに効率よく精油を採る方法が超音波印加型減圧水蒸気蒸留法である。ポイントは超音波をかけながら蒸留することで、従来の方法の一・四倍は堆肥にする。堆肥にするには微生物の力を利用するが、精油には抗菌作用があるので、微生物活性を抑えてしまう。そこで精油成分が出来るだけ少ない状態が好ましい。したがってこの新しい蒸留法が有効になるわけだ。排水についても、ユズに合致した排水処理をし、基準を満たすもので、理想的な物質循環のシステムになるという。

田辺氏よりいただいた超音波印加型減圧水蒸気蒸留法で採れたユズの精油のサンプルの香りは、従来のユズの精油に比べてボリューム感があるように思われた。従来の採り方では抽出できなかった成分が含まれていると考えられる。

沢村教授は、一年間イタリアのレッジョカラブリア大学に居たそうだが、ここは柑橘の香料のベルガモットの生産地である。ベルガモットはここの一番先端の海岸に面しているところ、イオニア海とティオニア海に囲まれている、幅にして一〇〇キロメートルの範囲のなかだけで最高品質の製品が生産されているそうである。

ユズの高知県での産地をみると、やはり室戸から高知までの東側の約一〇〇キロメートルのところに集中しており、ベルガモットに状況がよく似ているという。そういう意味からも、ユズ精油が高知県ブランドとして、あるいは日本ブランドになる可能性に期待を持っておられるようであった。

ユズは土佐の英雄坂本龍馬のように、香りの革命児になりうるかもしれない。

モミ（トド松）

モミの香りによるまちづくり

北海道上川郡下川町は、ノルディックスキー・ジャンプの盛んなところとして知られ、幾多の一流選手を輩出しているが、みどり豊かな森林を築くため、長年にわたり森林の整備に取り組んできた町でもある。

下川町では、モミの木から精油を採っている。ここでいうモミは、正式にはマツ科 Pinaceae モミ属 Abies 学名 *Abies sachalinensis* といい、トド松とも呼ばれている（なお、一般的なモミ・樅は学名 *Abies firma*、諏訪大社の御柱はこちらの木である）。下川町では北海道モミと表記して、樅と区別しているが、以下ではモミと表記する。

私はモミの、フレッシュでグリーンな香りのすばらしさに魅せられて、お風呂に入るときには欠かさずこのモミの精油を数滴入れるようになった。日本に生育している木の香りで精油として採られているのは、ヒノキ・ヒバ・スギくらいであるが、下川町のモミの香りはそれらにも劣らないすばらしい香りである。

下川町へは札幌より特急（宗谷本線）で約二時間、名寄駅に着き、そこからバスで三〇分のところであった。

下川町に向かった十二月上旬、札幌を出たときには雪は積もっていなかったが、旭川あたりになると、もう一面の銀世界である。名寄に向かう線路の両側には、針葉樹の防風林が見えた。

名寄駅に降り、バス停まで「ズボズボ」と雪を踏みしめて歩くと雪国に来たという実感がより高まる。以前は名寄から下川町までJR線があったというが、赤字路線のために廃止となってしまったとのこと。

下川町の森林組合では、モミの精油の蒸留を担当している田邊大輔氏にお会いさせていただいた。下川町は「森林《もり》憲章」というものを平成十六年（二〇〇四）に制定し、森林と人間の共生社会の継承を掲げている。また様々な森林体験のイベントなどを行い、森を多くの人に理解してもらう企画を実行している。

モミから精油を採るようになったきっかけは、防虫剤として使えるのではないかということだった。しかし実際の効果は出なかったのでその目的では使用されなかったが、後に都会と山村を結びつけるプロジェクトとして「下川ふるさと開発振興公社」が設立されて、そこで精油も可能性のある商品ではないかということで採るようになったという。田邊氏のお話では、立ち上げ当初の担当の陣内氏がいろいろ苦労されたそうだ。

陣内氏は林産業を都会の人たちに理解してもらうために、モミの精油のビンの中に森の物語を詰めて売っていきたいと考えたそうである。こうしたエピソードをうかがうと、私が下川町のモミの香りに感じる心地よさとは、精油を採っている人々の想いと無関係ではないように思われてくる。それは、クロモジから精油を採られている市川信吾氏や日吉氏にも共通したものだった。精油を採る人の植物に対する想いが、抽出された精油に呼応しているのかもしれない。

市川氏は、「面白いのは、満月の日のほうが、新月の日より同じ量からでも、二〜三割精油の採れる量が多かったりするのです」と述べておられた。一方、下川町の「もみの木の森から」の小冊子にも次のように書かれてある。

新月のときは、木の細胞の中のタンパク質や水分が一番少なくなるそうです。それなら、精油は満月のときに一番活性物質が多くなるのでは？　と考えて、昨年の夏至の満月からいろいろな時期に精油を作ってみました。分析まではかけていませんが、確かに香りにシンがあるというか、より強くみずみずしい香りがします。抽出担当の田邊君は、「これからは、夏のオイルしか作りません」と言い切ったこだわりの人。

エクストラピュアは夏に、そしてその中でも満月のオイルは特別……違う商品として販売することは特に考えていませんが、もしかするとご注文された中に「満月ロット」があるかもしれません。

植物の世界はほんとうに神秘的なことがたくさんあります。

自然と一つになっているというのは、こういう感覚でいることなのではないだろうか。植物のエッセンス（精油）を採ること、そしてそれを嗅ぐことでも、宇宙と繋がることがあり得るのかもしれない。

田邊氏には、モミの木を伐採している現地にも案内していただいた。モミの精油は間伐材から採られているのだ。植林したモミの林に光を入れるために間引きしたもので、これまで廃材としていたものである。伐採地のモミの葉を軽く揉むと、あの清々しいグリーンの香りが漂う。モミという名前は、きっと葉っぱを揉むと香りがすることにその名の由来があるのではないだろうかと、ふと想った。その香りからは、厳寒の地でも生きている生命力が感じられた。

最後に蒸留工場も見学させていただいた。工場は、モミの芳香で満ちあふれていた。蒸留装置はステンレス製で材料が五〇～六〇キロ入る装置が四基あり、ひとつの冷却タンクにまとめて集められて精油を採るようになっていた。燃料に灯油を使用したボイラーにより、一回の蒸留は約二時間程度とのこと。

ここで、モミの精油ができるまでの行程を簡単に整理してみる。

図1　モミの間伐材より枝葉を切り取る

図2　4連式のモミの蒸留装置

①間伐材の枝葉を集める（図1）

森の手入れをすると、一度にたくさんの枝葉が森の中にたまる。モミの木の間伐材や枝打ちした枝を森から運び出す。これはたくさんのモミの枝葉がたまりすぎて、他の植物が育ちにくくなるのを防ぐためである。これらの枝葉を蒸留所へ運ぶ。

②蒸留する

運んだ枝葉を新鮮なうちに蒸留（水蒸気蒸留法）する。ここでは枝（三年生までの若い枝）のついたままで蒸留したものと、枝から葉をはずして葉だけを蒸留したものの二種類の精油を採っている。

蒸留槽は一つが約五〇～六〇キロ前後の容量のものが四基あり、それらがひとつの冷却器にまとめられて採油されている（図2）。一回の蒸留に要する時間は約二時間で、トータル約六〇キロの材料から、約五〇〇ミリリットルの精油が採れるという（収率約一パーセント）。

また、蒸留後の残り滓を枕にも活用している（ただし、枕用のものは蒸留時間を短くして葉に香りをのこしている）。

③ビンへの充填

蒸留した精油と蒸留水を分離し、精油はビンに詰めて箱詰めして冷蔵庫に保管する。

一定期間熟成させて製品として出荷する。

二〇〇五年にはNPO法人「森の生活」（代表、奈須憲一郎）が発足し、新たな活動を展開している。具体的には、多様な森林体験事業、特に近年注目度が高まっている森林療法を中心に、森林産業の第三次産業分野の開拓にチャレンジしている。その森林体験事業の目玉商品と言えるのが、モミの木エッセンシャルオイル蒸留体験で、精油づくりと森林体験事業との相乗効果が高いことが明らかになったという。

そこで、二〇〇八年四月一日より、「HOKKAIDOもみの木シリーズ」及び関連商品（精油以外にも石鹸や蒸留水（入浴用）、枕などモミのアイテムの商品を販売している）の製造・販売事業を、森林組合から森の生活へ移管し、森の生活のツーリズム・セラピー・セレクトショップの各事業との相乗効果を発揮することで、森林総合産業をより効果的に発展させることとなった。

森のツーリズムプログラム概要は以下のとおりである。

①林業体験

生態系豊かな森を育てるための人工林の間伐作業などを体験できる。作業に使うのはチェーンソーではなく手鋸。安全かつ化石燃料を使用せず、騒音も出ない。さらに排気ガスの臭いも出ないため、鋸くずのアロマも楽しめる。

木を伐る作業は森林療法の中では作業療法として注目されていて、健康にもよい。

②フットパスづくり

森の中に歩いて心地よい道をつくる。ルートを決め、下草を刈り、ウッドチップを敷き詰め、最後に自分の足で歩いて確かめる。ウッドチップづくりも体験可能。
③モミの木エッセンシャルオイルづくり
　下川町の象徴でもあるモミの木のエッセンシャルオイルの蒸留体験。森へ行き自然の香りを胸いっぱいに吸い込み、モミの木（トドマツ）を間伐し、葉っぱを集め、工場で蒸留し、蒸したての葉っぱでフットバス（足浴）を体験。最後に自分の手でエッセンシャルオイルをボトリングする。蒸留をしている間にスローフードランチも楽しめる。

　透明なガラス製の蒸留装置でお手軽に楽しめる「プチ」体験も可能。
④森林セルフケア
　森林と健康との関係が森林療法として注目され、医学的に解明され始めている。ゆったりとしたペースで森を歩き、自分のお気に入りの木を見つけ、その木と向き合う時間、樹林気功などで森の癒し効果を実感できる。

　このような一連の活動が認められて、「森の生活」は、二〇〇八年五月二八日に「におい・かおり環境賞」を受賞した。これを機に同法人では、今後の活動方針を以下のような宣言にまとめている。
①「におい・かおり環境」の向上に果たす森の役割をもっとPRします！
②良質な「森のかおり環境」を有する森林保養地として下川町を発展させます！
③ホテルやクリニックなどで既に導入が始まっているように、施設内での「におい・かおり環境」の向上のために、弊法人が製造する北海道モミ精油の導入を積極的に提案していきます！
二〇〇九年、国は、地球温暖化問題への対応として、世界の先例となる低炭素社会への転換を進めるた

め、より大幅な温室効果ガスを削減する目標を掲げた。そして先駆的な取り組みにチャレンジする「環境モデル都市」として、同年七月に下川町が認定された。

下川町は、町の面積の約九〇パーセントが森林ということもあり、森林の二酸化炭素吸収量を活用した「カーボン・オフセット」事業に先駆的に取り組んできた。

こうした環境モデル都市としての活動と「森の生活」が連携して、町民との交流を通して森の様々な体験をするツアーを企画している。下川町の場合は、ものだけでなくソフト面でもこのように他に例をみない香りでのまちづくりを行っている珍しいケースといえよう。

なお、モミの精油製造販売事業は、平成二十四年（二〇一二）四月より、株式会社フプロの森が業務を引き継ぎ、活動を続けている。

モミの香りとサウナ

モミの木の香りには、「森の香り」とも呼ばれる成分の酢酸ボルニル（Bornyl Acetate）を多く含んでいる。この成分がモミの葉を特徴づける香りである。殺菌効果ではオーストラリアのティートリーが有名だが、代表的な院内感染菌であるＭＲＳＡ（黄色ブドウ球菌）に対してモミの精油がティートリーと同様の殺菌効果があることが報告されている。リラックス効果、血圧安定効果、また気管支に良いとされ、昔からヨーロッパ、ロシアなどで民間薬としても使われてきた。

シベリア地方の伝統的な入浴法であるモミサウナは興味深い。サウナ（バーニャ）は家の離れに、モミの木でできたログ小屋になっている。熱してある河原の石にバケツの水をかけると、室内に蒸気が立ち昇り、蒸し風呂状態になる。モミの枝に水をつけて、うつ伏せになっている人の足から背中や首を軽く叩くのである。これを五回ほど繰り返す。皮膚はモミの葉でチクチクするらしいが、毛細血管を刺激したり、ツボ治療の代わりになるのだそうだ。

ところで、フィンランドサウナの原型とされるスモーク・サウナでは、サウナの元素である「木、石、火、水」だけを厳選して使うことで、より心身に効果のある自然エネルギーを浴びることができるとされている。

まずサウナ小屋の内部の炉で、四〜五時間かけて薪を焚くことから始まる。薪はストーブの石を汚さない白樺が最良とされ、最後に一束の松やモミの木を燃やし、その皮からでる独特な香りで、アロマ効果を楽しむそうだ。部屋中に充満した煙を二時間ほど内部に溜め、外に排出した後、熱くなった炉の石に水をかけて蒸気を発生させる。石は「サウナの心」、蒸気は「サウナの魂」といわれ、最高の魂（蒸気）を作り出すためには、石もバルト海の海底から採取した香花石が最高とされ、より熱に耐え、熱を蓄え、さらに硫黄分を含んだものが良いのだという。

準備時間は、部屋を暖めるのに四〜五時間、煙を出すのに約二時間、計約六〜七時間も要する。この最高の自然エネルギーを含む貴重なサウナは、現在でも大切なゲストのもてなしとして使われている。スモーク・サウナに入ると、心地よい木の香りと自然のハーモニーによって生まれたマイルドな蒸気（ロウリュ）が体を優しく包みこむ。知らぬ間に現実から「無」の世界へと導かれ、自然と心身が清められ、癒される。さらに、火照った体を大自然の中に放り込む。夏は湖に飛び込み、冬は雪の中や、凍った湖に穴をあけて入る、この爽快感がたまらないのだという。まさに自然との一体感を感じる瞬間で、これこそが、豊富な森と湖の国、フィンランドならではの究極のサウナであろう。

モミには精霊が登場する興味深い説話がある。

ヴァンニクはスラブにおける精霊で「パンニャ」と呼ばれる戸外に建てるサウナの守り神とされる。家の者が全員風呂を使い終わった後で、他の精霊たちを引き連れて入浴しに来る。四回に一回はヴァンニクとその仲間の入浴にあたるため、家の者が全員入浴し終わっても彼らのためにお湯や石鹸やモミの枝を残しておかなければならない。

ヴァンニクは滅多に姿を現さないが、まれに湯気の中に人の姿をとってぼんやりとその姿が見えることがある。ヴァンニクは長い白髪と白髭を蓄えた小さな老人の姿をしていると信じられているが、家の誰かの姿に変身したりできるので、その姿を見るのが難しいとされている。

ヴァンニクの入浴中に戸を開けて中に入ろうとすると、入浴を邪魔されたと思って激怒し、熱湯をかけられたり、皮をはがされたり、時には火傷によって殺されたりすることもあったという。

ヴァンニクは悪い精霊から家を守る善霊であるが、機嫌を損ねると恐ろしい精霊でもある。例えば、ヴァンニクは浴場で生まれた赤ん坊を守ってくれるとされていたが、一方でまだ洗礼の済んでいない赤ん坊をさらってしまうとも考えられていた。

また新しいものでは、モミの木占いというものもあるそうだ。「夜中にモミの木のまわりに一二枚の紙を置く。一枚の紙は一か月を表し一二枚で一年ということになる。朝になって、一番多くモミの木の葉っぱ（針）が落ちていた紙が一番ラッキーな月ということになる。この占いを旧正月（一月一三日）にすると、良い年になるという。

セキショウ（石菖）

別府の香り遺産

大分県別府市は全国有数の温泉地であるが、そこの中核となる鉄輪《かなわ》温泉には一遍上人（一二三九～一二八九）が開いたとされるむし湯がある（図1）。

『一遍上人と鉄輪温泉』（一遍上人探究会編）に紹介されている「鉄輪温泉由来絵とき法話」によると、一遍上人に神様から次のようなお告げがあったとされる。

「三間四方の湯気の止まらざる所埋めるに及ばず。その湯気は経文の功力《くりき》と温泉の力が合わされ霊場となりたるものなり。湯気の止まらざる所に四方を囲み蒸風呂を造れ。その中に休みて称名念仏して入湯すれば如何なる業病難病も必ず治るであろう。」

一遍上人はこのお告げに従い蒸風呂をつくられたという。「真中の石の柱は一尺八寸とされ弥陀の十八願をかたどり中心とされ薬師如来を表しているとも言われる。四隅の石は東西南北を司る四天王。回りの石や下に敷き詰めた石は諸の仏菩薩をかたどり、十六の枕石は御加護を頂いた十六諸天善神を表している」（図2）

なお、この「鉄輪温泉由来絵とき法話」とは、一遍上人が鉄輪温泉を開いたとして、当時創建した

図1　別府・鉄輪温泉の「むし湯」

図3　現在の「むし湯」内部　石菖の香りが立ちこめている。

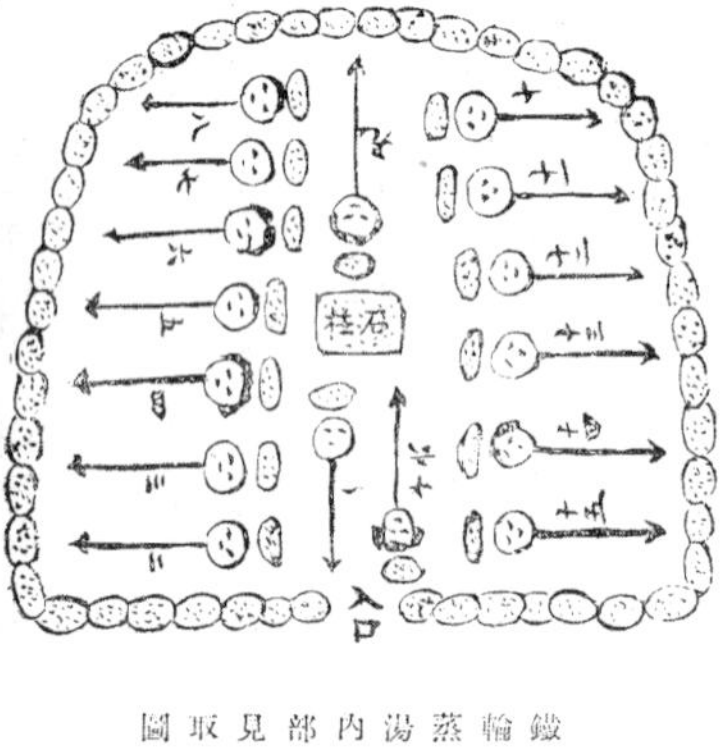

図2　以前の「むし湯」内部見取図　混浴であったが、宗教的意味合いが強かったようである。（中桐確太郎『風呂』より）

松寿庵寺《しょうじゅあんじ》（一遍上人の幼名松寿丸にちなんだもの）、現在の永楽寺の住職に伝わる言い伝えの書き付けである。

現在のむし湯は、国土交通省の新たな「まちづくり交付金事業」を活用した鉄輪温泉地区整備の一環として、平成十八年（二〇〇六）八月に、「鉄輪むし湯」（市営温泉）としてリニューアル。鉄輪温泉共栄会が指定管理者として運営・管理にあたっている。

リニューアルされたむし湯は男女別々でそれぞれ四人が入れるほどの狭い石室で、まるで横穴式古墳の石室のなかに入ったようだ。石室の中は地熱で七〇度前後とかなりの高温で、初心者にとっては熱く感じるかもしれない。

そして床には石菖という植物（和製ハーブ）が敷いてあった（図3）。その上に横たわると、間もなく大粒の汗が噴き出てくる。石菖の香りは、蒸気と溶け合って、沸かしたての麦茶と菖蒲の香りを足したようで、何ともいえない芳ばしい香りである。一度この香りの心地よさを知ってしまうと何度でも来たくなる香りである。正直、私はこの香りの虜《とりこ》になってしまった。

多くの童謡の作詞などで知られる野口雨情は、鉄輪温泉のむし湯で「わたしゃ鉄輪むし湯のかえり　肌に石菖の香が残る」という詩を詠んでいるが、ここの石菖の香りは、むし湯を出てからもしばらく鼻の奥で残像のように残っているのだ。なんとも不思議な香りの残香体験である。同じような体験をした知人がいるので、私の特殊な体験ではないようである。

石菖の香りは神経痛、リュウマチ、関節炎などに効能があるとのこと。むし湯自体は、発汗作用のほかに新陳代謝がよくなり、体内の老廃物が出てくるのだそうだ。また、温熱効果で鎮静作用が、吸入効果では痰が出やすくなるという効果もあるらしい。たしかに汗がどっと出た入浴後は、体中の毒素が抜け出たと思われるほどの爽快感が味わえる。

石菖は全国の湧水地や川辺などの清流地に自生しており、取り立てて珍しい植物ではない。しかし、鉄輪のむし湯のように石菖を活用したアロマセラピーを実践（常時営業）しているところは、別府が唯一なのである。

鉄輪のむし湯は、一般的には石風呂とも呼ばれている風呂の形態のものである。石風呂とは、岩窟や密閉した石積みの構築物の浴室に、センバ（松枝）、シダ、雑木などを燃やして高温とする。浴室の床に藻（アマモなどの藻）や石菖、食塩で濡らしたムシロを敷いて温まるというものである。言わば、現代のサウナや岩盤浴の元祖である。ただし、鉄輪のむし湯の場合は地熱なので、何かで燃焼させる必要はない。

現在の鉄輪温泉のむし湯の悩みは、石菖の調達だという。現在は別府市温泉課の職員の方が数人で、県内のあちこちを探し回って、辛うじて営業できる量を集めているそうだが、年々自生地が減っているとのこと。そのため市では堀田地区の元々田んぼであった土地、七五九平方メートルを借り入れて石菖の栽培も行っているが、まだ補うほど十分な量には至っていないとのことである。

また鉄輪には古くからの湯治旅館があるが、石菖を使ったむし湯に入れるところが今でも二〜三軒残っている。昔は鉄輪付近の川に石菖はいくらでもあったそうだが、現在は古くからの湯治客の方が、石菖のむし湯に入りたいがために、わざわざ自分のところに自生している石菖を定期的に送ってくれたりしているのだそうだ。

こうした別府に息づく和製のハーブ、石菖を使った貴重な温泉文化、香りの文化遺産が未来に継承されることを望んでやまない。

生薬としての石菖

石菖は全国的にみても、それほど珍しい植物というわけではない。ただ何故かあまり知られておらず、別府以外ではほとんど利用価値がない植物と思われているのが現状である（へたをすれば雑草扱いされかねない）。しかし石菖はれっきとした生薬なのである。

石菖の学名は *Acorus gramineus* で、根茎が薬用として使用されている。主成分はアザロン（asarone）、セスキテルペンなど。日本ではセキショウは石菖（*Acorus gramineus*）、ショウブは菖蒲（*Acorus calamus*）として表記されているが、中国で菖蒲と表記される場合は *Acorus gramineus* のことなので、日本で菖蒲と表記する *Acorus calamus* と混乱を生じやすい。

牧野富太郎氏も『植物一日一題』の「菖蒲とセキショウ」で「セキショウはサトイモ科で、それが本当の菖蒲である。すなわち菖蒲はセキショウである。このセキショウの菖蒲を中国人は大いに貴び、書物には縷々とその薬効が述べてある」と記している。

一説には、五月の菖蒲湯は元々石菖を用いていたという。また石菖の方が菖蒲に比べて芳香の気味が強く、通竅《つうきょう》（意識をはっきりさせること）の効果が強く、また新鮮な方が高熱の意識障害に対する効果が強いことが判っている。鎮静作用があり、物忘れ、ふらつき、難聴、躁や鬱などに用いる。咽頭炎や嗄声《させい》、目の充血や視力減退などには少量一日一・五グラム～三グラム、健胃、鎮痛、腹痛には一日五～一〇グラムを煎服し、多量に使わない。

物忘れ予防の薬酒「石菖地黄酒」というものもあり、その処方は以下のとおりである。

①生の石菖根二〇〇グラムにホワイトリカー一・八リットル、②熟地黄一〇〇グラムにホワイトリカー〇・九リットルを別々の容器で三か月熟成させる、出来上がったら①と②を混ぜ合わせ一日盃一杯を服用

する。

なお、中国での研究によると、石菖の香りの主成分アザロン（asarone）が、認知症に効果があるという興味深い報告がなされている（「AD マウスにおける学習と記憶能力、SOD, GSH-Px および MDA 濃度に及ぼす β-アザロンの効果」『中国老年学雑誌』27巻12号）。

生薬としての効果にも同様のものが挙げられていたが、あまり注目されていなかった石菖が、宝物に変身する力が潜んでいる可能性もある。

石菖の文化的価値

石菖には、蒸留によって精油を採っている事例は見られない。しかし、その香りの活用は興味深く、しかも文化的に価値があると私は考えている。いくつかの事例を以下で紹介する。

茶道では、「夜咄《よばなし》」といって主に冬にロウソクの灯りの中で行う夜のお茶席がある。夜咄茶は茶道においては究極のお茶とされており、体験できる機会も限られているとのこと。このお茶席では、花は生けずにその代わりに石菖を用いる（炭に挿したりもする）という。石菖には、蝋燭の油煙で濁った席中の空気を清める浄化作用があるそうだ（図4）。石菖の香りの効果を経験的に熟知していたからであろうか。お茶の経験の永い私の知人の一人は、自分の庭に石菖を植えておき、必要な時に備えておくとのことであった。

鎌倉時代のなかば過ぎ、宋僧鏡堂覚円は、円覚寺の開山無学祖元の侍者として来日したが、覚円は水盤中に据えた水石のくぼみに生ずる石菖の風趣を賞して、「碧玉磬中水石間……」とする詠懐「盆石菖《ぼんせきしょう》」を残している。その碧玉盤は浙江《せっこう》の龍泉窯で焼成する和名砧《きぬた》青磁とされている。

図4　夜咄茶で設えられた石菖
ロウソクの煙の浄化の役目もする（高台寺夜咄茶会にて）

龍泉磁は、平安末から室町時代にかけて多量に輸入されていたが、一九七六年韓国新安沖の沈船（元船、一三二三年に難破）から引き上げられた日本向けの多量の陶磁中にあった多様な龍泉鉢は、改めて往年の事情を想起させたという。

また『古語大辞典』（岩波書店）によれば、元来石菖は中国の文人が書斎において愛好し、蘇東坡の詩にも「青盆の水は石菖蒲を養ふ」などと見え、唐風趣味の流行にともなって近世中期より流行したという。

岩佐亮二『盆栽の文化史』によると、足利義政が、山荘慈照寺（銀閣寺）の書院飾りに石菖盆を供用した旨が記されている。石菖の根を洗って石に付け、それを小石や砂で盆に植え、清水を注いで培養。石菖の砂植えは盆内に洗浄感を求めて工夫されたとも記している。

こうした盆栽は中国の文人趣味から生まれたとされている。日本の文人の座右の書とされ、文房清玩（中国文人たちの文房趣味のこと）の内容を記した

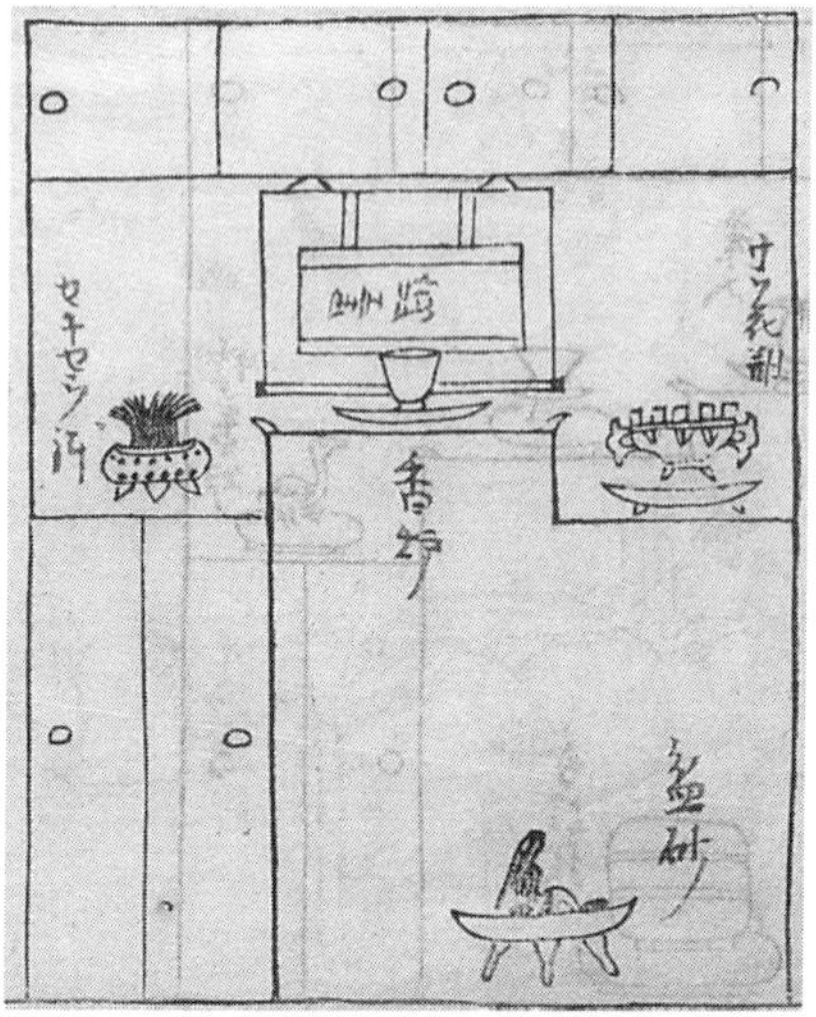

図5　池坊花伝書より　左上段に「セキセウ鉢」の文字が見える。『池坊専応口伝』（部分。大東急記念文庫所蔵）

『考槃餘事《こうはんよじ》』（屠隆《とりゅう》一五四三〜一六〇五）の盆玩の箋には、石菖を重視している内容が記されている。

セキショウの一盆ともなると、夜には灯火の煙を吸い取り、朝には葉先にたれる露を取って眼をうるおすことができる。まこと仙霊の世界の善美な種類であって、書斎には欠くことのできないものである。よろしく崑山（新疆の霊山）の古めかしい奇石と定窯の白磁の方形水盤を用いて饑《う》え、鉢の水をたたえ底には五色の小石を数十個置き、紅白の石は入りまじらせ、青と青緑色のもの同士は離しておくなどの処置を講ずるべきである。時に清泉をくんで水を換えながら培養すれば、日中には天が映えり、夜には露が宿る。格別賞玩の用に充てるのにふさわしく、また、邪気を避けることができる。

（『盆栽の文化史』より）

こうした石菖に対する中国の文人好みは、日本においては、中世の室町文化に移入され、茶や花の文化の中にも取り入れられていったと考えられる（図5）。十六世紀に始まった茶会の記録「茶会記」には青磁の花生に器形の分類が見られるようになるが、その中に「セキショウ鉢」という名も見られるようになる。

『和漢三才図会』（正徳三年＝一七一三）には「石菖多く水盆に栽《う》ゑて常に水を灌《そそ》げば則ち能く繁茂し、

眼病の人之を弄びて其の蒼色を見て快と為す」とある。

安永三年（一七七四）の平賀源内の著『風来山人』の一節に、「撮干魚《めだか》は石菖鉢をめぐり、鯨は大海をおよぐ」とある。これは「ヒトにはそれぞれ分に応じて楽しみがある」という意味だ。また文化六〜十年（一八〇九〜一八一三）の『浮世風呂』前編にも、「石菖鉢の目高なら、文躰相応《ずうてえ》なぼうふらをおっかけてりゃアまだしもだに」とあり、「石菖鉢のメダカ」とは、「狭い世界に住む小さい存在」をたとえたものである。いずれも「石菖鉢」というものが江戸時代の庶民の生活の中に浸透していたことを物語っている。

その他には、ミカンが紀州あたりから船で運ばれた時代は、江戸まで一か月を要したらしいが、輸送中に船の中でみかんが腐らないようにするために、石菖の葉を防腐剤として使っていたという。

変わったところでは、日本の妖怪の一種である「風狸《ふうり》」は、エサとして香木を食べるとされているが、石菖で鼻を塞ぐと死んでしまうというのだ。

実用としてもすばらしい石菖の香りだが、日本人は一体いつ頃から石菖の香りを活用するようになったのだろうか。鉄輪《かなわ》温泉のむし湯のように、石菖を使った石風呂の遺構は、大分の各地と山口、広島、愛媛、香川など瀬戸内海沿岸に残されている。

私は大分の石風呂で、国指定重要有形民俗文化財である「豊後大野市尾崎の石風呂」や「杵築市山香町山浦長田の石風呂」などの現地を訪ねてみた。

石風呂で石菖を使用している事例

大分県の中でも豊後大野市緒方町（旧緒方町）には、石風呂の遺構が多く残っている。豊後大野市歴史民俗資料館の高野弘之氏が、緒方町の石風呂を詳しく案内してくださった。

●辻河原《つじがわら》石風呂（図6）　豊後大野市緒方町大字辻　県指定有形民俗文化財

中央の岩穴が石風呂蒸し湯である。またこの岩穴の右側には五右衛門風呂が設置されていたといわれている。二基の宝塔は近世の作。中央上方の梵字は薬師如来を意味するとのこと。

石風呂は、底部に火室と炎道のための溝がつくられ、その上に焼石となる平らな凝灰岩が敷かれている。火室で薪を燃やし、石が焼けると薬草の石菖を厚く敷き、水を掛け蒸気をたてて入浴する。腰痛・筋肉痛・神経痛・疲労回復などの効能があるといわれ、昭和初期までは盛んに使用されていたらしいが、現在では稀に、子供たちの体験イベントとして焚かれることがある程度だという。

石風呂は、宝塔や梵字によって仏教との関連が考えられている。事実、ここの岩壁の上の平坦地には、「普済寺」という寺院があったという。またこの丘陵の東側先端には、「ヤグラ」と呼ばれる中世の僧侶階級の墓も存在し、仏教的色彩の濃い地域であったと思われる。

●尾崎の石風呂（図7）　豊後大野市緒方町大字小宛《おあて》　国指定重要有形民俗文化財

尾崎の凝灰岩《ぎょうかいがん》の岩壁をうがって造った二階式蒸風呂。緒方では石風呂のことを「塩石《えんせき》」と呼んでいる。浴室は横幅約二メートル、奥行二メートル余、高さ一・五メートル余。火室の焚口横幅は四九センチ、高さ五〇センチ余。火室の上は七枚の板状の切石でおおい、隙間は人頭大の自然石で埋めて浴室の床としている。浴室の入口には内と外から二枚のむしろを下げて熱の発散を防ぐようになっている。前方には一メートル余の水路があり、左方は掘り広げて深くし、水浴の場となる。右側岩壁はうがたれて石造の薬師如来坐像を安置。昭和四十年（一九六五）ころから再び使用しているが、火室で薪を燃やし床石の熱するのを待って、浴室内に石菖等の薬草を厚く敷きつめ、水をかけ、湯気をたて、中に六～七人交替で入って蒸浴する。保存に全精力を傾けた三宮君男氏は「薪の良否にもよるが、初釜は約二時間、翌日以降は一時間内外で石棚は四五度位になる」と書き残している。石風呂は治療や地域の慰安の場であると共に、法悦の世界でもあったようである。

いずれも付近には、石菖が生育しており、石風呂に石菖が使われていたことを物語っている。

高野弘之氏によると、緒方町にはまだこの他にも数か所、石風呂が残っているとのこと。しかしそれらが現在焚かれることはほとんどないらしい。

●杵築市山香町山浦長田の石風呂（図8）〈山浦の石風呂〉国指定重要有形民俗文化財

ここの石風呂を案内してくださったのは、杵築市観光協会副会長の松原保則氏である。松原氏は旧山香町のお生まれとのことで（合併前は山香町の観光協会の会長であった）、山香とその周辺のことにはとても詳しい方であった。

杵築湾に注ぐ八坂川の上流近くにある山香の石風呂は、重要有形民俗文化財に指定されている。国指定名称は「石風呂」。大字山浦長田にあるので「山浦の石風呂」。泉福寺《せんぷくじ》廃寺跡の西南側崖面を利用して造られているので「泉福寺石風呂」とも呼ばれている。金亀山泉福寺は伝説では養老年間に仁聞菩薩《にんもんぼさつ》が開基、後に曹洞宗に属し、観応三年（一三五二）に再建、明治初年に廃寺。その境内の崖面を利用した二階式蒸風呂である。築造年代は不明であるが、安永八年（一七七九）書写の『山香郷図跡考』の山浦村の条に門前に石風呂があると記しているので、それ以前のものと考えられる（入江英親『豊後の石風呂』）。

この石風呂で特に興味深いのは、左壁と奥壁は自然の岩を利用しているが、他は両面板碑《いたび》二基、板碑一八基、角塔婆《かくとうば》一基、五輪塔《ごりんとう》の基礎一二個などを使って築造されていることである。暦応三年（一三四〇）、康永元年（一三四二）在銘のものもあるので、石風呂はそれ以降の築造であろう。

浴室は横幅約一三〇センチ、奥行約一四二センチ、高さ約一一五センチ。火室は横幅約五〇センチ、奥行約九七センチ、高さ約四五センチ。外側上部は三〇センチ余りの封土で覆っている。使用方法は下より火を焚き、床面には石菖やヨモギ等の薬草を厚く敷きつめ、むれてくると上から水をまき、湯気で浴室が温まると入室。神経痛、リューマチ、腰の痛みや疲れ等によく効き、明治初年まで使用していたという。

松原氏によると、この近辺にも昔はたくさんの石菖があったそうだが、川の護岸工事などによりめっきり少なくなったということである。それでもしばらくすると、近くの川にある石菖を見つけてくださった。

以上のように、石風呂自体、今は使われなくなっているが、その近くには川があり（入浴後に川の冷水で汗を流したのであろう）、量は少なくなっているが、自生の石菖を見つけることができた。

次に大分県以外の石風呂で石菖を使用している事例を挙げてみる。

●山口県防府市牟礼阿弥陀寺の石風呂（図9）

ここの石風呂の伝承では、治承四年（一一八〇）源平の戦いで、平重衡《たいらのしげひら》によって焼失した東大寺の再建のため、俊乗坊重源《ちょうげん》がヒノキなどの木材の調達のために、このあたりの地にやって来た。そして再建に必要なヒノキの大木を佐波川の上流域に発見する。その地は、現在の山口県山口市徳地町の滑山《なめらやま》の国有林とされている。当時は東大寺の知行地となり、「徳地」と呼ばれたという（有岡利幸著『檜』法政大学出版局）。

この石風呂は、伐り出して木材を運び出す作業は、水に浸かっての過酷な労働であったために、労働者

図6　辻河原の石風呂（豊後大野市緒方町）

図7　尾崎の石風呂（豊後大野市緒方町）

図8　杵築市山香町山浦長田の石風呂

図9　山口県防府市牟礼阿弥陀寺の石風呂

図10　法華寺の浴室（からぶろ）

の健康維持とねぎらいの目的で造った石風呂だといわれている。他にも、防府市や徳地町周辺には、重源上人伝承とされる石風呂がいくつか残っている。

阿弥陀寺に問い合わせたところ、現在、第一日曜日に実際に石風呂の入浴が行われおり、冬期に石菖を、夏期にはヨモギの葉を敷いているとのことであった。

印南敏秀著『東和町誌　資料編四　石風呂民俗誌』によると、重源は東大寺再建のため七か所に別所（聖とよばれる僧侶が寺院周辺などに集まって修行するために庵や仏堂を設けた場所）を建立した。別所には浄土堂と共に必ず湯屋を設けた。

重源は常時、長期にわたる湯屋での、諸人のための入浴による作善に重きをおいた。阿弥陀寺の湯屋は無論のこと、徳地町山間の野谷の石風呂（後述）も、東大寺再建のために働いた人々への、作善のために造ったといわれている。その伝統が、佐波川流域の石風呂の成立や継承、入浴習俗、重源像造立などの重源伝承に結びついていると考えられている。

重源は建仁三年（一二〇三）、八二歳の時、自分の事績を顧みて『南無阿弥陀仏作善集』と題した書物を著している。その内容は多岐にわたるが、人々の日常生活に関わる施設の築造や修理にも及んでおり、その中で温室（湯屋）の設置についても、「結縁する湯屋の事、巳上十五カ所」と記している。これには庶民が湯屋を使用することで、体の汚れをとるだけでなく、念仏を唱えて心を浄める目的もあったとされている。

こうした重源の、作善のための施浴の元となったと思われるのが『温室洗浴衆僧経』という教典である。この経典は、僧に湯を施す温室の功徳を表している。

経文には、入浴に必要な七物を整えると七病を除去し七福を得られると記されている。七物とは、燃火《ねんか》

＝薪、浄水《じょうすい》＝清い水、澡豆《そうず》（そうとう）＝小豆など豆類で作った洗い粉、蘇膏《そこう》＝マンサク科の樹皮から採取した樹脂を調合したもの、あるいは牛や羊の脂からつくった滑らかな油脂、淳灰《じゅんかい》＝特殊な樹木の灰《あ》汁《く》、楊枝《ようじ》＝楊柳の木の楊枝、内衣《ないい》＝手拭いがわりの単衣、浴衣。

このうちの薪や水、浴衣などから、これらの風呂が湯につかる風呂でなく、「蒸し風呂」を想定していることが窺えるであろう。

入浴は「仏教の修行」であったが、重源はこれを勧進活動（堂塔・仏像などの建立・修理のため、人々に勧めて寄付を募ること）に導入し、多くの湯屋や湯釜を造らせて、一般民衆への教化に結びつけて行った。

重源が関わった湯施行は、阿弥陀寺長日温室、備前国府の不断温室、摂津渡辺別所の無差大湯屋などであが、そこで湯釜なども鋳造したようである。もっともこの湯釜は湯船に浸かるのではなく、蒸し風呂の蒸気のためか、浴びる湯を沸かす目的だったと思われる。

●野谷の石風呂　山口県山口市徳地野谷字ゆずりは

野谷の石風呂は、おそらく実際にこの近くの山で、木の伐り出しを行なっていた人たちを癒すために作られたもので、当時この石風呂で大勢の労働者が、一日中働いた疲れをこの石風呂に入って癒していたことと思われる。

風呂の構造は、山の斜面の自然の巨石を横穴式にくり抜いて造られたものであった。そこに炭焼き窯のように火をおこし、その後水などを撒いて、石菖（あるいは伐りだしたヒノキなどの枝葉）を敷いたのではないだろうか。湯釜のような大きな釜を用意できないところでは、こうした石風呂が造られたのだろう。

そして石風呂のすぐそばには小川が流れており、昔の人たちはこの石風呂で温まった後、冷たい小川に飛び込んで汗を流していたことであろう。

先に述べたように、大分県・山口県の石風呂の事例は、いずれもほとんどが仏教との関わりが強い。昔は家に風呂があるところなどなく、寺が医療と憩いの場を兼ねてこうした施設を備えていたと考えられる。このように民衆に入浴を施すことを施浴《せよく》という。施浴は既に奈良時代から行われていたらしい。

光明皇后と石菖

この施浴を施し、しかも自らも現代でいうところのセラピストとして、人々を救済していたとされる人物がいる。光明皇后である。光明皇后は、日本の歴史上、皇族以外の女性が皇后になった（天平元年＝七二九年）最初の人物でもある。そればかりでなく、今日、日本の貴重な文化遺産となっているものに多大な貢献をしているのである。

一つは夫聖武天皇とともに東大寺の大仏建立に尽力したこと。『続日本紀』によると「東大寺や国分寺の創建はもともと光明皇后が勧めたことによる」ともある。次に、光明皇后が聖武天皇の死後、遺品を東大寺に献納したことに始まるのが正倉院である。また現代でも最も人気のある仏像のひとつである阿修羅像は、光明皇后が亡母橘三千代の一周忌のため、興福寺に建立した西金堂に安置された像のひとつでもあるのだ。

さらに施薬院（病の人を受け入れ無料で薬を施し治療する療養所）や悲田院（身寄りのない子供やお年寄りなどに施しを与える施設）などを設け、福祉事業の魁《さきがけ》となることを行ったとされている。光明皇后が建立した法華寺（尼寺）には、こうした福祉事業の象徴として施浴の施設が、「浴室《からぶろ》」という名前で残されている（図10）。

法華寺の浴室も蒸し風呂であるが、石風呂とはやや異なる構造である。釜で薬草の入った湯を沸かし、出てきた蒸気を奥の浴室の床の簀《す》の子を通して漂わせるというものだ。一説には、簀の子からの蒸気が直接当たると熱いので、ここに敷いた布を「風呂敷」といい、浴室で羽織ったものを「湯帷子《ゆかたびら》＝浴衣《ゆかた》」というようになったという。

日本最初のセラピスト光明皇后には、次のような垢摺《あかすり》伝承も残っている。

あるとき光明皇后は、困窮者千人の垢をみずから洗うという誓いをたて、九九九人まで済ませてあと一人となったとき、ボロをまとい膿《う》みだらけで悪臭を放つ重症者があらわれた。皇后はねんごろに垢をとってあげたが、「どうかこの膿を吸って私の病気を治して下さい」と懇願されたので膿を吸い始めたところ、突如患者は阿閦《あしゅく》如来になって姿を消した（『元亨釈書《げんこうしゃくしょ》』一六二四年）。

私は平成二十二年の六月に、法華寺の浴室に入浴の体験をすることが出来た。ここは年に一度だけ、実際に風呂が焚かれているのである（ただし入れるのは、寺の檀家の方や、光明会などの会員などに限られる）。用意された浴衣に着替え、順番に浴室に案内された。浴室は畳一畳ほどの広さの個室が二部屋ある。入り口の扉には「沐浴行　沐浴身体　当願衆生　心身無垢　内外清浄　六根清浄　三葉清浄」と和紙で書かれてあった。

床はやはり簀の子でゴザが敷かれてあった。浴室の温度は鉄輪《かんなわ》のむし湯とほぼ同じぐらいの熱さに感じられた。ただしこちらは蒸気が多い。室内に入り横になると、すぐに浴衣は汗でびしょびしょになった。部屋全体にはヒノキの香りが漂っている。法華寺の檀家でこの浴室の復元にも携わった大木茂氏によると、現在の浴室では、薬草は使用していないとのことであった。そのかわりヒノキの材が、床の簀の子の下に置かれてあった。私は鉄輪の石菖の香りを連想してみた。建物の材質は石と木の差はあるが、ここでも石菖の香りがしたらとても心地よいだろうと想われた。帰りがけに、法華寺の池の周りに石菖を見つけることが出来た。その石菖は、光明皇后の時代から既に、法華寺に存在していたことを物語ってくれているようでもあった。

後世に伝え残っているというものには、何らかのパワーというかエネルギーが内在しているのだと思う。浴室も東大寺の大仏、正倉院の御物、阿修羅像と同じように、光明皇后の「懺悔と救済への想い」という想念のエネルギーが今に生きている証と思えてならない。

別府や石風呂を焚くところ以外では見向きもされない石菖であるが、全国的に珍しい植物というわけでもない。ちょっと注意してみると至る所で見つけることができる植物なのである。以下では印象に残った石菖の生息地のいくつかを紹介する。

石菖紀行

●静岡県松崎町　伊那下《いなしも》神社（図11）

伊豆半島の西側に位置する松崎町の渓流に、石菖が自生していると聞き、知人の案内で調査に行った。川沿いには確かに石菖があったが、その帰りに何となく気になる神社があったので立ち寄ったのが伊那下神社である。清水（神明水）が湧き出るところであるらしく、ポリタンクを持った人がひっきりなしに水を汲みにきている。水琴窟もある。拝殿前の敷地には樹齢約一〇〇〇年のイチョウの大木がどっしりと安座している。驚きは神社の手水《ちょうず》であった。龍の口から水が出ているのだが、その龍全体を何と石菖がおおっているではないか。まさに水の化身の龍体を石菖が顕わしているのだ。

さらに驚くことに、境内のいたるところ石菖だらけなのである。私にとってここは、まさに「石菖神社」であった。現宮司の森清人氏によると、先々代の森清氏（清人氏の祖父）が薬剤師であったので、漢方薬にも使われる石菖を植えたのではないかとのこと。それが現在のように境内全体に繁殖したらしい。しかし単にそれだけのこととは思えない存在感が、伊那下神社の石菖からは感じられる。こちらの神社の石菖には、水の神様のパワーが宿っていると思われてならない。

私はこの神社にこれほどの石菖があると想像していたわけではない。ただ何となく気になり、お詣りしたくなっただけなのだが、やはり何かに導かれていたのかもしれない。

伊那下神社の祭神は、彦火火出見尊《ひこほほでみのみこと》　住吉三柱大神とある。また縁起によると、イナは地名で、造船に関する新羅渡来人の猪名部氏がこの地を「イナ」と名付け、伊那上神社・伊那下神社を奉祀した。元は社殿はなく神社の背後の牛原山を神域として山嶺三本松という所を中心として崇拝した、磐座《いわくら》が残るという。牛原山頂からの景色はすばらしい。晴れていれば相模湾の向うに富士山、そして遥か南アルプスまでもが一望できる。やはり古代の人々はこうした場所でこそ祭祀を行ったと想像できる。

神社には地元松崎出身で、鏝絵《こてえ》（漆喰を用いて作られるレリーフのことで、左官職人が鏝で仕上げることから名付けられている）の名人とうたわれた入江長八が奉納した神宮皇后《じんぐうこうごう》　竹内宿禰《たけのうちのすくね》の漆喰人形や、金山奉行大久保石見守（長安）が寄進した青銅金鍍金製釣燈籠が保存されている。また秋祭りに演じられる三《さん》番叟《ばそう》は、大久保長安が能楽の太夫の血筋で、伊豆一帯に広めたらしく、そのうちのひとつとして伝承されている。

また境内には、至るに所に森清人氏作のチェーンソーで彫られた木の彫刻が佇んでいる。石菖と彫刻、そして清らかなお水。樹木、そして古代祭祀の岩座。それらがまるで八百万《やおよろず》の精霊のように存在する何とも不思議なお宮であった。

●東京都東久留米市南沢の湧水地（図12）

東京都東久留米市の南沢湧水地は、日量約一万トンの湧水量があるという。その清らかな湧き水に多くの動植物が生息し、市民ばかりでなく市外の見物者も多く訪れている。東久留米市水道局は今なおこの湧水を利用しているという。近くには氷川神社があり、また縄文の遺跡も発見されており、この湧水地は、古代から人々が生活を営んでいたことを窺わせる。都心から電車で一時間以内に、このような自然環境の所が存在しているのだから、東京もまだまだ捨てたものではない。

また、石菖の群落としても貴重なところである。湧水源のまわりの南沢緑地保全地域ほぼ全体に石菖が見られる。「灯台元暗し」とはこのことである。何とここは私の自宅から自転車で一〇分のところで、石菖を知らないときからよく散歩に来ていたところなのである。六月には螢も飛び交うとのこと。まさに都会のオアシス・楽園である。

ここで石菖の写真を撮っていると、蛇が顕れた。シマヘビらしいが、「何しに来た」と言わんばかりにこちらを威嚇するように睨み、しばらくして悠然と石菖の中に消えていった。蛇が顕れた近くには氷川神社があるが、水の神である龍神の化身に出会ったように感じられた。

●箱根湯本温泉・玉簾《たまだれ》の滝（図13）

箱根湯本温泉郷の名所・玉簾の滝に鎮座する玉簾神社は、箱根大神を主祭神として祀る神社である。相殿に九頭竜《くずりゅう》大神・市杵《いちき》島姫《しまひめ》命・罔象女命・宇迦能御《うかのみ》魂命《たまのみこと》の神々を祀り、家内安全・商売繁盛はもとより開運出世の社として知られる。

ここの神社は、芦の湖畔に鎮座する箱根神社の御分霊を勧請した社であり、その創建年代については詳らかではないが、この地が江戸時代、小田原藩主稲葉氏の別邸であったことから、玉簾神社はその邸内社と伝えられる。とりわけ江戸幕府の三代将軍・家光の春日局の孫で、のちに幕政の最高中枢である筆頭の老中にまで昇りつめた稲葉美濃守正則は、寛文期に本宮の箱根神社大造営の総奉行を手がけるなど、箱根信仰の厚い人物として知られる。

「玉簾神社」の社名は、境内の玉簾の滝に由来するもので、岩間から湧き出る豊かな湧き水は、優美なその姿から、いにしえより水晶でこしらえた「玉すだれ」に喩えられ、多くの文人墨客に愛されてきたことによる。歌人・与謝野晶子は、「きさらぎや　掌《たなごころ》もて　撫でぬべく　らうたき水の　玉簾の瀧」と詠み、この滝をこよなく愛した一人である。また俳人の荻原井泉水も「まことに水晶の簾をかけたように、夏は水音そうそうとして涼しく、秋は紅葉に照り映えて美しく、春は鶯の声に和する琴の音となり、冬はまた晴天に時雨《しぐれ》を聞く趣がある」と絶賛している。

玉簾神社の例大祭は、八月二十一日に斎行。また毎月二十一日には名水祭が行われている。名水祭は、神社の月次祭《つきなみ》にあたり、御水神に水恩感謝の赤誠を捧げようと月に一度行われるもので、玉簾の滝前では古式ゆかしい「お水取り」が行われる。祭典では神職と祭員が滝壺に進み、流れ落ちる滝水を柄杓で汲み取って木桶に収め、御神前に献供する。千古流れて窮みないこの清冽な滝水は、別名「延命水」と呼ばれ、九頭竜神ゆかりの霊水として多くの人々の信仰をあつめている。祭典後の直会《なおらい》では参列者全員に延命水が振る舞われる。

私がここを訪れたのは真夏の真っ盛りの時であったが、この滝の付近はまるで冷房が効いているような

図12　東京都東久留米市の湧水池　都心から1時間のところにも石菖の群落がある。

図11　静岡県松崎町伊那下神社の手水龍のまわりに石菖がびっしりと繁茂している。

図13　箱根湯本温泉天成園内　玉簾の滝の石菖

図14　奈良平城宮東院庭園内の石菖

涼しさであった。涼しい冷気は清らかな霊気を感じさせるものだ。訪れる人からも「こんなに涼しいなんて、ここはパワースポットだわ」という感想が聞こえてきた。瀧自体が、天成園という温泉旅館の敷地内にあり、旅館のロビーからの眺めも格別だ。

ここの滝壺周辺に石菖が群生している。霊水のあるところには必ずといっていいほど石菖を見かけるものだ。ここの石菖もしっとりとしていていい雰囲気である。香りも力強く、生命力に富んでいる。旅館の来場者ばかりでなく、滝だけの見学も可能になっており、多くの人が訪れるが、残念ながら、足下にびっしりと繁茂する石菖に注目する人は誰もいない。

ここでも石菖を写真に撮っている時に、白いヘビが現れたのである。どちらかというと、私はヘビが好きではないのだが……。

●奈良平城宮遷都一三〇〇年祭　東院庭園の石菖（図14）

平成二十二年（二〇一〇）、奈良市では平城遷都一三〇〇年祭のイベントが行われた。平城宮跡の東院庭園広場では「天平茶会」といって奈良時代のお茶が再現されるという大変興味深い催しも行われた。私はお茶会の帰りに、復元された庭園も拝見させていただいた。平城遷都一三〇〇年祭に際して発掘、復元された東院庭園は、奈良時代の優美な庭園の様子がしのばれる。また自然の風景を主題とした平安時代以降における庭園の原形ともいえる重要な遺跡である。なんとこのお庭に、石菖があったのだ。庭園全体の東北には庭に水を引き込む湧水源があったが、石菖はその付近に群生していたのである。しかし池の周辺など他のところには見られなかった。池の水は藻が蔓延《はびこ》っていたが、排水など水の循環に問題があるのであろう。そのため石菖は水のきれいな湧水源のみに見られた。

さて、この石菖は、復元作業の時に意図的に植えられたのであろうか。それとも偶然ここに発生したのだろうか。復元作業を行った奈良文化財研究所の発掘報告によると、発掘調査によって池の堆積土から採取した植物遺体（枝葉・花粉・種子）を分析した結果、後期東院庭園には、アカマツ・ヒノキ・ウメ・モモ・センダン・アラカシなどが植栽されていた可能性が高く、次にヤナギ・サクラ・ツバキ・ツツジなどの樹木が植えられていたと推定されるという。これらの植物は、『万葉集』や『懐風藻』などの庭園描写に見られる樹木とも一致しており、こうした材料に基づいて植樹の復元を行ったとのことであった。しかし石菖については何も報告されていなかった。

そこで、奈良文化財研究所で東院庭園の植栽復元に携わった担当の方に直接問い合わせてみたところ、植物遺体として見つかってはいないが、存在していた可能性が高いということで、意図して植栽したとのことであった。

先述の「浴室」のある法華寺はこの庭から目と鼻の先である（現在の法華寺内の池にも石菖があった）。そして「金光明最勝王経」（光明皇后の名前はこのお経に由来している）の「呪薬洗浴の法」に記載されている「菖蒲＝石菖」から考えて、平城宮のお庭にも石菖が存在していたことは十分考えられることである。やはり庭園の復元によって当時存在していた石菖が甦ったとすると、夢のある話ではないか。東院庭園に佇みながら、清らかな湧水付近に繁茂している石菖の香りを嗅いでみた。石菖は遥か天平の時空に存在し、古人も嗅いでいたのだろう。私にとって平城宮の庭園の跡地で、そこに生きている石菖の香りを嗅ぐことができたことは、一三〇〇年前のいにしえの息吹に触れることにも等しい特別な出来事であった。

石菖とヘビ（龍神）と水

右の石菖をめぐる紀行文でおわかりのように、きれいな水の湧き出る湧水地には石菖が存在している。そこでは螢を観察することも出来るのである。また付近には水にかかわる神社やお寺が多くあり、古くから人々が水に関わる信仰の地であったことを物語っている。

水に関わる信仰にはヘビや龍が頻出する。私見だが、石菖はヘビの化身なのではないだろうか。石菖の根茎の部分をよく見ると、ヘビによく似ているのだ。これだけヘビや龍神に関わるのだから、これに関連した神話や説話はないものかと調べていると、案の定見つかった。

『諏訪大明神御本地縁起』の話ではヘビに転身していた主人公（甲賀三郎頼方）が、石菖の生えている池に浸り、朝日を浴びることで、人間に復活する筋立てになっている。ここではヘビは水界の化身とみなされており、水辺に生息する石菖は、現界（この世）と異界（あの世）をつなぐ存在（場）でもある。このような変身譚は多くの神話にみることができる。

水は人間が生活する上で必要不可欠なものである。縄文の遺跡などをみれば川や湧水地の近くにその痕跡を見つけることができる。

川は古来より人間の生命や魂の原郷とされてきた。そして川の水が湧き出る（此の世に生まれる）湧水地は異界に通じる聖なる場所（畏怖すべき場）でもある。多くの石菖の群生する湧水地が、霊水としてその土地の人々から尊ばれているのも偶然ではない。ヘビに変身した頼方（異界に居る）は、石菖の生えている池という此の世とあの世の境界の場を通して浄まり、光を浴びることで人間の姿として復活することとなる。

また香りという存在自体が、この世とあの世（宗教儀式でのお香）、男女（性フェロモン・香水）など、何か二つのものをつなぐ媒介物でもある。香りのする石菖はこうした意味からも境界という場を象徴している。

石菖とヘビ・龍神そして水との関わりはまことに興味深い。

コハク（琥珀）

琥珀とは

琥珀というと、私たちが最初に思い起こすのは、ウィスキーの芳醇で成熟した色合いを「琥珀色」と表現することではないだろうか。

一般には、琥珀色は透明感のある黄褐色から黄色よりの橙色を指しているが、ウィスキーでは、液体の質感をも合わせて琥珀に喩えている。

琥珀（Amber）自体は、元は太古の樹木（主に松柏科植物）が分泌していた樹脂で、この樹脂が地中深くに埋もれて何千万年も経過して、化石に変化したものである。

琥珀の英語表記 Amber の語源は、古代アラビア語アンバール（海に漂うもの）から派生したと考えられている。これは、琥珀が嵐のあと、海から打ち上げられて発見されたことに由来する。バルト海は、かつて大陸が沈没し、海となったもので、この地の琥珀は、海底の琥珀層が浸蝕されて海辺に打ち上げられたという。

なお、香料では他に Ambergris（アンバーグリス）という香料があるが、こちらはマッコウクジラ（抹香鯨）から採れる動物性の香料のことを指している。マッコウクジラの内臓内にできる病的な異常生成物

（結石物）で、これも海に漂っていたり、海岸に打ち上げられていたものが発見され、しかも灰色をしていたので、Ambergris（アンバーグリス）と表記されたと考えられる。中国では龍のよだれが固まってできたと考えたので「龍涎香《りゅうぜんこう》」と呼ばれている。

一方、琥珀の語源は、中国において、虎が死後に石になったものだと信じられていたことによる。

主な外国の琥珀の産出地を挙げると、

バルト海沿岸地方産は、パイナス・スシニフェラの仲間、マツ科針葉樹の絶滅種で、新生代古第三紀始新世（約四〇〇〇万年前）のもので、近年アラウカリア起源説が有力視されている。色の特徴は、ビール色、乳黄色、白色などが多い。

撫順（中国）地方産の琥珀は、メタセコイアの仲間で、スギ科針葉樹、新生代古第三紀始新世（約四〇〇〇万年前）のもので、生きた化石と呼ばれ、現生種が中国にある。色彩は、赤味を帯びた濃褐色などが多い。

ドミニカ共和国産の琥珀は、ヒメナエアの仲間、マメ科広葉樹、新生代第三紀漸新世（約二四〇〇万年〜三八〇〇万年前）のもので、中米熱帯地方などに現生種がある。色彩は淡いアメ色などが多い。年代が若く熱帯林に起源することから、虫入り琥珀が多い。

岩手県久慈の琥珀は、スギ科針葉樹のナンヨウスギ（*Araucaria*）の仲間とされ、南米熱帯地方に現生種がある。久慈産は、中生代白亜紀後期（約八五〇〇万年〜約九〇〇〇万年前）というまさに恐竜時代に属するもので、世界的にも古い時代のものとされている。

ヨーロッパと琥珀の関わりは古く、「幸福の石」とか「太陽の石」「人魚の涙」とも呼ばれ、人類最初の宝石ともいわれている。世界有数の産地であるバルト海沿岸地方では、この地域に住んでいた新石器人（約一万五〇〇〇年前）が、海岸で見つけた琥珀で、装身具や護符などに利用していた。

琥珀は一八世紀前半まで、海の産物と信じられていたが、一八世紀後半から陸でも採掘されるようになった。当時、琥珀は北方の金といわれ、同じ重さの金と琥珀が交換され、また小さな琥珀の細工物一つと、健康な奴隷一人が交換されたほど高価なものだった。また塗料としてや、神経痛やリューマチなど多くの病気の妙薬としても用いられていた。

ギリシャ人は琥珀を「エレクトロン」と呼んでいた。琥珀は擦《こす》ると電気が起こるが、電気もこの語（エレクトロン）で呼ばれるようになる。

中国の諺にも、「琥珀塵を吸うも穢れを吸わず、磁石針を吸うも曲を吸わず」とある。琥珀は塵を吸い付けるが、汚れたゴミは吸わない。磁石は針を吸い付けるが、曲がったものは吸い付けない。つまり、どんな場合でも清廉潔白で信念を曲げないことをたとえている。これも琥珀の電気を帯びる性質によるものである。

英国では結婚十年目に、夫から妻へ琥珀を贈る習慣がある（琥珀婚）。琥珀の神秘な輝きは、ヨーロッパでは幸福を招くものと信じられ、琥珀を贈ると「幸せを贈る」という意味をもって、積年の愛の花が開くとされている。

ヨーロッパには琥珀にまつわる伝説や神話もある。

海に漂う琥珀に由来する伝説では、海洋神ポセイドンの末娘である人魚姫が、王子との悲恋を嘆いて流した涙が固まり琥珀になった（「人魚の涙」）。

ギリシャ神話の一節によると、太陽神の息子パエートンは、父の忠告も聞かずに無理に「太陽の馬車」

に乗って天まで駆け登って暴走し、大地は火に包まれた。暴走を見かねた全知全能の神ゼウスはパエートンに雷霆を投げて打ち落とし、パエートンはエーリダノス川の河口付近に落ちて死んだ。この死を悲しんで姉妹が流した涙が固まって琥珀となり、姉妹はその場を立ち去れないままポプラの木になった（「太陽の石」）。

琥珀に宿る生物

琥珀は、スピルバーク監督の映画『ジュラシック・パーク』によって、一躍人々の関心の的となった。この映画は、琥珀の中に閉じ込められた恐竜の血液を吸った蚊の化石から、恐竜のＤＮＡを抽出し、絶滅した恐竜を現代に蘇らせた話であった。

ところが、『ジュラシック・パーク』以前にも、白亜紀の恐竜を文学の世界で出現させていた日本人がいる。

宮沢賢治である。賢治は幼い頃から石に興味を持っていて、「石っこ賢さん」とあだ名されていたという。盛岡高等農林学校（現岩手大学農学部）で鉱物を専門に学んでいたこともあり、鉱物や宝石にも造詣が深かった。したがって賢治の文学作品には多くの鉱物や宝石が登場する。琥珀も賢治お気に入りの一つであった。

たとえば賢治は琥珀の持つ暖かな感触を、夜明けの朝焼けの空にたとえ、次のように表現している。

まもなく東のそらが黄ばらのやうに光り、琥珀いろにかゞやき、黄金に燃えだしました。丘も野原も新しい雪でいっぱいです。（『注文の多い料理店』「水仙月の四日」より）

また、琥珀が樹木の樹脂の化石で、砕けた時、きらめいて見えることを知っていた賢治は、それを太陽の光にたとえている。

　正午の管楽よりもしげく
　琥珀のかけらがそそぐとき（『春と修羅』より）

ある時期には、本気で宝石商を自分の職業にしようと思ったようで、岩手県等で採れる原石を利用することを考えていたらしい。その中に琥珀原石も含まれており、賢治は父宛てに次のような手紙を書いている。

　之は報告、その他より鉱物産地を知りて手紙にて買入、または自分にて旅行して買入。たとえば花輪の鉄石英、秋田諸鉱山の孔雀石、九戸郡の琥珀、……

琥珀は、良質のものは、細工等に加工されるが、下等なものもかなりある。賢治は、そこに目をつけ、下等琥珀で、再生品を作ることまで考えていたらしい。

　黄水晶を黒水晶より造る。瑠璃に縞を入る。真珠の光を失えるを発せしむ、下等琥珀を良品に変ず等。
（一九一九年二月二日、賢治二三歳）

これは琥珀を真空状態で溶かし固めた、再生琥珀を考えていたものとみられ、現在でも製品化されている。こうした点からも、賢治は先見の明があったといえる。賢治の宝石商になりたいという夢は父親の反対もあり、実現されなかったが、宝石に対する鋭い感性や知識は、賢治文学に大きな影響を与えた。

そして盛岡農学校時代（二一歳）、友人と岩手山に登った時に、次のような短歌を詠んでいる。

　あけがたの　琥珀のそらは　凍りしを
　　大とかげらの　雲はうかびて（短歌A五四八）

鉱物に詳しかった賢治は、トカゲ入りの琥珀があることを知っていたのであろうか。岩木山の明け方の空の色を琥珀色にたとえ、そこに浮かぶ雲を大トカゲ（恐竜）と重ねて、『ジュラシック・パーク』並みのイマジネーションの翼をひろげてみせている。

先述のように、久慈地方産の琥珀は、中生代白亜紀後期（約八五〇〇万年〜約九〇〇〇万年前）という恐竜時代に属するものだが、近年、この琥珀中からも昆虫の化石が相次いで発見され、古生物学はじめ遺伝子工学の研究者らの注目を集めている。久慈琥珀博物館では、太古の失われた世界を包み込んだ貴重な琥珀を観ることができる。

植物の樹脂は傷口などからにじみ出て、その傷口を包み込んで細菌の侵入を防ぎ、傷口を保護する作用がある。ちょうど人間の血液が、傷口でかさぶたになるのと同じような働きがあると考えられている。もとが流動的な樹脂なので、周辺に棲んでいた昆虫・動物・植物をはじめ水や空気などを包み込んだものがしばしば発見される。この中で昆虫化石入りの琥珀のことを一般に「虫入り琥珀」と呼んでいる。ちなみに乳香や没薬《もつやく》などの香料も樹脂香料であるが、化石ではない。

琥珀の中の化石は、立体的かつ完全体として保存されている場合が多く、通常に見られる平面的な化石とは異なり、ＤＮＡも保存されている。だからこそ「虫入り琥珀」は昆虫や生物の進化をはじめ、太古の生物の生活環境、さらには当時の地球の様子などを知る手掛かりを与えてくれる、きわめて学術的価値の高い貴重な化石なのである。

また、アメリカの研究者が琥珀中の昆虫化石の体内に、胞子状態で眠っていたバクテリア生物を蘇らせることに成功したことも報じられている。今後、虫入り琥珀の研究が進展すれば、生物の進化をＤＮＡレベルで解明し得る可能性があり、将来はそれこそ『ジュラシック・パーク』のように絶滅した生物を復活させることでさえ可能になるかもしれない。

このようなことからも、虫入り琥珀（図2）は、現代そして未来に及ぶ、実に多くの可能性を秘めた、いわば「神秘のタイムカプセル」といえよう。

現在、久慈地方産の虫入り琥珀は約一〇〇〇点余り発見されている。この中には絶滅種や新種も多く含まれているという。平成二十三年（二〇一一）七月には、博物館の琥珀採掘体験場で、翼竜の一部とみられる化石（長さ一六・八センチ、幅二・〇センチ）が発見され、鑑定の結果、白亜紀後期の八五〇〇万年前の化石であることが報道された。こうした恐竜時代の昆虫化石は世界的に少ないことから、研究がほとんど進んでいないという。したがって、久慈産の虫入り琥珀は　それぞれの化石として、また一産地の一括資料としても大変貴重な化石であり、今後のさらなる研究が待たれている。

香料としての琥珀

久慈産の琥珀は地元では昔、「くんのこ」とか、「くんりく」と呼ばれていた。この呼称は香の薫陸香《くんりくこう》に由来している。小学館の『国語大辞典』では、「薫陸は松柏の樹脂が地中に埋もれ固まってできた化石。琥珀に似るが、琥珀酸を含まない。粉末にして薫香とする。岩手県久慈市に産する。わのくんろく」とある。

また、保育社の『原色鉱石図鑑』『原色鉱石図鑑続編』では、「琥珀というのは、漢名で和名はない。Amberというのは俗名で、学名は*Succinite*。第三紀時代の松柏科植物の樹脂の化石したもので、鉱物というより、むしろ植物に属するものであるが、地中より採取されるため、従来便宜上鉱物として取り扱われている……（以下略）」「薫陸（Retinite）は琥珀の一種。琥珀酸を含まぬものを薫陸または樹脂石という。

図1　琥珀の原石（上山琥珀工芸にて）

図2　虫入り琥珀（琥珀博物館パンフレットより）

図3　左から、薫陸香、久慈琥珀、乳香

松柏科植物の樹脂の化石したもので、その性質は琥珀に同じく、鉱物よりむしろ植物性に富み、非晶質で劈開《へきかい》なく、等方性、屈折率一・五四。琥珀をも含めて装身具宝玉として最古のもので、エジプトおよびスイスからは、穴居時代の遺跡から発掘され、わが国でも太古から勾玉《まがたま》、棗玉《なつめだま》に使用された」と記されてある。

薫陸香は鑑真が日本に持ち込もうとした香料のなかにも見られるように、香の分野において代表的な香料である。『六種の薫物《たきもの》』のなかの梅花、菊花、落葉、黒方を調製するときにも利用される。

しかし、今日香の原料としての薫陸香が本来どの基原植物によるものかという点をめぐっては異なる見解があり、実体が正確にわかっていないようである。

『図説正倉院薬物』（中央公論新社）では、正倉院の薫陸について次のような見解を述べている。

薫陸は、クンロクコウ（Pistacia khinjuku ウルシ科）の樹脂が土中に埋没して生じた樹脂性の化石であるとされている。比較的化石化の程度も浅く、樹脂が化石化した琥珀に較べて透明度も低いものである。

中国古代においても『開宝本草』に、アラビアの乳香が初めて紹介されているが、以来、その記事に見られるように、中国では乳香が薫陸と同じ物とされてきた。しかしながら、乳香はボスウェリア属（カンラン科）植物の樹脂分泌物をそのまま乾燥させたもので、生のゴム樹脂であって、樹脂の化石化した薫陸とは異なるはずである。

（中略）

エチルアルコールや、アセトン、石油エーテルなど各種溶媒の溶解度は高く、いずれも容易に淡黄色を呈する。これらの性質は正倉院の「胡同律（やはり実体がわからない薬物）」とよく似ており、化石化した樹脂類のものとは判断し難い。

まず、薫陸香が化石化したものという説を一応紹介している。そして乳香と薫陸香とが中国では同じとされてきたが、化石でない乳香と化石化した薫陸香では異なると述べている。ところが最後には薫陸香も化石化したものとはいえないと、矛盾した見解を挙げている。

一方、山田憲太郎氏は『南海香楽譜』(法政大学出版局)において、本来の「薫陸」とはもともとソマリランド(東アフリカ、ソマリア)産 *Boswellia carteri* 乳香そのものを指していたが、流通の途中、インドで *Boswellia serrata* インド乳香(カンラン科の一種の落葉高木、インド西部から中央部の乾燥した高地に自生する)が混ぜられ(さらには *Styrax benzoin* 安息香も混入することがあったという)、結果として本来の乳香とは異なったものが薫陸として定着したとしている。

少なくとも山田憲太郎氏のこの見解では、琥珀と異なり、乳香も薫陸香も化石ではないことを前提にしているようだ。

今日、日本全国に香原料を提供している主要な香木店においても、薫陸香と乳香は別の商品として現実に取り扱われている。

ところが、薫陸香の解説には、クンロクコウ類の樹脂が埋没して半化石状になったものとして説明しているのがほとんどである。こうなると、薫陸香も化石化して琥珀に近いものととれる。一方では、薫陸香を何々類とだけ表記するのは、分類学上不適切であり、疑問視するむきもある。乳香と薫陸香、琥珀の区別をどうしたらいいのか混乱をきたしてしまう(薫陸香にはこうした不明瞭な部分があるために、販売を控えているお店もある)。

そこで「百聞は一嗅にしかず」ということで、私は現在市販されている乳香(オマーン産)と薫陸香

（インドネシア産）そして久慈産の琥珀を入手し、三つを焚いて香りを聞き比べてみることにした（図3）。

まずは乳香。この香料の名前は、樹液がミルクのようにしたたり落ちるところからネーミングされているが、香りも柔らかく品があり、控えめな甘さも感じられる。古代より、神仏に捧げられてきたように、神聖な儀式空間にふさわしい雰囲気があった。また乳香の学名は *Boswellia carteri* と、基原植物がはっきりしている。

薫陸香は、たしかに乳香に近い香りがした。この香りだけを乳香だとして出されたら疑うことはあまりないだろう。しかし乳香と比べると上品さという点ではやや劣る。形状は、樹脂のような部分と石炭のように炭化したような黒い部分が含まれている。こうした形状からすると、沁み出した樹脂を回収したというより、半化石化したもののようにも受け取ることができる。学名がはっきりしないことと合わせて、謎の残る香りである。

久慈産の琥珀は、樹脂特有の香りがするが、硫黄臭というか、ゴムを燃やしたようなにおいがあった。前者の二つと比べて明らかに香りは違って感じられた。これを単品で儀式空間に使用することは考えにくい。香として使用するならば、他の香料とブレンドして使ったのではないだろうか。

乳香と薫陸香は直に火を近づけると、樹液状に溶けた状態になるが、琥珀の場合は、砕けて割れてしまうという違いもあった。

以上のように、三者の香料の比較から、乳香と薫陸香に関しては、山田憲太郎氏の見解のような歴史的な経緯があって、現在の乳香と薫陸香の差異が生み出されたと思われた。しかし琥珀については、明らかに前二者とは別物であると思われる。

では、久慈で琥珀を薫陸香と呼んでいるのはどうしてであろうか。

地元久慈出身の田村栄一郎氏は、著書『琥珀誌』の中で次のように述べている。

薬学者のいう琥珀と薫陸は、別なるもので、全く区別されるものかも知れない。しかしこの地方でいう「くんのこ・薫陸または薫陸香」は琥珀の俗称、通称であり、異質のものではないと筆者は思う。しいて薫陸と呼ぶとしたら、森嘉兵衛氏のいう琥珀のもろくて軟質のものを「くんのこ」ともいう意見に賛成するものである。

久慈産の琥珀については、この見解も正しいと思われる。つまり、本来琥珀であるものを比喩的に「くんのこ・薫陸または薫陸香」と呼んでいたのである。ではどうして久慈では琥珀のことを「くんのこ」と呼ぶようになったのであろう。

久慈での琥珀の名称の初見は、天明七年（一七八七）で、その後の藩日記に「薫陸香・琥珀」の名称の混用が見られるが、多くは「薫陸香」が使われていたという。

盛岡藩士梅内祐訓の著『聞老遺事』文政五年（一八二二）には、慶長十九年（一六一四）大坂の陣の際、藩主南部利直が参陣し、同年十二月十四日、徳川家康の本陣に参上、国産の薫陸を献上したことが記されてある。

十四日大業・広記、今夜南部利直御前ニ出テ薫陸ヲ献ス、是南部領内栗ノ木林ノ内ヨリ出ト云。安藤帯刀与安法師之ヲ披露ス、是は当時日本ノ薫陸ハ何レノ地ヨリ出ヤ否ヲ御尋アリ、日本ノ薫陸ハ琥珀ト同シテ、西土ノ薫陸ハ即チ乱香ナリ、本草綱目ニ所見セリ、日本ノ薫陸ハ極上ノ琥珀也ト云。

日本の薫陸（久慈産のもの）は琥珀と同じで、極上であるが、西方の薫陸は粗悪品だというのである。この場合「乱香」と表現しているので、香りの善し悪しという意味にとれる。しかし私が先述のように香りの比較をした限りでは、残念ながら久慈の琥珀の香りが、輸入された薫陸香より優れているとは思われなかった。

そうはいっても、久慈で琥珀のことを薫陸香と呼ぶからには、香料としての使用があったのも事実であろう。

世界的にみて琥珀は、主に装身具を中心とした細工物として活用されてきた。久慈の琥珀も、細工物を基本としながらも、時代によってさまざまな使われ方があったようだ。

久慈の琥珀の歴史は縄文時代まで遡ることができる。久慈市の諏訪下遺跡や上野山《こうずけやま》遺跡などから琥珀小玉や細片が出土している。青森の三内丸山遺跡は、縄文時代前期〜中期（約五五〇〇〜四〇〇〇年前）の大規模な集落跡であるが、ここからも琥珀が出土しており、久慈産のものとされている。また奈良東大寺山古墳（六世紀中頃）や京都長池古墳から出土した琥珀が、久慈産のものではないかとされている。中尊寺の金色堂須弥壇内に安置されていた奥州藤原氏四代の遺体の棺内から、多くの副葬品が発見された。清衡公の棺からは、銀鍍金の金具付き琥珀《こはく》の母玉《おやだま》や露玉など、多彩な念珠残欠が発見された。同じく平泉の柳之御所遺跡からは、琥珀の原石も出土している。さらに現在奈良正倉院にある平螺鈿《らでん》背円鏡の花弁に使用されている琥珀なども、久慈産のものである可能性が高いという。

琥珀は室町時代中期頃にはすでに産業化され、江戸時代には南部藩の重要な産業のひとつであり、一時は多くの琥珀細工師が、当地で働いていた記録が残されている。古代中央政権と久慈の琥珀の結びつきは、大和政権が北上してきたときが始まりで、琥珀出土の遺跡を結ぶことにより、次のようなルートも推定されている。

久慈〜軽米、馬渕川流域〜北上川沿いに南下〜仙台平野〜阿武隈川沿いに遡る〜郡山盆地〜那珂川流域〜栃木市〜前橋市付近〜碓氷峠〜上田市付近〜塩尻市〜木曾谷〜神坂峠〜瑞浪市〜関ケ原〜近江〜奈良

これはおよそ律令時代の古代の官道である東山道にあたるものである。そして別名琥珀の道「アンバー・ルート」とか「アンバー・ロード」ともいわれている。また古代中国の正史である『旧唐書《くとうじょ》』の六四五年の項には、日本の遣唐使が一斗の琥珀を献上したことが記されている。以上の事例から、当時は祭祀用、呪具、装身具や仏具または器物等の飾りとしての需要が多かったと考えられる。

一方、田村栄一郎氏は著書『南部藩琥珀物語』や『琥珀誌』で、久慈の琥珀の香料としての使用があったことを推測している。

特に江戸時代の記録に大量の琥珀（記録の多くには「薫陸香」と表記されている）が、江戸・京都に供給されている。田村栄一郎氏は、特に南部藩雑書等に、藩の重要産業として琥珀が扱われていたことに注目している。

江戸前期には数百キロの出荷であったのが、後期には一トン近い出荷量となっている。しかも後期のものには、「薫陸ざく」とか「薫陸香ざく」というように「ざく」という表現が目につく。田村氏によると久慈地方では、「ざく」は雑とか粗雑なもの、軟質なものを指しているという（クロモジの楊枝では、並み品などを「ざく」と称していたことにも共通性がある）。つまり「薫陸香ざく」とは細工に適さない琥珀であって、それが比較的安価な香の原材料として使用されていたと推察することができる。

田村氏は、京都の香の老舗鳩居堂に、戦前に久慈の琥珀が香の原料のひとつとして使用されていたかどうかを照会している。またその当時の琥珀のサンプルを鳩居堂より送ってもらったところ、久慈の「薫陸香ざく」と呼んでいるものと同一の品質であったのを確認したという。

この件について、現在地元で琥珀に携わっていらっしゃる琥珀博物館の滝沢利夫氏や有限会社上山工芸の代表取締役上山昭彦氏に伺ってみたが、お二人とも、単体ではなく、他の香の材料といっしょにブレンドされていたのではという見解であった。

こうしたことから、江戸時代には、久慈の琥珀では品質の良いもの、加工に適した大きさのものなどが、細工物に使用され、それ以外の「薫陸ざく」と呼ばれたものが、主に香の原料として使われていた可能性が高いと考えられる。

その他の使用例

琥珀は香の原料以外では薬としての使用も認められている。

南北朝時代の医学者陶弘景は、著書『名医別録』の中で、琥珀の効能について「一に去驚定神、二に活血散淤、三に利尿通淋」（精神を安定させ、滞る血液を流し、排尿障害を改善するとの意）と著している。

享保十一年（一七二六）幕府から、薬草御用として丹波正伯が盛岡藩に来て、薫陸香を求めた。その時八戸藩の小久慈村百姓十三郎が三包の琥珀を届けた（『八戸藩日記』）。

嘉永四年（一八五一）金子安兵衛は、「琥珀ざく」約四〇貫目（五二五キロ）ほどを江戸に送っている。この時「沖口和薬種並ニ而代金上納」とあり、和薬として出荷している可能性が認められる（齋藤潔「八戸藩の琥珀産業」『岩手史学研究』第六六・六七号、一九八四年）。

また戦前の昭和一〇年代には軍事物資として大量に採掘され、レーダーの絶縁体開発をはじめ、軍艦の塗料にも用いられていたそうである。「くんのこほっぱ愛好会」の会長黒沼忠雄氏によると、久慈の碁石という地区が特に軍需用に盛んに掘られていたところであり、付近に琥珀神社もあり、今後ジオパーク（科学的・文化的に貴重な地質遺産を含む自然公園）として、久慈の琥珀文化の拠点にとの構想を持たれていた。

また黒沼氏のお話では、昭和三十年代の初期までは、琥珀をいぶして蚊取り線香の代用品（蚊いぶし）として使っていたとのことであった。江戸時代には、この蚊取り線香のような使用法に、意外に琥珀が多く消費されていたのかもしれない。具体的には熾火《おきび》（薪などが燃えて炭火のようになったもの）の状態の上にばらまいていたという。火力が強い状態だと硫黄臭が強くなり、使いづらいが、この方法だと無難だと思われる。とくに当時は馬や牛を飼っており、それらの家畜の虫除けの目的もあったらしい。

香として使用された久慈産の琥珀の成分や効果にいては、『アロマリサーチ』二〇号の報文「琥珀御香の香りによる脳波および自律神経に及ぼす生理学的効果」（渡辺康子ほか）に詳細な報告がある。

久慈産の琥珀は、絶滅危惧種であるナンヨウスギ類樹木の樹脂が化石化したものであり、コハク酸や現存の松脂にも多量に含まれるアビエチン酸等の樹脂酸が主成分の非晶質性有機化合物である。また、赤褐色や褐色の色彩の強い久慈産琥珀は、世界中で流通量の多いバルト海産琥珀よりも硫黄含有量が多いという特徴を持ち、この硫黄が御香として燻らせるときに発する特有の香りの一因であると考えられる。

効果についても琥珀御香は神経系に対する鎮静作用を持ち、リラックスという精神心理状態を誘導する精油と類似の生理作用を持つことが示唆されるとのことである。

琥珀は戦後さしたる需要がなかったが、一九七〇年代に入り、久慈義昭氏が市長に当選、琥珀によるまちおこしのために、東京の宝飾品会社へ企業誘致を依頼し、「久慈琥珀」が設立された。

「久慈琥珀」では、アクセサリー等の宝飾品や工芸品の他に、輸入琥珀とともに石鹸や化粧品や入浴剤などを商品化している。

タチバナ（橘）

橘の実は古代日本において、非時香果《ときじくのかぐのこのみ》、と呼ばれていた。永遠に香る果実という意味で、『日本書紀』や『古事記』に常世国《とこよのくに》（楽園）の象徴である果実として次のような記述がある。

「第十一代垂仁天皇の時に、天皇が田道間守《たじまもり》に常世の国へ行き非時香果を探し求めるように伝えました。十年後に田道間守が苦労してやっと持ち帰った時には、天皇は崩御され、あまりの悲しさに田道間守もあとを追うように亡くなりました。」

垂仁天皇は、田道間守に命じて常世の国へ行き非時香果（橘）を探し求めさせたとあるが、この神話には地上天国、即ち楽園という理想の国のあり方を願う、天皇の切々とした祈りが込められているように思われる。また非時香果（橘）の香りを嗅ぐことで本来のヒトの存在意義を甦らそうとしたのかもしれない。そのような意味では、まさに古代版の「香りを活用した国づくり」の神話といえよう。

京都御所の紫宸殿に「左近の桜・右近の橘」としてあることからも、古代日本において橘は神聖で香り豊かな果実とされていたことがうかがえる（雛祭りの雛壇に飾る桜と橘もこれに倣ったもの）。

また日本にある数多くの柑橘種の中で、沖縄のシイクワシャー（*shiikuwasha*）と橘（*Citrus tachibana*）だけが日本原産の柑橘種であることが、遺伝子の分析でも明らかになっている。

図1　タチバナの花と果実

橘の自生地は、主に照葉樹林帯の海辺で温かい気候のところである。分布地は、静岡県以西で、愛知県、三重県、和歌山県、徳島県、高知県の太平洋側と、山口県、福岡県、大分県、長崎県の対馬、熊本県、鹿児島県、沖縄県など。その多くは現在でもミカンの生産が行われている。

橘の香りによるまちづくり

橘については、既に拙著『橘』（ものと人間の文化史87、法政大学出版局）があるので、橘全般についてはそちらをお読みいただきたいが、以下では、橘の香りを活用したまちづくりの事例を中心に述べたいと思う。

三重県鳥羽市は、市の木が橘（鳥羽市では倭橘＝ヤマトタチバナといっている）である。答志島桃取地区には野生の橘の古木が数本現存している。

鳥羽と橘の関わりでは、まず『続日本後紀』の仁明天皇（八三三年）の条に、仁明天皇の第七皇子常康親王が、志摩国答志島を賜うとある。常康親王の祖母が橘嘉智子（嵯峨天皇の皇后）で、橘氏と関わりが深いこともあり、答志島で橘が育てられたとも考えられる。また、潮音寺の寺伝によれば、常康親王が仏像を奉じたこと、その後橘長者が配流になり、堂守をつとめていたことなどが伝えられている。同じく

『続日本後紀』に「承和六年（八三九）五月、河内《かわち》志紀郡の百姓志紀松取は、庭に生ずる高さ二寸余の橘が花をつけたので、土器に植えて瑞兆として仁明天皇に献上した」とあり、やはり橘と仁明天皇との関わりが窺われる。ちなみに、これがわが国で最初の盆栽の記録とされている。

さらに、伊勢国鳥羽の領主で橘宗忠という人物がいたことが挙げられる。鳥羽の地はもともと伊勢神宮の神領であったが、平安時代の末期に橘氏がこの地を領し、居館を築いて鳥羽殿と呼ばれていたという。その後戦国時代に入って、永禄十一年（一五六八）伊勢波切城主であった海賊の九鬼嘉隆は織田信長を後ろ盾にして橘宗忠を攻略、宗忠の娘を妻として鳥羽城を奪い取り、志摩一円を支配した。

答志島桃取地区には、三棚神事という儀式がある。桃取では「ミッタロサン」、「竜神祭」ともいい、年頭に当たって正月三日に海の神に供え物をして、三棚祭文を読み上げ、一年間の豊漁と安全を祈願する。午前一〇時に、雅人《がちびと》といわれる村の接待役が六人出て、漁業組合前の浜に祭棚を組み、注連縄《しめなわ》を張り、蛸、ヤマトタチバナ、海苔、ごぼう、ワカメ、鯛、餅、お神酒が供えられ、次いで、漁業組合、町内会役員の参加のもと、神官により三棚祭文が読み上げられる。その後玉串が奉納され、村人が参り、お神酒をいただいて帰る。奉典された玉串は西の浜にある「コシキ島」に流し、龍神様にお供えをする。

三棚祭りの神事では、元々桃取に自生するヤマトタチバナ（橘）が使われていて、それが現在も同じように使われているものと思われる。

鳥羽市教育委員会の野村史隆氏によると、この神事と類似したものが、やはり鳥羽市石鏡《いじか》や安乗《あのり》にもあるという。石鏡のそれは、四方棚を組んでしめ縄にミカン（現在はウンシュウミカンを使用）を付けることから、「ミカン下がらし」ともいわれている。石鏡では、ヤマトタチバナは使われていないそうだが、古くはヤマトタチバナが使われていたのではないだろうか。

いずれにしても、これらの神事では、柑橘が重要な位置を占めていたことが窺える。

このような背景から、鳥羽市では、古代日本の楽園の象徴であるヤマトタチバナの香りただようまちづくりを展開している。

平成二十年（二〇〇八）までに、苗木の配布などを行い、約五〇〇〇本以上が市内に植えられた。また鳥羽商工会議所は、「観光ルネサンス」事業の一環として、ヤマトタチバナの香りを生かしたブランド展開を計画。その第一号としてヤマトタチバナの果皮を使った匂い袋、「非時香果《ときじくのかぐのこのみ》」を開発した。そして、市内の宿泊施設や運営する「手づくり工房きらり」など約一〇店舗で販売している。材料の橘は答志島桃取地区に自生する約一五本の木から秋に収穫した果実三〇キロ。その果皮を香の材料として混ぜ、柑橘の香りのするオリジナルの匂い袋となっている。匂い袋の生地の色は、橘の葉の緑と果実の黄色の二色で、表地が緑に対して裏地に黄色が、黄色に対して緑が使われている。これはかさねの色目《しきもく》の「花橘」をあしらったものだ（その後、同じ香りを使ったしおりも発売されている）。

他にも、橘の果汁を使用したアイス（夏期限定）や、草木染めなどがやはり「手づくり工房きらり」で販売されている。

また、橘の果皮を配合したオリジナルのお屠蘇《とそ》を、旅館の若女将たちがつくり（京都薬科大学附属薬用植物園　後藤勝実氏監修）、鳥羽の各旅館で平成二十年のお正月にふるまわれ、好評を得たという。

西伊豆に位置する戸田《へた》は、駿河湾越しの富士山が美しいところである。タカアシガニや深海魚の刺身や天丼、戸田天然塩などの海の幸、ミカンやシキミの生産、そして北山の棚田などが知られている。この戸田が橘の自生地の北限とされているのだ。

現在は沼津市に合併したが、戸田地区では、戸田村当時から戸田中核農業者協議会が中心となり、戸田に自生する橘を利用した村おこしに取り組んできた。

戸田も鳥羽に負けずに橘に縁の深い土地である。戸田港のある戸田湾は、沿岸流によってつくられた細長い御浜岬が延びて湖のように穏やかだが、この御浜岬にある諸口神社には、弟橘姫《おとたちばなひめ》が祀られている。弟橘姫の伝説は神奈川県横須賀市の走水神社を中心に、東京湾周辺に多い。また神奈川県二宮町の吾妻神社にも祀られている。小田原市国府津《こうづ》と二宮の中間には橘地区と呼ばれているところがあり、現在もミカンの栽培が行われている。

橘などの柑橘種の多くは海寄りの日当たりの良好な場所で育つ。橘という地名が現在残っているところも海岸付近に集まっていて、現在でもその多くがミカンの栽培を行っているのである。海洋民族と橘のつながりは、橘の神話の田道間守の先祖天日槍《あめのひぼこ》一族の神話からも理解できることである。

古代においては、海辺で行われる呪術的な儀礼に橘が関与し、弟橘姫に代表されるような巫女《みこ》やそれに準ずる女性（女神）が、巫儀を行う重要な役を担っていたのであろう。

なお、弟橘姫の弟（オト）であるが、これは人が海の泡から生まれ、へその緒を通して脈々と血脈が繋がっていく（緒を留める＝オド＝オト）様を伝えたもの（男子をオトコ・女子をオトメと呼称するのも同根だと考えられる）とされている。

また、ヨーロッパでの大航海時代、長期の航海でビタミンCの不足による壊血病が多いことから、航海にはオレンジやライムなどの柑橘類を持参したといわれている。ミカンなどの柑橘類と海の民とのかかわりは、このような医学的要因によるところにもあるのかもしれない。

それに加えて戸田は、駿河湾越しの富士山の眺めが実にすばらしい。拙著『橘』でもふれているが、古代文献のひとつ『秀真伝《ほつま》』では、富士山はスメラミコト様が政事《まつりごと》を始めるときに、橘を植えたことから「香久山《かぐやま》」とも呼ばれていたとされている。

井田には井田松江古墳群《いだすんごう》がある。これは駿河湾を見下ろす丘の上にあり、六世紀〜七世紀にかけて計二三の円墳が築かれた。この古墳を築いた人々は海上交通を統御する海の民であったと考えられている。ちなみに、井田神社の境内にも数本の橘の木があったので、戸田同様に海洋民族との関わりで橘が存在していたことであろう。

戸田や井田の海洋民族との関わりでもうひとつ見逃せないのが、伊豆の水軍の存在である。伊豆の水軍は和歌山の熊野水軍などと深い関係があった。

戸田や井田からの富士山の眺め、そして橘や弟橘姫や香久山に縁の深いことなどを想うと、戸田も重要なパワースポットのひとつではないかと思えるのである。

戸田に野生の橘が発見され、しかもそれが橘の北限とされていること。戸田の岬では橘姫が海の女神としてお祀りされていること。ロシアに帰る船が戸田で建造されたこと。橘耕斎という人物が、戸田から密航してロシアに渡ったこと。そして戸田タチバナによる地域づくりが推進されていることなど。これらの橘に関わることは一見偶然起こったように見えるが、やはり橘に象徴される何かの力（縁）がはたらいてのことではないだろうか。

橘の香りによる環境演出

私の生業の主なものは、施設における香りの環境演出というものである。温浴施設や病院、商業施設、博物館、美術館、プラネタリウムなどの施設空間、舞台やコンサート、展示会などのイベント空間まで、さまざまな場所での香りの演出を行ってきた。香りによって、何らかの意味なり効果を生み出すためには、その都度香りをつくることが大事だと考えている。それぞれの施設の特徴やコンセプトに合った香り、あるいは施設内のデザイン、色や音との相乗効果が可能になるのはどんな香りかを常に念頭に置いている。

その中から、橘の香りの演出の事例を以下に紹介する。

○大阪ウォータフロント　海遊館

海遊館はガイア仮説をテーマに、環太平洋火山帯と、それに重なり合うように広がる地域（環太平洋生命帯）を忠実に再現した水族館である。八階の導入部「日本の森」は、森に降った雨が集まり川となり、やがて海へと繋がる様を表現している。地球をひとつの生命体ガイアと考える「ガイア」仮説に基づき、日本における「エデンの園」のような「常世国」の象徴である「橘」の香りを日本の森の香りとして演出している。

○とりふね舞踏舎新作公演（主催三上宥起夫）「鬼燈《ほうずき》」

神奈川青少年センターリニューアル記念公演（二〇〇六年一月十四日・十五日）

とりふね舞踏舎の舞踏は、私にとって日本の古典芸能の発生する以前を彷彿させるものがあった。混沌としていて曖昧ななかにも、目に見えない世界と繋がっているような不思議な感覚になるのである。能を大成した世阿弥の著書『花伝書』には次のようにある。

「その昔、聖徳太子は、橘の内裏において猿楽の舞いを舞うことによって、国の平和がもたらされ、天下太平が実現されるであろうとお考えになられ、秦の河勝に申しつけて、「翁」の舞いをおこなった。これが能楽の最初とされている」

本公演では、時空を越えてこの芸能の原点ともいえる橘の庭を、時非香果《ときじくのかぐのみ》つまり永遠に香っている果実といわれた橘の香りで表現した。開場時に既に会場内に橘の香りを漂わせて、橘の庭の見立てとした。香りの演出では、強いて香りを嗅ぐことを強要しないが、周囲の雰囲気を定義付けるのを環境フレグランス＝environmental fragranceという。また音についてはＢＧＭをサウンドスケープということから、風景としての香りもパフュームスケープと表現したりする。

橘の香りの入浴液

弘法大師空海ゆかりの地である高野山の麓、和歌山県橋本市神野々に位置する温泉施設「ゆの里」からは、地下一一八七メートルの深さから湧き出る、ミネラル成分がバランスよく溶け込んだ温泉水（泉質含二酸化炭素・鉄・カルシウム・ナトリウム・炭酸水素塩冷鉱泉）をはじめ、他にも違った特性の二種類の鉱泉水が湧出している。ここのお湯で、不思議と病気が治癒したという事例が多く、評判を呼んで、連日多くの人々が湯治に訪れている。

「ゆの里」ではこれらの三種類（金水・銀水・銅水と呼んでいる）の鉱泉水を単独、あるいはブレンドして、さまざまな用途に活用している。

「ゆの里」と私のご縁は橘から始まった。橘を調べていくと、空海と真名井御前という女性に関わることがあったのである。真名井御前は、淳和天皇の第四妃であったが、後に出家して名を如意尼《にょいに》と改め、神呪寺（兵庫県西宮市）を創建する。空海は出家から神呪寺での落慶法要までを多忙にもかかわらず熱心に支援していたとされている。

真名井御前については、空海関連の書物で、不思議なくらい触れているものがないのである。しかしこの女性は伝説の人物ではなく、寺の記録に残っている実在した女性なのである。

私は橘を調べているうちに、空海と真名井御前に行き着いたのであるが、「ゆの里」のオーナー重岡寿美子さんと専務の重岡昌吾氏はそのことを当たり前のように実践しておられたのである。

説明を付け加えると、真名井御前は空海の霊的なパートナーというか、空海を支えるようなお役の方であったようである。そして空海と真名井御前の関わりには、「かぐや姫」の話が深く関わってくる（詳細は拙著『橘』を参照）。具体的には真名井御前の水が金水、空海の水が銀水で、それをブレンドしたお水を「月のしずく」として「ゆの里」では販売している。

金水・銀水のブレンドされた飲水としての「月のしずく」と、温泉（温泉ではそれに銅水も加わっているものもある）、は、空海と真名井御前のエネルギーが組み合わさった不思議なお水であり、それによって人々の魂の浄化が促されているという。

「ゆの里」では、遠方で頻繁に来ることができない人のために「ゆの里」の温泉の感覚を味わってもらう目的で「水ノ羽衣」という名前の入浴液を開発することとなった。

私はオーナーの重岡寿美子さんから、「水ノ羽衣」の入浴液の香りを橘の香りでつくってほしいとの依頼をいただいた。しかし、現在、橘から天然の精油は採り出せていないので、橘をイメージした香りを造らなければならなかった。

「ゆの里」のお湯は、空海と真名井御前なくしてあり得ない。また日本の羽衣伝説は、「かぐや姫」や「天の香久山」、そして「非時香果《ときじくのかぐのこのみ》」つまり永遠に香っている果実である橘とも大変縁があるのだ。

重岡昌吾氏より、まだ香りの付いていない入浴液のサンプルを送っていただいたので、私は自宅の風呂で試してみた。オイルタイプの入浴液は、お湯に入れると初めは白濁を呈したが、時間がたつと白濁は薄い状態になった。

私が体験した実際の「ゆの里」のお湯は、水の圧迫感がなく、まるで赤子が羊水か胞衣《えな》に包まれているような感覚があったが、この「水ノ羽衣」のお湯も同様の感覚を味わうことが確認された。

『万葉集』持統天皇御製歌《おほみうた》には、「羽衣」「天香久山」「かぐや姫」、そして橘との深い縁が感じられる。

春過ぎて　夏来るらし　白妙の　衣乾したり　天の香久山

（春も終わり夏がやってきました。天の香久山の純白の衣が、香わしい花橘の白い花びらさながら、天女の羽衣のように舞いたなびいている――筆者意訳）

このようなイメージを抱きつつ、香りは、高野山の高野槇の葉から採れた精油や、四国四万十産のユズの果皮の精油など、やはり空海との縁のある香料を素材に使いながらも、橘の香りのイメージが出せることを心がけて開発にあたった。そして何度かの試作を造り、試行錯誤を繰り返す中で、私ばかりでなく、オーナーの重岡寿美子さんや重岡昌吾氏にも納得していただける香りの完成をみることができた。

製品が販売される直前だったと思うが、重岡昌吾氏より、水道水のお湯に「水の羽衣」を入れると塩素が除去されるという実験結果が得られたとの連絡をいただいた。

検査試薬で調べたところ、塩素に反応してピンク色に染まった水道のお湯が「水ノ羽衣」を入れた後では色が変化せず、塩素が〇・一PPm以下になっていたのだそうだ。これは開発時に意図されていた訳でなく、完成後にデータづくりのための測定で判明したとのこと。

今のところ、何が作用したのか、はっきりしたことは判っていないが、「ゆの里」に縁の「橘」をイメージした香り成分が入る前にはこのような結果は出ていなかったので、やはりこの香りでなければならない必然性があるのかもしれないとのことであった。

生薬としての橘

橘の成熟した果皮は「橘皮《きっぴ》」と呼ばれている。橘はコウジ（*Citrus leiocarpa*）及びザボン（*Citrus grandis*）と共に『日本薬局方外生薬規格一九八九』に収載されているれっきとした生薬の基原植物の一つである。しかし現在、橘自体が「橘皮」として市場には出ていない。橘は現在、絶滅危惧種になっており、ほとんど生産されていない。

この「橘皮」について、『原色和漢薬図鑑』（保育社）では次のように記載されている。

『神農本草経』の上品に「橘柚」として収載され、一名「橘皮」とある。橘皮の陳久品を「陳橘皮」と称し略して通常「陳皮」という。陶弘景は「東橘を好しとする。西江にもあるが前者には及ばない。その性質は少冷であって、気を療するに勝れたものである。橘は北の人もまた用いており、陳久なものが良いとしている」といい、『唐本草』の注には「柚皮は厚くて味が甘く、橘皮の味辛く苦いものには及ばない。その肉はまた橘のようであるが、甘いものと酸っぱいものとあり、酸っぱいものを胡甘と名付ける。……（中略）……郭璞は『柚は橙に似て橘より大きい』といい、孔安国は『小さいのを橘といい、大きいのを柚という。いずれも甘である』といっている」とある。李時珍も『唐本草』の注の説に賛意を表しており、「そもそも橘、柚、柑の三種は相類しているが同一物ではない」といい、橘と柚は別物であるとしている。王好古は青皮の項で「青皮は小さく未熟なもので、成熟して大きいものが橘である。色が紅いので紅皮といい、日久しきものを佳しとするので陳皮ともいう」と記している。

日本で現在、陳皮という名前で市販されているものは、ウンシュウミカンの果皮である。一方中国産は、オオベニミカン（Citrus tangarina Hort. ex Tanaka）やコベニミカン（Citrus erythorosa Tanaka）の成熟あるいは未成熟果皮を乾燥したもので、陳皮、橘皮、橘紅、川橘紅などのいくつかの商品名があり、紛らわしくなっている。

『魏志倭人伝』にも倭国で採れる果実として「橘」がある。これは、中国人から見て自国の「橘」という表記に当てはまる小ミカンと同じに見えた「時非香果」、すなわち「タチバナ」に対して、「橘」と表記したのではないだろうか。

こうした橘という漢字の表記に当てはまる中国の柑橘種と、日本のそれとが同一でないことが、混乱を生じる一因になっているようにも思われる。

現在日本で市販されている陳皮が、ウンシュウミカンの果皮でも、明治以前ではウンシュウミカンではなかったはずだ。橘皮の基原（生薬の原材料である植物）は『大和本草』以来、シラワコウジ（白和甘子）をあてており、遠州白和（白輪）村に産したのでその名がある。小野蘭山は「本草あるいは医書に橘というものは皆こうじ類の総名なり」とか、「和産の陳皮はみな柑皮にして真物にあらず」といっている。陳皮は柑子ミカンだったのだろうか。

橘の生薬としての名残とでもいうべきものが「橘井堂《きっせいどう》」という言葉である。橘井堂というと病院の屋号によく使われている。森鷗外の父静雄も、島根から上京して、橘井堂という診療所を開業している。これは井戸水と橘の葉が疫病に効果あると予言し、事実多くの人が救われたとする中国の故事に由来するものだ（『列仙伝』）。転じて橘井は、良薬や医者に対する敬称となった。ちなみに、俳優の佐野史郎氏の実家がやはり島根の橘井堂の屋号の医院で、史郎氏は四代続いた医院の跡継ぎであったそうだ。そこで自分のホームページをせめてもとの想いから「橘井堂」として開設したとのことである。家紋でも井桁に橘があり、井伊家や日蓮宗の紋として使われているが、これもこの故事に由来してのことであろう。

　ところで、「延喜式典薬」では平安時代に税（調）として「橘皮」が献納されている。これでみると、相模国からの量が目立つ。同じく『延喜式』には相模国から「甘子」「橘子」が「諸国例貢御贄」として献上したと記されてある。「柑子」と「甘子」が同じかどうかの疑問は残るが、当時まだそれほど多くの柑橘の品種があったはずもなく、橘が日本原産の柑橘種であることをふまえると、少なくとも「橘子」が、橘であったのではないだろうか。

　ちなみに現在の小田原市には橘地区がある。ＪＲ国府津《こうづ》駅と二宮駅の中間あたりで、今でもミカン産地として知られており、また古墳などの遺跡も多いので、当時はこのあたりから橘も献納されていたと考えられる。「陳皮」の用途としては、芳香性健胃、駆風、去痰、鎮咳薬として、また、食欲不振、嘔吐、疼痛などに応用する。

　陳皮・橘皮の効能は、ほぼ同じらしいが、しいて挙げると、橘皮は新鮮なぶん、理気＝気分を巡らせる作用が強く、陳皮は古いために気を動かす作用が穏やかで、脾胃を補うほうに傾いている。後世方《ごせいほう》では、補中益気湯《ほちゅうえききとう》・人参養栄湯《にんじんようえいとう》など、補剤（気力、体力を補い、自然治癒力を高める処方）には陳皮を用い、烏薬《うやく》順気散《じゅんきさん》・蘇子降気湯《そしこうきとう》などの理気剤（気の乱れや異常を改善する処方）には橘皮を用いるようだ。ただこれは原則であって、説明のつかない例も多々あるようだ。

スギ（杉）

スギ（*Cryptomeria japonica*）は、日本固有種で、屋久島から東北地方まで分布している。また、材木を目的とする人工林として、ヒノキとともに各地で植栽され、日本全国の植林面積の一二パーセントを占める。スギはヒノキよりも湿潤な土壌を好むので、通常はスギを山腹から谷間に、ヒノキを尾根の側に植林するという。

スギの名の由来は、真直ぐの木「直木」から来ているといわれる。一方、本居宣長は『古事記伝』にて、スギは傍らにはびこらず上へ進み上る木として「進木（ススギ）」としており「直木（スグキ）」は誤りとしている。また、有岡利幸氏は、『杉Ⅰ』（ものと人間の文化史、法政大学出版局）で、「ソギイタを作る木が短縮変化してスギになった」という自説を挙げられており、興味深い。

表記に関しては、他の植物同様紛らわしい。漢字の「杉」は、日本ではスギのことを指すが、中国ではコウヨウザンのことを指す。中国では日本の杉の仲間を「柳杉」と呼び、「杉」（コウヨウザン）と分けて呼ぶ。日本特産のスギには「椙」の字を用いるのが望ましい（「椙」は国字である）とされるが、日本人にはやはり「杉」がしっくりくる。

なお、欧米言語の翻訳文章では、しばしば Cedar 類をスギと訳すのが慣例となっている。和名にもレバノンスギ、ヒマラヤスギといったようにスギの名が当てられている。しかし、Cedar類はスギのようにまっすぐ成長するものの、マツ科であり、スギとは縁が遠い。中央アジアや西アジア、ヨーロッパなどには日本でいうスギは分布しない。

これらのセダーと呼ばれる仲間は「神聖なる木」とみなされている。たとえば、かつてユダヤでは男児が生まれると、その家の前にセダーを一本植える習慣があった。植えられた木は大切に育てられ、子供が成長した後、家具材などとして必要になるまで決して伐られなかったという。

日本のスギの学名のクリプトメリア・ジャポニカ(*Cryptomeria japonica*)は「隠れた日本の財産」と言う意味がある。割裂性がよく、薪割りのように割ることによって、角材から板材までを作ることができる。したがって、古来より建築材、土木材、食器具として、日本人の生活のなかにはなくてはならない重要な木材であった。

古木には、木目の文様で装飾性が美しいものを杢《もく》と呼び、筍杢、鶉杢《うずらもく》や笹杢《ささもく》などが現われ、指物《さしもの》や和家具などの材料として珍重される。また、太古の昔より水土中に埋もれ、火山灰などで青黒褐色に変色した珍奇な杉材を神代杉《じんだいすぎ》と言い、工芸品の製作や高級日本建築の装飾などに用いた。

秋田スギによる蒸留

秋田県といえば、世界遺産に指定されている白神山地の広大な天然林が有名だが、青森ヒバ、木曽ヒノキとともに日本三大美林の一つにかぞえられている天然秋田スギも広く知られている。

白神山地は秋田県と青森県にまたがり、その面積はおよそ一三万ヘクタールだ。平成五年(一九九三)十二月に世界遺産に登録されたのはそのうち一万六九七一ヘクタールで、そのほとんどは人為的な影響をあまり受けていない天然林である。この天然林にはブナの他にもミズナラやサワグルミなどの多種多様な樹種が生育し、また、クマゲラやニホンザルなどの野生動物も多く生息しており、貴重な生態系が維持されている地域となっている。

天然秋田スギは標準的樹齢が二〇〇～二五〇年といわれ、年輪幅が狭く均一でつややかな美しい木目をもったその材質は、銘木として高く評価されている。

かつては豊富にあった天然秋田スギだが、戦中・戦後の伐採により資源量が大幅に減少し、近年では資源保護のために伐採が抑制されている（残念ながら平成二十四年をもって天然秋田杉の生産は中止されることになっている）。

香料として流通している Cedar wood Oil は、木材の加工時の廃物である材の部分が原料となっている。今、手元にヒマラヤスギの Cedar wood Oil があるが、日本のスギを想定すると、まるで別物の香りである。ややシナモンなどのスパイシー感があり、アンバーやレザーベースなどの調合素材として有用な香りである。

一方、日本のスギは、スギと訳される Cedar 類とは違うので、香りも当然違ってくる。

スギの精油の蒸留を行っている所は全国でも数か所あるが、秋田県八峰町の大森建設株式会社の蒸留施設もそのひとつである。大森建設は本社が能代市に、本店が八峰町にあり、白神山系のお膝元で主に八峰町の町有林のスギの間伐材を使用している。「秋田スギ等の精油を活用した地域ブランド商品開発」をテーマにした補助事業によるものである。

森林保全や地球温暖化防止を目的として、間伐の重要性が認識され、それに関連した事業が多く実施さ

図1　スギの蒸留装置

図2　トラックに搭載されたボイラー設備

れているが、スギの場合も小枝や葉っぱ等が残材となり、放置されている。スギの葉は、殺菌作用によって腐食が遅れるために森林保全の観点からも課題とされてきた。私はこの事業の精油を使った商品開発のアドバイスを依頼されていた。秋田大学木材高度加工研究所の谷田貝光克所長と澁谷栄氏が成分分析、蒸留装置の技術的な指導を行った。

　蒸留装置は屋外に二基設置されていた（図1）。四角錐のスチール製である。ここの蒸留装置のユニークな点は蒸気を供給するボイラー部である（図2）。ボイラーはトラックの中に装備されているものだ。本業が建設業である大森建設では、このボイラー車を、下水や排水管の高圧洗浄に使用している。これを蒸留作業の時に使用しているのである。

　一回の蒸留に約一〇〇〜一七〇キロのスギ葉を詰めて、約七〇〇〜一二〇〇ミリリットルの精油が抽出される。

　蒸留に携わっている方のところを取材して感じるのは、植物という自然が相手だけに、それに合わせた工夫が、それぞれで行われているということである。ましてや本業と勝手が違う大森建設のスタッフは、試行錯誤の連続だったようだ。例えば初期には、蒸留装置の蓋の部分から蒸気が漏れて、採油効率が極端に悪かったようだ。また蒸気の圧のかけ方や、油と水を分ける分水機の調整など、クリアーするハードルがいくつもあったようである。

採れたすぐの精油の香りは、スギらしい感じはしているが、ヒノキやモミに比べて、嗜好性でやや劣るように思われた。そこで常温もしくは冷蔵庫で五度以下で熟成させると、まろやかになったという。一定期間の熟成が必要なのは、ワインだけではないようだ。

スギはスギ花粉などから、マイナスなイメージがある。しかし精油自体でアレルギー反応を起こすことはない。谷田貝先生よると、スギの葉から採れた精油には抗菌効果が期待できるとのことである。

大森建設株式会社では、天然精油を基本としながらも、石鹸やキャンドル、ルームコロンなど、八峰町そして秋田スギのイメージアップに繋がるスギの香りの商品を検討している。

秋田スギのイメージアップに、県では、「スギッチ」というユルキャラもあり、これらとのコラボレーションも面白いであろう。例えば秋田空港のロビーにはこの「スギッチ」の人形が秋田県のイメージキャラクターとして置いてあるが、その周りにスギの香りが漂っていると、より効果的ではないだろうか。

屋久スギによる蒸留

屋久島の屋久スギは、島の標高五〇〇~一五〇〇メートルあたりに分布している。ふつうの杉は樹齢三〇〇年程度とされるが、屋久杉は二〇〇〇~三〇〇〇年の長寿を誇っている。この原因としては主に屋久島の気候が挙げられる。新鮮な水に恵まれているが、栄養が乏しい花崗岩の山地に育つために成長が遅くなるのだという。

例えば、屋久スギの成長は、五〇〇年のときの直径が四〇センチほどである。日光の杉並木では、三六〇年で一五〇センチを越えるものが多数ある。このように、ゆっくり育つ屋久スギは材質が緻密で樹脂分が多く、腐りにくいので長生きすると考えられている。

成長は遅いが、スギとしては長命で巨木になり、年輪が密で、樹脂が多く、独特な香りがする。また、害虫にも強く、伐られて数百年たっても腐らないため、土埋木《どまいぼく》が工芸品などに加工される。屋久島では、樹齢一〇〇〇年以上のスギを屋久スギ、一〇〇〇年未満のスギを小スギ、植林されたスギを地杉と呼んでいる。現在、屋久杉は自然保護のため、伐採が禁止されており、工芸品などには、土埋木と呼ばれる屋久スギの倒木や切り株が使われている。

土埋木とは聞き慣れないことばであるが、以下のようなものだ。

江戸時代、ヤクスギは伐採されて板にされ屋根の材料として利用されていた。当時、地上から一メートルほどのところで伐採されたので、その根本は今でもそのまま残されているものが多い。現地ではこのような根株を土埋木《どまいぼく》と呼んでいる。(谷田貝光克『植物の香りと生物活性』)

現在、屋久杉の伐採は禁止されているので、工芸ではおもにこの土埋木を使っている。蒸留を手がける屋久島つむぎ屋の安藤潤司氏は、土埋木を使用する地元の屋久杉工芸店とタイアップし、屋久杉心材の水蒸気蒸留を行っている。蒸留に使うものは、油分を多く含んだものがよいが、工芸で使う場合は逆に油分が少ない方がよいらしい。蒸留装置は銅製で、一回に木片を約二〇〇〜三〇〇グラム入れる。温度管理をしながら一滴一滴時間をかけ、丁寧に抽出しているとのことである。

原料の木片が二〇〇〜三〇〇グラムであるから、一回に採れる精油の量もほんの僅かなものであろう。まさに一滴一滴時間をかけてという地道な作業の末に、屋久杉の精霊(精油)は、姿を顕してくれる。

私は屋久杉の香りを嗅いで思わず「うーん」とうなってしまった。それは意外にも、香道で使用する香木のような香りがしたのだ。しかも驚くことに、ムエット（匂い紙）に屋久スギの精油を付けて数日しても、まだ香りがしっかり残っているではないか。

その香りを音に喩えるならば、重低音の響きのように、ずんとした重厚な香りである。また幽玄な時の流れもイメージされる。

香りの成分分析表を見ると、屋久杉には、九州本島産の杉には見られない特有のテルペノイド成分、セスキテルペン類が含まれており、それが屋久杉の独特な香りを醸《かも》し出しているようだ。

水車によるスギの線香

香料としてのスギには精油の他に、日本では線香の素材として活用されてきた歴史がある。そこでまず線香についての概略を述べておく。

香が日本に初めて伝えられたのは、推古天皇三年（五九五）に、沈香木が淡路島に漂着した時とされている。この段階では、単体の香木が焚《た》かれたが、仏教の伝来とともに薬種が日本に入ってきた。さまざまな薬種は香の材料にもなり、仏前に捧げられた。平安時代になると、粉末にしたものを蜂蜜や梅肉を混ぜて丸薬とした練香を生活空間に漂わせるようになる（空薫《そらだき》）。

中世の室町時代、武家社会には香の文化が香道として普及する。そして私たちが現在も日常で使っている棒状のいわゆる線香は、この時代の末から江戸時代にかけて、中国から伝わったといわれている。線香には、現在でも中国や台湾で使われる、竹を芯とした竹芯香がある。この竹芯香から、芯のない線香への変遷はどのようになされたのか、はきりしたことはわかっていない。

線香の製法は『香りの百科事典』（丸善）によると、「さまざまな原料の粉末に、つなぎとして粘着力のあるタブノキ科の常緑高木の樹皮の粉末を配合する。さらに湯を加えて練りあげたものを押し出し機にかけると、やわらかい素材が小さな穴を通り、数十本のそうめん状となって押し出されてくる。それを板に受けて竹べらで、製品ごとに合った寸法に切り揃え、乾燥させてできあがりである」とある。

ロハスなスギ線香

ロハス（Lifestyles of Health and Sustainability）とは、健康や環境問題に関心の高い人々のライフスタイルのことである。

日本ではスギの葉のみを乾燥させて、水車で粉にしてつくるという伝統的なスギの線香がある。このスギの葉のみを使用した線香というのは、中国には見られないようなので、日本独自のものと考えられる。香というのは、中国では漢方など生薬と同じように、ブレンドするのが処方の基本であるので、単体のものを線香とする発想はなかったと思われる。また日本では香の材料の入手が難しかったので、その代用としてスギの線香などが、線香の製法が伝播した後に考案されたというのが、現実的かもしれない。線香ではないが、岩手や山形では、合歓《ねむ》の葉を乾燥させたものを抹香として今でも使用しているが、これも香の代用として考え出されたものと思われる。

『杉線香の話』の著者柏順子氏は、スギ線香の始まりについて、日光市今市地区は、かつて全国一のスギ線香の産地であったが、始まりは江戸時代末期としている。栃木県では、安藤繁七氏が元治元年（一八六四）頃、今市に線香工場を作った（太田正秀著『栃木の線香』）。また、今市の線香製造業は越後からの技術移入で始まったという（『郷土における線香業の歴史とその将来』栃木県立高等学校郷土研究愛好会、昭和四十六年研究論文）。

柏順子氏の調査によれば、その越後も、堺から技術を学んだということである。三重県の尾鷲《おわせ》地方もかつては、スギ線香を水車で生産していた所である。『尾鷲市史』によると、「文化三年（一八〇六）藩は杉葉粉の製造に指導を加え、杉葉は春切りの葉を用い、立ち木のおろし葉を用いることを禁止した。これは、早くから出された禁令で、各浦村の役人は、この取り締まりを厳重にしなければならなかった。おろし葉の利用を許すと、杉の成長を妨げるようなおろしかたをする心配があったからである。そのため、違反するものは処罰し、水車をもつものは、庄屋の指図なしに、杉葉を買い入れることができなかった」と記されてある。さらに尾鷲の『むさしや文書』の「杉葉粉年賦上納一礼」天保三年（一八三二）には、当時杉葉粉を出荷していたことを裏付ける内容が記載されており、スギ線香関連の記録としては最古のものである。

なお、その他に残る文献から、尾鷲で製造された杉葉粉は、その地で線香にされたものもあるが、大坂や名古屋に出荷されて、そこで線香が製造されていたものもあったようである。

その他にスギ線香の製造が行われていた所は、新潟、淡路島、岡山、島根、岡山、福岡などが挙げられる。

茨城県石岡市小幡の駒村清明堂は、五代続くスギ線香づくりの老舗である。駒村さんの先祖は約一〇〇年前、栃木よりこの地に移り住んだという。豊かな清流と、水車を回すのに適した地形があったからだとのこと。五代目当主駒村道廣氏もまた、水車で動く杵がスギの葉を搗いて粉にするという、昔ながらの製法を受け継いでいる。駒村氏は水車によるスギの線香作りについて次のように述べている。「水車の、この遅さがいいんだね。もちろん機械なら、もっとはやく大量に粉にできるけど、じっくり搗かないと、スギの葉が熱をもってせっかくの香りがとんでしまう。そば粉と同じ理屈ですよ。それに砕いた後、また固めて、一本のお線香にするんだから、断面ができるだけ粗くならないように、水車で丁寧に砕いたほうがくっつきやすい。だから一日半から二日かけて、ゆっくりゆっくり搗くんです」

その製法は、柏順子著『杉線香の話』と駒村氏からの私の聞き取りをまとめると次のようなものだ。

①まず、十月から翌年三月にかけて、取り入れた杉の小枝を束にし、雨露はさけて乾燥させる。この時期に取り入れた杉の葉は、ヤニを適度に含み、もっとも質のよい粉になるという。その杉の木も、樹齢が四、五〇年くらいたったもの、少なくとも三〇年たったものが望ましいといわれてきた。木が若いと粘りがないのだそうだ。乾燥させるときの注意としては、取り入れたばかりの杉の小枝を三把立て（杉の小枝の束三把を合わせ、一方をひもで結び、他方を末広がりに広げて立てるやり方）にして、あらかじめ日光をあててから積みあげることと、葉が湿気を含むことのないように、小屋に積み込んだ三、四か月の間に、何度かその束を裏返す作業を忘れぬ手順があげられる。

②すっかり乾燥した小枝は、枝の部分を切り捨てたうえに、葉を細かく切る機械に入れる。ここで杉の葉は、二、三センチの長さにされてしまう。

③次に舟型の臼に入れ、きねで約三〇時間搗き続ける。スギの葉がよく乾いていないと、これほど長時間搗いても粉にならないという。この段階で、水車が利用される。

④「かす」や、きめの粗い粉を除くためにふるいにかける。搗きあがった粉の約四分の一が、この段階で「かす」となってしまう。こうして杉の香りがプンプンする、さらさらした杉粉ができあがる。

⑤さらさらした杉粉に湯を注ぎ、よくかき混ぜてから一〇分ほど硬めに練り上げる。空気中に放置すると固まってしまうので、その日に使う量だけを、そのつど練りあげるのがコツだという。

製品になった線香は一般には緑色をしているが、この場合緑色は、マラカイトグリーンという緑色の染料を使用している。杉粉プラス染料に梅雨時はかび止めのホルマリンを加え、さらに糊粉（タブノキの甘皮を粉末状にしたもの）を入れている。

⑥練ったものをドウと呼ばれる押出機の穴に通すと、うどん状のやわらかい線香ができあがる。

⑦並べ板でうけ、不ぞろいの部分を竹べらで切る。この作業を盆切りという。

⑧盆切りした後、別の板に移し、一列に並べて形をよく整え、四日ぐらい風通しのよい乾燥室で陰干しにする。天気の悪いときは、困ったことにこの段階で思ったより時間がかかるという。

⑨仕上げにさらに一日、天日にあててできあがり。

⑩板の上に一列に並んだ線香を、決まった長さに区切り、それをひとまとめにして束ね、ラベルを貼ってボール箱に詰めて完成となる。

駒村氏はスギ線香づくりについて、こう語っている。

「（水車で搗いたスギ葉粉を）お湯で練っているうちに、自然と固まってくるんですよ。杉に含まれるヤニが糊のかわりになるんです。ただ、その練り加減が難しい。原料の質やその日の天気によって、粘りも香りも微妙に違ってくるからね。この杉線香の香りというのは、原料に何かを混ぜたり、加えたりして、つくれるものじゃありません。私たちは杉本来の香りを、ただ引き出しているだけなんです。だからこそ、ごまかしが利かない。先代からも、とにかくまじめに、正直に仕事をしろと、きつくいわれたもんです」

シンプルなものほど、ごまかしが効かないのである。効率や利便性をもとめてモーターを使って粉を挽くと、熱で原料のスギ粉が固まり、良質の線香ができないのだそうだ。

駒村氏によると、明治から大正時代にかけて、この地は水車で商売をする人が集まってできた集落だそうで、一〇軒以上の水車小屋があったという。子供の頃には菜種油を搾ったり、そばやうどんの粉を挽《ひ》いたりしている家があったそうだが、いつの間にか駒村氏の線香屋さんのみになってしまったとのことである。現在水車を使ってスギだけによる線香を製造まで一貫して行っているのは、駒村清明堂だけである。駒村氏はこうも述べている。

「環境学習の一環で見学にくる小・中学生も多いのですが、接していて面白いなと思うのは、大人と子供で反応が違うんですよ。子供のほうが素直に水車のしくみに興味をもってくれる。大人は機械万能の世の中に毒されているのでしょうか。ひととおり説明しても、『すごいですね。それで、モーターはどこにあるんですか』と聞いてくる人がいるくらいですから。それにみなさん『大変ですね』と心配してくれるんだけど、正直なところ、そういわれても困るんですよ（笑）。こっちは大変だと思っていないし、そう思っていたらとてもできる仕事じゃない。結局は、平成の便利な生活より明治の暮らしのほうが、私の性分にあっているということでしょう。自然の力をうまく活かせば、ここでは何も不自由することはない。一〇〇歳の現役水車にそう教えられている気がします」

線香のパッケージには、「自然の香り豊かな手作り線香　水車杉線香」と書かれてある。香りは素朴な香りとでもいうのか、シンプルで飽きのこない香りであった。さまざまな香材を配合した線香も良い香りがするが、そうした香りに慣れていると、スギ線香の香りはすぐには馴染めないかもしれない。それは便利な生活に慣れてしまっている人が、急に田舎の不便な生活に溶け込めないような感覚にどことなく似ているような気がする。

駒村氏は、まさにロハスな人であった。

ショウノウ（樟脳）

日本経済を支えた樟脳

クスノキ（樟）とは、クスノキ科ニッケイ属（*Cinnamomum camphora*）の常緑大高木で、一般的にクスノキに使われる「楠」という字は本来中国のタブノキを指す字であるため正確には「樟」と表記する。別名クス、ナンジャモンジャとも呼ばれる。

九州や関西・四国など西日本の神社仏閣にお参りすると、クスノキの大木をよく目にすることがある。ところが、自然植生の森林では見かけることがほとんどなく、本来自生していたものかどうかは疑問視されており、中国南部などからの自然帰化植物ではないかとも言われている。ピエール・ラスローは著書『柑橘類の文化誌——歴史と人との関わり』（一灯舎）のなかで次のように述べている。

植物は宗教によって生息地が決まることが少なからずあり、ときには宗教のおかげで存続自体が図られることもある。たとえば、「生きた化石」のイチョウは、仏教寺院の山門を飾る聖樹として保護された。モルモン教徒はアメリカ東部での宗教迫害から逃れる際、今日のポプラ（*Populus tremulus*）の木を手押し車や荷馬車に載せて西部に運んだ。ワイン造りに使われるヨーロッパブドウ（*Vitis vinifera*）の栽培は、西ヨーロッパでキリスト教化が進むにつれて広がった。なぜなら、カトリック教会のミサでワインが必要とされたからだ。

クスノキも同様に、宗教との関わりによって生存地域が決まったものなのかもしれない。一方、関東以北の神社ではクスノキはほとんどなく、スギやヒノキなどの針葉樹が多く見られる。鎮守の森は、その土地の気候に適した樹木が何であるかを見極める目安ともなる。ただスギやヒノキなどの樹木は自然にも存在するが、クスノキだけは何故か例外で、謎として残っている。

クスノキの葉は大きな脈をもち、三〜五月ころ淡黄色の小さな両性花をつける。秋には八ミリ程度の黒く熟した実を結ぶ。またクスノキの葉は厚みがあり、葉をつける密度が非常に高いため、近年、交通騒音低減のために街路樹として活用されることも多く、都会でもよく見かけることができる。

クスノキの香りはとても個性的な香りだ。個性的ということは、誰にでも好まれるとは限らないともいえる。私も厩《うまや》の寝藁のようなニオイのイメージがあって最初は取っ付きにくい感じがしたが、慣れてくると癖になるような香りである。特に夏場にはあの凛とした香りが私には心地よく感じられる。

クスノキの語源には、香りに関わるものが多いようだ。たとえば全体に特異な芳香を持つことから「臭《くす》し」をクスの語源とするもの。昔から船材として使用し、香りが強く他の木に比べ「奇し」（珍しい香り）であることから転じたともいう。またマライ語の香りを意味する「rakai」、台湾の高砂族のクスノキを意味する「rakus」の両者からの派生語とする説などもあるという。

神話とクスノキ

『古事記』や『日本書紀』には「鳥石楠船《とりのいわくすぶね》」とか「天磐橡樟船《あめのいわくすぶね》」とあり、いずれもクスノキを船材として使用していたことを物語っている。『日本書紀』では、三年たっても足が立たなかった蛭児《ひるこ》を天磐橡

図1　クスノキの大木（福岡県宇美八幡宮）

樟船にのせて、風のまにまに流したと記されている。同じく『日本書紀』応神天皇紀には、「スサノオノミコトが浮宝つまり船を造るために、眉毛を抜いてクスに化した植林を生み出した」という記述もある。

金子啓明氏はクスノキの神木・霊木としての性格を次のように述べている。

「魂ふり」とは、植物、動物、鏡などの呪物が、その強い生命力、霊力によって、人の魂を活気づけ、衰えた肉体をも生き生きとさせるという力強い動的な作用力を意味する。（中略）

「魂ふり」の力は落葉樹よりも常緑樹のほうが強かった。生命力がいつも豊かに作動しているからである。常緑樹ではクスノキ、ツバキ、タチバナなどが強い霊力をもつ樹木とみなされた。（中略）

クスノキの巨樹は国の中心の樹、生命の樹としての象徴性を強くもっており、民俗学や神話学でいう世界の中心の樹としての役割があったと考えられる。また、クスノキは、葉をはじめ樹木全体に樟脳が含まれており、芳香があって葉をちぎると強い香りが漂う。耐朽性、耐虫害性が高いのもクスノキの大きな特色である。クスノキの大樹は、「魂ふり」の力をもち、神木、霊木とみなされる条件をそなえている。（『特別展　仏像　一木にこめられた祈り』二〇〇六年十月三日〜十二月三日、東京国立博物館の図録中「木の文化と一木彫」より）

私が知りうる限りでも、菅原道真を祀る太宰府天満宮や、宇美《うみ》八幡宮、空海の生誕地とされる香川県善通寺のクスノキなどには、神気が充満し、神々しい存在感が感じられて印象的であった。

古代の日本人は、そうしたクスノキに宿る霊気（香気）を、現代の私たち以上に、はっきりと感じ取ることができたのではないだろうか。

クスノキの仏像

クスノキについては、既に本シリーズ「ものと人間の文化史」に矢野憲一・矢野高陽著の『楠』があり、お読みいただきたいが、同書では、やはり初期の段階で仏像にクスノキが使われたのは、材質が彫りやすいことと、材料が豊富であったことに加えて、その芳香によるだろうと述べている。既にクロモジの項でも紹介した「榊葉の香をかぐはしみ……」の神楽歌のように、良い香りの樹木に神仏が寄り付き、その周りに人々も集まってきて、お祀りをしていたであろうことは十分に考えられることである。

クスノキの仏像について『日本書紀』（巻第十九　欽明天皇）では次のように記されている。

欽明十三年（五五二）冬十月、百済の聖明王が西部姫氏《さいほうきし》らを使者として訪朝させ、釈迦仏の金銅像一体と教典等を献納した。天皇おおいに喜び、西蕃の献じる仏の美しさに感嘆し、臣下にこの仏像を礼拝すべきかを問うた。すると家臣の蘇我稲目は、「諸外国でも礼拝しているので、日本でもそうすべき」と賛成した。一方、物部守屋や尾輿・中臣鎌子たちは元々の神の怒りをかうとして猛反対をした。そこで蘇我稲目の私邸でしばらく安置されたが、守屋らの襲撃により、大坂の難波の堀江に捨てられてしまった。

翌欽明十四年（五五三）五月一日、河内国泉郡の茅渟海《ちぬのうみ》に梵鐘の音が雷のような音で、海中で光り輝いているものがあった。調べてみると、それはクスノキであった。光輝くクスノキで、仏像二体がつくられた。それが今も輝きの失せない吉野寺のクスノキの仏だという。

霊木、神木で造られた仏像を見ることは、その呪術的な力を身体に受けるものと考えられていた。ところで、この神木・霊木のなかでも、雷に打たれた木のことを霹靂木《へきれきぼく》というが、仏像の材となった霹靂木の多くがクスの木であった。

平城遷都（七一〇）以前の飛鳥・白鳳時代、クスノキの一木が仏像の素材として使用されはじめるようになる。それは中国からもたらされたかもしれないが、以前から日本ではクスノキの神木・霊木としての背景があったからとも考えられている。

飛鳥・白鳳時代のクスノキの代表的な仏像としては、法隆寺の百済観音菩薩像、夢殿観音菩薩像、六観音菩薩像、中宮寺の半跏思惟像、長谷寺の十一面観音像などがある。

本来仏像では白檀のものが最高のものとされた。仏教の母国インドの伝説によると、最初に造られた仏像（二体）の素材は、白檀と紫磨金（最高の質の金）であったという。また、釈迦は、天界の母・摩耶夫人に説法のために地上を離れた時に、優国《うでんこく》の王がインドの牛頭山に生える白檀で釈迦の像を造ったという。白檀は仏教以前からインドでは聖なる樹木とされていたが、仏教においても白檀で造られた仏像が最高のものとされた。（現代のインドでも白檀の香りはメディテーションの香りのようで、ヨガスタジオなどでもこの香りが使われているようである）

白檀で彫られた仏像は檀像と呼ばれる。これは中国にももたらされ、唐の時代に盛んになる。玄奘訳の『十一面神呪心経』の解説書『十一面神呪心経義疏』（慧沼著）には、「十一面観音を造る場合には白檀を用いる」としている。ちなみに現存する日本で最古の白檀像も、十一面観音像（東京国立博物館蔵）で、中国で造られたとされている。また白檀のない場合、栢木《はくぼく》を用いると説いている。日本ではこの栢木をカヤと認定し、奈良時代から平安時代初期にかけて、日本では代用檀像としての多くがカヤによって造られるが、その後さまざまな木が使われるようになっていく。

しかし初期の段階でクスノキが使用されていたということは、仏教以前の古代日本において、クスノキが神木・霊木としてみなされていたことを物語っている。

樟脳と樟脳油

樟脳は融点一八〇度、沸点二〇八度の白色半透明の臘状の昇華性結晶であり、強い刺すような香りを有する。クスの木の精油の主成分であり、アジア、特にボルネオに産することから、樟脳の別名（Borneol）の起源ともなった。クスノキの中に含まれている樟脳はd体である。化学式は $C_{10}H_{16}O$

樟脳の化学合成品はマツの精油などから得られるα-ピネンより合成される。

クスノキの材や根、枝を細片にして、蒸留装置（甑《こしき》）で水蒸気蒸留すると樟脳（カンフル）と樟脳油（Camphor oil）が抽出される。抽出物の約四〇パーセントが結晶の樟脳として析出する。この樟脳を粗製樟脳といい、分離した六〇パーセントの油分を樟脳油という。樟脳油中にはなお約五〇パーセントの樟脳が溶解しているので、これをさらに減圧蒸留して樟脳を分離する（再製樟脳）。樟脳油の方は沸点の順序に従って白油・赤油・藍油に分けられる。

また粗製樟脳及び再製樟脳を昇華・精製し、第一次精製樟脳とする。これは主としてセルロイドの製造に用いられた。さらにこれを昇華・精製して高純度の板状、あるいは粉末状の精製樟脳とする。

樟脳のはじまり

『樟脳専賣史』（日本専売公社、一九五六年）によれば、樟脳の製法（製造というより採集であるが）の最も初期の段階では、クスノキの古木の割れ目などに自然に結晶として付着していたものを集めていたと考えられている。また樟脳の表記も古くから見られ、聖書やコーランの中にこの香料に関する記述があるとか、西暦六〇〇年頃にはアラビアにおいて貴重薬として盛んに使用されたという記録があるなどとして、かなり古くから使用されていたと考えられている。しかし、樟脳は龍脳と混同されていたことがあり、本当に樟脳であったのか、はっきりしたことはわかっていない。

樟脳に似た龍脳は自然に結晶が出来るが、樟脳の場合、自然に結晶が出来ることはないのではないか。私の経験でもないし、何十年とクスノキから樟脳を製造して来た内野樟脳（後述する）の方に聞いても、これまで見たことがないということであった。したがって『樟脳専賣史』の、自然に出来ていたものが最初とする見解には疑問が残る。

確実な記録としては、中国において、一二二五年の『諸蕃志』の中に東南アジア向けの輸出品の中に樟脳が挙げられており、その時代既に交易品とされていたと考えられる。一三三二年に記された『香譜』に、簡単な製造方法が述べられている。

山田憲太郎氏は『南海香薬譜』(法政大学出版局、一九八二年)のなかで、十二世紀の『香録』で竜脳樹の木片を小さく砕いて磁盆中に入れ、器をもって蓋をし、密閉してとろ火で熱し、蓋の内面に密着している脳分を取る方法(昇華法)を記しているが、これが福建や広東などのクスノキの多いところでは、樟脳を取る方法にも用いられたとしている。

同氏はまた、天然樟脳の製造法を記した最古の文献として、一五〇五年、劉文泰等の『本草品彙精要』を取りあげている。

樟脳を造るには、まず土のかまど一座を築き、上に鉄鍋数口を置く。樟木の極めて大きいものを伐り倒し、枝をはらって皮をはぎ、鷹のくちばしの形をした斧(内野樟脳には同じ形の斧が残っている)で木を削って粗い塊状の木片にする。鉄鍋に木片五斤(約三キロ)を入れ、指三本位の深さまで水を注ぐ。瓷盆《じぼん》で鉄鍋に蓋をし、湿布でつぎめを密封して中の空気が洩れないようにする。とろ火で二時間ほど熱し、冷却するのを待つ。脳分は蓋の裏面に凝結するから、鳥の羽の箒《ほうき》ではき取り、別の瓷器《じき》に移して密閉しておく。これを青脳という。

また明の時代に李時珍が編纂し、子の李建元により刊行された『本草綱目』(一五九六年)の中の「樟脳之巻」によると、「クスノキの木片を刻み、これを井戸水に三昼夜浸けておいた後に、鍋に入れて煎じ、柳の木でしきりに攪拌し、液が半分に減り柳の上に霜のように樟脳の結晶が付着するようになると、濾《こ》して滓《かす》を取り、瓦でつくられた盆内に入れる。一晩過ぎると自然に凝結して樟脳の結晶が析出できる」とある。

山田憲太郎氏は前者を「昇華法」、後者を「湯煎法」としている。そして、記録としては昇華法を記載した『本草品彙精要』の方が古いが、『本草綱目』の「樟脳之巻」に記載された湯煎法が早くから行われていたとしている。

十九世紀になると、『本草品彙精要』の昇華法よりやや進歩したホーロク式（炮烙法）といって素焼きの、平たい鉢をかぶせる方法が行われるようになった。長方形の上竈を築き、この上に二列に鍋を載せる。鍋十個を一人の焚夫（作業する人）が担当する。鍋は直径一尺二〜三寸上に、孔の開いた蓋を置き、その上に甑《こしき》（蒸桶）を載せ、この中にクスノキの木片一五〜二〇斤を入れ、甑の上に口径一尺ほど、高さ一尺二、三寸の素焼きの鉢（ホーロク）を逆さにかぶせて蓋をする。鍋の中の水を沸騰させ、樟脳分を水蒸気とともに蒸発させ、鉢の内面で外気によって冷却され、付着結晶するのを待つ。

「湯煎法」、「昇華法」そしてホーロク式（炮烙法）と改良が加えられていくが、まだ冷却が不十分で、収率は上がらなかったようだ。

日本で樟脳の製造が最初に行われるようになったのは、寛永年間（一六二四〜一六四三年）薩摩藩においてとされている。この段階の製造法は水蒸気蒸留法ではないので、樟脳油は採れていない。

周知のとおり、江戸時代、貿易は長崎の出島（一六二七〜一六四一年までは平戸にあった）にてオランダとのみ行われていた。この時のオランダ商館は、オランダ東インド会社の日本支社であった。東インド会社は元々東南アジアの香辛料をヨーロッパにもたらすために設立されている。

当時の薩摩藩との交渉の様子を『平戸オランダ商館の日記』（全四巻、永積洋子訳、岩波書店）でみると、交渉は藩主と直接行われていたようで、樟脳の輸出には藩主の権限が絶大であったという。それは樟脳の利益がいかに大きなものであったかを物語る。

『和蘭商館日誌』などによると、寛永十八年（一六四一）には、長崎出島の商館を経てオランダが薩摩の樟脳五〇〇〇斤を購入しており、その価格は樟脳一〇〇斤につき銀一二〇匁であった。

慶安三年（一六五〇）には、以後一〇年間毎年薩摩樟脳を五万斤輸出する契約を結び、以後もオランダを仲介として多量の薩摩樟脳が欧州に輸出されたのである。薩摩樟脳は、スマトラ産の龍脳に比べて廉価で、インドや欧州では買い入れ価格の二倍以上の価格で売れたという。元禄時代に来朝したオランダ医ケンペルの『日本史』にも、「樟脳は薩摩および五島の田舎で、根株などを小片に割り、簡単な煎じ法で製造している」と記している。

薩摩藩の旧記には、元禄十二年（一六九九）山奉行と大坂詰役とのやりとりで、樟脳一万七〇〇〇〜八〇〇〇斤を大坂に輸送したとある。また正徳年代（一七一一〜一七一五年）に、薩摩藩では樟脳を専売としており、これが世界の樟脳専売の最古のものとされている。

正徳三年（一七一三）に刊行された寺島良安の『和漢三才図会』では、樟脳を煎じる方法つまり湯煎法の説明がなされ、次に「按樟脳、出於日向薩摩大隅、深山中採老楠木、以円刃釿斫取、盛土鍋上亦蓋鍋、蒸灸之、脳昇着干上　如霜、乃之樟脳也」とあり、即ち「樟脳は日向、薩摩、大隅で生産される。深山の大きなクスノキを伐採し、丸い斧で木片にする。これを土鍋に盛って、その上に鍋をかぶせて蒸すと、かぶせた鍋に霜のようなものが付く、これが樟脳である」と記されており、薩摩藩では先述の昇華法やホーロク式を思わせる方法で採られていたことが窺える。

『樟脳専賣史』によると、享保年間（一七一六年以降）に著された『本草記聞』という植物誌には、「樟脳を煎じ取る場合に日本では、中国とは異なり根からのみ取った。樟の根を細かく分けて、鍋に入れて煎じる。上に盆を覆い黄泥で隙間を埋めて蒸気が出ないようにする。これで頻りに煎沸すると露が盆に玉のようについて、その盆を取り替えて冷やすと樟脳ができる」とある。

ここではクスノキの根からのみ樟脳を採取していたこと（根の部分が最も油分が多いという）が興味深い。また隙間を泥で埋めて蒸気を逃さない工夫など、効率を上げるための改良がなされてきている。なお、この泥を使って蒸気の漏れを防ぐ方法は、クロモジの蒸留を行う日吉家でも同じように行われている。

宝暦四年（一七五四）の平瀬徹斎撰『日本山海名物図会』では、製脳設備が進歩し、作業場としての体裁が整ってきており、しかも次のように製法も伝えている（図2）。

「クスノキには二種類ある。樟は木の心赤黒く香りも良い。楠は香りが弱く木の心赤黒くなく大木が多い。樟脳は樟の根を取りそのかけらを釜にて蒸す。小屋内に二十四釜を二列に配する。つまり一列に十二の釜を背中合わせにして、その間を一尺開けて往来できるようにした。釜の蓋は鉢で、釜と鉢との間には土を塗って蒸気が出ないようにする。その蓋に溜まる露が樟脳である。」

図2　樟脳の製法（『日本山海名物図会』）

薩摩藩の樟脳製造法

先述のように、日本で樟脳の製造が最初に行われるようになったのは、薩摩藩においてとされている。薩摩藩では、樟脳製造技術は、日本に来た朝鮮の陶工によるものと伝えている。それは以下のようなものだ。

豊臣秀吉の朝鮮出兵の後、出兵していた薩摩の島津義弘は多くの朝鮮人陶工を連れ帰った。慶長三年（一五九八）に日本に来た陶工たちは、各地で窯を開き、薩摩焼といわれる陶器を生産するようになる。多くは品質の良いものを生産する堅野窯であったが、日常雑器を生産する苗代川焼や竜門司焼もあった。特に苗代川焼は、串木野窯から移った朝鮮人陶工たちが、慶長十〜十一年（一六〇五〜〇六）ごろに開いたとされ、苗代川に定住した朝鮮人陶工のひとり鄭宗官が、藩の許可を得て樟脳の製造を始めたというのだ。

ところが朝鮮にはクスノキは生育していないので、朝鮮から樟脳の製法が伝わったとするのは不合理だと、山田憲太郎氏は『南海香薬譜』で述べている。ではどういうことかというと、朝鮮人による素焼鉢の製作の技術と中国から琉球などを経由したと思われる樟脳製造方法の二つを合わせて一つにしてしまったことから生まれたのではないかとしている。

薩摩藩に伝わったホーロク式の樟脳製造法は、「四、五升だきの大きな羽釜の上に鉄の桶を被せ、その桶の中にクスノキの木片を入れて五日ほど火を焚き続ける。クスノキの木片を入れた鉄桶の上には、直径一尺三寸、深さ一尺二寸五分のやや大きめの素焼きの鉢（ホーロク）を伏せておく。するとこの素焼きの鉢の内側に樟脳が付着する」。

このホーロク式での樟脳の製造には、昇華した樟脳を捕集するための素焼鉢が必要不可欠であり、この素焼鉢をつくれる朝鮮人陶工がいてこそ、樟脳の効率的な製造が可能だったのである。

昇華した樟脳が素焼鉢の内側に付着する量は、鉢の形状と密接に影響したようだ。最適条件の素焼鉢の製作技術が鄭宗官の家系に伝承されていたのだろう。薩摩藩では、鄭宗官の家系だけに樟脳製造用の素焼鉢を製作させたが、これがいつの間にか朝鮮から製法自体も持ち込まれたという話として定着したと山田憲太郎氏は推定している。

いずれにしても薩摩藩では、領内の樟脳製造をよく取り締まり、樟脳市場を三〇〇年近く支配したことになる。このように薩摩藩にとって樟脳は、主要な財源獲得の一翼を担う重要な貿易品であった。

幕末・明治維新期において、樟脳は日本の経済を支える影の主役であったといってもよい。薩摩藩においても依然重要な輸出品であった。嘉永三年（一八五〇）の『樟脳総帳』（島津家所蔵）によると、同年の薩摩藩内での樟脳の総生産高は一一万一六三三斤で、そのうち長崎を経て八万一五二四斤が輸出され、一一四九斤半が国内の除虫用に、一五三七斤半が薬用として販売されている。合計で一五八〇両の利益であった。

明治五年（一八七二）編纂の「鹿児島藩樟脳山沿革」に載る概説には、藩では年産額を一二万斤と定め長崎に輸送し、そのうち四万斤を中国へ、残り八万斤をオランダに売り渡し、純益一〇〇〇両の収益があったという。

この時期、樟脳の製造は薩摩藩の独占であった。種子島に伝わる日本で唯一の樟脳の民謡「樟脳節」は、樟脳製造とそれに携わっていた人々の心映えをよく伝えていて興味深い。

1

樟脳じゃ　樟脳じゃと　げしのうは（下品に）　ぎやるなよ（言うな）
わたしゃ
コライ　コライ　コライ
アヨ　殿様のヨー　げち（命令）で焚くよ
アラ　ナントショー　チントセ

2

樟脳を焚かねば　租税がたたぬ　明日は

コライ　コライ　コライ
アヨ　処分じゃ　とヨー　ふれ回るよ
アラ　ナントショー　チントセ

3

樟が絶ゆれば　樟脳焚きゃあー止まるよ　後の
コライ　コライ　コライ
アヨ　ひよこ木（幼木）にはヨー　早う太れよ
アラ　ナントショー　チントセ

4

甚平早よう行け　樟脳小屋むゆる　甚平
コライ　コライ　コライ
アヨ近眼で　眼が見えぬ
アラ　ナントショー　チントセ

コッパ（木片）は前さな　嫁じょは　山さな
抱っ込め　抱っ込め

沖縄にも樟脳を製造していた歴史があるが、こうした民謡が種子島に現存しているということは、中国・台湾・沖縄・種子島というルートで、樟脳の製造が薩摩に流布してきたことを物語っているように思われる。薩摩藩はこれらを管轄して、樟脳による外貨を稼いでいたのであろう。

土佐藩の樟脳製造法

土佐藩における樟脳製造の始まりは、岡本真古の『事物終始』によると「樟脳は宝暦二年（一七五二）、高知城下細工町で藩の御用蝋燭製造業を営んでいた黒金屋久右衛門が、他国者を雇い入れて製造を始めた」とある。この時の製造法は薩摩藩で行われていたホーロク式と考えられるが、他国者が薩摩藩の人間だったか否かは不明とされている。

土佐藩でも樟脳の重要性を認識していたようで、宝暦九年（一七五九）には原琢左衛門なる者が「御国産大概之事」という上申書の中で樟脳の重要性を報告している。四年後の宝暦十三年（一七六三）には二斗四升入りの樽に詰められた樟脳一樽に銀一匁の口銀（税）がかけられており、土佐藩における樟脳製造が本格的になってきていることを物語っている。この当時はまだ収量は少なく、薩摩藩には及ばなかったようだ。それは先述の素焼鉢の製造がうまくいかなかったためともいわれている。

しかし、幕末の万延元年（一八六〇年）に至って、土佐式という、樟脳製造の歴史において画期的な発明が生まれる。幡多郡中村（現高知県四万十市）の商人伊万里屋与平は、従来のホーロク式に代わって蒸留式の土佐式樟脳製造方法を生み出した。この方法は、これまでの甑《こしき》の上に素焼の鉢（ホーロク）を被せるかわりに木製の冷却槽を用いたところが特徴である。この冷却槽の使用が素焼鉢より樟脳の収量を増加させたのである。いわゆる水蒸気蒸留法である。土佐式樟脳製造方法はなかなかに興味深い構造をしている。そこで全体の構造（図3）と細部の部位について、やはり『樟脳製造法』からまとめてみる。

土佐式樟脳製造装置は、これまでのホーロク式と比べて冷却に多量の水を使用する。そこで山間の渓谷

図３　土佐式樟脳製造装置全体図
『樟脳製造法』(国立国会図書館蔵、日本農書全集53巻より)

図４　カマド・釜・建水板・蒸籠掛（蒸籠留）の図
『樟脳製造法』(国立国会図書館蔵、日本農書全集53巻より)

や湧き水の近く、平地でも水を得やすい土地が必要になる。クロモジの蒸留の項でも述べたように、水道のない時代には水を引いてくるのは大変な苦労であったであろう。

そして水が確保できる場所に、かまどを据え置き、その上に釜をかけ、またその上に桶(甑＝蒸籠《せいろ》)をかぶせる。桶の底には建水板《けすいた》というものを取り付けて、削り取ったクスノキの木片が釜の中に入らないようにする。かまどの外側全体に土を塗り固め、中に空気が入らないようにする。桶(甑)の上に被せていた炮烙(ホーロク)の代わりに、板船と呼ばれる冷却槽を備え付ける。この冷却槽は、長方形の浅い木箱で、上下二槽からなっている。これに懸け樋で水を導き、流し入れる。桶(甑)から蒸発した樟脳や樟脳油は、水蒸気とともに通い筒(一般には蒸留釜と冷却器を繋ぐ導管と呼ばれる部分のこと。後述の竹管のこと)を通ってこの槽に導かれて冷却される。

〔各部位の詳細〕

釜(図4)

水を沸騰させて水蒸気を発生させるために平釜を用いる(直径二尺五、六寸、深さ一尺二、三寸)。この鍋の上に、蒸籠掛と呼ばれる板を丸く並べて置く。この鍋を一三枚引平鍋、一四枚引平鍋と呼んでいる。

建水板《けすいた》

厚さ一寸の木の板三、四枚を集めて細工し、その直径を蒸籠の下方の直径より一寸ほど小さくする。ところどころ直径一寸ほどの小さな穴を開けて、蒸籠留《せいろどめ》(蒸籠掛)の上に並べ置いて、クスノキの木片が釜の中に落ちないようにする。数枚の板を用いて建水板をつくるのは、蒸籠の中に入れた木片が釜の中に落ちた時、また、釜の湯をかえて内側の掃除をする時に、蒸籠の木片出しの小口から、一枚ずつ取り出すのに便利であるからである。

蒸籠掛（蒸籠留）

厚さ一寸ほどの木の板で、幅八、九寸ほど。十数枚の板を用いて釜の縁の上に丸く連ねて置く。その板の一端を釜の内側に二寸ほど出して置き、外側を土で塗り固める。釜の内側に突き出た部分に蒸籠を置き、その中に建水板を並べ置く。

蒸籠のつくり方

蒸籠の上の口径は一尺四寸（四二センチ）、下の口径は釜と同じにし、厚さ一寸（三センチ）の板を用いて深さ四尺三寸の桶をつくる。下から二寸ほどのところに縦一尺、幅八寸ほどの穴を切り開く。古くなった木片を取り出したり、釜の中の湯を替えて掃除したりするためである。この口は樟脳製造中は蓋を閉じ、土を塗り固めておく。また、蒸籠の上の口にも蓋を設け、ここから新しいクスノキの木片を中に入れ、蓋を閉じて、製造中は土で固める。

〔船板の構造と使用法〕

厚さ一寸（三センチ）の木の板を用いて長方形の箱をつくり、二つの箱を重ねて船をつくる。船の上に懸け樋で水を流し入れる。下槽と上槽との間には、四方に四、五寸の隙間が開くように下槽を大きくして、上槽に流した水が下槽に流れて、常に冷却水が上から下へ流れ落ちるようにする。上槽は深さ一尺三寸、長さ六尺五寸、幅三尺三寸ほどにつくる。その中間に仕切りの板を付け、上面の深さ三寸、下の面の深さを一尺とする。また仕切り板より下面の内側に、厚さ五分、幅八分の板で羽根を取り付ける。

次に上槽の側面に丸い穴を開けて、周囲一寸ほどの竹の管を差し入れ、その一方を蒸籠の上の口より三寸に差し入れて、樟脳の成分を含んだ蒸気を上槽の中間にある仕切り板の裏側に導く。また上槽の上面の隅にも竹管を一本差し、蒸気の加減を観察する。下槽は、深さ五寸、長さ七尺五寸につくり、底に板を張り付け水が漏れないようにする。上槽から流れ落ちる冷却水は、下槽に少し窪みを切り、そこから流れ落ちるようにする。

土佐式製脳法の具体的な作業工程を記しておく。

大抵は夕方四〜六時頃クスノキの木片を甑《こしき》に詰め、蒸留中膨大しないように足で踏み込み、密に充填する。

燃料には薪や雑木、クスの小枝などを用い、十分燃えついて水蒸気の発生が良くなれば弱火とし、一夜の間支えるだけの薪を入れて、クスの木片の蒸留滓や木灰でその上を覆い、火焔が強く燃え上がらないようにする。

焚き口を塞いで空気の流通を少なくする。この間に炊夫（作業人）は就寝する。これを「埋木法」といい、夜半に一度、明け方に一度埋木を行う。

日中は山中に入り、根の掘取、木片削りを行い、昼食に帰り、また山に行き夕方戻り、木片の詰め替え作業を行う。

一回蒸留するのにちょうど二四時間かかることになる。これを一〇日〜一四日間続けて樟脳を採取する。採取のことを脳揚という。脳揚するには焚き火を止めて十分に冷やしてから冷却の上槽を一方の端を持ち上げ、下槽の水面上に浮かんでいる樟脳や油を一緒に竹笊《たけざる》ですくい取り、これを脳揚桶という木材で作った径二〜三尺の桶に布を敷いた竹笊をのせ、その上にすくい取った脳油を入れる。油は笊の目から下の脳揚桶に滴下し、樟脳が笊の上に残る。

脳油の分離ができれば、脳は滴《たら》し桶に入れ、架台の上に逆さに載せて自然に蓋と桶との間から油水分を滴下させる。油を石油缶に入れる。

この土佐式製脳法という方法は、明治十年（一八七七）頃には製脳発祥地の薩摩の他全国でも導入されるようになり、日本では昭和八、九年（一九三三、三四）までこの製法が継続されていたという。

もちろん、暫時改良は加えられていった。まず冷却槽が木製で、多くは下槽を地中に大部分埋めていたために、冷却が不十分で、泥や砂などが混入しやすく、槽の水を汚し、樟脳の品質低下をまねきやすかった。この点は上槽の天井板を銅板に張り替えて冷却の効率を上げた。

土佐藩においては、宝暦二年（一七五二）のころにはホーロク式の製造が始まり、安政年間（一八五四〜一八五九）のころには蒸留式の製造法が開発され、樟脳の製造量が急増した。天保三年（一八三二）ころまでには、藩内の樟脳製造と販売が藩の国産方役所の管理下に置かれ、一樽につき、銀一匁の口銀（税金）がかけられ、藩による専売制がとられるようになった。

土佐藩の樟脳の輸出は薩摩藩に比べると後発であったが、幕末には、藩の官営事業として積極的に樟脳の製造、輸出に乗り出した。藩主山内容堂に登用された吉田東洋は、長崎貿易の重要性を認識し、安政六年（一八五九）に門人であった岩崎弥太郎らを視察のため長崎に派遣した。文久三年（一八六三）には砲術家田所左右次を長崎に派遣して、ライフル銃を購入し、その代金代わりに樟脳を充てたという。またイギリス商人から南海丸という船（四一二トン）を七万二七八〇両余で購入する際にも、樟脳の利益から支払われたという。

慶応二年（一八六六）、吉田東洋門下の後藤象次郎が、藩の産業活性化のための部署である開成館に藩の産物を統制する貨殖局を設立した。長崎の出張所であった土佐会では、後に三菱財閥を起こした岩崎弥太郎がその主任に抜擢され、活躍することとなる。

大河ドラマ「龍馬伝」でも、岩崎弥太郎が長崎で外国人に土佐の樟脳をセールスする場面が何度か出てきて印象的であった。

明治元年（一八六八）四月に土佐商会は閉鎖されるが、岩崎弥太郎は長崎に留まり、土佐藩の武器・弾薬・艦船などの買い付けを行い、樟脳や土佐和紙・鯨油を輸出している。

薩摩藩や土佐藩のように幕末・維新にかけて、その指導的な役割を担った藩およびその藩の人物が、樟脳という海外への輸出品と深く関わっていたことは実に興味深い。樟脳は、武器や艦船などを購入する貴重な財源となっていたのだ。

明治維新で目立った活躍をする人物を輩出する背景は、こうした藩の財力と無関係ではないであろう。薩摩藩の篤姫が将軍家に嫁げたこと、そして坂本龍馬が大政奉還の原案を作成し、藩主山内容堂がその建白書を提出し、実現出来たことなど、樟脳の存在なくしてはあり得なかったのではないだろうか。この点は意外と見過ごされていると思われる。そう考えると、樟脳はまさに維新を支えた隠れた主役であったといえる。

維新後の明治四年（一八七一）七月、廃藩置県が施行され、開成館が経営していた藩内各地の樟脳製造工場（仕誠場）は岩崎弥太郎に払い下げられた。藩によるクスノキ伐採禁止も解かれて、民間人による土佐式樟脳の製造はさらに盛んになった。

やはりこの年、有光源吉・光興父子は、高知の芸西地方で一〇〇町歩余の官林の払い下げを受けて、大規模な土佐式の樟脳製造を行った。

高知の樟脳製造は、明治十七～十八年（一八八四～八五）頃ピークを迎えた。しかし、それまでの樟脳の増産に伴うクスノキの乱伐がなされ、以降はかげりが見え始める。そのため、樟脳製造の技術を持った高知の人々は、クスノキの原木を求めて九州や近畿、関東などの各地へと事業を展開していった。日清戦争後には、台湾に渡り、その地で土佐式樟脳製造を展開した高知県人も少なくないという。

土佐式樟脳の製造は水蒸気蒸留法であったため、樟脳油も採取できた。明治十一年（一八七八）ころ、高知県人の小松駒太郎と大野和吉が樟脳油より再び樟脳を採取するのに成功する。

明治二十四年（一八九一）頃、やはり高知県人の小松楠弥は、神戸の鈴木商店（鈴木商店については後にふれる）との共同経営で、樟脳再製工場を兵庫の和田岬（神戸市兵庫区）と神奈川の平沼新田（横浜市西区）に設立し、本格的に樟脳再製を展開した。

台湾においても、小松楠弥と鈴木商店の共同経営による小松組が台湾産の樟脳油を買い取り、神戸に輸送し、再製を行っている。

樟脳の用途

樟脳の用途はさまざまであり、また時代による変遷もあり、興味深い。以下ではその用途を紹介する。

①生薬の保存料として

服部昭の『クスノキと樟脳』によると、江戸時代における樟脳の使用は、宮崎安貞（一六二三〜九七）の『農業全書』に薬物の保存に用いたという次の記述が初期のものとされている。

「トウキ　箱のうちに樟脳を入れて、箱の隅々は紙にて目張りする」

香川修庵（医師、一六八三〜一七五五）の『一本堂薬選』には、「ニンジン　虫を避けるために箱の中に樟脳を収める。ここに紙を敷いて、ニンジンをいれる」と記述されている。

また、寺島良安の『和漢三才図会』第一五巻には、「樟脳は良く虫を殺す。そもそも虫の食いやすい薬種（主として薬用植物）は、四月に晒して干してから紙に包んで、樟脳をその薬種の箱のなかに入れる。箱の口を封じておくと極暑でも虫は入ってこない」という記事がある。

これは防虫でもあるが、生薬を虫から護るのだから、①に加えた。

②防虫としての樟脳

貝原益軒（一六三〇〜一七一四）は衣類保存に樟脳の使用を推奨している。ここでの防虫は正確には防湿であり、結果的には防虫につながると述べている（『萬寶鄙事記』）。

こうした防虫としての樟脳の使用は、書画への防虫が主で、衣服の防虫はさほどでもなかったといわれている。それは当時の衣服の素材が木綿や麻であって、虫害がそれほどなかったかららしい。虫食いは毛織物がほとんどで、日本人の生活に羊毛が入って来た幕末から明治以降に、衣服への防虫に樟脳が使用されるようになったとされている。

特に日清、日露戦争後、一般の人にも毛織物の洋服が普及するようになって、防虫のための樟脳の需要が増加した。藤澤樟脳が、家庭用衣服防虫、防湿・防臭剤として全国的に発売されたのもこの時期、明治三十年（一八九七）で、多くの顧客を獲得していくようになる。

③薬品としての樟脳

十六世紀の中国の本草書である『本草綱目』（李時珍著、一五七八年）には樟脳とクスノキが薬用植物として掲載されている。霍乱（暑気あたり）、心腹痛、寒湿脚気、疥癬、虫歯などへの効果と、衣類や書物の箱に入れての湿気取り、殺虫などが挙げられている。また日本の薬局方には初版（一八八六年）から収載され続けている。

かつては強心剤としても使用されていたため、現在でもだめになりかけた物事を復活させるために使用される手段を比喩的に「カンフル剤」と呼ぶのは樟脳の表記の「Camphor」によるものである。

樟脳は中国でも内服としての事例はほとんどない。血行促進作用や鎮痛作用、消炎作用などがあるために、主に外用医薬品の成分として使用されている。樟脳は皮膚から容易に吸収され、その時にメントールと同じような清涼感をもたらし、わずかに局部麻酔のような働きがある。現在でも、筋肉痛などに使用される「タイガーバーム」という薬品にも樟脳が含まれている。

④セルロイドの原料

今では見られなくなったが、セルロイドは、プラスチックが出現するまでの間、最も普及していた成型素材であった。

がらがら・キューピー人形・おしゃぶり・起き上がりこぼしなどの玩具や、文房具、歯ブラシの柄、眼鏡枠、学生服のカラーやアクセサリー、櫛や鼈甲《べっこう》の代用品などなど。昭和三十年代生まれまでの人にとっては懐かしい品々である。現在でも卓球の公式球はセルロイド製が使用されているという。

明治の中頃から第二次世界大戦前までの時期、樟脳はセルロイドの原料として盛んに欧米に向けて輸出された。一九一一年には国産のセルロイドも生産されるようになり、一九一六年に大日本セルロイド株式会社が発足し、生産量は急速に伸びていった。一九三九年には生産量が一万二三〇〇トンに達し、世界一位になる（世界シェアの四〇パーセント）。

日本は台湾においてクスノキのプランテーションを経営していたため、二十世紀はじめには世界最大のセルロイドの生産国であった。しかし一九二〇年代に入ると化学合成品が開発されて押されるようになり、やがてセルロイドに代わるプラスチックが出現して、この用途はほとんどなくなる。

⑤その他の利用法

樟脳を小さくカットしたプラスチック製の小船を水面に浮かべると自然に動くため、昭和の四十年代くらいまでは縁日の出店等でよく見られた光景であった。これも五十代以上の人には記憶にあるのではないだろうか。

また、樟脳は燃やすと明るく激しく燃える性質から、樟脳油は灯火用に用いられていた。樟脳は松明《たいまつ》や狼煙《のろし》の光源として、あるいは火薬や花火、ロウソクにも利用されていたという。

樟脳の面白い利用方法の一つに天気予報を行う Storm Glass もしくは Weather Glass と呼ばれる計器がある。『種の起源』で有名なダーウィンが乗り込んでいたことで知られるビーグル号の司令官ロバート・フィッツロイが科学的で詳しい観察研究記録を遺している。

また、ジュール・ヴェルヌの『海底二万マイル』にもこの計器が気圧計や温度計とともに登場している。日本にも出島を通して伝えられ、日本海を航海した北前船の船乗りたちに「測候器」とか「風雨計」などと呼ばれて愛用されていた。

この興味深い計器はどのようなものであったのか。まず、硝酸カリウム二・五グラム、塩化アンモニウム二・五グラム、蒸留水三三ミリリットルを混ぜ合わせたA液と、樟脳一〇グラム、エチルアルコール四〇ミリリットルとを混ぜ合わせたB液を別々に作る。次にこの二液を混ぜ合わせてガラス管に密閉する。こうして作られた計器の中に樟脳の結晶が見られないか少ないと天気が良く、多いと悪くなるというもので、フィッツロイは気温や大気中の電位変化に影響を受け、天気予報を行う手助けとなると評価している。そのため、時のイギリス政府は海難事故防止のために、水銀式気圧計、温度計、そしてこの計器を一組にして Admiral Fizroy's Barometer（フィッツロイ提督の予測器）を配備している。

もう一つの面白い利用方法が樟脳玉である。かつては劇場などで怪談を演じるときに人魂《ひとだま》として用いたそうだが、樟脳を玉にしたものをぶら下げて火をつけると、まるで人魂のような燃え方をするのと、それほど熱くならないので、周りに燃え移る心配が少ないのでよく用いられた。また、おもちゃとして明治の初めの頃まで売られていたようだ（松尾和彦『樟脳とクスノキ』）。

この樟脳玉は落語のネタにもなっている。

樟脳の専売制度

日本は明治二十八年（一八九五）に台湾を植民地とし、樟脳の土佐式蒸留を持ち込む（台湾ではこの時既に樟脳の製造は行われていた）。明治三十一年（一八九八）に樟脳の専売制を植民地行政として施行、明治三十六年（一九〇三）には日本・台湾共通の樟脳専売制度を施行する。日露戦争であのバルチック艦隊に勝利するのは、その翌年のことである。日清戦争による台湾領有を機に、清国統治時代の手法を受け継ぐ形で開始されたのだが、内地の樟脳事業は自由放任であったために台湾専売と競合した。こうした不均衡の是正のためと、最終的には財政収入を安定させる目的で、日本・台湾共通の樟脳専売法を施行するに至る。台湾の植民地経営は、この樟脳専売制によって日本に巨利をもたらすことになる。このことによって、植民地経営が有益であるとの認識を日本人に抱かせた。

明治三十六年（一九〇三）日本・台湾共通の樟脳の専売制度が公布された時の総理大臣は桂太郎。大蔵大臣が内務、農商務両大臣の連署をもって第一八臨時議会にある法案を提出した。法案は可決され、翌月六月十六日に公布、十月から施行されることになる。

この法案は「粗製樟脳、樟脳油専売法」であり、以後内地と台湾に共通の樟脳専売法として樟脳事業は完全に政府に統制されることになる。

専売事業は明治の日本資本主義の開花期にあって、明治三十一年（一八九八）の葉煙草専売法を始めとして、明治三十六年（一九〇三）に内台共通の樟脳専売法、明治三十八年（一九〇五）の塩専売法としてそれぞれ創始されている。このうち煙草と塩はあくまで国内需要を主としたものであるのに対して、樟脳はそのほとんどが輸出用であり、外貨を稼ぐことが目的であった。

樟脳の専売制を踏まえて、前後に起こっている日清・日露の戦争を考えると、私たちがこれまで歴史で学んだことだけではわからない別な面が見えて興味深い。

当時、樟脳が何故重要だったのか。繰り返すが、それは莫大な外貨を稼ぐことが出来たからである。ではなぜ樟脳がそれほど金の成る木であったのか。その要因はセルロイドにあった。

明治二年（一八六九）アメリカのジョン・ウェスレト・ハイアットがセルロイドの製造に成功する。このセルロイドの製造に樟脳が必要不可欠であった。セルロイドは硝化綿（ニトロセルロース）に樟脳を二五〜三五パーセント混ぜて練り上げてできる半透明のプラスチック製品である。玩具や学用品、アクセサリーなど多くの日用品に爆発的に使われるようになったのだ。その主な生産国が日本であった。

当時の世界の粗製樟脳需要は五〇〇万〜六〇〇〇万斤程度。この内、米独二国の需要が一五〇〇万斤、英国一〇〇〇万斤、フランス九〇〇万斤、インド七〇〇万〜八〇〇万斤、日本の内地では僅か一二万〜一五万斤であった。需要の七割がセルロイド原料として使われ、米国では映画や写真のフィルムの材料にも使われていたのである。

「青い眼をしたお人形は　アメリカ生まれのセルロイド」という野口雨情作詞の童謡「青い眼の人形」の歌詞は、当時の世相をよく物語っている（でも、お人形には日本の原料が三割含まれていたのだ）。

この高まる世界需要に合わせて、内地樟脳の輸出は台湾専売が始まる明治三十二年から盛んとなり、明治三十三年（一九〇〇）には三〇〇〇万斤を突破。さらに明治三十四年、三十五年は四〇〇〇万斤前後にまで達している。

『樟脳専賣史』（日本専売公社）によれば、明治初年から明治二十年（一八八七）頃までは百斤当たり一三〜一四円だった樟脳が、明治二十四年頃には三倍以上の四〇円前後に、さらに内地にも樟脳専売制が施かれる三六年頃には九〇円にまで高騰している。

神社合祀と「樟脳専売」

こうした高まる樟脳の海外需要に伴い、原料のクスノキが不足するようになる。そこで、これまでのクスノキの根株や材ばかりでなく、葉からの蒸留も試みるようになる。また時を同じくして施行された神社合祀は、原料のクスノキの不足を補うためでもあり、樟脳専売事業とも深く関係しているとする考え方（園田義明ブログ「隠されたクスノキと楠木正成」二〇〇八年）がある。

そもそも神社合祀とは、神社の数を減らし、残った神社に経費を集中させることで、一定基準以上の設備・財産を備えさせ、神社の威厳を保たせて、継続的な経営を確立させる目的であった。これにより、一町村に一神社の基準が当てはめられ、神社の氏子区域と行政区画を一致させることで、町村唯一の神社を地域活動の中心にさせようとした。この神社合祀令は明治三十九年（一九〇六）第一次西園寺内閣において、原敬内務大臣によって出された。この訓令は一つの町村に一社を標準とするものであったが、地域の実情に合わせ、かなりの幅を持たせたものであった。

一六八八～一七〇三年（元禄年間）　薩摩藩に製脳業興る
一七一一～一七一五年（正徳年間）　薩摩藩において樟脳専売制施行
一七五二年（宝暦二年）　土佐に樟脳業興る
一八六三年（清国同治二年）　清国政府、台湾に最初の樟脳専売制を布く
一八九五年（明治二十八年）　日清戦争の結果、台湾島が日本の領土となる
一八九九年（明治三十二年）　台湾樟脳専売制施行、内地でクスノキ大面積一斉造林始まる
一九〇〇年（明治三十三年）　英商サミュエル商会を台湾産粗製樟脳の一手販売人に指名
一九〇一年（明治三十四年）　第一次桂内閣発足、平田東助農商務大臣就任
一九〇三年（明治三十六年）　内台共通樟脳専売法案提案可決
一九〇四年（明治三十七年）　日露戦争勃発
一九〇五年（明治三十八年）　ポーツマス条約により講和
一九〇六年（明治三十九年）　第一次西園寺内閣発足、原敬内務大臣就任、神社合祀令
一九〇七年（明治四〇年）　外国売は三井物産に対し委託販売命令書公布
一九〇八年（明治四十一年）　第二次桂内閣発足、平田東助内務大臣就任、三井物産に対し台湾産樟脳海外委託販売命令書発布
一九一一年（明治四十四年）　第二次西園寺内閣発足、原敬内務大臣就任
一九一七年（大正六年）　三井、鈴木両社中心に台湾精製樟脳会社発足
一九六二年（昭和三十七年）　合成樟脳普及により専売制廃止

（日本専売公社発行『樟脳専賣史』、『樟脳専賣史（続）』より）

さて、園田義明氏の見解をまとめると、次のようなものである。

「粗製樟脳、樟脳油専売法」の法案には、内閣総理大臣桂太郎、内務大臣内海忠勝、農商大臣平田東助、大蔵大臣曾根荒助の四名の名前が記されている。このうち平田東助以外は長州の出身であった。また平田東助は米沢の出身であったが、長州閥、山県閥の中心人物でもあったという。

そして、神社合祀を強弁に推し進めたのも平田東助であったことから、神社合祀と樟脳専売事業とは密接に関係していると推測されている。

この頃は、藩閥（陸軍・山県有朋閥）の桂太郎と、伊藤博文の後継者で立憲政友会の西園寺公望が、政権を交互に担当している。そのためこの明治三十四年（一九〇一）から大正二年（一九一三）の一〇年間は「桂園内閣」とも呼ばれている。そしてこの期間に樟脳専売と神社合祀政策が行われているのである。しかも内台共通の樟脳専売法案と神社合祀の間に日露戦争が勃発しているのである。

神社合祀は先の第一次西園寺内閣において発令されたが、平田は第二次桂内閣の内務大臣としてこの訓令を強固に推し進めることを厳命し、さらに保護すべき神社についての判断を府県知事にゆだねた。この政策を進めるのは知事の裁量に任されていたため、実行の程度には地域差が出たようだ。そして特に合祀政策の甚だしかった三重県では県下全神社の九割が廃止されるという事態になった。最終的には全国で、大正三年（一九一四）までに約二〇万社あった神社のうち七万社が取り壊されている。

神社合祀が樟脳専売事業と関係する理由は、樟脳がクスノキから得られ、そのクスノキが神社境内に残っていて、その樟脳を得るのに神社合祀が大変都合がよかったのである。

樟脳専売の法案が長州閥の長州政権によってできたものであり、長州閥、山県閥の中心に位置した平田東助こそが今でいうクスノキ族、あるいは樟脳族として神社合祀を強行し、その利権を三井へと誘導した。

『樟脳専賣史』には、日本の樟脳業界最大の殊勲者である金子直吉の鈴木商店が一九二七年（昭和二）四月に破綻すると、鈴木商店の台湾での樟脳利権が三井物産一社に引き継がれたことがはっきりと書かれている。

こうしてみると、確かにこの法案が長州閥の長州政権によってできたものであるとみることも出来る。江戸時代から幕末、明治にかけて、樟脳で儲けていた薩摩藩への強烈なライバル心が、見え隠れしないでもない。

神社合祀により、内地樟脳業者は原料獲得に狂奔し、神社仏閣の風致木でさえ法外な高値で取り引きされたという。クスノキの濫伐の影響から、明治二十年前後には主要産地であった土佐などは減産の傾向を示し、鹿児島県下では国有林の盗伐まで発生するありさまで、樟脳製造者は三二〇〇名にも達した。『樟脳専賣史』に収められている「クスノキの生育地帯」を見ると、三重県や和歌山県の神社が激減した理由がわかる。

このことから考えて、明治三十九年（一九〇六）神社合祀令が原敬内務大臣によって出された当初は、それほどでもなかったであろうが、平田東助が強引に推し進めたことで、和歌山・三重の神社からクスノキは姿を消すこととなる。

樟脳の輸出業者は神戸や大阪に店舗を構え、その大手として鈴木商店、池田貫兵衛、窪田兵吉、それに三井、住友が顔を揃えていた。

クスノキが生育する西南日本で、当時樟脳輸出を行っていた神戸港に近く、しかも樟脳業が発展していなかったために、クスノキが手つかずのままとなっていた和歌山や三重の鎮守の森が、格好の的になったのではないだろうか。園田氏の追究はなかなかに手厳しいのであるが、それだけに説得力がある。

「専売事務局」は九州の四か所と神戸に置かれていたが、四国・中国地方以東はすべて神戸樟脳事務局の管轄下にあり、樟脳事業における神戸の位置は大変重要であった。

特にターゲットとなった和歌山県では、同県田辺の南方熊楠が、その名前からして楠とあるように、楠の精霊を宿した血族の生まれでもあり、神社合祀への猛烈な抗議活動を展開したのも当然のことであった。

こうした神社合祀政策は、南方熊楠や柳田國男などの知識人の反対運動により、明治四十三年（一九一〇）を境に急激な合祀は終熄した。だが、地方の貴重な習俗、祭礼などが失われたのも事実である。また、それを見守っていた鎮守の森のクスノキも多くが失われたのである。

神戸の総合商社・鈴木商店と樟脳

話は前後するが、ここで日本の樟脳業界最大の功労者である鈴木商店と金子直吉についてふれねばならない。金子直吉は慶応二年（一八六六）生まれで、土佐の吾川郡名野川村（現吾川郡仁淀川町）出身であった。やはり土佐出身で後の三菱財閥の創始者である岩崎弥太郎が幕末から明治維新にかけて、土佐の樟脳で軍艦や武器を購入していた。このことを同郷の金子直吉も知っており、樟脳取引の重要性に着眼するようになる。鈴木商店が、三井・三菱と覇権を争うまでの大総合商社に成り得たのも、この樟脳貿易の成功によるものであった。

鈴木商店は創業者の鈴木岩次郎が明治七年頃、兵庫の弁天浜で、洋糖引取商として発足する。明治十九年（一八八六）、金子直吉は鈴木商店に雇われた時二十一歳であった。当時既に神戸の八大貿易商にランクされていたが、金子が頭角を現すのは、先代岩次郎没後、その妻よねが女店主になってからであった。初め樟脳の先物の「空売り」（旗売り＝売約）で失敗するも、よねの全面的なバックアップにより危機を脱する。なお、「空売り」とは、対象物を保有していない状態で特定期日に対象物を特定価格で手渡すと約束する対象物の「信用売り」を指した。当然、この契約を遂行するために決済期限前までに対象物を探すことになる。しかし、もし決済猶予期間に対象物の価格が契約価格よりも値下がりすると、対象物を安値で仕入れて契約時の高値で決済することになるので、差額の利益が生まれる。逆に対象物の価格が値上がりしていると、高値で買い取って安値で手放すことになるので損となる。

金子直吉の場合、当初見込んだ樟脳の価格が、それ以上に値上がりし、膨大な損失を招くこととなった。しかし、金子直吉はこの失敗を教訓にして、日清戦争後、台湾の開発において鈴木商店を大きく飛躍へと導くこととなる。この飛躍のきっかけになったのが、失敗した樟脳であった。

金子直吉は軍政下の台湾に店員を派遣して、樟脳と樟脳油の買い取りを行った。これまで樟脳は扱われていたが、用なしと思われていた樟脳油に着目して、台湾の重要産物としたのである。桂芳男『綜合商社の源流　鈴木商店』に引用されている鈴木商店の『樟脳ニ関スル履歴書』（明治四十年、太陽鉱工所蔵）には、当時の樟脳の事情が詳しく記録されていて、大変興味深い。

明治二十九年ヨリ台湾台北大稲　建昌街二丁目ニ於イテ小松組脳行名義ノ下ニ樟脳及樟脳油ノ買収ニ従事ス　此際マデ台湾ニ於テハ樟脳油ニ価値アルコトヲ知ラザリシ為メ、従テ製脳ノ際油ヲ採取スルコトヲナサザリシモ小松組ニ於テ店員ヲ諸方ニ派遣シ油ノ有用ニシテ相当ノ価値アルコトヲ土人ニ説キ聞カシタル為メニ始メテ台湾ノ市場ニ樟脳油ナル産物ヲ現出スルニ至レリ

日清戦争後、日本の領土となった台湾は、樟脳の世界需要の約九割を占めていた。明治三十一年（一八九八）に第四代総督児玉源太郎と初代民政長官後藤新平は、台湾の樟脳を専売化して、財源の確保を模索していた。しかし、それは全国の取扱業者にとっては死活問題であり、反対運動が起こった。

この時に金子は一人専売に賛成し、熱心に同業者の説得に当たったとされている。桂芳男の『綜合商社の源流　鈴木商店』には、

しかし、金子は、ここで後藤に取り入ろうとして妥協したのではなく、彼は一歩先を読んでいたことが注目されねばならない。つまり、「商売がたきが雲の様に輩出している中で製脳事業にこびりついているよりも、副産物樟脳油の一手販売権を握った方が得策である」と。ここに、他業者と同じ経済状況に直面しながら、そこから自己に有利な独特の企業機会を創り出す、金子の非凡な事業家としてのひらめきがあった。

とある。

再び『樟脳ニ関スル履歴書』によると、

明治三十三年台湾ニ於テ樟脳専売制ヲ施行セラル、ニ及ビ池田貫兵衛ト共ニ樟脳油再製請負ヲ総督府ヨリ下命セラレ神戸旭通四丁目ニ工場ヲ設ケ現在営業シツ、アルモノ之ナリ

明治三十二年（一八九九）「台湾樟脳及樟脳油専売規則」が成立し、鈴木商店は樟脳油の六五パーセントについての販売権を取得する。これがその後の鈴木商店の一大飛躍へと繋がっていく。ちなみに、残りの樟脳油の販売権は、糖商増田・安部が設立した台湾貿易会社が占め、樟脳に関しては、サミュエル商会が一手に販売権を取得している。

明治三十三年（一九〇〇）には、神戸旭通四丁目に再製樟脳製造の「樟脳製造所」が設立されている。

その後鈴木商店は、明治三十五年（一九〇二）に、合名会社に改組している。この年を境に鈴木商店は、生産部門への進出を開始する。同年、岡山の三備地方の薄荷栽培が盛んであったのにも注目して、神戸葺《ふき》合《あい》に薄荷製造所が設立された。

現在も神戸市灘区に鈴木薄荷株式会社があるが、この会社は鈴木商店が倒産した後に薄荷部門が単独で残った会社である。唯一この会社だけが、「鈴木」の名前と辰巳屋の屋号「カネタツ」を受け継いでいる。

『樟脳ニ関スル履歴書』には、

明治三十三年倫敦ミシシングレーン廿九号ニ支店ヲ設ケ樟脳其他日本物産ノ販売ニ従事スともある。また『神戸市要覧』によると、鈴木商店は、明治四十二年（一九〇九）には、葺合町と旭通四丁目の樟脳製造所、磯上通四丁目の薄荷精製所、雲井通五丁目の精製樟脳製造所、北本町一丁目の魚油精製所、脇浜町二丁目の神戸製鋼所と、直営工場を六つ設けていたという。

この時期鈴木商店は、国際舞台に勇躍進出する絶頂期を迎えようとしていた。なお、このうち雲井通五丁目の精製樟脳製造所は金子直吉の新婚時の住まいだったという。会社が大きく成長していくのに、いつまでもこの二階で暮らしていたらしい。ここは鈴木の樟脳の製造販売を一手にあずかる部署だったようで、樟脳による鈴木商店の発展を象徴している場所といえる。

このように鈴木商店は、樟脳をきっかけとして三菱・三井といった商社と肩を並べる商社へと発展したのである。

鈴木商店は、大正九年（一九二〇）には資本金の百倍増資を行うなど、さらに躍進をとげた。しかし第一次世界大戦後の不況が本格化し、急速な多角化で多額の借入金を抱え、その借入金の大部分を台湾銀行一行に頼る形となっていた鈴木商店の経営は、一気に苦しくなる。そして、昭和二年（一九二七）の金融恐慌で台銀から拒絶されると、同年四月二日に倒産を余儀なくされることとなった。

商社鈴木は「日商」（「日商岩井」を経て、現「双日」）に引き継がれた。他の関連会社も、帝人、神戸製鋼、石川島播磨重工、日本製粉、サッポロビール、三井住友銀行など、現在でも日本を代表する企業として生まれ変わっているのである。

樟脳に関しても、日本精化（旧日本樟脳）、太陽林産（旧帝国樟脳）、日本香料薬品（旧再製樟脳）、日本テルペン化学（旧再製樟脳）、ダイセル化学工業（旧大日本セルロイド）などが現在に続いている。

ハッカと樟脳に深く関わったサミュエル商会

サミュエル商会は、いろいろなことで日本と縁のあった商会である。創業者であるユダヤ人のマーカス・サミュエルの経歴も興味深い。この人物は、一八三三年、イギリスの高校卒業旅行で来日している。三浦海岸で見つけた貝があまりにも美しく、貝殻を拾い集めて帰国、貝殻細工の製造販売で財をなしてロンドンに商社を設立したという。その後石油でも成功し、ロイヤルダッチ・シェルの母体のひとつになっていく。そして、後のシェル石油（現昭和シェル）となる。また石油を運ぶためのタンカーを造船したのも最初とされており、タンカー王ともいわれていたという。

彼自身は次のように書き残している。

「自分は貧しいユダヤ人少年として、日本の海岸で一人貝を拾っていた過去を、けっして忘れない。あのおかげで、今日億万長者になることができた」。シェル石油のマークであるホタテ貝は日本の貝殻だったのだ。

明治二十七年（一八九四）に日清戦争が勃発すると、サミュエル商会は日本軍に、食糧や石油、兵器、軍需物質を供給して助けた。こうした背景があってか、日本政府の求めに応じて、台湾の樟脳の独占的な販売権を有することとなった（一八九九〜一九〇七年）。また「アヘン公社」の管理経営にも携わっている。これらの大きな功績によって、サミュエルは明治天皇から「勲一等旭日大綬章」という勲章を授けられているのだ。
既にハッカの項でサミュエル事件についてふれたが、これも同じサミュエル商会のことである。この商会は、なんと薄荷ばかりでなく樟脳にも関わっていたわけで、まことに興味深い。

神戸と樟脳

神戸という都市はクスノキ（樟脳）と縁が深い（兵庫県の木もクスノキである）。明治維新以降、主に樟脳を製造し、輸出の拠点となったのが神戸であった。鈴木商店を筆頭に多くの樟脳製造に関わる会社が集まっていたのである。維新後の日本経済発展の陰の立役者が樟脳であり、そのための専売事務局としての神戸樟脳事務局も統括的な役目を担っていたのである。

図5　湊川神社

現在の神戸にその面影は見当たらない。ただ市の中心には湊川神社がある（図5）。ここには楠木正成が祀られている。明治元年（一八六八）、明治天皇は、正成公の忠義を後世に伝えるために、神社創祀の御沙汰書を下された。そして明治五年（一八七二）五月二十四日に「湊川神社」として創建された。

神社の境内には、延元元年（一三三六）五月二十五日、楠木正成が湊川の戦いで自刃した殉節地や、元禄五年（一六九二）、徳川光圀が建立した墓碑（御墓所）などがある。そしてこの神社の鎮守の森にふさわしく、クスノキがいたる所に存在している。

クスノキのある湊川神社から、港はすぐ近くである。現在は神戸ハーバーランドとして、さまざまなレジャー施設も集まっている。

私は湊川神社の境内に佇み、クスノキの香りを感じながら、明治以降の樟脳の輸出が盛んに行われていたであろう神戸の港を想像してみた。当時の神戸の人々にとっても、明治に創建されたばかりの湊川神社の存在は大きかったと思われる。楠木正成のことを湊川神社では「大楠公」ともお呼びしているという。特に樟脳に携わっていた当時の人々（鈴木商店の金子直吉など）にとっては、神戸の樟脳での発展は、この「大楠公」の御威徳がなせる業と感じていたのではないだろうか。ちなみに楠木氏は大坂河内で船による物流にも関わっていたとされている。

やはり場の記憶というものがあるのだろう。楠木正成殉死の地である神戸であるからこそ、国の専売である樟脳の生産・輸出の拠点となったと思われる。

台湾の樟脳

既に述べたように、明治三十二年（一八九九）台湾の樟脳が専売となり、最盛期には世界の樟脳の約九割が台湾のもので占められた時期もあった。平成二十二年（二〇一〇）国立台湾博物館では、「探索樟脳王国特展」と題し、かつて樟脳王国とも呼ばれていた台湾の樟脳の歴史を振り返る展覧会が開催された。私は残念ながら観に行くことが出来なかった。そこで、博物館にメールで問い合わせて図録を送ってもらうようお願いすると、その企画展の担当（キュレーター）であった林一宏氏から、メールをいただき、送っていただけることとなった。ほどなく届いた図録は、クスノキがグリーンを基調としたイラストで描かれた、A5サイズのコンパクトなものであった。

ページを開くと、随所に昔の台湾での樟脳製造の情景（図6）や道具類が紹介されていた。あの土佐式

図６　台湾の樟脳蒸留装置（国立台湾博物館図録『探索樟脳王国特展』より）

の蒸留装置とそっくりな図版もある。その装置が山あいの小屋らしき所（多分冷却用の水が確保可能な場所であろう）に設置されている。それ以前のホーロク式のような装置も掲載されている。また木片にするための鷹のクチバシ型の斧もあるではないか。

日本が併合していた頃の「臺灣總督府專賣局臺北南門工場」では、数千人の従業員が日夜樟脳造りに携わっていた。その面積は一万七〇〇〇坪もあったという。現在はその約八分の一の面積にまで縮小し、「國定古蹟臺北樟腦工廠」の名称で、最古の化学工場跡地として、とても重要な場所となっている（現在修復中）。これは台湾の産業考古学遺産として認められてもおかしくない。

この図録からは、台湾において樟脳がいかに重要な産業であったかがよく理解できた。私の知人が台湾のお土産にと樟脳油とハッカ油を買ってきてくれたが、台湾では樟脳が今でも製造されているようである。

林氏からのメールには「台日両国の学術交流の発

展に、お役に立てますよう心より願うものであります」と添えられてあった。今後、台湾と日本に共通の産業文化遺産として、樟脳製造が再評価されることを願っている。

藤澤樟脳の歴史

藤澤樟脳は、明治三十年（一八九七）に、家庭用衣服防虫・防湿・防臭剤として全国的に発売された。日清戦争に勝利し、日本は好景気になっていた時代である。当時の粗製樟脳は専売品であり、管轄の大蔵省専売局から払い下げの許可を受けて購入しなければならなかった。また、粗製樟脳の輸出価格は精製樟脳の一割以下であり、幕末から明治の初期には精製樟脳の製造技術の確立が急務であった。

明治三十三年（一九〇〇）、松田太郎は「樟脳精製器の蓋」で特許を取得。画期的な樟脳の精製法が確立する。店主藤澤友吉は松田の特許権使用の許諾を得て、本人をも招聘し、製造にこぎつける。

また、服部昭『クスノキと樟脳　藤澤樟脳の一〇〇年』によると、

　樟脳精製事業の展開では、特許権の取得はじめ、企業合同など難題続出であったが、この時、藤澤友吉は鈴木商店の金子直吉と折衝し、交流していたが、老練な金子直吉は藤澤友吉の人柄、経営手腕を高く評価していた。

とある。やはり藤澤友吉と金子直吉は、クスノキという絆で結ばれていたようである。

樟脳製造の伝統を守る内野樟脳

福岡県みやま市瀬高町（旧山門郡瀬高町）は、筑後平野の南、筑後市の隣に位置する人口二万三〇〇〇人の町である。町の北で筑後市との境には矢部川が流れている。そこには船小屋温泉郷があり、日本でも

有数の炭酸泉として知られている（筑後市側の船小屋鉱泉とみやま市側の長田鉱泉が飲泉としてある）。

また、矢部川の河川敷にはクスノキの一大樹林が存在する。特に鉱泉場付近の中ノ島公園には樹齢三〇〇年以上のクスノキが約五〇〇本以上群生している。ここのクスノキは元禄八年（一六九五）、柳川藩主の命を受けた普請役田尻惣助、惣馬親子が、矢部川の水害防備のために植林したものである。クスノキの樹林は昭和四十九年（一九七四）に国指定天然記念物に指定された（図7）。

中ノ島公園のクスノキの樹林を私が訪れたのは十一月の末であった。樹林に入ると「ポタッ、ポタッ」と雨音のようなものがしていた。歩くたびに足元では「プチッ、プチッ」という音がした。足下を見ると黒いクスノキの実があたり一面に落ちていた。雨音と思ったのはクスノキの実が落ちる音であった。人気《ひとけ》のないクスノキの樹林の中に佇み、しばらくクスノキの実の落ちる音を聞いていた。クスノキを音で感じることができる貴重な体験であった。

この中ノ島公園から歩いて五分もかからないところに、今では日本で唯一となった天然樟脳を製造している内野樟脳の工場がある（図8）。ご主人の内野清一さんと妻の和代さんの二人で製造していたそうだが、私がうかがった年（平成二十二年）の六月に清一さんはお亡くなりになったとのことであった。

清一さんに直接お話を聞けなかったのは返す返すも残念なことであるが、和代さんは樟脳の製造を再開されていた。ひとりではさすがに大変なことである。そこで、貴重な伝統技術が途切れないようにと、有志の方が助け合ってバックアップされていた。

内野家の樟脳製造は江戸時代末期から始まったとのこと。清一さんで四代目であったそうだ。工場はクスノキの芳香で溢れていた。また工場内にある装置は、どれも年季の入ったもので、レトロな雰囲気を醸し出している。樟脳が専売だった頃そのままのやり方が、ここには現存しているのである。「この空間に

図７　中ノ島公園のクスノキの樹林

図８　内野樟脳全景

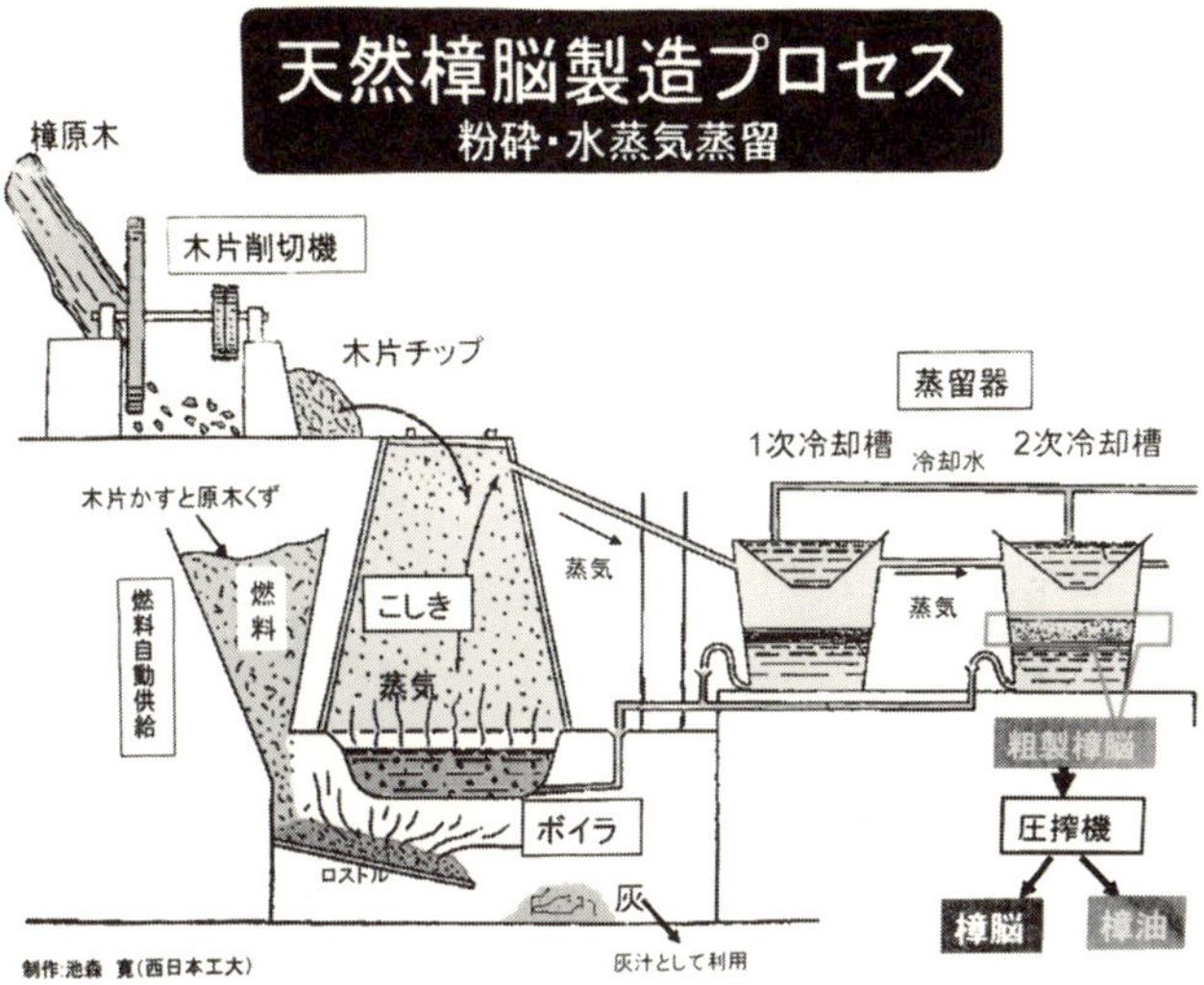

図9　樟脳製造プロセス（西日本工業大学・池森寛作図）

は昭和の匂いがする」そんなノスタルジックな場でもあった。

和代さんは、私がうかがった日から蒸留を始めており、竈の火の番を続けておられた。材料となるクスノキは、九州一円から大川市にある材木市場に集められたものを購入し、トラックで運んでいるとのこと。またあちこちの神社から剪定を頼まれたり、一般の家庭でも倒れそうだから伐ってほしいという連絡があったりと、これまで材料に困ることはなかったそうだ。

内野家の樟脳製造過程の概要は次のとおりである（図9）。

①　クスノキの丸太の樹皮を剝ぎ、適当な大きさに切る。

②　鉋の刃に似たものが一二枚取り付けられた円盤状の切削機を、モーターで回転させながら、クスノキを押し当ててチップ状に削る。

③　チップをベルトコンベアでセイロ（蒸留

槽）に運び、杵で押し固めて詰める（一回に約一・五トン）。
④ 竈で火を焚き、蒸して樟脳の成分をまる一日かけて蒸留する（燃料は薪や蒸留後のクスノキの残渣を使用）。この間冷却槽の上蓋に水を流し続け、蒸気を冷やす。
⑤ 一回の蒸留が終わるとクスノキのチップを取り出し、新しいチップを詰めて再び蒸留する。
⑥ 三回の蒸留を終えた後に、冷却槽の上蓋を外し、樟脳の結晶をすくい取る。
⑦ 樟脳の結晶を圧縮機で圧縮し、油分を搾る。搾られた油分は樟脳油として利用。また油分を搾った状態の結晶で樟脳の完成となる。この工程で、クスノキ約一〇本を使用。樟脳約二五キロ、樟脳油約五〇リットルが採れる。

内野樟脳の製造法は原理的には土佐式に準じているものであった。冷却槽や切削機、圧搾機などにしても、『樟脳専賣史』に載る昭和の樟脳製造の盛んな時代のものと同じであった。内野樟脳の製造法は基本的には水蒸気蒸留法であるが、他の植物の蒸留法と比較して実にユニークな装置なのである。まずその存在感で圧倒するのが切削機である。一二枚の刃のついた直径一・五メートルの円盤を動力モーターで回しながら、クスノキを押し当ててチップにする。刃の角度を調整してチップが扇状に削れると、チップの中に蒸気が通って油がきれいに抜けるという。木が小さくなると円盤に近づくので危険な作業でもある。製造を手伝っている鉱泉の駅の坂田伸二氏に教えてもらって、私も体験させていただいたが、木目に沿ってきちっと円盤に木を当てないと跳ね飛ばされそうになった。「生前の内野さんがやるとこんなに小さくなるんですよ」とこぶし大のクスノキの塊を見せてくださったが、切削だけでも熟練の技が必要とされるのである。

昔、樟脳の製造ではクスノキを小片に切断するのは人力であった。この手切りによる木片削りは、技術を要し、また過酷な重労働であった。

この人力による木片削りを、切削機による機械作業にすることによって飛躍的に効率を上げられるようになった。

『樟脳専賣史』によると、「昭和六年頃にこれまで木製であった円盤を鋳鉄製に改めた切削機が福岡の鉄工所で製作され、福岡式とか水久保式と呼ばれて北九州一円に普及した」という。内野樟脳の切削機もこれと同型のものと考えられる。なお、この装置の特許を取得する時に、切削機ではなく削切機としたので、正式には「樟脳木片削切機」というそうである。

次にユニークなのが、竈の上に逆三角形になっている部分だ。これは燃料自給装置（燃料自給竈）と呼ばれるものだ。以下再び『樟脳専賣史』から要約してみる。

この装置の研究は鹿児島地方専売局玉里分工場の主宰島崎端吾氏によって、大正十五年より始められた。従来の竈は、人力によって燃料を投げ入れていたので、労力がかかり、しかも火力が一定しないので効率の悪いものであった。この竈では、竈の構造を燃料が自動的に補給できるように改良して、火力を一定に保つことが可能となった。長さ六四センチのロストル（それぞれの間隔を調整して通風を調整し、燃焼をコントロールするために炉など下部に設けた鉄の格子）を一四本前後焚き口より先下がり三〇度（内野樟脳では四五度か）の傾斜に並べ取り付け、通風口を焚き口と灰掻出口との中間に設け、竈の前方に架台を装置し、この上に方形の漏斗《ろうと》状に絞った燃料補給箱および補給箱の底口とを連絡する幅一尺四寸、深さ八寸、約五〇度の傾斜の樋を取り付けてある。炊き始めに、燃料であるクスノキの蒸留残渣（蒸留済みの木片）を上部の補給箱からロストル上まで充填しておくと、ロストル上の木片が燃焼するにつれて、樋の上の木片は自重によって順次自動的にロストル上に落下する仕組みになっている。

この結果、一定の強い火力を維持し、水蒸気発生量が従来の二倍となった。蒸留時間も約二五パーセントに短縮。燃料費も約二割の節約。設備費も減少した。

さらに圧搾機も興味深い。蒸留後の樟脳の結晶を圧搾して、油分と水分を搾る装置である。圧搾機内部には周りに三枚、底に一枚、厚めで堅い麻網が張り巡らされている。樟脳の結晶を取り出しやすくするためである。「博多瓦町岡製作所」と記されてあったこの圧搾機は専売公社で使っていたものだそうである。

その他、樟脳の蒸留釜でチップを突き固めるための「突き棒」など、先がまるで賓頭盧《びんずる》の頭のようにツルツルに磨り減っている。写真を見ると、この突き作業は主に内野清一さんが行っていたようだ。このツルツル頭の突き棒を見ていると、清一さんの作業姿が想像される。人が残した何気ない足跡には、心打たれるものがある。

インターネット上で紹介されている内野樟脳の解説の動画で、生前の清一さんはこう述べている。「うちんとはですね、天然一〇〇パーセントでやってます。市販の樟脳（合成品）は、防虫に使用すると、ニオイが染み込んでとれないが、うちんと（天然樟脳）は、風に晒したらさっと消えます。いい匂いというか、天然の匂いですね」。

天然樟脳の製造は合成の樟脳が出来るようになって、ほとんど造られなくなった。しかし自然派志向や、アロマセラピーなど、香りが注目されるようになり、天然樟脳の需要も少しずつ増え始めているという

（主に結晶の樟脳は防虫剤として、精油の樟脳油はアロマセラピーの精油のアイテムとして求められているようだ）。

それにしても、内野樟脳だけが続けてこられたのは何故なのだろうか。聞くところによると、樟脳の製造を続けるために、所有していた田畑も売ったということである。四代続いた伝統の技術の維持といっても並大抵のことではなかったであろう。

私は清一さんとはお会いしていないが、先述のツルツル頭の突き棒のイメージがどうしても重なってしまう。あのツルツル頭の突き棒に、清一さんの想いが詰まっているように感じられて仕方がない。ものに宿る人の魂とでもいうのか。そんなことを内野樟脳の取材で教えていただいた気がする。

清一さんがお亡くなりになった一年後の平成二十三年（二〇一一）、和代さんが五代目を襲名された。また、樟脳の製造技術を守るべく「天然樟脳を守る会」も発足し、存続をバックアップする体制も整いつつある。さらに五月には、第三五回産業考古学会総会において、内野天然樟脳工場の生産設備および関係道具類が、この年の推薦産業遺産として認定され、表彰された。

天然樟脳を守る会の坂田伸二氏は、内野樟脳の存在価値が認められて補助金が下りたことや、推薦産業遺産の認定を受けることなど、予想もしないことが立て続けに起こったと驚かれていた。きっと四代目内野清一氏の一周忌が近いので、あちらから応援してくれているのだろうとおっしゃっていた。

九州新幹線が開通して、船小屋温泉郷の近くには、筑後船小屋駅が出来た。船小屋温泉としても観光客が増えるよいチャンスである。何といっても船小屋温泉郷の売りは、矢部川の河川敷の中ノ島公園のクスノキである。それだけにクスノキの香りをコンセプトにして独自性をアピールしたいところだ。

たとえば、旅館の浴室はクスノキ風呂、トリートメントにも樟脳油を使う（単体でなくても他の精油とブレンドする）のもよいであろう。樟脳や樟脳油などをお土産品としても販売できる。また近くには内野樟脳もあるから、実際の製造過程も見学できるであろう。

船小屋温泉でしか味わえないクスノキ三昧の香り体験は、香りの地産地消として価値があり、観光の目玉にもなり得るのではないだろうか。

専売の時代は、ややもすると国策に翻弄されてきたかもしれないが、これからは天然樟脳の本来の良さが、人々の生活に優しく浸透していくであろう。

ラベンダー

日本において、ラベンダーが記述されている初期のものとしては、日本の現代薬局方の第一版といえる『遠西医方名物考』及び補遺（全四五巻、宇田川榛斎訳述、宇田川榕庵校補、文政五年＝一八二二）に「ラーヘンデル油」とあり、次のような記述がある。

ラーヘンデルは灌木様の草にして長《たけ》二尺許《ばか》り、方茎強固にして枝多し。葉長二、三寸許り、濶《はば》二分許り、稍《やや》厚く灰色或は白緑色、枝に対生し迷迭香《まんねんろう》葉よりは長く濶《ひろ》し。夏月茎枝頭に長梗生じ細花長穂を為し単弁唇状、一心蕊《しんずい》、四鬚蕊あり、上唇二に分れて直立し、下唇三に分る。碧色或は淡紫、或はまれに白色あり。花後心蕊の本に室を成し滑沢にして稍長き四個の細子を蔵《おさ》む。根は木の如く鬚多し。花葉根茎根共に芬香竄透、味熟して微苦、よく寒気にたえ経年枯れず。荒野瘠地砂土に生ず。

此草大小二種あり。大なるは茎太く葉梢濶く長く厚し。花穂亦長く香気強し。或は葉欠裂して叉を為す者あり。是をスピカ、ナルヂウスと名づけ叉此草の雄と名く。其小なるは茎葉花穂ともに短小にして葉緑色、香気烈しからず。是を其雌と名づく。多く薬用とす。或は葉長く繊細《ホソク》灰白なるあり。南フランス、イタリヤ、イスパニヤ（皆エウロッパ州の国名）等に生ず。（主治として薬効を記しているのは省略する）

ラーヘンデル油

（製法）花穂を取り蒸溜す。

（主治）頭旋眩冒《とうせんげんぼう》を醒復する薬とす。又昏睡、卒倒、癇《かん》、痹《ひ》（中風）等の頭脳神経病、子宮衝逆、経閉、難産に奇効あり。

（服量）三、四滴より十滴に至る。擦薬《ヌリ》とし麻痺不遂を治し、髪蚤に速効あり。

此油にテレビンテイナ、或は斯の如き香竄の油、及び焼酎を加え偽製する者あり。是は各々其油の香気あるを以て知るべし。此油を匙にいれ火を点ずれば、もえて烟《けむり》少なく焔《ほのほ》鮮明にして不佳の気あるは真品とす。焼酎を雑る者は是を水に滴するに、焼酎は水に和し油は水上に浮むを以て和べし。

（山田憲太郎著『香料』より）

また文化八年（一八一一）から天保十年（一八三九）にかけて翻訳された『厚生新編』に「ラーヘンデル」（刺賢垤児）という呼称で紹介され、「是は灌木様の草なり。最も数種あり」と解説されている。この書の原本はフランスのM・ノエル・ショーメル編の『家政百科事典』で、当時の幕府の一流の蘭学者たちの翻訳によったものであった。フランス語の lavande は蘭学者の翻訳のため、オランダ語の lavendel「ラーヘンデル」として紹介されることとなったという。

また遠藤正治氏によると、この翻訳作業のなかで、蘭方薬の生きた植物を輸入しようという機運が高まり、大槻玄沢と宇田川榛斎がリストを作って、幕府にオランダからの輸入の申請を行った。その申請書にはラベンダーも含まれていたという。一八一九年の積荷目録にラベンダーの花と精油があるが、生きたラベンダーは輸入されなかったという。（以上は遠藤氏がオランダ商館の文書を調べて確認したことであるそうだ）

江戸末期に、ラベンダーがこれほど詳細に記されているとは驚きであった。ただ山田憲太郎著『香料』によると、訳述者の宇田川榛斎の目的は、新しいヨーロッパの薬物の研究にあり、香料にあたるものについて、香料としての利用や性状についてはふれていないと述べている。この時代には、薬品としての理解が主であり、香料としての存在を具体的に認識していなかったと推論している。

天保四年（一八三三）に宇田川榕庵の著した『植学啓原』の精油の項目で、「精油の色はあるものは淡い黄色で、ローズマリー油は、ラベンダー油に似ている」などの記述から想像すると、先述のように輸入の申請をしてオランダから入手したであろう精油の香りを、当時の蘭学者たちは嗅いでいたと考えられる。また同書には精油という表記とその説明がなされてある。

精油　蒸留した油である。芳草を蒸留して取る。果実のなかにあるものは、この油分を含有するものがあって、香気は非常に高い。二百十二度の熱で揮発する。橙皮油、薄荷油などはこれに属する。ジャスミンや建蘭花のように油が精微なものは、蒸留して油を取ることはできない。ただその香気をもって知るだけである。これを香精という。

（山田憲太郎著、前掲書より）

図１　ラベンダー

弘化四年（一八四七）藤森泰助撰『西方今日方』にも「蒸留油類。凡そ香薬を蒸留して得るものは、香油、精油と名づく」として、ラベンダーを「ラアヘンデル」と表記している。こうしてみると、幕末から明治維新の過渡期は、薬から香料としての認識の転換期にほぼ呼応しているようである。

またこの時期は、多くの外来の植物が日本に持ち込まれている。遠藤正治氏の「慾斎が山本榕室に贈った遣米使節齎来の植物」(『慾斎研究会だより』91号)では、万延元年(一八六〇)の遣米使節団によってアメリカからもたらされた植物の種子のリストを紹介している。この中にラベンダーも含まれていたことがわかる。

岐阜大垣の蘭方医で本草学者でもあった飯沼慾斎は、遣米使節が持ち帰った植物の種子を入手し、それを京都の本草学者山本榕室に贈っている。山本榕室編『花旗卉木名目《かききぼくめいもく》』はこの時の慾斎より贈られた種子の目録である。『花旗卉木名目』によると、慾斎は、文久元年(一八六一)二月から六月まで四回に分けて約一三〇品を山本榕室に贈っている。ラベンダーの種子は同年四月の二回目の贈呈品目に「ラーヘンデル」(刺賢垤児)として記載されている。

山本榕室はその後自分の薬草園「聚芳園」に、それらの種子を栽培した記録も残している。この中にラベンダーも含まれているが、種子が蒔かれたかどうかは残念ながら定かではない。

その後旗本で本草家であった馬場資生圃(一七八五〜一八六八)が著した『遠西船上画譜』の巻六―二二(東京国立博物館蔵)には遣米使節がもたらしたと推定されるラベンダーが描かれている。馬場資生圃は自邸内に舶来の植物を植え、それらを写生していたという。こうしたことからも、幕末期には一部だが、ラベンダーの精油が輸入され、栽培も行われていたと考えられる。

ラベンダーの栽培と蒸留

日本におけるラベンダーの栽培・精油の蒸留の歴史は、昭和十二年(一九三七)、曽田香料の創始者曽田政治氏が、香水や化粧品の原料となる天然香料を生産すべく、フランスのマルセイユ、アントワン・ヴイアル社から五キロのラベンダー（ラバンデュラ・オフィキナリス、*Lavandu la officinalis*）の種子を輸入したことから始まった。

『曽田香料七十年史』によると、この種子を北見、千葉、倉敷の各農事試験場に配布して試験栽培を委託し、また自社の札幌工場の附属農場でも栽培した結果、北海道全域にわたっての発育が良好であった。気候、風土がラベンダーに適していることから、曽田香料では、適地を北海道として、昭和十五年（一九四〇）に、札幌の南沢麻田農園（当時の所有者麻田志信氏）の土地約一六・四ヘクタールの委譲を受け、ラベンダーの耕作を始めた。翌十六年（一九四一）には、岩内郡発足村に四六ヘクタールという広大な土地への作付けを行った。そして昭和十七年（一九四二）には南沢および岩内の両農場に蒸留装置を設置し、ラベンダーの精油の蒸留に成功した。これが、日本におけるラベンダーの本格的な栽培と蒸留の最初とされている。

ところが、私がクロモジの精油を調べている中で、株式会社永廣堂の安宅氏より、富戸でのクロモジ以外の植物の蒸留の話を聞くことができた。それによると、戦前からゼラニウムやレモングラス、ベチバー、パチョリー、ヨモギ、シソなどとともにラベンダーも栽培し、蒸留を行っていたとのことである。永廣堂の会社案内のパンフレットの沿革にも、「昭和一〇年（一九三五）、内田荘博士と英人ケネディ氏の協力の下に伊豆（富戸）に、農場を開設、ゼラニューム油・ラベンダー油の採油を開始」とある。安宅社長によると、当時横浜植木株式会社よりイギリス経由でラベンダーの種子を入手していたとのことであった。

そこで、横浜植木株式会社に問い合わせたところ、古い資料は、横浜開港歴史資料館に保存されているとのことで、そちらで照会してみた。横浜植木株式会社は創業明治二十三年（一八九〇）で、年度ごとにカタログを出している。ラベンダーに関しては、大正五～六年（一九一六～一七）のカタログ（定価表）か

図2　初期のラベンダー蒸留装置。蒸留装置はハッカの「北工試式2号機」の観音開きの特徴が見えて興味深い。（ファーム富田蔵）

ら、種子（種子を輸入し苗木を販売していた可能性もある）が、タイム、セージ、エストラゴンなどと共に記載されているのが確認できた。

　この伊豆でのラベンダーの栽培・蒸留を裏付ける資料として、『東京小間物化粧品商報』（東京小間物卸商組合発行）昭和十四年（一九三九）八月発行の「此に資源あり——香料植物の原産地を探ねて」がある。戦時体制下、伊豆においては、国産の香料を採油すべく、クロモジやゼラニュウムの蒸留の他に、ラベンダーを試験的に栽培し、蒸留を行っていることが以下のように紹介されている。

　それからラベンダーも、最早試作の域を卒業して設備と人とがあれば、実用化し得る確信が十分着いて居ります。それも内地に於いてであります。かうして吾が香料界は、気候や風土の相違と云ふ悪条件を征服しつつ、事前には夢想だも及ばなかった輸入天然香料の国産化に成功しつつ今日を歩んでゐるのであります。

　この『商報』には、伊豆でのラベンダー畑の写真も掲載されている。その後実用化に至っていないが、試験的にでも蒸留を行っていたのは、北海道よりも伊豆の方が少し早かった可能性もあり得る。

　また日吉秀清氏の父清捷氏は、永廣堂の社員でもあったのだから、戦前、永廣堂が富戸での国産香料の生産に、大変力を入れていたことが理解できる。

蒸留装置については、初期の段階では、既に北海道で製造されていたハッカの蒸留装置で、北工試（北海道工業試験場）式二号機ハッカ蒸留装置などを転用していたようだ。ファーム富田の資料室に、北海道での初期のラベンダー蒸留風景の写真がある。その中の一枚に、北工試式二号機と思われる装置が写っている。蒸留槽が観音開きとなっていて、しかも煙突のサイズなど、北工試式二号機の図面とそっくりである。（富田忠雄氏によると、この場所は札幌市南沢とのことであった）この蒸留装置や、北見や倉敷の農事試験場での試験栽培などからみても、ラベンダーに先行していたハッカの栽培・蒸留技術を参考にしていたことが窺えて興味深い（図2）。

間もなく第二次世界大戦が始まり、食料増産のためにラベンダー生産は出来なくなる。その間曽田香料で原種苗は大切に保存されていた。終戦後、曽田香料は、直ちに種苗の増殖にかかり、昭和二十三年（一九四八）には、南沢の農場で再び精油の蒸留を本格的に開始した。ラベンダーに加えてハマナスやバラなどの栽培も行われ、南沢は馥郁《ふくいく》とした香りに包まれて、見学者が絶えなかったとのことである。

一方、伊豆では、第二次世界大戦中、畑の多くが農作物への転換を余儀なくされたが、一部は残っていたようである。しかし戦後は北海道のような本格的な生産には至らなかった。なお、蒸留装置については、クロモジの蒸留装置を併用していたか、あるいは現在の日吉家に銅製の小型蒸留装置が残されていることから、こうした小型の装置で試験的に蒸留を行っていたのかもしれない。

ラベンダーの聖地・富良野

ラベンダーの精油の製造を開始した曽田香料では、契約による委託栽培を広く農家に募った。

上富良野町の上田美一氏、太田晋太郎氏、岩崎久二男氏は、この委託募集の記事を見て意を同じくし、上田美一氏が曽田香料（札幌営業所）を訪問し、契約栽培の契約をする。昭和二十三年（一九四八）地区内の農家二十数名が栽培を開始した。これが富良野地方でのラベンダー栽培の始まりとなった。昭和二十七年（一九五二）には上富良野に蒸留工場が出来上がり、ラベンダーオイルの抽出が始まった。

現在、ラベンダー観光の名所のひとつである上富良野町の日の出公園の町営ラベンダー園と、町内で東《ひがし》中《なか》と呼ばれる地区の田園地帯の二か所には、「かみふらの・ラベンダー発祥の地」と刻まれた石碑が建っている。どちらの碑の案内文にも、きっかけをつくった太田晋太郎氏、岩崎久二男氏、上田美一氏の三名の名が刻まれている。

ラベンダーはフレッシュな香りを精油に残すために、刈り取ったらすぐに蒸留、抽出しなければならない。地区内に設けられた蒸留場で、栽培農家自らが蒸留作業にあたった。まずは簡易設備で試した後、上田氏宅の敷地に蒸留場が設けられた。刈り取りの時期は、ラベンダーの花枝を馬車で次々と蒸留場に運び込む。花の時期が短いから、夜通しの蒸留作業でもあったという。

「それはもうむせかえるほどの香りでしたよ」幸い七月の刈り取り期は、稲作の手が空く時期。「米づくりと兼業できたし、香料会社にオイルを納めるとすぐ現金収入になるのも農家には魅力だった」（岩崎久二男氏）という。

やがて耕耘機やトラクターの登場で農耕馬の姿が消えていくと、馬の飼料作物を作っていた土地が空いた。飼料作物用に当てられていた傾斜地は、やせ地を好むラベンダーの適地。栽培農家はどんどん増え、地区ごとに耕作組合が組織され、蒸留場も増設される。こうして富良野地方一帯の丘は、ラベンダー畑のかぐわしい香りに包まれていった。

上田美一氏らが上富良野でラベンダーの蒸留を始めていた頃、やはりラベンダーに魅せられた人物がいた。富田忠雄氏である。富田氏はラベンダーとの出会いを次のように回想している。

昭和二十八年（一九五三）、二十一歳の夏のことでした。農村青年仲間と農業視察の途中、自転車のペダルを踏んで山際を走る道すがら、防風林を過ぎると、いきなり紫色に染まった大地が目のなかに飛び込んできました。思わずその畑に吸い寄せられるように近づいていきました。風に揺れる様子はまさに海です。その海は風に揺れて波をおこし、さわやかな香りを漂わせていました。とても澄んでいて、心に希望を育ててくれるような、爽快な香りでした。（富田忠雄『わたしのラベンダー物語』）

こうしたラベンダーとの邂逅から、富田氏も昭和三十三年（一九五八）よりラベンダーの栽培を始めることになる（図3）。

また昭和三十六年（一九六一）には品種改良と栽培研究振興を目的とする「北海道ラベンダー技術者協議会」（後の北海道ラベンダー協議会）が結成され、そこから「ようてい」、「おかむらさき」、「はなもいわ」といった北海道を代表する優良品種が生まれた。こうして富良野を中心としたラベンダーの栽培が盛んになっていった。

ラベンダー精油の生産のピークは、昭和四十五年（一九七〇）で、北海道全体での精油生産量は五トンであったという。しかもヨーロッパ産のラベンダーのエステル成分の含有率（これが多いと品質が良いとされる）が四〇〜四二パーセントに対して五〇〜五五パーセントもあり、北海道産のラベンダーの質の高さを物語っている。

なお、当時の富良野地方全体の作付け面積は、二三〇ヘクタール、約二五〇戸の農家がラベンダーの栽培を手がけるようになっていた。

図３　左端がラベンダーの蒸留を始めた頃の富田忠雄氏。
　後ろに蒸留装置が見える（ファーム富田提供）

図４　ファーム富田のラベンダー畑

北海道におけるラベンダー栽培最盛期の昭和四十四年（一九六九）に発行された『ラベンダーに関する試験成績集』（北海道ラベンダー協議会）は、ラベンダーに関するそれまでの諸試験成績をまとめたものである。この『ラベンダーに関する試験成績集』を、私は道立図書館で閲覧することができた。それには品種育成に関する試験、増殖に関する試験、栽培適地に関する試験、肥料に関する試験、蒸留に関する試験など、それまでの多岐にわたった官民あげてのラベンダーの試験が報告されている。

驚いたのは製造のノウハウというか、秘伝をオープンにしていることだ。それは北海道人の大らかな一面がさせる業なのだろうか。いずれにしてもラベンダーづくりに携わっていた当時の人々の情熱が伝わってくる内容であった。特に蒸留技術に関する報告は興味深い。例えば、最適なラベンダーの蒸留の条件としては次のように記されている。

○蒸留器容量と蒸留時間
蒸留器の大きさとしては、現有ボイラーでは五〇〇キロ釜は蒸気量が不足で、一五〇〜二五〇キロが適当で、缶体（蒸留槽のことか）の保温はアスベスト保温で良い。
○ボイラー
ボイラーの蒸気量は大きいほうが良く、蒸気温度は一〇〇度を超えないこと。
○蒸留条件と収油量、エステル含量、収益性
比蒸気量の大きいほど蒸留時間の短縮、収油率、エステル含量の向上が期待出来、また収益性も向上する。
○部位別蒸留試験

油のほとんどは花に含まれており、茎の収油率は、〇・一五パーセントで、油全体の約四パーセントでありほとんど含まれていない。花を機械的に落とした場合、多少油が逸散する。

○貯蔵試験

原草刈取後蒸留までの時間の経過と収油量との関係については、刈取後一夜畑に放置した場合は、刈取直後蒸留した場合と変わりないが、それ以上時間が経過すると収油量は低下する。

富田氏をはじめ富良野の多くの耕作者たちは、ラベンダーの詰め替えや、ボイラーを焚く合間に、コップ酒を酌み交わしながら、夢を語り合い、ラベンダーの情報交換(栽培や蒸留方法のあれこれについて)を行っていたということである。

この時期は、ラベンダーは観光としてはまだ無名の存在で、もっぱら耕作者たちだけが、その花や香りのすばらしさを堪能していたのである。そしてこれからのラベンダーに大きな期待をもっていたという。

ところが昭和四十七年(一九七二)頃より、合成香料の技術進歩と貿易の自由化により、安価なラベンダーの香料が輸入され始めるようになった。国産のラベンダーの精油は価格面の競争に太刀打ちできず、昭和四十八年(一九七三)には、とうとう香料会社で買い上げを行わなくなってしまう。富良野の耕作者たちは、次第にラベンダーの栽培から離れざるを得なくなっていった。

富田氏もこの時期、苦悩の日々であったようで、手塩にかけたラベンダーの畑を壊すことは、我が子を手にかけるのと同じ心境であったと述べている。

何度となくラベンダーの株を掘り起こそうとしたが、それが出来ずに、「食べられなくなるまで頑張ろう」と家族の理解のもとで畑を維持した。

昭和五十年（一九七五）になって、国鉄のカレンダーに富田氏のラベンダー畑が紹介されたのをきっかけに一躍ラベンダーが日の目を見ることとなった。以後花の時期の七月を中心に、年間で百万人が来場するファームとなった。「ラベンダーといえば、ファーム富田。ファーム富田といえば、ラベンダー」といわれるほど、多くの人々から親しまれている。

富田氏は、ご自分のファームが北海道の一大観光地となっても、起業家としてではなく、一農家としての姿勢を貫いているように思われる。

振り返ってみますと、ラベンダーに出会ったことも、苦難を強いられたことも、プロバンスやイギリス、オーストラリアにまで連れだしてくれたことも、みんなラベンダーの花の精の誘いだったのではないかと思っています。北海道のどまん中で農業を営む中途半端な一人の男に、さまざまな場面で生きてゆく道と希望を与えてくれたのです。（富田忠雄『わたしのラベンダー物語』）

私もファーム富田へは数回おじゃまさせていただいている。十勝岳連峰を背景に、富良野の丘のロケーションは日本ではなく、どことなくヨーロッパを彷彿とさせるものがある。そして花の時期、目からは一面紫の海原を、嗅覚からは跳びまわるラベンダーの妖精が感じられる。富良野という地は、空気が澄んでいるので、色彩や香りがよりクリアーに感じられるのかもしれない。ラベンダーの畑の中に入り、しゃがみ込み、あたりに漂うラベンダーの香りに包まれて、花に集まる蝶や蜂を観察したり、周りの景色を眺めたりしている（ある時は狐の子供に遭遇したこともあった）。ラベンダー浴とでもいえる、こうしたたわいもないひとときが、なによりの癒しである（図4）。

クロモジの項でも述べたが、蒸留に携わっている人の多くは、妖精とか精霊という、目に見えないものの存在を感じているところがあるように思われるのだ。それは香りが目に見えない存在であることとも関連しているかもしれない。あるいは蒸留という一種錬金術的な方法によって、凝縮された精霊が精油として生み落とされると捉えているのかもしれない。

宮崎駿監督の『もののけ姫』でも、森の精霊はその存在を信じている人のところに寄り添っている。作中には、「コダマ」と呼ばれる不思議な精霊の群が登場する。森に宿る精霊のようだ。人間に対する敵意はなく、主人公アシタカには親しげである。これは、宮崎監督が木々の生命を視覚化したものと考えられる。

森を破壊することは、こうした精霊の存在を否定することでもある。作中のクライマックスで、まるでマリンスノーのように次々と死んで降り注ぐコダマたちは、森の生命の急速な衰退を物語っている。人間中心主義の思考法が強い現代人にとって、木々が伐り倒される映像よりも、擬人化されたコダマが殺されて降り注ぐ場面は象徴的であり説得力を持つ。

ラストシーンで、破壊の爪痕の残る森の深部に、一人ぼっちのコダマがいる。森の生命がこれから復興するのか、衰退するのかは人間次第という暗示のようでもある。これはまた岡本太郎の「明日の神話」にも共通する。この絵には、原爆の破壊的な力が表現されているが、同時にそれと同じくらいの人間の力(存在の意味の大きさ)が表現されている。平成二十三年(二〇一一)の東日本大震災、そして原発事故を経験した後には、これらの作品がより切実に迫ってくる。

東日本大震災の年の七月十五日に、私は富良野のファーム富田に再びおじゃまさせていただいた。札幌から旭川まで特急で行き、旭川から富良野までは季節限定の「ノロッコ号」に乗車した。大きな窓から雄大な自然を眺めてのんびり走る観光用の車両である。

同じ日の東京が猛暑日で三五度近い時に、富良野は二〇度前後で長袖が必要なほどに涼しかった（この時期、北海道に本州から来ると、まさに天国である）。雨が今にも降りそうな曇り空であったが、観光客は想像していたよりも多かった。列車には日本人ばかりでなく、中国からの観光客も目立っていた。ラベンダーの時期だけ停車する臨時の「ラベンダー畑駅」で下車すると、ファーム富田までは徒歩で七分である。途中富良野川を渡る。富良野という地名の由来は、この川に関わっていた。アイヌ語で、フラヌイ（Fura-nui）は臭気のする川という意味だそうだ。これは十勝岳の硫黄の臭いが川にも移っているからであった。私はこの時、富良野の地名の由来を初めて知ったのであるが、やはりこの地は元々嗅覚に縁のある土地なのだろう。

図5　ファーム富田の「蒸留の舎」内の蒸留装置

ファーム富田のラベンダーは七部咲きといったところで、満開にはもう少し時間がかかる状態であった。刈り取り作業を終えた方にうかがったところ、今年は開花が遅いとのことであった。そういえばいつもより香りが弱いようにも感じられた。快晴ではなかったが、それでも来場者の顔はラベンダーの聖地を訪れた満足感で満ちている。

ファーム富田には、蒸留の舎《いえ》と呼ばれているラベンダーの蒸留場がある。ここではスチール製で六〇キロのラベンダーが入る小型の蒸留装置が一基稼働中であった。それ以外にも二〇〇キロ入る蒸留装置（スチール製二基、ステンレス製一〇基）があり、その日の収穫量によって使い分けているそうである（図5）。

蒸留作業は観光客でも見学できるようになっており、蒸留後の蒸留水をその場で即売していた。このように精油が抽出される瞬間をリアルタイムで体験できる所はめったにない。こんなところにも、ファーム富田だけでも年間一〇〇万人の観光客が訪れる秘密があるのかもしれない。

ファーム富田におじゃまさせていただき、私が常に思い起こすのが、「ラベンダーが救ってくれた」という富田氏のことばである。そのことばには、眼に見えない精霊や神仏の存在を信じるという理屈を超えた感覚・霊性があって、それに呼応した見えない力が、この場に人を引き寄せる地場を創っているように感じられるのである。聖地（パワースポット）というのはそのようなところではないだろうか。

ヒバ（檜葉）

ヒバは青い森の香り

私が三〇代の頃、初めて青森を訪れた時のことである。真夏の夜、青森駅の近くの海辺を散歩していると、山側の方からの空気の流れの中に、森の香りが感じられたのである。こんなに海の近くにいながら、潮の香りでなく、森の香りとはっきりわかる香りを嗅ぐ体験は初めてのことであった。その緑の香りの存在は圧倒的で、青森の鮮烈な印象として今でも記憶に残っている。思えばその時の香りには、ヒバの木の香りの成分が多く含まれていたような気がする。青森県の名は、青い森から来ているといわれるが、私にとっても、ヒバの香りはまさしく「青い森の香り」であった。

「木曽ヒノキ」「天然秋田スギ」と並んで、「青森ヒバ」は日本三大美林の一つに数えられている。しかも「青森ヒバ」の蓄積量は、木曽ヒノキの約三倍、天然秋田スギの約七倍もあり、将来とも安定して供給できる建材であるといわれている。

成木になるまでに長い年月がかかる青森ヒバが、現在も美林として残っているのは、藩政時代からヒバ山をきびしく守ってきたためだといわれている。ヒバの伐採は津軽藩、南部藩とも、藩の管理下におかれ、伐採後は「留山《とめやま》」として入山を禁止するなどの掟が設けられて保護されてきた。

ヒバは、意外にも北は北海道の南端江差地方から、南は九州大隅半島まで分布している。しかし、地域的に最も集団で分布しているのが青森県であるために、古くから青森県の代表的な樹木として知られている。青森県内では、津軽・下北両半島に最も広く分布しているが、その他大鰐、弘前地方西北部、西海岸の深浦地方、青森市東南部の東岳、夏泊半島、野辺地などにも分布している。

ヒバに宿る縄文パワー

鳥取大学の橋詰隼人氏の「ヒノキアスナロの花粉の形成、発育ならびに採取適期」（『日本森林學会誌』一九六八年）は大変興味い論文で、以下のようなものである。

ヒバが花粉のもとを作る体内作業を始めるのが十一月。それから厳しい寒さの中で、三〜四か月という長い時間をかけて次の命の基礎づくりを行う。雪の深い厳寒期に開花し、淡黄色の花粉を散らして交配する。

この期間が一五日ぐらい（ヒノキは約二五日）と短いのは、悪条件の中で、少しでも良い環境の時を逃さずに、短期間で性の営みを完了させるためである。これは長い氷河時代を生きぬいてきた「ヒバの知恵」とされている。

受精した雌花は球果となり、十月頃に球果が開いて種子は地面に落ち、翌年春、稚樹が誕生する。陽が入らない森の中で、稚樹は成長しないまま、じっと生き続ける。他の種類の樹木はそうした環境の中ではすぐに死んでしまうが、ヒバは、何十年も環境が好転するのを待つ。記録によると、稚樹のまま一〇〇年生きたという例もあるのだそうだ。

そして、空をおおっていた大木が倒れて、陽の光を浴びることができた幸運なヒバの椎樹だけが、成長を始める。ヒバは一〇〇年で青年期となり、老年期が二五〇～二六〇年。寿命は三〇〇年といわれているが、下北半島の猿ケ森の埋没林のヒバは、六〇〇年の樹齢のものもあるという。

このような青森ヒバの生命力は、青森という土地の記憶そのものであり、青森の風土をも象徴しているのかもしれない。ねぶた祭りのエネルギー、棟方志功の作品、小川一郎のモノトーンの写真など、寒冷地でじっと耐えながらも、生命力を維持し続ける土着のエネルギーというか、力強さ、縄文のパワーのようなものの共通性を感じることができる。

青森県の木・ヒバ

青森県の木はヒバである。都道府県の木の制定は、昭和四十五年（一九七〇）、アジアで初めて開かれた万国博覧会を記念して、毎日新聞が提唱した「緑のニッポン全国運動」の一環として行われた。当時の毎日新聞の記事には、青森県の木・ヒバの制定の経緯が、次のように記されてある。

青森県の「県の木」を決める県木審査委員会（委員長・竹内俊吉知事）は、県にゆかりの深い「ヒバ、リンゴ、アオモリトドマツ」を候補木として県民投票を実施。その結果総投票数三二四二八票のうち一七二七六票と最高得票のあったヒバが選定された。

県民投票で青森の代名詞でもあるリンゴを破ってヒバが選ばれた理由としては、ヒバと青森の結びつきが一万年以上も続いていること、つまり沖積世の時代から、ヒバは県下に群生しており「青森」という名も実はヒバの大森林から付けたからであった。

約百万年前ごろ、現在の青森ヒバの祖先が出現したといわれている。それを裏付ける化石は見つかっていないが、後期旧石器時代には、うっそうと茂る森林の主要樹種として姿を現していたことは科学的に裏付けがなされている。

植物生態学者の山中三男教授が東北大学に在職中、青森県下北郡東通村尻屋の泥炭地から二万五〇〇〇年前のヒノキ科の花粉（化石）を発見した。しかも、他の樹種の花粉量が時代の変遷（気候の変動）によって大きく変化しているのに対し、そのヒノキ科の植物の花粉は約二万五〇〇〇年前から現在に近い時代まで存在していたことがわかった。現在は生えていないが、「現在のヒバの分布状況から考えると、このヒノキ科の花粉はヒバに由来している」と山中教授はみている。

ヒバの学名

一般にヒバとかアオモリヒバ（青森ヒバ）と呼ばれている樹木は、ヒノキ科ヒノキ属の常緑針葉樹。アスナロの一変種で、ヒノキアスナロともいう。学名はツヨプシス・ドラブラータ（*Taujopsis dolabrat*）というが、この学名がちょっと興味深いのだ。

内山康夫『青森ひば物語』によると、ツヨプシスは、同じヒノキ科のクロベ属（ネズコ属）の学名ツヤ（*thuja*）と「似ている」という意味のギリシャ語プシュートスがくっついてツヨプシスとなったもので、「クロベ（ネズコ）属に似た」という意味になる。ドラブラータはラテン語の「手斧《ちょうな》」の意で、ヒバの鱗葉が手斧の形に似ていることを表している。

またツヤの語源はギリシャ語とされており、「ツイア・ツア・ツオ」からきていて「いけにえを供える＝供物」や「におい・香り」という意味であるという。ラテン語の thus も犠牲を捧げるという意味で、神に捧げる犠牲を焚く香煙ということから、乳香を表す語のひとつとなっているという。

ところで、『旧約聖書』には香料の調合や、香を焚くための祭壇づくりなどが事細かに書かれている。

そしてそれらの処方の香料を、人間が自分自身のために使うことを固く禁じている。たとえば「これはあなたがたの代々にわたる、わたし（主なる神）の注ぎ油であって、常の人の身にこれを注いではならない」「あなたが造る香の同じ割合をもって、それを自分のために造ってはならない」とあり、あくまでも神への捧げものとしての香りの重要性が記されている。香料には、このように供物としての使用が原点にある。

植物学者の牧野富太郎は、青森ヒバの和名をヒノキアスナロとし、学名もツヨプシス・ドラブラータにした。だが、ツヤを供物と訳したために、以後、学名の意味は、「お供え物に似ている斧形をしたもの」という意味不明な学名とされてきたのである。先述のとおり、内山康夫氏は、それを見事に解明されたのである。

したがって、ヒバの学名ツヨプシス・ドラブラータを直訳すると、「（神に捧げるような）よい香りのするクロベ属（ネズコ属）のツヤに似て、葉が手斧の形に似た樹木」ということになる。やはり良い香りがすることが、学名にも反映されているのである。

ヒバの名称の由来

アオモリヒバが、和名で「アスナロ」と呼ばれる以前、古い時代には「阿須檜《アスヒ》」という名で呼ばれていたという。さらに古い時代には「アテ」といわれ、「アテヒ」がなまって「アスヒ」になったのではないかといわれている。「アテ」は古代語では貴いという意味で（坂上田村麻呂の時代の蝦夷の族長がアテルイというが、これも尊いことの形容とされる）、「アテヒ」とは「貴いヒノキ」ということになる。

その他北陸では、クサマキとも呼ばれていたらしく、これは臭い槙とか、匂いの強いヒノキという、匂いに関わるネーミングであった。

ところが、津軽藩や南部藩の古文書によると、「檜」と記されており、青森をはじめ東北では、藩政時代からヒノキと呼ばれていたという。ではどうして「ヒバ」と呼ばれるようになったのか。元々ヒバと呼んでいた地方は、意外にも静岡と長野であったらしい。

宝暦七年（一七五七）松本秀雪の『吉蘇志』の中で木曽五木の「アスナロ」の別名として「ヒバ」をあげ、嘉永六年（一八五三）冨田禮彦の『木曽式伐木運材図会』にも「ヒバ」と定められている。現在、森林管理局にある、明治から大正にかけての文書では「羅漢柏」でヒバと読ませたが、その後東京では「檜」の字が通用語化されていったという。

内山康夫氏は、ヒノキの本場の長野県や天竜スギで知られる静岡の人が、ヒバと名づけたのではと推測している。ヒバとヒノキをいっしょに育てると、ヒノキの生長を妨げるので、木曽では幼樹のうちにヒバを取り除くのだそうだ。ヒバを木偏に屠《ほふ》るという字を合成して「檜」としたのも、このような気持ちが込められてのことで、長野県の木材関係者が命名者ではないかとしている。（『青森ひば物語』）

個人的には、「霊《ひ》の木（気）」というイメージと同様に、「霊《ひ》葉」「霊場」という方がヒバの持つエネルギーをよく表しているように思われる。

ヒバの精油

「青森ヒバ油にみる精油の新用開発」（東昌弘『アロマリサーチ』42号）によると、林業試験場の川村らの指導で、青森市の大湊木材において青森ヒバ精油の加圧抽出が始まったのは昭和十四年（一九三九）頃からで、同じく台湾でも台湾ヒノキの採油が高砂香料によって始められたという。当初ヒバ精油の開発目的は、結核治療薬の研究用のヒノキチオールや中性油にあったという。

青森市内で製材業を営む杉山木材株式会社も、ヒバの精油を蒸留している。代表取締役の杉山弘之氏は、名字は「杉山」でも、青森のヒバを愛することにかけては誰にも負けないという「ヒバ人」である。

工場内は加工されているヒバ材の香りで溢れていた。その一角に蒸留装置の設備が併設されており、見学させていただいた。青森ヒバはそのほとんどが国有林であり、そこから伐採された青森ヒバは、製材所に運ばれ、製材される。この過程でオガ粉などの廃材が製材量に対して約二〇〜三〇％発生する。杉山氏のところでは、このオガ粉を、ダクトで蒸留施設の二階に集積している。そして上から蒸留槽にオガ粉を詰め込むようになっている。二基の蒸留槽はステンレス製で、それぞれ材料四〇〇キロを詰め込むことが可能だ。ヒバの場合、成分のヒノキチオールが金属と反応しやすいために、装置が腐食しやすい。特に鉄との反応により、暗赤色に着色する。そのためヒバ油の蒸留時には鉄の釜は使用しない。また、抽出槽に入る前に、セラミックの蒸気除鉄フィルターを設け、水に含まれる鉄分を除去している。

このオガ粉などの廃材を水蒸気蒸留して得られる精油を「青森ヒバ油」と呼んでいる。ヒバ材一〇〇キロから約一キロの精油を採ることができるそうだ。

蒸留装置のシステムとしては、従来の装置と基本的には同じであるが、ユニークなのが冷却装置であった。四角いプレート状の形をしており、そのプレートに、蒸留槽からの蒸気と冷却用の水の配管が繋がっている。これは私がこれまで見てきた冷却装置とまったく異なる造りであった。杉山氏も詳しくはわからないようであったが、冷却装置の製品プレートから、この冷却装置の販売元が判り、後日問い合わせることができた。

製造元はアルファ・ラバル社（Alfa Laval K. K.）というドイツの会社であった。日本支社の担当の方に

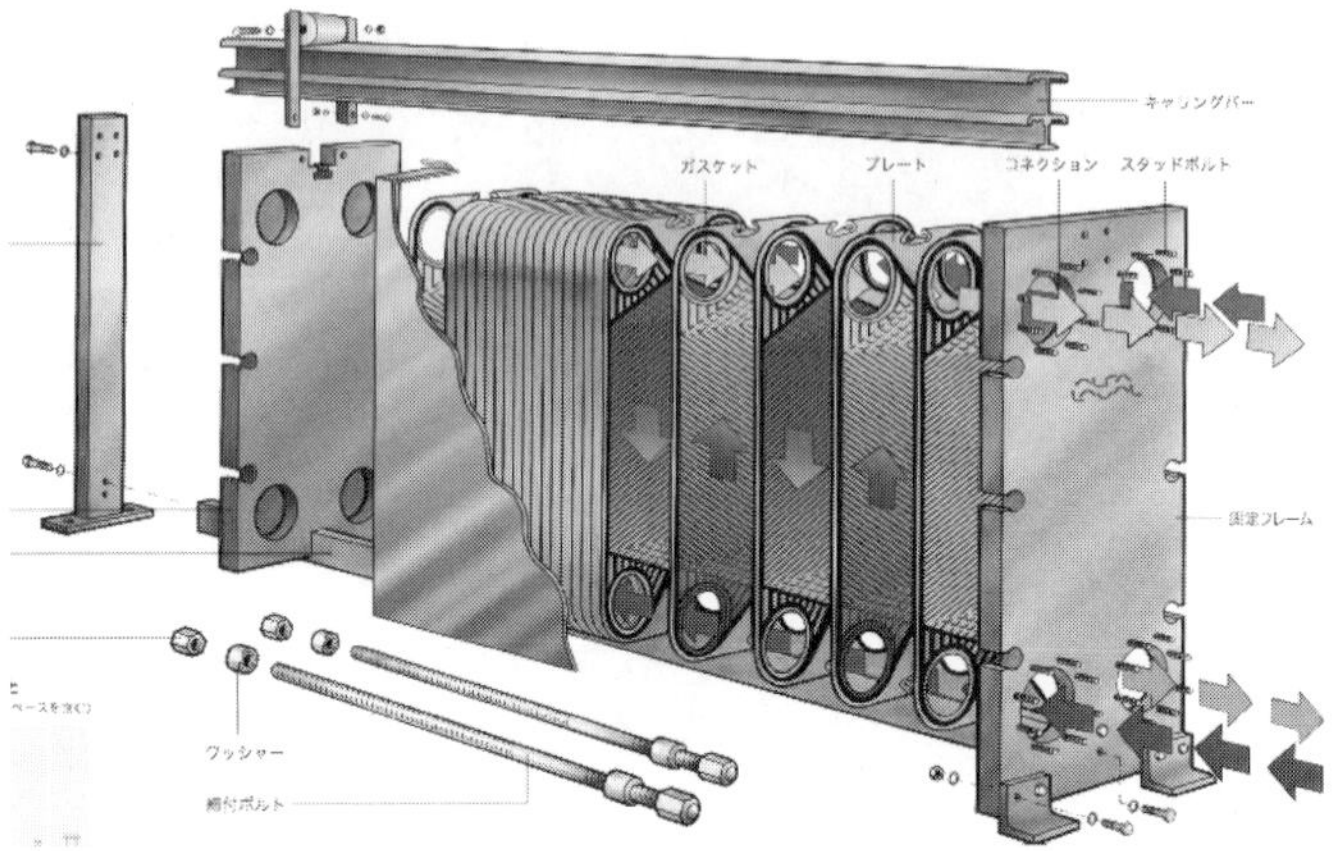

図1　プレート式冷却器（熱交換器）の仕組み（アルファ・ラバル社資料より）

よると、この装置は蒸留装置専用のものではないが、熱交換用の装置であり、蒸留装置の冷却にも使用が可能とのことであった。

アルファ・ラバル社でブレージングプレート式熱交換器と呼ばれているこの装置は、V型波状（ヘリンボーン）にプレスしたステンレス製プレートとその前後に取り付ける二枚のカバープレート、および配管接続用のコネクション等の全部品を、真空加熱炉でブレージング（ろう付け）し、一体化した熱交換器である（図1）。

熱交換部は、互いに溶接されたツインのプレート（カセットと呼ばれるもの）の複数組からなるプレート・パックにより構成されている。このカセット方式により、溶接によってシール（流体の流出を防ぐ意味）される流路とガスケット（配管の継ぎ手や圧力容器のマンホールやバルブボンネットへ挟み込んで圧縮し、その隙間を塞ぐと同時に、流体の漏れ又は外部からの異物の進入を防止するもの）によってシールされる流路の二つの異なる流路がつくられる。前者で蒸気の凝縮が起こり、後者には冷却水が流れる。

このプレートのパターンは、蒸気側のギャップが大きく、冷却水側のギャップを小さくした非対称的な構成になっている。このような構造は凝縮に最適な構造であり、冷却水側の流速を上げて強い乱気流を起こすと同時に、蒸気側の圧力損失をきわめて低く抑えることが可能となる。熱伝達の効率が最大限にアップすると同時に、汚れの付着も最小限に抑えることもできる。しかも伝熱面積が少なく、コンパクトな設計によって据え付け面積を小さくするメリットもある。

この冷却器（熱交換器）を組み込んだヒバ油の蒸留装置は、青森の工業試験場が最初に開発したようで、それを杉山氏のお父様が、ヒバ油の蒸留を自社で始める時に取り入れたものと思われる。大変効率の良いものと思われるが、他の蒸留装置で使用されないのは何故なのだろうか。コスト面で割高なのか。あるいは何か別の不具合があるのだろうか。この冷却器から分水器、そして精油が抽出される箇所の装置は、シンプルな構造であった。

ヒバ油の成分・ヒノキチオール

ヒバの精油の成分のなかで、代表的なものがヒノキチオール（化学名β-ツヤプリシン）である。ヒバから採れるのに何故ヒノキチオールなのか紛らわしいのであるが、実はヒノキチオールは、昭和十一年（一九三六）に台北帝国大学（現在の台湾大学）教授の野副鉄男氏によりタイワンヒノキ（*Chamaecyparis taiwanensis*）から発見・命名された（日本のヒノキにはわずかに含まれることが後に判明している）ものなのである。

発見に至ったのは、当時戦争による石油不足の代替燃料の開発をしており、野副鉄男氏は軍の命令により、台湾に豊富に存在しているタイワンヒノキの油を自動車燃料として利用する研究を行っていた。ところが、タイワンヒノキ油を自動車に用いると、配管が腐食してしまい、実用化に至らなかった。しかし、野副氏は腐食物質に注目し、腐食の原因となる物質を単離し、ヒノキチオールと命名した。

昭和十五年（一九四〇）にはこのヒノキチオールが天然物ではそれまで知られていなかった七角形の構造の七員環（普通カメの甲と呼ばれる構造をもつものが六角形なのに対して、七角形をしている）を持つものと推定した。そして昭和二十五年（一九五〇）、化学構造の最終決定と、それの母体物質であるトロポロンの合成に成功した。

トロポロン誘導体は天然にも約三〇種類しか知られていない珍しいものだといわれている。ヒノキチオールは、トロポロンという物質にイソプロピル基がついた誘導体である。

トロポロンとは、ヒノキチオール（β-ツヤプリシン）やαおよびγ-ツヤプリシン、β-ドラブリン、ヌートカチンなどの七員環炭化水素化合物の総称である。

樹木成分にはテルペン類が多く含まれているが、ヒノキ科の植物は、突然変異でトロポロン類の化合物群を含むことになる。トロポロンは、モノテルペンより数倍の殺菌効果があるのだそうだ。（『クォーク』一九八八—一）

野副氏がヒノキチオールを発見した後の昭和二十六年（一九五一）、スウェーデンのエルトマン博士(Erdtman)によってベイスギ（*Thuja plicata*）の心材からα-、β-、γ-ツヤプリシン(thujaplicin)が確認された。その後、野副氏が発見したヒノキチオールとの混合融点測定により、エルトマン博士が発見したβ-ツヤプリシンが同一物質であることが判明した。

昭和二十五年（一九五〇）、英国化学学会主催のトロポロン・シンポジウムにおいて、エルトマン博士は、自分の研究に先立っていた野副氏らの研究の一部を紹介している。

またエルトマン博士は、自分よりも前に同じものを発見した日本人がいたことを素直に認め、讃辞をおくったという。このフェアな博士の態度が、満場の学者をもまた感動させることとなった。野副氏も恩師の真島利行氏の恩情や、ライバルであったエルトマン博士のフェアな友情に心から感謝の意を表している。この野副氏とエルトマン博士とのエピソードは、昭和三十年代の日本の小学校の教科書にも掲載されていたという。

『青森ヒバの不思議』(青森ヒバ研究会)によると、青森ヒバの精油成分としては、中性油分としてセスキテルペン類が主体で、全体の九二パーセントになる。そしてその大半をツヨプセンが占めている。他の成分もツヨプセンに似たもので、ツヨプセン合成における副生成物であると考えられている。セドロールはセダーウッドに多い成分。また既に述べたように、ツヨプセンのツヨは供物や香りを意味する。

一方、酸性油分は、全体の二パーセントで、ヒノキチオールを代表に七員環のトロポロンとフェノールの置換体が中心となっている。

再注目されるヒバの抗菌性

ヒバ材は、腐りにくく長持ちすることから、建築材としても優れた樹木である。平成二十三年(二〇一一)世界遺産として認定された、一一二四年建立の岩手県平泉町の中尊寺金色堂は、その代表的な建築物である。その他、青森市森林博物館(旧青森営林局庁舎を転用)(図2)、酸ヶ湯温泉の畳一六〇枚分はあるかという総ヒバ造りの大浴場「千人風呂」、弘前市の弘前城や長勝寺、岩木山神社楼門、五所川原市の太宰治記念館「斜陽館」など、新旧にわたり多くの建築材に使われ、驚異的な耐久性を誇ってきた。社殿などを二〇年に一度建て替える三重県の伊勢神宮でも、二〇一三年の式年遷宮で初めて青森産のヒバが使われるという。

図2　ビバ材の代表的建築・青森市森林博物館

図3　眺望山自然休養林の天然ヒバ樹林

こうした経験的に知られていたヒバ材の耐久性に加え、抗菌・防腐効果は、ヒノキチオールという成分の発見により科学的に解明されるようになった。

アシネトバクターなど、多剤耐性菌（医療現場で使われる複数の抗生物質が効かない細菌のこと）による院内感染が問題となり、ヒバに多く含まれるヒノキチオールの抗菌性に改めて注目が集まっているという。ヒノキチオールはこれまでも、院内感染の原因物質のメチシリン耐性黄色ブドウ球菌（MRSA）への抗菌作用が認められている。抗生物質と違って耐性菌もできにくいという。

院内感染防止の決め手はなかなか見つからないのが現状である。その中で、ヒノキチオールは気化させて病室内に漂わすことでも、院内感染を防げる効果が期待できる。

私も施設での香りの環境演出を行う時、病院や福祉施設からの依頼の場合には、ヒバの精油を多く用いるようにしている。もちろんこうした効果を期待してであるが、それればかりでなく、木の温もりを感じさせるヒバの香りが高評価を得られることも、頻度を多くしている要因である。特に高齢者の施設では、日本人に馴染みのある樹木の香りは好まれる傾向が強い。スタッフの方が、ヒバの香りがしていることを話題にして、お年寄りとのコミュニケーションをはかる契機のひとつになっている場合もある。

また、ヒバの香りには力強さを感じる。医学的な裏付けはないのだが、体力の弱った人にはこのヒバの香りのパワーがとても役に立つように思われるのである。

ヒノキチオールは抗菌作用ばかりでなく、保鮮作用も期待できるという。たとえばヒノキチオールを封入した用紙で野菜を包むと、中の野菜が長持ちするというのだ。またメロンはつるの切り口にカビが発生してそこから傷んでくるが、切り口を保鮮紙で覆うと、カビの発生がほとんどなかったという。

青果物はエチレンという物質を発生させて、自分自身を熟成させるが、熟成が進むに従って老化が起こり、鮮度が落ちてくる。そこで鮮度を落とさないためにエチレン除去剤が市販されている。成和化成では保鮮紙にヒノキチオールを含ませて青リンゴを包んで保管した。この実験で最も効果的だったのが、エチレン除去剤とヒノキチオールをいっしょに用いた場合で、老化抑制効果が顕著に現れるという。

宮崎大学ではシロアリにもっとも強かった木であるヒバについて忌避性（嫌って避ける）と殺蟻性についての実験を行い、ヒバは、他の樹種には見られない強い忌避物質を持つと結論づけている。また、殺蟻物質も持っていて、材中にシロアリを挿入した場合、製材後一年のもので、一二〇時間で一〇〇パーセントが死滅し、製材後六年を経たものでも、二四〇時間後には一〇〇パーセントの死虫率であったという。このことから、ヒバの殺蟻成分は長期間にわたって材中に存在することが明らかになったという。ヒバがシロアリに強いのは、シロアリを寄せつけず、たとえついても殺す成分があるからとされている。

木造住宅に最も大きな被害を与えるのはシロアリであるが、ヒバは菌類に対しても効果がある。木を腐らせる細菌類や菌類（カビ類・キノコ類）などの木材腐朽菌に対して強い木は、その木が木材腐朽菌に強い抽出成分を持っているからといわれている。ワタグサレタケによる木材の耐朽性の実験データ（青森営林局、一九六二）からヒバの木材腐朽菌に対して、抜群の強さを示す結果が出ている。高橋旨象『きのこと木材』（一九八九）によると、建築主要樹種三一種の耐朽性と耐蟻性をそれぞれ比較したものがあり、それによると、耐朽性及び耐蟻性ともに大であるのはヒバのみで、実験材中最も優れていた。次に耐朽性が大で耐蟻性が中のものは天然ヒノキ、ケヤキ、クリ、ベイツガであったという。同書ではヒノキは昔から日本を代表する優れた木であり、耐朽性にも耐蟻性にも評価があったが、それらの評価は天然木によって得られたものであり、造林ヒノキが材質や耐朽・耐蟻性で同様の評価が得られるかどうかまだ明らかではないと書いているが、実際に造林ヒノキにあらわれる点では劣ると考えられる。

ヒバ材の抗菌活性を青森県工業試験場のヒバ油プロジェクトチームによる実験によると、まず、ヒバをはじめ通常建材として使われている七種（ヒノキ・スギ・ブナ・ベイマツ・カラマツ・アカマツ・スプルース）の材の木口面を上下に縦五センチ、横三センチ、厚さ〇・五センチの直方体に切り出し、これをサブロー寒天培地（ペプトンを含む寒天培地の一つ）に黄色コージカビの胞子を塗布したものの上に置き、温室で一〇日間培養しても、ヒバの周囲には全く菌が生えず、他の材には見られない強い抗菌力を示した。

ヒノキチオールの応用

先述のように、建材としてのヒバの抗菌・防腐効果は伝統的に知られてきたが、ヒノキチオールは養毛・育毛剤、化粧水、食品のラップなどにも使われている。大量に飲むなどしなければ人体に問題はないとの見方が大勢で、食品添加物としても認められている。

イケヒコ・コーポレーション（福岡県大木町）は、自社製造のイグサ製品のほとんどに、ヒノキチオールを含む樹脂のコーティングを施している。「天然のイグサには天然の抗菌剤がふさわしい」と、安全性を求める消費者に好評という。

ヒバ油を樹木に塗布するという簡単な方法で、害虫や菌による樹木の病気を防ぐことができる。特に、カビに対して効果があるので、ミツバチのチョーク病や樹木の病気（腐乱病、紋羽病等）の治療や予防に利用されている。

クロモジの項で紹介した伊豆の「花吹雪」のオーナー市川信吾氏も、やはり旅館の建物の板塀などにヒバ油を塗布している。カビの防止になり、耐用年数も長くなるのだそうだ。しかもこの板塀付近を通ると、ヒバの香りが漂っていて、香りの演出としても効果的なのである。

ヒバの効能に関する研究で第一人者である青森県産業技術センター八戸地域研究所の岡部敏弘所長は「利用は全国的に広がっており、今後の可能性も大きい。伐採量が減る中で、根も掘り起こして使うなど資源の有効な利用が急務」と指摘している。

昭和三〇年代には、ヒノキチオールに発毛促進作用があることが発見されている。円形脱毛症の治療に用いたところ、かなりの率で、養毛が促進されたとのことである。養毛剤としての効果の原因は、毛根付近の雑菌への殺菌作用と、頭皮の細胞への収斂作用があることによる。また、歯槽膿漏に対しても、歯肉の腫張充血の緩和、出血、排膿の減少・阻止に、また、口臭の防止などの効果が報告されている（『青森ひば物語』）。

参考文献

日本香料協会編『香りの総合事典』（朝倉書店） 一九九八年

白川静『字統』（普及版）（平凡社） 一九九九年

前川文夫『植物の名前の話』（八坂書房） 一九九八年

小泉武夫『銘酒誕生　白酒と焼酎』（講談社現代新書） 一九九六年

菅間誠之助『焼酎のはなし』（技報堂出版） 一九八四年

Wolfgang Michel and Elke Werger-Klein: Drop by Drop—The Introduction of Western Distillation Techniques into Seventeenth-Century Japan.『日本医史学雑誌』第50巻第4号、二〇〇四年、四六三〜四九二頁

ヴォルフガング・ミヒェル「シーボルト記念館所蔵の『阿蘭陀草花図』とその背景について」シーボルト記念館『鳴滝紀要』第十七号抜刷　二〇〇七年

ヴォルフガング・ミヒェル『村上医家資料館蔵の薬箱及びランビキについて』（中津市教育委員会） 二〇〇七年

福沢諭吉『訓蒙窮理図解』 福澤諭吉著作集第2巻（慶應義塾大学出版会） 二〇〇四年

井上重治「伊豆クロモジ油物語」（後編）『アロマトピア』87号（フレグランスジャーナル社） 二〇〇八年

玉舎義一「腰や膝の痛みとりにクロモジ」『現代農業』二〇〇六年七月号（農山漁村文化協会）

小澤章三「ありがとうクロモジ」『現代農業』二〇〇七年十二月号（農山漁村文化協会）

赤壁善彦「森林浴における香りのリラックス度へ与える影響」『アロマリサーチ』42号（フレグランスジャーナル社） 二〇一〇年

今井源四郎『香料の研究』（農商務省商工局） 一九一八年

「クロモジ採油一筋」『日本農業新聞』（静岡版）（静岡県農業共同組合中央会）一九六七年十月四日
柳田國男『柳田國男全集14』（ちくま文庫）一九九〇年
寺田鎮子・鷲尾徹太『諏訪明神　カミ信仰の原像』（岩田書院）二〇一〇年
「堤石鹸製造所とその資料より」『開港のひろば』一〇〇号（横浜開港資料館）二〇〇八年
廣瀬孝博「石鹸の魅力、その歴史と最近の動向」『香りの本』二三六号（日本香料協会）二〇〇七年
『花王石鹸五十年史』（復刻版）（花王石鹸株式会社）一九七八年
「最近の工業界上篇　輸出品工業調査」『中外商業新報』明治四十五年（一九一二）
Margaret Pawlaczyk-Karlinska「KUROMOJI-Essential Oil From The Tree Of The Mountain God」『Aromatherapy Times』(NO. 81, Summer 2009, pp. 8–9 by) IFA (International Federation of Aromatherapists)
井上英夫『北見の薄荷入門』（NPO法人オホーツク文化協会）二〇〇六年
土岐隆信「総社の薄荷」『然』（総社の地域誌）二〇〇八年春号
『薬草と加賀藩』（図録）（富山県立立山博物館）二〇〇八年
藤井駿『吉備津神社』（岡山文庫52）（日本文教出版）二〇〇八年
南陽市史編さん委員会編『南陽市史編集資料』第十二号　一九八四年
野口一雄『天童再発見　人びとのくらし』（村山民俗学会）二〇〇七年
野口一雄「山形県西川町大井沢の木地業」『村山民俗』第十号（村山民俗学会）一九九六年
「本道の薄荷栽培」『植民広報』北海道庁（明治四十五年一月）一九一二年
鈴木牧之記念館編『そっと置くものに音あり夜の雪　鈴木牧之』（南魚沼市文化スポーツ振興社）二〇〇九年
内田輝彦『江の島植物園とサムエル・コッキング』（湘南藤華園）一九六一年
日塔聡「薄荷談義」『南陽市史編集資料』第十二号（南陽市史編さん委員会）一九八四年
『北見薄荷工場十五年史』（北海道販売農業共同組合連合会）一九四九年
『長岡創業二〇〇年記念誌』（長岡実業株式会社）
「北見ハッカ今昔物語」『北見新聞』昭和五十八年（一九八三）六月十九日

砂田明『北の華　薄荷物語』(北見観光協会)　一九八六年
山田大隆「北見地方の薄荷蒸留技術の発達過程」『技術と文明』第十五冊八巻二号　一九九三年
『北見市史・下』(北見市史編纂委員会)　一九八三年
北村卓爾・小野崎研造・七字啓『薄荷』『北海道農事試験場彙報』第58号　一九三四年
沢村正義『ユズの香り――柚子は日本が世界に誇れる柑橘』(香り選書7)(フレグランスジャーナル社)　二〇〇八年
辰巳芳子・中谷健太郎『毛づくろいする鳥たちのように』(集英社)　二〇〇五年
沢村正義・柏木丈拡「柚子搾汁後残滓のエココンシャスな精油抽出・処理技術の開発」『高知大学国際・地域連携センター年報』平成十九年度(二〇〇八)(高知大学国際・地域連携センター)
一遍上人探求会編『一遍上人と鉄輪温泉』二〇〇四年
中桐確太郎『風呂』(雄山閣)　一九三〇年
牧野富太郎『植物一日一題』(ちくま学芸文庫)　二〇一〇年
Iang Yoog (Central Lab of First Affiliated Hospital of Guangzhou Univ. of Traditional Chinese Medicine, Guangdong, Guangzhou), Fang Yongqi (Central Lab of First Affiliated Hospital of Guangzhou Univ. of Traditional Chinese Medicine, Guangdong, Guangzhou), Zou YanYan (Central Lab of First Affiliated Hospital of Guangzhou Univ. of Traditional Chinese Medicine, Guangdong, Guangzhou)
「AD マウスにおける学習と記憶能力 'SOD' GSH-Px および MDA 濃度に及ぼす β-アザロンの効果」『中国老年学雑誌』Vol.27 No.12(二〇〇七年)
千宗室『夜咄の茶事』茶の湯実践講座(淡交社)一九八六年
岩佐亮二『盆栽の文化史』(八坂書房)　一九七六年
入江英親『豊後の石風呂』(第一法規出版)　一九八〇年
有岡利幸『檜』ものと人間の文化史153(法政大学出版局)　二〇一一年
印南敏秀『東和町誌　資料編四　石風呂民俗誌　もう一つの入浴文化の系譜』(山口県大島郡東和町)　二〇〇二年
中尾堯『旅の勧進聖　重源』日本の名僧(吉川弘文館)　二〇〇四年

長部日出雄『「阿修羅像」の真実』（文春新書）二〇〇九年
柴田承二監修『図説正倉院薬物』（中央公論新社）二〇〇〇年
山田憲太郎『南海香楽譜』（法政大学出版局）一九八二年
田村栄一郎『琥珀誌』（くんのこほっぱ愛好会）一九九九年
田村栄一郎『南部藩琥珀物語』（南部藩琥珀物語刊行委員会）一九八三年
渡邊康子・藤田彰徳・古川紀之・一ノ瀬充行・渋谷達明「琥珀御香の香りによる脳波および自律神経に及ぼす生理学的効果」『アロマリサーチ』20号報文（フレグランスジャーナル社）二〇〇四年
吉武利文『橘』ものと人間の文化史87（法政大学出版局）一九九八年
吉武利文『橘の香り』香り選書9（フレグランスジャーナル社）二〇〇八年
『続日本後紀』上（講談社学術文庫）二〇一〇年
鳥居礼編著『完訳秀真伝』（上巻）（八幡書店）一九八八年
難波恒雄『原色和漢薬図鑑』（上）（保育社）一九八〇年
有岡利幸『杉Ｉ』ものと人間の文化史149－Ｉ（法政大学出版局）二〇一〇年
有岡利幸『杉II』ものと人間の文化史149－II（法政大学出版局）二〇一〇年
谷田貝光克『植物の香りと生物活性』（フレグランスジャーナル社）二〇一〇年
『香りの百科事典』（丸善株式会社）二〇〇五年
柏順子『杉線香の話――片隅に残る伝統産業』ふるさと文庫（筑波書林）一九八〇年
「杉葉粉年賦上納一礼」『むさしや文書』天保三年（一八三二）
ピエール・ラスロー『柑橘類の文化誌――歴史と人との関わり』（一灯舎）二〇一〇年
金子啓明「木の文化と一木彫り」特別展『仏像　一木にこめられた祈り』（図録）（読売新聞関東本社）二〇〇六年
矢野憲一・矢野高陽『楠』ものと人間の文化史151（法政大学出版局）二〇一〇年
酒井茂雄・郷野不二男・樋口芳治ほか『樟脳専賣史』（日本専売公社）一九五六年
寺島良安『和漢三才図会』（東洋文庫）島田勇雄他訳注（平凡社）一九九〇年

「樟脳製造法」『日本農書全集』第五十三巻（農産加工四）（農山漁村文化協会）一九九八年
服部昭『クスノキと樟脳　藤澤樟脳の一〇〇年』（牧歌舎）二〇〇七年
桂芳男『総合商社の源流　鈴木商店』（日経新書）一九七七年
山内昌斗「英国サミュエル商会のグローバル展開と日本」『広島経済大学経済研究論集』第29巻4号　二〇〇七年
『探索樟脳王国特展』（図録）（國立臺灣博物館）二〇一〇年
山田憲太郎『香料　日本のにおい』ものと人間の文化史27（法政大学出版局）一九八〇年
遠藤正治「慾斎が山本榕室に賜った遺米使節齎来の植物」『慾斎研究会だより』九一号　二〇〇〇年
曽田香料株式会社編『曽田香料七十年史』（曽田香料株式会社）一九八六年
『東京小間物化粧品商報』（東京小間物卸商組合）昭和十四年（一九三九）八月発行
北海道ラベンダー協議会編『ラベンダーに関する試験成績集』（北海道ラベンダー協議会）一九六九年
富田忠雄『わたしのラベンダー物語』（誠文堂新光社）一九九八年
橋詰隼人「ヒノキアスナロの花粉の形成、発育ならびに採取適期」『日本森林學會誌』（日本森林学会）一九六八年
内山康夫『青森ひば物語』（北の街社）一九九六年
東昌弘「青森ヒバ油にみる精油の新用開発」『アロマリサーチ42号』（フレグランスジャーナル社）
岡部敏弘・齋藤幸司・大友良光・工藤幸夫編『青森ヒバの不思議』（青森ヒバ研究会）一九九〇年

あとがき

旅をする楽しみは、訪れた土地ならではの食べ物に舌鼓を打ち、自然や街の風景を堪能し、そこに住む人々に接して、その土地の文化に触れることにあるだろう。

私もそうした旅での体験を楽しみにしている。ただ職業柄、どうしても嗅覚を働かせることが多くなってしまう。美味しい食べ物の匂いに感動し、花々や樹木、海、街の匂いなど観光案内にないスメリングポイントを発見するのが楽しみでもある。そうした匂いや香りのフィールドワークを基に、香りマップなるものをつくるのも楽しい。特に旅行の場合には、「観香マップ」というネーミングがぴったりである。私は別府市の観香マップづくりのお手伝いをさせていただいたが、個人レベルで各々の観香マップをつくってみてはどうだろうか。

本書も、こうした私の香りのフィールドワークが基になっている。各地で採れる日本産の精油も、それぞれの土地に根ざした植物から、その土地に親しんでいる人たちによって抽出されている。

蒸留の現場を見学させていただいたり、時には蒸留作業を手伝わせていただいたりもした。何度かおじゃまさせていただき、その都度抽出された香りを嗅ぐと、気象条件や土壌の違い、採油の時期などによって、香りの成分にも違いが出てくるのがよくわかった。

また、蒸留後まだ湯気の立つ残滓に顔を近づけたり（顔蒸し湯）、足を入れたり（足蒸し湯）といった体験は、まさにアロマ体験の極みといっていいものであった（これはとても気持ち良いものであるが、くれぐれも火傷などしないように）。

「ものと人間の文化史」のシリーズには、既に山田憲太郎先生の『香料』がある。私が二十代の頃、まだ香りの仕事に就く以前、クチュールパルファンスクールという香りの学校に通っていた時に、同じクラスの生徒であった三人の方から、私の誕生日にと、プレゼントしていただいたのがこの本であった。その時から現在に至るまで、この本は常に私の座右の書であった。本書を執筆するにあたり『香料』を読み返してみたが、こんなことが既に書かれてあったのかというような新たな発見も多数あったのである。改めて山田憲太郎先生の香料に関する研究のすばらしさに驚くばかりであった。

私は山田憲太郎先生に、生前一度だけお会いしたことがある。私が香りのスクールでインストラクターをしていた時に、特別講演として山田憲太郎先生が講演をされたことがあった。その時の印象はというと、偉い先生というより、失礼ながら、気のいいおじいさんというイメージの方であったと記憶している。残念ながらその後間もなくお亡くなりになったので、お会いしたのはその一度きりであった。ご存命でいらしたら、もっといろいろなことがうかがえたであろう。

『香料』にはサブタイトルとして、「日本のにおい」と付けられている。取り上げられている香料は、香の素材に使われる沈香や白檀、乳香や没薬、龍脳、麝香などであるが、平安時代の宮廷での香りの道具や香道など、香を使った日本の香りの文化史が詳細に述べられている。また江戸後期から明治にかけての日本における香料（精油）の歴史的な変遷も多くの資料を踏まえて、詳細に述べられている。

しかし、樟脳を除いて、日本の土地に育った植物から採れた香料については、述べられていない。私は山田先生が、もし次の著作を書かれるとしたら、きっと日本の土地で育った植物の香料についても書かれていたと思っている。

本書はそうしたことをも考慮し、タイトルを『香料植物』とさせていただいた。

私の本業の香りの演出では、プラネタリウムの番組で行っているものがある。コニカミノルタプラネタリウム株式会社直営の、〝満天〟（池袋サンシャインシティ）のヒーリング番組で、ヒーリングには香り付きということが定着し、幸いにも好評をいただいている。また、平成二十四年五月にオープンする東京スカイツリータウンの商業施設内にも、〝天空〟としてプラネタリウムがスタートする（コニカミノルタプラネタリウム株式会社直営）。

ヒーリングのオープニング番組は、「スターフォレスト　星明りの森」というもので、森の香りとともに星空を体験していただく趣向である。森の香りの素材には本書でもふれた秋田スギ、青森ヒバ、北海道モミ、四万十のユズ、福岡のショウノウ（クスノキ）など日本原産の香料を使用する予定である。

「休」という字は人偏に木と書くが、スカイツリーという「木」のもとで、日本の土地で育った日本の香りを集めて、日本の鎮守の森を表現できたらと考えている。そしてクロモジの章でも紹介した神楽歌

榊葉の　香をかぐはしみ　尋《と》めくれば
八十氏人《やそうじびと》ぞ　まとゐせりける

のように、スカイツリーという樹木に多くの人が集まり、やすらぎの空間となればと想っている。

幸いにも本書の刊行と、スカイツリーのオープンの時期が同じ頃になるという偶然に恵まれた。これも何かの縁があってのことと思われる。

執筆にあたっては、多くの方々に御指導・御教示を賜わりました。まことにありがとうございます。ま

た参考文献の著者各位に篤く御礼申し上げます。

最後に法政大学出版局の奥田のぞみさんと松永辰郎氏には、大変ご苦労をおかけしたことを心より御礼申し上げます。

平成二十四年四月

吉武利文

著者略歴

吉武利文（よしたけ　としふみ）

1955年東京生まれ．慶應義塾大学文学部哲学科美学美術史卒業．81年香りの教室「クチュール・パルファン・スクール」に入学，同年インストラクターとなる．調香師・島崎直樹氏に師事．83年川上智子氏とともに「きゃら香房（株）」設立．93年同社を退社してフリーとなり，宮城県大崎市「感覚ミュージアム」，富山県立立山博物館野外施設「まんだら遊苑」など，各種施設やイベントでの香りの演出を次々と手がけ，パヒュームデザイナーの道を開拓．97年香りのデザイン研究所を設立．池袋サンシャインシティ，東京スカイツリータウンでのコニカミノルタプラネタリウムにおける香りの演出など，全国各地に新しい香りの企画と演出を展開している．著書に『橘』（ものと人間の文化史，法政大学出版局），『橘の香り』（フレグランスジャーナル社），『匂いの文化誌』（リブロポート，共著），『香りを楽しむ』（丸善，共著），『香りの百科事典』（丸善，共編）などがある．別府大学客員教授．

ものと人間の文化史　159・香料植物

2012年6月1日　初版第1刷発行

著　者　©吉　武　利　文

発行所　財団法人　法政大学出版局

〒102-0073　東京都千代田区九段北3-2-7

電話03(5214)5540／振替00160-6-95814

印刷：三和印刷　製本：誠製本

Printed in Japan

ISBN978-4-588-21591-9

✤ ものと人間の文化史　★第9回梓会出版文化賞受賞

人間が〈もの〉とのかかわりを通じて営々と築いてきた暮らしの足跡を具体的に辿りつつ文化・文明の基礎を問いなおす。手づくりの〈もの〉の記憶が失われ、〈もの〉離れが進行する危機の時代におくる豊穣な百科叢書。

1 船　須藤利一編

海国日本では古来、漁業・水運・交易はもとより、大陸文化も船によって運ばれた。本書は造船技術、航海の模様の推移を中心に、漂流、船霊信仰、伝説の数々を語る。　四六判３６８頁　'68

2 狩猟　直良信夫

人類の歴史は狩猟から始まった。本書は、わが国の遺跡に出土する獣骨、猟具の実証的考察をおこないながら、狩猟をつうじて発展した人間の知恵と生活の軌跡を辿る。　四六判２７２頁　'68

3 からくり　立川昭二

〈からくり〉は自動機械であり、驚嘆すべき庶民の技術的創意がこめられている。本書は、日本と西洋のからくりを発掘・復元・遍歴し、埋もれた技術の水脈をさぐる。　四六判４１０頁　'69

4 化粧　久下司

美を求める人間の心が生みだした化粧―その手法と道具に語らせた人間の欲望と本性、そして社会関係。歴史を遡り、全国を踏査して書かれた比類ない美と醜の文化史。　四六判３６８頁　'70

5 番匠　大河直躬

番匠はわが国中世の建築工匠。地方・在地を舞台に開花した彼らの造型・装飾・工法等の諸技術、さらに信仰と生活等、職人以前の独自で多彩な工匠的世界を描き出す。　四六判２８８頁　'71

6 結び　額田巌

〈結び〉の発達は人間の叡知の結晶である。本書はその諸形態および技法を作業・装飾・象徴の三つの系譜に辿り、〈結び〉のすべてを民俗学的・人類学的に考察する。　四六判２６４頁　'72

7 塩　平島裕正

人類史に貴重な役割を果たしてきた塩をめぐって、発見から伝承・製造技術の発展過程にいたる総体を歴史的に描き出すとともに、その多彩な効用と味覚の秘密を解く。　四六判２７２頁　'73

8 はきもの　潮田鉄雄

田下駄・かんじき・わらじなど、日本人の生活の礎となってきた伝統的はきものの成り立ちと変遷を、二〇年余の実地調査と細密な観察・描写によって辿る庶民生活史　四六判２８０頁　'73

9 城　井上宗和

古代城塞・城柵から近世代名の居城として集大成されるまでの日本の城の変遷を辿り、文化の各領野で果たしてきたその役割を再検討。あわせて世界城郭史に位置づける。　四六判３１０頁　'73

10 竹　室井綽

食生活、建築、民芸、造園、信仰等々にわたって、竹と人間との交流史は驚くほど深く永い。その多岐にわたる発展の過程を個々に辿り、竹の特異な性格を浮彫にする。　四六判３２４頁　'73

11 海藻　宮下章

古来日本人にとって生活必需品とされてきた海藻をめぐって、その採取・加工法の変遷、商品としての流通史および神事・祭事での役割に至るまでを歴史的に考証する。　四六判３３０頁　'74

12 絵馬　岩井宏實

古くは祭礼における神への献馬にはじまり、民間信仰と絵画のみごとな結晶として民衆の手で描かれ祀り伝えられてきた各地の絵馬を豊富な写真と史料によってたどる。四六判３０２頁 '74

13 機械　吉田光邦

畜力・水力・風力などの自然のエネルギーを利用し、幾多の改良を経て形成された初期の機械の歩みを検証し、日本文化の形成における科学・技術の役割を再検討する。四六判２４２頁 '74

14 狩猟伝承　千葉徳爾

狩猟には古来、感謝と慰霊の祭祀がともない、人獣交渉の豊かで意味深い歴史があった。狩猟用具、巻物、儀式具、またけものたちの生態を通して語る狩猟文化の世界。四六判３４６頁 '75

15 石垣　田淵実夫

採石から運搬、加工、石積みに至るまで、石垣の造成をめぐって積み重ねられてきた石工たちの苦闘の足跡を掘り起こし、その独自な技術の形成過程と伝承を集成する。四六判２２４頁 '75

16 松　高嶋雄三郎

日本人の精神史に深く根をおろした松の伝承に光を当て、食用、薬用等の実用の松、祭祀・観賞用の松、さらに文学・芸能・美術に表現された松のシンボリズムを説く。四六判３４２頁 '75

17 釣針　直良信夫

人と魚との出会いから現在に至るまで、釣針がたどった一万有余年の変遷を、世界各地の遺跡出土物を通して実証しつつ、漁撈によって生きた人々の生活と文化を探る。四六判２７８頁 '76

18 鋸　吉川金次

鋸鍛冶の家に生まれ、鋸の研究を生涯の課題とする著者が、出土遺品や文献・絵画により各時代の鋸を復元・実験し、庶民の手仕事にみられる驚くべき合理性を実証する。四六判３６０頁 '76

19 農具　飯沼二郎／堀尾尚志

鍬と犂の交代・進化の歩みとして発達したわが国農耕文化の発展経過を世界史的視野において再検討しつつ、無名の農民たちによる驚くべき創意のかずかずを記録する。四六判２２０頁 '76

20 包み　額田巌

結びとともに文化の起源にかかわる〈包み〉の系譜を人類史的視野において捉え、衣・食・住をはじめ社会・経済史、信仰、祭事などにおけるその実際と役割とを描く。四六判３５４頁 '77

21 蓮　阪本祐二

仏教における蓮の象徴的位置の成立と深化、美術・文芸等に見る人間とのかかわりを歴史的に考察。また大賀蓮はじめ多様な品種とその来歴を紹介しつつその美を語る。四六判３０６頁 '77

22 ものさし　小泉袈裟勝

ものをつくる人間にとって最も基本的な道具であり、数千年にわたって社会生活を律してきたその変遷を実証的に追求し、歴史の中で果たしてきた役割を浮彫りにする。四六判３１４頁 '77

23-I 将棋Ｉ　増川宏一

その起源を古代インドに、我国への伝播の道すじを海のシルクロードに探り、また伝来後一千年におよぶ日本将棋の変化と発展を盤、駒、ルール等にわたって跡づける。四六判２８０頁 '77

23-Ⅱ 将棋Ⅱ　増川宏一
わが国伝来後の普及と変遷を貴族や武家・豪商の日記等に博捜し、遊戯者の歴史をあとづけると共に、中国伝来説の誤りを正し、将棋宗家の位置と役割を明らかにする。四六判346頁 '85

24 湿原祭祀 第2版　金井典美
古代日本の自然環境に着目し、各地の湿原聖地を稲作社会との関連において捉え直して古代国家成立の背景を浮彫にしつつ、水と植物にまつわる日本人の宇宙観を探る。四六判410頁 '77

25 臼　三輪茂雄
臼が人類の生活文化の中で果たしてきた役割を、各地に遺る貴重な民俗資料・伝承と実地調査にもとづいて解明。失われゆく道具のなかに、未来の生活文化の姿を探る。四六判412頁 '78

26 河原巻物　盛田嘉徳
中世末期以来の被差別部落民が生きる権利を守るために偽作し護り伝えてきた河原巻物を全国にわたって踏査し、そこに秘められた最底辺の人びとの叫びに耳を傾ける。四六判226頁 '78

27 香料 日本のにおい　山田憲太郎
焼香供養の香から趣味としての薫物へ、さらに沈香木を焚く香道へと変遷した日本の「匂い」の歴史を豊富な史料に基づいて辿り、我国風俗史の知られざる側面を描く。四六判370頁 '78

28 神像 神々の心と形　景山春樹
神仏習合によって変貌しつつも、常にその原型＝自然を保持してきた日本の神々の造型を図像学的方法によって捉え直し、その多彩な形象に日本人の精神構造をさぐる。四六判342頁 '78

29 盤上遊戯　増川宏一
祭具・占具としての発生を『死者の書』をはじめとする古代の文献にさぐり、形状・遊戯法を分類しつつその〈進化〉の過程を考察。〈遊戯者たちの歴史〉をも跡づける。四六判326頁 '78

30 筆　田淵実夫
筆の里・熊野に筆づくりの現場を訪ねて、筆匠たちの境涯と製筆の由来を克明に記録しつつ、筆の発生と変遷、種類、製筆法、さらには筆塚、筆供養にまで説きおよぶ。四六判204頁 '78

31 ろくろ　橋本鉄男
日本の山野を漂移しつづけ、高度の技術文化と幾多の伝説とをもたらした特異な旅職集団＝木地屋の生態を、その呼称、地名、伝承、文書等をもとに生き生きと描く。四六判460頁 '79

32 蛇　吉野裕子
日本古代信仰の根幹をなす蛇巫をめぐって、祭事におけるさまざまな蛇の「もどき」や各種の蛇の造型・伝承に鋭い考証を加え、忘れられたその呪性を大胆に暴き出す。四六判250頁 '79

33 鋏（はさみ）　岡本誠之
梃子の原理の発見から鋏の誕生に至る過程を推理し、日本鋏の特異な歴史的位置を明らかにするとともに、刀鍛冶等から転進した鋏職人たちの創意と苦闘の跡をたどる。四六判396頁 '79

34 猿　廣瀬鎮
嫌悪と愛玩、軽蔑と畏敬の交錯する日本人とサルとの関わりあいの歴史を、狩猟伝承や祭祀・風習、美術・工芸や芸能のなかに探り、日本人の動物観を浮彫りにする。四六判292頁 '79

35 鮫　矢野憲一

神話の時代から今日まで、津々浦々につたわるサメの伝承とサメをめぐる海の民俗を集成し、神饌、食用、薬用等に活用されてきたサメと人間のかかわりの変遷を描く。四六判２９２頁 '79

36 枡　小泉袈裟勝

米の経済の枢要をなす器として千年余にわたり日本人の生活の中に生きてきた枡の変遷をたどり、記録・伝承をもとにこの独特な計量器が果たした役割を再検討する。四六判３２２頁 '80

37 経木　田中信清

食品の包装材料として近年まで身近に存在した経木の起源を、こけら経や塔婆、木簡、屋根板等に遡って明らかにし、その製造・流通に携った人々の労苦の足跡を辿る。四六判２８８頁 '80

38 色　染と色彩　前田雨城

わが国古代の染色技術の復元と文献解読をもとに日本色彩史を体系づけ、赤・白・青・黒等におけるわが国独自の色彩感覚を探りつつ日本文化における色の構造を解明。四六判３２０頁 '80

39 狐　陰陽五行と稲荷信仰　吉野裕子

その伝承と文献を渉猟しつつ、中国古代哲学＝陰陽五行の原理の応用という独自の視点から、謎とされてきた稲荷信仰と狐との密接な結びつきを明快に解き明かす。四六判２３２頁 '80

40-I 賭博I　増川宏一

時代、地域、階層を超えて連綿と行なわれてきた賭博。――その起源を古代の神判、スポーツ、遊戯等の中に探り、抑圧と許容の歴史を物語る。全Ⅲ分冊の〈総説篇〉。四六判２９８頁 '80

40-II 賭博II　増川宏一

古代インド文学の世界からラスベガスまで、賭博の形態・用具・方法の時代的特質を明らかにし、夥しい禁令に賭博の不滅のエネルギーを見る。全Ⅲ分冊の〈外国篇〉。四六判４５６頁 '82

40-III 賭博III　増川宏一

聞香、闘茶、笠附等、わが国独特の賭博を中心にその具体例を網羅し、方法の変遷に賭博の時代性を探りつつ禁令の改廃に時代の賭博観を追う。全Ⅲ分冊の〈日本篇〉。四六判３８８頁 '83

41-I 地方仏I　むしゃこうじ・みのる

古代から中世にかけて全国各地で作られた無銘の仏像を訪ね、素朴で多様なノミの跡に民衆の祈りと地域の願望を探る。宗教の伝播、文化の創造を考える異色の紀行。四六判２５６頁 '80

41-II 地方仏II　むしゃこうじ・みのる

紀州や飛騨を中心に草の根の仏たちを訪ねて、その相好と像容の魅力を探り、技法を比較考証して仏像彫刻史に位置づけつつ、中世地域社会の形成と信仰の実態に迫る。四六判２６０頁 '97

42 南部絵暦　岡田芳朗

田山・盛岡地方で「盲暦」として古くから親しまれてきた独得の絵解き暦を詳しく紹介しつつその全体像を復元する。その無類の生活暦は、南部農民の哀歓をつたえる。四六判２８８頁 '80

43 野菜　在来品種の系譜　青葉高

蕪、大根、茄子等の日本在来野菜をめぐって、その渡来・伝播経路、品種分布と栽培のいきさつを各地の伝承や古記録をもとに辿り、畑作文化の源流とその風土を描く。四六判３６８頁 '81

44 つぶて　中沢厚

弥生投弾、古代・中世の石戦と印地の様相、投石具の発達を展望しつつ、願かけの小石、正月つぶて、石こづみ等の習俗を辿り、石塊に託した民衆の願いや怒りを探る。四六判338頁 '81

45 壁　山田幸一

弥生時代から明治期に至るわが国の壁の変遷を壁塗＝左官工事の側面から辿り直し、その技術的復元・考証を通じて建築史・文化史における壁の役割を浮き彫りにする。四六判296頁 '81

46 箪笥（たんす）　小泉和子

近世における箪笥の出現＝箱から抽斗への転換に着目し、以降近現代に至るその変遷を社会・経済・技術の側面からあとづける。著者自身による箪笥製作の記録を付す。四六判378頁 '82

47 木の実　松山利夫

山村の重要な食糧資源であった木の実をめぐる各地の記録・伝承を集成し、その採集・加工における幾多の試みを実地に検証しつつ、稲作農耕以前の食生活文化を復元。四六判384頁 '82

48 秤（はかり）　小泉袈裟勝

秤の起源を東西に探るとともに、わが国律令制下における中国制度の導入、近世商品経済の発展に伴う秤座の出現、明治期近代化政策による洋式秤受容等の経緯を描く。四六判326頁 '82

49 鶏（にわとり）　山口健児

神話・伝説をはじめ遠い歴史の中の鶏を古今東西の伝承・文献に探り、特に我国の信仰・絵画・文学等に遺された鶏の足跡を追って、鶏をめぐる民俗の記憶を蘇らせる。四六判346頁 '83

50 燈用植物　深津正

人類が燈火を得るために用いてきた多種多様な植物との出会いと個々の植物の来歴、特性及びはたらきを詳しく検証しつつ「あかり」の原点を問いなおす異色の植物誌。四六判442頁 '83

51 斧・鑿・鉋（おの・のみ・かんな）　吉川金次

古墳出土品や文献・絵画をもとに、古代から現代までの斧・鑿・鉋を復元・実験し、労働体験によって生まれた民衆の知恵と道具の変遷を蘇らせる異色の日本木工具史。四六判304頁 '84

52 垣根　額田巌

大和・山辺の道に神々と垣との関わりを探り、各地に垣の伝承を訪ねて、寺院の垣、民家の垣、露地の垣など、風土と生活に培われた生垣の独特のはたらきと美を描く。四六判234頁 '84

53-I 森林I　四手井綱英

森林生態学の立場から、森林のなりたちとその生活史を辿りつつ、産業の発展と消費社会の拡大により刻々と変貌する森林の現状を語り、未来への再生のみちをさぐる。四六判306頁 '85

53-II 森林II　四手井綱英

森林と人間との多様なかかわりを包括的に語り、人と自然が共生するための森や里山をいかにして創出するか、森林再生への具体的な方策を提示する21世紀への提言。四六判308頁 '98

53-III 森林III　四手井綱英

地球規模で進行しつつある森林破壊の現状を実地に踏査し、森と人が共存する日本人の伝統的自然観を未来へ伝えるために、いま何が必要なのかを具体的に提言する。四六判304頁 '00

54 **海老**（えび）　酒向昇

人類との出会いからエビの科学、漁法、さらには調理法を語り、めでたい姿態と色彩にまつわる多彩なエビの民俗を、地名や人名、詩歌・文学、絵画や芸能の中に探る。四六判４２８頁　'85

55-Ⅰ **藁**（わら）Ⅰ　宮崎清

稲作農耕とともに二千年余の歴史をもち、日本人の全生活領域に生きてきた藁の文化を日本文化の原型として捉え、風土に根ざしたそのゆたかな遺産を詳細に検討する。四六判４００頁　'85

55-Ⅱ **藁**（わら）Ⅱ　宮崎清

床・畳から壁・屋根にいたる住居における藁の製作・使用のメカニズムを明らかにし、日本人の生活空間における藁の役割を見なおすとともに、藁の文化の復権を説く。四六判４００頁　'85

56 **鮎**　松井魁

清楚な姿態と独特な味覚によって、日本人の目と舌を魅了しつづけてきたアユ——その形態と分布、生態、漁法等を詳述し、古今のアユ料理や文芸にみるアユにおよぶ。四六判２９６頁　'86

57 **ひも**　額田巌

物と物、人と物とを結びつける不思議な力を秘めた「ひも」の謎を追って、民俗学的視点から多角的なアプローチを試みる。『結び』、『包み』につづく三部作の完結篇。四六判２５０頁　'86

58 **石垣普請**　北垣聰一郎

近世石垣の技術者集団「穴太」の足跡を辿り、各地城郭の石垣遺構の実地調査と資料・文献をもとに石垣普請の歴史的系譜を復元しつつ石工たちの技術伝承を集成する。四六判４３８頁　'87

59 **碁**　増川宏一

その起源を古代の盤上遊戯に探ると共に、定着以来二千年の歴史を時代の状況や遊び手の社会環境との関わりにおいて跡づける。逸話や伝説を排して綴る初の囲碁全史。四六判３６６頁　'87

60 **日和山**（ひよりやま）　南波松太郎

千石船の時代、航海の安全のために観天望気した日和山——多くは忘れられ、あるいは失われた船舶・航海史の貴重な遺跡を追って、全国津々浦々におよんだ調査紀行。四六判３８２頁　'88

61 **篩**（ふるい）　三輪茂雄

臼とともに人類の生産活動に不可欠な道具であった篩、箕（み）、笊（ざる）の多彩な変遷を豊富な図解入りでたどり、現代技術の先端に再生するまでの歩みをえがく。四六判３３４頁　'89

62 **鮑**（あわび）　矢野憲一

縄文時代以来、貝肉の美味と貝殻の美しさによって日本人を魅了し続けてきたアワビ——その生態と養殖、神饌としての歴史、漁法、螺鈿の技法からアワビ料理に及ぶ。四六判３４４頁　'89

63 **絵師**　むしゃこうじ・みのる

日本古代の渡来画工から江戸前期の菱川師宣まで、時代の代表的絵師の列伝で辿る絵画制作の文化史。前近代社会における絵画の意味や芸術創造の社会的条件を考える。四六判２３０頁　'90

64 **蛙**（かえる）　碓井益雄

動物学の立場からその特異な生態を描き出すとともに、和漢洋の文献資料を駆使して故事・習俗・神事・民話・文芸・美術工芸にわたる蛙の多彩な活躍ぶりを活写する。四六判３８２頁　'89

65-Ⅰ **藍**（あい）Ⅰ　風土が生んだ色　竹内淳子

全国各地の〈藍の里〉を訪ねて、藍栽培から染色・加工のすべてにわたり、藍とともに生きた人々の伝承を克明に描き、風土と人間が生んだ〈日本の色〉の秘密を探る。四六判４１６頁　'91

65-Ⅱ **藍**（あい）Ⅱ　暮らしが育てた色　竹内淳子

日本の風土に生まれ、伝統に育てられた藍が、今なお暮らしの中で生き生きと活躍しているさまを、手わざに生きる人々との出会いを通じて描く。藍の里紀行の続篇。　四六判４０６頁　'99

66 **橋**　小山田了三

丸木橋・舟橋・吊橋から板橋・アーチ型石橋まで、人々に親しまれてきた各地の橋を訪ねて、その来歴と築橋の技術伝承を辿り、土木文化の伝播・交流の足跡をえがく。四六判３１２頁　'91

67 **箱**　宮内悊

日本の伝統的な箱（櫃）と西欧のチェストを比較文化史の視点から考察し、居住・収納・運搬・装飾の各分野における箱の重要な役割とその多彩な文化を浮彫りにする。四六判３９０頁　'91

68-Ⅰ **絹Ⅰ**　伊藤智夫

養蚕の起源を神話や説話に探り、伝来の時期とルートを跡づけ、記紀・万葉の時代から近世に至るまで、それぞれの時代・社会・階層が生み出した絹の文化を描き出す。四六判３０４頁　'92

68-Ⅱ **絹Ⅱ**　伊藤智夫

生糸と絹織物の生産と輸出が、わが国の近代化にはたした役割を描くと共に、養蚕の道具、信仰や庶民生活にわたる養蚕と絹の民俗、さらには蚕の種類と生態におよぶ。四六判２９４頁　'92

69 **鯛**（たい）　鈴木克美

古来「魚の王」とされてきた鯛をめぐって、その生態・味覚から漁法、祭り、工芸、文芸にわたる多彩な伝承文化を語りつつ、鯛と日本人とのかかわりの原点をさぐる。四六判４１８頁　'92

70 **さいころ**　増川宏一

古代神話の世界から近現代の博徒の動向まで、さいころの役割を各時代・社会に位置づけ、木の実や貝殻のさいころから投げ棒型や立方体のさいころへの変遷をたどる。四六判３７４頁　'92

71 **木炭**　樋口清之

炭の起源から炭焼、流通、経済、文化にわたる木炭の歩みを歴史・考古・民俗の知見を総合して描き出し、独自で多彩な文化を育んできた木炭の尽きせぬ魅力を語る。　四六判２９６頁　'93

72 **鍋・釜**（なべ・かま）　朝岡康二

日本をはじめ韓国、中国、インドネシアなど東アジアの各地を歩きながら鍋・釜の製作と使用の現場に立ち会い、調理をめぐる庶民生活の変遷とその交流の足跡を探る。四六判３２６頁　'93

73 **海女**（あま）　田辺悟

その漁の実際と社会組織、風習、信仰、民具などを克明に描くとともに海女の起源・分布・交流を探り、わが国漁撈文化の古層としての海女の生活と文化をあとづける。四六判２９４頁　'93

74 **蛸**（たこ）　刀禰勇太郎

蛸をめぐる信仰や多彩な民間伝承を紹介するとともに、その生態・分布・捕獲法・繁殖と保護・調理法などを集成し、日本人と蛸との知られざるかかわりの歴史を探る。四六判３７０頁　'94

75 曲物（まげもの） 岩井宏實

桶・樽出現以前から伝承され、古来最も簡便・重宝な木製容器として愛用された曲物の加工技術と機能・利用形態の変遷をさぐり、手づくりの「木の文化」を見なおす。四六判318頁 '94

76-I 和船Ⅰ 石井謙治

江戸時代の海運を担った千石船（弁才船）について、その構造と技術、帆走性能を綿密に調査し、通説の誤りを正すとともに、海難と信仰、船絵馬等の考察にもおよぶ。四六判436頁 '95

76-II 和船Ⅱ 石井謙治

造船史から見た著名な船を紹介し、遣唐使船や遣欧使節船、幕末の洋式船における外国技術の導入について論じつつ、船の名称と船型を海船・川船にわたって解説する。四六判316頁 '95

77-I 反射炉Ⅰ 金子功

日本初の佐賀鍋島藩の反射炉と精練方＝理化学研究所、島津藩の反射炉と集成館＝近代工場群を軸に、日本の産業革命の時代における人と技術を現地に訪ねて発掘する。四六判244頁 '95

77-II 反射炉Ⅱ 金子功

伊豆韮山の反射炉をはじめ、全国各地の反射炉建設にかかわった有名無名の人々の足跡をたどり、開国か攘夷かに揺れる幕末の政治と社会の悲喜劇をも生き生きと描く。四六判226頁 '95

78-I 草木布（そうもくふ）Ⅰ 竹内淳子

風土に育まれた布を求めて全国各地を歩き、木綿普及以前に山野の草木を利用して豊かな衣生活文化を築き上げてきた庶民の知られざる知恵のかずかずを実地にさぐる。四六判282頁 '95

78-II 草木布（そうもくふ）Ⅱ 竹内淳子

アサ、クズ、シナ、コウゾ、カラムシ、フジなどの草木の繊維から、どのようにして糸を採り、布を織っていたのか——聞書きをもとに忘れられた技術と文化を発掘する。四六判282頁 '95

79-I すごろくⅠ 増川宏一

古代エジプトのセネト、ヨーロッパのバクギャモン、中近東のナルド、中国の双陸などの系譜に日本の盤雙六を位置づけ、遊戯・賭博としてのその数奇なる運命を辿る。四六判312頁 '95

79-II すごろくⅡ 増川宏一

ヨーロッパの鵞鳥のゲームから日本中世の浄土双六、近世の華麗な絵双六、さらには近現代の少年誌の附録まで、絵双六の変遷を追って時代の社会・文化を読みとる。四六判390頁 '95

80 パン 安達巖

古代オリエントに起ったパン食文化が中国・朝鮮を経て弥生時代の日本に伝えられたことを史料と伝承をもとに解明し、わが国パン食文化二〇〇〇年の足跡を描き出す。四六判260頁 '96

81 枕（まくら） 矢野憲一

神さまの枕・大嘗祭の枕から枕絵の世界まで、人生の三分の一を共に過す枕をめぐって、その材質の変遷を辿り、伝説と怪談、俗信と民俗、エピソードを興味深く語る。四六判252頁 '96

82-I 桶・樽（おけ・たる）Ⅰ 石村真一

日本、中国、朝鮮、ヨーロッパにわたる厖大な資料を集成してその豊かな文化の系譜を探り、東西の木工技術史を比較しつつ世界史的視野から桶・樽の文化を描き出す。四六判388頁 '97

82-II 桶・樽（おけ・たる）II　石村真一

多数の調査資料と絵画・民俗資料をもとにその製作技術を復元し、東西の木工技術を比較考証しつつ、技術文化史の視点から桶・樽製作の実態とその変遷を跡づける。　四六判372頁　'97

82-III 桶・樽（おけ・たる）III　石村真一

樹木と人間とのかかわり、製作者と消費者とのかかわりを通じて桶樽と生活文化の変遷を考察し、木材資源の有効利用という視点から桶樽の文化史的役割を浮彫にする。　四六判352頁　'97

83-I 貝I　白井祥平

世界各地の現地調査と文献資料を駆使して、古来至高の財宝とされてきた宝貝のルーツとその変遷を探り、貝と人間とのかかわりの歴史を「貝貨」の文化史として描く。　四六判386頁　'97

83-II 貝II　白井祥平

サザエ、アワビ、イモガイなど古来人類とかかわりの深い貝をめぐって、その生態・分布・地方名、装身具や貝貨としての利用法などを豊富なエピソードを交えて語る。　四六判328頁　'97

83-III 貝III　白井祥平

シンジュガイ、ハマグリ、アカガイ、シャコガイなどをめぐって世界各地の民族誌を渉猟し、それらが人類文化に残した足跡を辿る。参考文献一覧／総索引を付す。　四六判392頁　'97

84 松茸（まつたけ）　有岡利幸

秋の味覚として古来珍重されてきた松茸の由来を求めて、稲作文化と里山（松林）の生態系から説きおこし、日本人の伝統的生活文化の中に松茸流行の秘密をさぐる。　四六判296頁　'97

85 野鍛冶（のかじ）　朝岡康二

鉄製農具の製作・修理・再生を担ってきた農鍛冶の歴史的役割を探り、近代化の大波の中で変貌する職人技術の実態をアジア各地のフィールドワークを通して描き出す。　四六判280頁　'98

86 稲　品種改良の系譜　菅　洋

作物としての稲の誕生、稲の渡来と伝播の経緯から説きおこし、明治以降主として庄内地方の民間育種家の手によって飛躍的発展をとげたわが国品種改良の歩みを描く。　四六判332頁　'98

87 橘（たちばな）　吉武利文

永遠のかぐわしい果実として日本の神話・伝説に特別の位置を占めて語り継がれてきた橘をめぐって、その育まれた風土とかずかずの伝承の中に日本文化の特質を探る。　四六判286頁　'98

88 杖（つえ）　矢野憲一

神の依代としての杖や仏教の錫杖に杖と信仰とのかかわりを探り、人類が突きつつ歩んだその歴史と民俗を興味ぶかく語る。多彩な材質と用途を網羅した杖の博物誌。　四六判314頁　'98

89 もち（糯・餅）　渡部忠世／深澤小百合

モチイネの栽培・育種から食品加工、民俗、儀礼にわたってそのルーツと伝承の足跡をたどり、アジア稲作文化という広範な視野からこの特異な食文化の謎を解明する。　四六判330頁　'98

90 さつまいも　坂井健吉

その栽培の起源と伝播経路を跡づけるとともに、わが国伝来後四百年の経緯を詳細にたどり、世界に冠たる育種と栽培・利用法を築いた人々の知られざる足跡をえがく。　四六判328頁　'99

91 珊瑚（さんご） 鈴木克美

海岸の自然保護に重要な役割を果たす岩石サンゴから宝飾品として知られる宝石サンゴまで、人間生活と深くかかわってきたサンゴの多彩な姿を人類文化史として描く。 四六判３７０頁 '99

92-Ⅰ 梅Ⅰ 有岡利幸

万葉集、源氏物語、五山文学などの古典や天神信仰に表れた梅の足跡を克明に辿りつつ日本人の精神史に刻印された梅を浮彫にし、梅と日本人の二〇〇〇年史を描く。 四六判２７４頁 '99

92-Ⅱ 梅Ⅱ 有岡利幸

その植生と栽培、伝承、梅の名所や鑑賞法の変遷から戦前の国定教科書に表れた梅まで、梅と日本人との多彩なかかわりを探り、桜との対比において梅の文化史を描く。 四六判３３８頁 '99

93 木綿口伝（もめんくでん） 第2版 福井貞子

老女たちからの聞書を経糸とし、厖大な遺品・資料を緯糸として、母から娘へと幾代にも伝えられた手づくりの木綿文化を掘り起し、近代の木綿の盛衰を描く。増補版 四六判３３６頁 '00

94 合せもの 増川宏一

「合せる」には古来、一致させるの他に、競う、闘う、比べる等の意味があった。貝合せや絵合せ等の遊戯・賭博を中心に、広範な人間の営みを「合せる」行為に辿る。 四六判３００頁 '00

95 野良着（のらぎ） 福井貞子

明治初期から昭和四〇年までの野良着を収集・分類・整理し、それらの用途と年代、形態、材質、重量、呼称などを精査して、働く庶民の創意にみちた生活史を描く。 四六判２９２頁 '00

96 食具（しょくぐ） 山内昶

東西の食文化に関する資料を渉猟し、食法の違いを人間の自然に対するかかわり方の違いとして捉えつつ、食具を人間と自然をつなぐ基本的な媒介物として位置づける。 四六判２９２頁 '00

97 鰹節（かつおぶし） 宮下章

黒潮からの贈り物・カツオの漁法から鰹節の製法や食法、商品としての流通までを歴史的に展望するとともに、沖縄やモルジブ諸島の調査をもとにそのルーツを探る。 四六判３８２頁 '00

98 丸木舟（まるきぶね） 出口晶子

先史時代から現代の高度文明社会まで、もっとも長期にわたり使われてきた刳り舟に焦点を当て、その技術伝承を辿りつつ、森や水辺の文化の広がりと動態をえがく。 四六判３２４頁 '01

99 梅干（うめぼし） 有岡利幸

日本人の食生活に不可欠の自然食品・梅干をつくりだした先人たちの知恵に学ぶとともに、健康増進に驚くべき薬効を発揮する、その知られざるパワーの秘密を探る。 四六判３００頁 '01

100 瓦（かわら） 森郁夫

仏教文化と共に中国・朝鮮から伝来し、一四〇〇年にわたり日本の建築を飾ってきた瓦をめぐって、発掘資料をもとにその製造技術、形態、文様などの変遷をたどる。 四六判３２０頁 '01

101 植物民俗 長澤武

衣食住から子供の遊びまで、幾世代にも伝承された植物をめぐる暮らしの知恵を克明に記録し、高度経済成長期以前の農山村の豊かな生活文化を愛惜をこめて描き出す。 四六判３４８頁 '01

102 箸（はし） 向井由紀子／橋本慶子

そのルーツを中国、朝鮮半島に探るとともに、日本人の食生活に不可欠の食具となり、日本文化のシンボルとされるまでに洗練された箸の文化の変遷を総合的に描く。 四六判334頁 '01

103 採集 ブナ林の恵み 赤羽正春

縄文時代から今日に至る採集・狩猟民の暮らしを復元し、動物の生態系と採集生活の関連を明らかにしつつ、民俗学と考古学の両面から山に生かされた人々の姿を描く。 四六判298頁 '01

104 下駄 神のはきもの 秋田裕毅

古墳や井戸等から出土する下駄に着目し、下駄が地上と地下の他界を結ぶ聖なるはきものであったという大胆な仮説を提出、日本の神々の忘れられた側面を浮彫にする。 四六判304頁 '02

105 絣（かすり） 福井貞子

膨大な絣遺品を収集・分類し、絣産地を実地に調査して絣の技法と文様の変遷を地域別・時代別に跡づけ、明治・大正・昭和の手づくりの染織文化の盛衰を描き出す。 四六判310頁 '02

106 網（あみ） 田辺悟

漁網を中心に、網に関する基本資料を網羅して網の変遷と網をめぐる民俗を体系的に描き出し、網の文化を集成する。「網に関する小事典」「網のある博物館」を付す。 四六判316頁 '02

107 蜘蛛（くも） 斎藤慎一郎

「土蜘蛛」の呼称で畏怖される一方「クモ合戦」など子供の遊びとしても親しまれてきたクモと人間との長い交渉の歴史をその深層に遡って追究した異色のクモ文化論。 四六判320頁 '02

108 襖（ふすま） むしゃこうじ・みのる

襖の起源と変遷を建築史・絵画史の中に探りつつその用と美を浮彫にし、衝立・障子・屏風等と共に日本建築の空間構成に不可欠の建具となるまでの経緯を描き出す。 四六判270頁 '02

109 漁撈伝承（ぎょろうでんしょう） 川島秀一

漁師たちからの聞き書きをもとに、寄り物、船霊、大漁旗など、漁撈にまつわる〈もの〉の伝承を集成し、海の道によって運ばれた習俗や信仰の民俗地図を描き出す。 四六判334頁 '03

110 チェス 増川宏一

世界中に数億人の愛好者を持つチェスの起源と文化を、欧米における膨大な研究の蓄積を渉猟しつつ探り、日本への伝来の経緯から美術工芸品としてのチェスにおよぶ。 四六判298頁 '03

111 海苔（のり） 宮下章

海苔の歴史は厳しい自然とのたたかいの歴史だった――採取から養殖、加工、流通、消費に至る先人たちの苦難の歩みを史料と実地調査によって浮彫にする食物文化史。 四六判172頁 '03

112 屋根 檜皮葺と杮葺 原田多加司

屋根葺師一〇代の著者が、自らの体験と職人の本懐を語り、連綿として受け継がれてきた伝統の手わざを体系的にたどりつつ伝統技術の保存と継承の必要性を訴える。 四六判340頁 '03

113 水族館 鈴木克美

初期水族館の歩みを創始者たちの足跡を通して辿りなおし、水族館をめぐる社会の発展と風俗の変遷を描き出すとともにその未来像をさぐる初の〈日本水族館史〉の試み。 四六判290頁 '03

114 古着（ふるぎ） 朝岡康二

仕立てと着方、管理と保存、再生と再利用等にわたり衣生活の変容を近代の日常生活の変化として捉え直し、衣服をめぐるリサイクル文化が形成される経緯を描き出す。四六判２９２頁 '03

115 柿渋（かきしぶ） 今井敬潤

染料・塗料をはじめ生活百般の必需品であった柿渋の伝承を記録し、文献資料をもとにその製造技術と利用の実態を明らかにして、忘れられた豊かな生活技術を見直す。四六判２９４頁 '03

116-Ⅰ 道Ⅰ 武部健一

道の歴史を先史時代から説き起こし、古代律令制国家の要請によって駅路が設けられ、しだいに幹線道路として整えられてゆく経緯を技術史・社会史の両面からえがく。四六判２４８頁 '03

116-Ⅱ 道Ⅱ 武部健一

中世の鎌倉街道、近世の五街道、近代の開拓道路から現代の高速道路網までを通観し、道路を拓いた人々の手によって今日の交通ネットワークが形成された歴史を語る。四六判２８０頁 '03

117 かまど 狩野敏次

日常の煮炊きの道具であるとともに祭りと信仰に重要な位置を占めてきたカマドをめぐる忘れられた伝承を掘り起こし、民俗空間の壮大なコスモロジーを浮彫りにする。四六判２９２頁 '04

118-Ⅰ 里山Ⅰ 有岡利幸

縄文時代から近世までの里山の変遷を人々の暮らしと植生の変化の両面から跡づけ、その源流を記紀万葉に描かれた里山の景観や大和・三輪山の古記録・伝承等に探る。四六判２７６頁 '04

118-Ⅱ 里山Ⅱ 有岡利幸

明治の地租改正による山林の混乱、相次ぐ戦争による山野の荒廃、エネルギー革命、高度成長による大規模開発など、近代化の荒波に翻弄される里山の見直しを説く。四六判２７４頁 '04

119 有用植物 菅 洋

人間生活に不可欠のものとして利用されてきた身近な植物たちの来歴と栽培・育種・品種改良・伝播の経緯を平易に語り、植物と共に歩んだ文明の足跡を浮彫にする。四六判３２４頁 '04

120-Ⅰ 捕鯨Ⅰ 山下渉登

世界の海で展開された鯨と人間との格闘の歴史を振り返り、「大航海時代」の副産物として開始された捕鯨業の誕生以来四〇〇年にわたる盛衰の社会的背景をさぐる。四六判３１４頁 '04

120-Ⅱ 捕鯨Ⅱ 山下渉登

近代捕鯨の登場により鯨資源の激減を招き、捕鯨の規制・管理のための国際条約締結に至る経緯をたどり、グローバルな課題としての自然環境問題を浮き彫りにする。四六判３１２頁 '04

121 紅花（べにばな） 竹内淳子

栽培、加工、流通、利用の実際を現地に探訪して紅花とかかわってきた人々からの聞き書きを集成し、忘れられた〈紅花文化〉を復元しつつその豊かな味わいを見直す。四六判３４６頁 '04

122-Ⅰ もののけⅠ 山内昶

日本の妖怪変化、未開社会の〈マナ〉、西欧の悪魔やデーモンを比較考察し、名づけ得ぬ未知の対象を指す万能のゼロ記号〈もの〉をめぐる人類文化史を跡づける博物誌。四六判３２０頁 '04

122-Ⅱ ものの け Ⅱ　山内昶

日本の鬼、古代ギリシアのダイモン、中世の異端狩り・魔女狩り等々をめぐり、自然＝カオスと文化＝コスモスの対立の中で〈野生の思考〉が果たしてきた役割をさぐる。四六判２８０頁 '04

123 染織（そめおり）　福井貞子

自らの体験と厖大な残存資料をもとに、糸づくりから織り、染めにわたる手づくりの豊かな生活文化を見直す。創意にみちた手わざのかずかずを復元する庶民生活誌。四六判２９４頁 '05

124-Ⅰ 動物民俗Ⅰ　長澤武

神として崇められたクマやシカをはじめ、人間にとって不可欠の鳥獣や魚、さらには人間を脅かす動物など、多種多様な動物たちと交流してきた人々の暮らしの民俗誌。四六判２６４頁 '05

124-Ⅱ 動物民俗Ⅱ　長澤武

動物の捕獲法をめぐる各地の伝承を紹介するとともに、全国で語り継がれてきた多彩な動物民話・昔話を渉猟し、暮らしの中で培われた動物フォークロアの世界を描く。四六判２６６頁 '05

125 粉（こな）　三輪茂雄

粉体の研究をライフワークとする著者が、粉食の発見からナノテクノロジーまで、人類文明の歩みを〈粉〉の視点から捉え直した壮大なスケールの〈文明の粉体史観〉　四六判３０２頁 '05

126 亀（かめ）　矢野憲一

浦島伝説や「兎と亀」の昔話によって親しまれてきた亀のイメージの起源を探り、古代の亀卜の方法から、亀にまつわる信仰と迷信、鼈甲細工やスッポン料理におよぶ。四六判３３０頁 '05

127 カツオ漁　川島秀一

一本釣り、カツオ漁場、船上の生活、船霊信仰、祭りと禁忌など、カツオ漁にまつわる漁師たちの伝承を集成し、黒潮に沿って伝えられた漁民たちの文化を掘り起こす。四六判３７０頁 '05

128 裂織（さきおり）　佐藤利夫

木綿の風合いと強靭さを生かした裂織の技と美をすぐれたリサイクル文化として見なおす。東西文化の中継地・佐渡の古老たちからの聞書をもとに歴史と民俗をえがく。四六判３０８頁 '05

129 イチョウ　今野敏雄

「生きた化石」として珍重されてきたイチョウの生い立ちと人々の生活文化とのかかわりの歴史をたどり、この最古の樹木に秘められたパワーを最新の中国文献にさぐる。四六判３１２頁〔品　切〕 '05

130 広告　八巻俊雄

のれん、看板、引札からインターネット広告までを通観し、いつの時代にも広告が人々の暮らしと密接にかかわって独自の文化を形成してきた経緯を描く広告の文化史。四六判２７６頁 '06

131-Ⅰ 漆（うるし）Ⅰ　四柳嘉章

全国各地で発掘された考古資料を対象に科学的解析を行ない、縄文時代から現代に至る漆の技術と文化を跡づける試み。漆が日本人の生活と精神に与えた影響を探る。四六判２７４頁 '06

131-Ⅱ 漆（うるし）Ⅱ　四柳嘉章

遺跡や寺院等に遺る漆器を分析し体系づけるとともに、絵巻物や文学作品の考証を通じて、職人や産地の形成、漆工芸の地場産業としての発展の経緯などを考察する。四六判２１６頁 '06

132 **まな板** 石村眞一

日本、アジア、ヨーロッパ各地のフィールド調査と考古・文献・絵画・写真資料をもとにまな板の素材・構造・使用法を分類し、多様な食文化とのかかわりをさぐる。 四六判３７２頁 '06

133-I **鮭・鱒**（さけ・ます）**I** 赤羽正春

鮭・鱒をめぐる民俗研究の前史から現在までを概観するとともに、原初的な漁法から商業的漁法にわたる多彩な漁法と用具、漁場と社会組織の関係などを明らかにする。 四六判２９２頁 '06

133-II **鮭・鱒**（さけ・ます）**II** 赤羽正春

鮭漁をめぐる行事、鮭捕り衆の生活等を聞き取りによって再現し、人工孵化事業の発展とそれを担った先人たちの業績を明らかにするとともに、鮭・鱒の料理におよぶ。 四六判３５２頁 '06

134 **遊戯** その歴史と研究の歩み 増川宏一

古代から現代まで、日本と世界の遊戯の歴史を概説し、内外の研究者との交流の中で得られた最新の知見をもとに、研究の出発点と目的を論じ、現状と未来を展望する。 四六判２９６頁 '06

135 **石干見**（いしひみ） 田和正孝編

沿岸部に石垣を築き、潮汐作用を利用して漁獲する原初的漁法を日・韓・台に残る遺構と伝承の調査・分析をもとに復元し、東アジアの伝統的漁撈文化を浮彫りにする。 四六判３３２頁 '07

136 **看板** 岩井宏實

江戸時代から明治・大正・昭和初期までの看板の歴史を生活文化史の視点から考察し、多種多様な生業の起源と変遷を多数の図版をもとに紹介する〈図説商売往来〉。 四六判２６６頁 '07

137-I **桜I** 有岡利幸

そのルーツと生態から説きおこし、和歌や物語に描かれた古代社会の桜観から「花は桜木、人は武士」の江戸の花見の流行まで、日本人と桜のかかわりの歴史をさぐる。 四六判３８２頁 '07

137-II **桜II** 有岡利幸

明治以後、軍国主義と愛国心のシンボルとして政治的に利用されてきた桜の近代史を辿るとともに、日本人の生活と共に歩んだ「咲く花、散る花」の栄枯盛衰を描く。 四六判４００頁 '07

138 **麴**（こうじ） 一島英治

日本の気候風土の中で稲作と共に育まれた麴菌のすぐれたはたらきの秘密を探り、醸造化学に携わった人々の足跡をたどりつつ醱酵食品と日本人の食生活文化を考える。 四六判２４４頁 '07

139 **河岸**（かし） 川名登

近世初頭、河川水運の隆盛と共に物流のターミナルとして賑わい、船旅や遊廓などをもたらした河岸（川の港）の盛衰を河岸に生きる人々の暮らしの変遷としてえがく。 四六判３００頁 '07

140 **神饌**（しんせん） 岩井宏實／日和祐樹

土地に古くから伝わる食物を神に捧げる神饌儀礼に祭りの本義を探り、近畿地方主要神社の伝統的儀礼をつぶさに調査して、豊富な写真と共にその実際を明らかにする。 四六判３７４頁 '07

141 **駕籠**（かご） 櫻井芳昭

その様式、利用の実態、地域ごとの特色、車の利用を抑制する交通政策との関連から駕籠かきたちの風俗までを明らかにし、日本交通史の知られざる側面に光を当てる。 四六判２９４頁 '07

142 **追込漁**（おいこみりょう）　川島秀一

沖縄の島々をはじめ、日本各地で今なお行なわれている沿岸漁撈を実地に精査し、魚の生態と自然条件を知り尽した漁師たちの知恵と技を見直しつつ漁業の原点を探る。　四六判３６８頁　'08

143 **人魚**（にんぎょ）　田辺悟

ロマンとファンタジーに彩られて世界各地に伝承される人魚の実像をもとめて東西の人魚誌を渉猟し、フィールド調査と膨大な資料をもとに集成したマーメイド百科。　四六判３５２頁　'08

144 **熊**（くま）　赤羽正春

狩人たちからの聞き書きをもとに、かつては神として崇められた熊と人間との精神史的な関係をさぐり、熊を通して人間の生存可能性にもおよぶユニークな動物文化史。　四六判３８４頁　'08

145 **秋の七草**　有岡利幸

『万葉集』で山上憶良がうたいあげて以来、千数百年にわたり秋を代表する植物として日本人にめでられてきた七種の草花の知られざる伝承を掘り起こす植物文化誌。　四六判３０６頁　'08

146 **春の七草**　有岡利幸

厳しい冬の季節に芽吹く若菜に大地の生命力を感じ、春の到来を祝い新年の息災を願う「七草粥」などとして食生活の中に巧みに取り入れてきた古人たちの知恵を探る。　四六判２７２頁　'08

147 **木綿再生**　福井貞子

自らの人生遍歴と木綿を愛する人々との出会いを織り重ねて綴り、優れた文化遺産としての木綿衣料を紹介しつつ、リサイクル文化としての木綿再生のみちを模索する。　四六判２６６頁　'09

148 **紫**（むらさき）　竹内淳子

今や絶滅危惧種となった紫草（ムラサキ）を育てる人びと、伝統の紫根染を今に伝える人びとを全国にたずね、貝紫染の始原を求めて吉野ヶ里におよぶ「むらさき紀行」。　四六判３２４頁　'09

149-Ⅰ **杉Ⅰ**　有岡利幸

その生態、天然分布の状況から各地における栽培・育種、利用にいたる歩みを弥生時代から今日までの人間の営みの中で捉えなおし、わが国林業史を展望しつつ描き出す。　四六判２８２頁　'10

149-Ⅱ **杉Ⅱ**　有岡利幸

古来神の降臨する木として崇められるとともに生活のさまざまな場面で活用され、絵画や詩歌に描かれてきた杉の文化をたどり、さらに「スギ花粉症」の原因を追究する。　四六判２７８頁　'10

150 **井戸**　秋田裕毅（大橋信弥編）

弥生中期になぜ井戸は突然出現するのか。飲料水など生活用水ではなく、祭祀用の聖なる水を得るためだったのではないか。目的や構造の変遷、宗教との関わりをたどる。　四六判２６０頁　'10

151 **楠**（くすのき）　矢野憲一／矢野高陽

語源と字源、分布と繁殖、文学や美術における楠から医薬品としての利用、キューピー人形や樟脳の船まで、楠と人間の関わりの歴史を辿りつつ自然保護の問題に及ぶ。　四六判３３４頁　'10

152 **温室**　平野恵

温室は明治時代に欧米から輸入された印象があるが、じつは江戸時代半ばから「むろ」という名の保温設備があった。絵巻や小説、遺跡などより浮かび上がる歴史。　四六判３１０頁　'10

153 檜（ひのき）　有岡利幸

建築・木彫・木材工芸に最良の材としてわが国の〈木の文化〉に重要な役割を果たしてきた檜。その生態から保護・育成・生産・流通・加工までの変遷をたどる。　四六判320頁 '11

154 落花生　前田和美

南米原産の落花生が大航海時代にアフリカ経由で世界各地に伝播していく歴史をたどるとともに、日本で栽培を始めた先覚者や食文化との関わりを紹介する。　四六判312頁 '11

155 イルカ（海豚）　田辺悟

神話・伝説の中のイルカ、イルカをめぐる信仰から、漁撈伝承、食文化の伝統と保護運動の対立までを幅広くとりあげ、ヒトと動物との関係はいかにあるべきかを問う。　四六判330頁 '11

156 輿（こし）　櫻井芳昭

古代から明治初期まで、千二百年以上にわたって用いられてきた輿の種類と変遷を探り、天皇の行幸や斎王群行、姫君たちの輿入れにおける使用の実態を明らかにする。　四六判252頁 '11

157 桃　有岡利幸

魔除けや若返りの呪力をもつ果実として神話や昔話に語り継がれ、近年古代遺跡から大量出土して祭祀との関連が注目される桃。日本人との多彩な関わりを考察する。　四六判328頁 '12

158 鮪（まぐろ）　田辺悟

古文献に描かれ記されたマグロを紹介し、漁法・漁具から運搬と流通・消費、漁民たちの暮らしと民俗・信仰までを探りつつ、マグロをめぐる食文化の未来にもおよぶ。　四六判350頁 '12

159 香料植物　吉武利文

クロモジ、ハッカ、ユズ、セキショウ、ショウノウなど、日本の風土で育った植物から香料をつくりだす人びとの営みを現地に訪ね、伝統技術の継承・発展を考える。　四六判290頁 '12

経営の基礎から学ぶ

経営情報システム教科書

武藤明則［著］
Mutoh Akinori

同文舘出版

はしがき

今や，経営情報システムの基礎知識は，企業の経営に関わるすべての人に求められている。経営における「情報を処理する仕組み」である経営情報システムが存在しない企業はほとんど存在しないであろう。日々の職務を遂行するにも，新しいビジネスを創造するにも，経営情報システムと無関係ではいられない。

今日，経営情報システムは転換期にある。それは，1つには企業を取り巻く環境の大きな変化によって経営のあり方が変革を迫られているからであり，もう1つにはコンピュータに代表されるICT（情報通信技術）が急速に発達・普及しているからである。それが経営情報システムの理解を難しくしている。

経営情報システムに対する本書の基本的な考え方は，「企業は経営戦略のもとにビジネスモデルを構想し，それを実現する経営情報システムを構築する必要がある」ということである。経営情報システムを理解するには，ICTの基礎知識のみならず，経営戦略やビジネスモデルといった経営の基礎概念をも理解しておくことが前提になる。

本書の目的は，経営の基礎から経営情報システムの最新動向までを体系的に理解できる標準的な教科書を作ることである。この目的は，2010年に刊行した前著『経営情報システム教科書』を踏襲したものである。幸い，前著は多くの大学で教科書や参考書として採用され，当初の狙いが正しかったことを確信できた。しかし，その後の経営情報システムの発展には著しいものがある。そこで今回，前著を「ICTの基礎知識」と「経営への応用」とに2分割し，大幅に加筆することにした。前半は2014年3月に『ビジネスのためのコンピュータ教科書』（同文舘出版）として刊行した。本書はその後半である。

本書は，初めて経営を学ぶビジネスパーソンや学生を想定している。筆者の約40年にわたる実務と教育の経験をもとに，最新の経営理論やICTの動向のみならず，企業での事例にも配慮しながら，経営情報システムを体系的かつ分かりやすく解説するよう努めた。本書によって，一人でも多くの人が経営情報システムを学び，ビジネスに成功されることを願ってやまない。

最後に，出版の機会をいただき，数多くのご支援をいただいた同文舘出版株式会社に深く感謝申し上げたい。

2014年9月

武　藤　明　則

目　次

第Ⅰ部 経営情報システムの基礎

企業は製品やサービスを通じて顧客に価値を提供している。価値を提供するためには，人・モノ・金・情報といった経営資源と，色々な仕組みが必要になる。これらの経営資源と仕組みは相互に関係していて，全体を１つのシステムと見ることができる。顧客に価値を提供するためのシステムをビジネスシステムといい，「収益を得るために，誰を顧客として，どのような価値を，どのようなビジネスシステムによって提供するのか」という事業展開の基本的な考え方をビジネスモデルという。ビジネスモデルは事業の設計図のようなものであり，経営戦略をもとにデザインされる。経営情報システムは，ビジネスシステムと深く関わっており，顧客への価値を高めたりビジネスシステムを効率化したりすることによって，ビジネスモデルの創造と革新を可能にする。

第１章では，経営情報システムを理解する上で前提となる経営戦略，ビジネスモデル，ビジネスシステムといった概念について説明する。第２章と第３章でビジネスシステムの構成要因である「生産・流通のプロセスと仕組み」，「経営管理」，「経営組織」について説明した後，第４章で経営情報システムの概念・目的・役割・構成について説明する。

本書では，ビジネスシステムの視点から経営情報システムを説明していく。これにより，企業経営と関係づけながら経営情報システムを体系的に理解することができるようになる。

第１章 経営戦略とビジネスモデル

本　章　の　要　約

① 企業は製品やサービスを生産・販売することによって顧客に価値を提供する組織体である。製品・サービスを生産・販売するには，人，モノ，金，情報の４つの経営資源が必要になる。
② 企業が環境に適応しながらどのような方向に向かって経営していくのかを示す構想を経営戦略といい，企業内の人々が意思決定する上での指針となる。経営戦略は企業戦略（全社戦略），競争戦略（事業戦略），機能戦略に分けられる。さらに，競争戦略にはコスト・リーダーシップ，差別化，集中の３つの基本戦略がある。
③ ビジネスモデルは事業の設計図のようなものであり，「収益を得るために，誰を顧客として，どのような価値を，どのようなビジネスシステムによって提供するのか」という問いに答えたものである。

1 企業と経営資源

◇企業は顧客に価値を提供する組織体

企業は製品やサービスを生産して顧客に販売している。例えば，自動車会社は自動車を生産して顧客に販売する。顧客は自動車を購入することで，「通勤のための移動手段」や「自動車を所有することの喜び」といった価値を得る。自動車は物理的な製品であるが，ホテルやテーマパークのようにサービスを提供する企業もある。ホテルは宿泊というサービスを，またテーマパークはエンターテイメントというサービスを提供する。これらのサービスによって顧客は「快適さ」や「楽しさ」という価値を得る。企業は製品・サービスを生産・販売することによって顧客に価値を提供する組織体であるといえる。

◇経営資源

企業が製品・サービスを生産・販売するには，人，モノ，金，情報の4つの経営資源が必要になる。例えば，自動車工場では，多くの人が自動車生産に従事している。自動車を生産するために，自動車を構成する素材や部品ばかりではなく，製造設備や建屋などのモノが使用される。人を採用したり，モノを購入したりするには金が必要になる。また，何台位の需要があるのかといった需要情報や，自動車生産のための技術やノウハウは，大切な経営資源としての情報である。

◇市場と取引

企業は外部から経営資源を調達し，それを使用して生産した製品・サービスを顧客に販売する。経営資源を調達したり，製品・サービスを販売したりするときには，他企業や個人と取引が行われる。このような取引が行われる場を市場という。

図表1-1 市場と企業

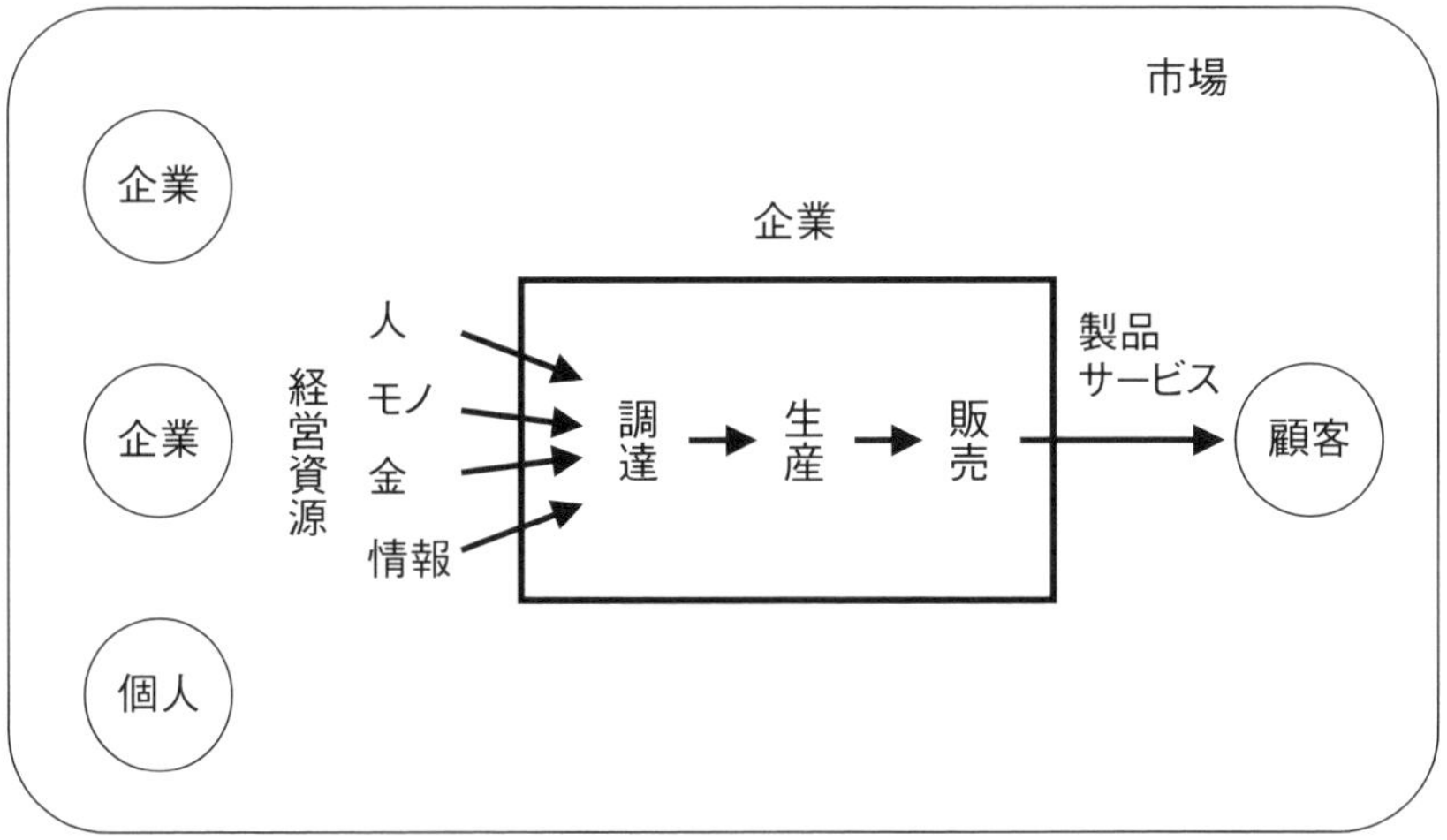

2 経営戦略

◇経営戦略の意味と種類

企業を取り巻く環境は日々変化しており，環境変化に適応できない企業は淘汰される。顧客のニーズや嗜好は変化しており，今日の売れ筋商品が明日も売れるとは限らない。新しい技術は今までなかった新しい商品を誕生させ，従来の商品を陳腐化させる。その他にも，新しい競合企業の出現，法律の改正，為替変動など，企業は変化し続ける環境に適応しながら経営しなければならない。

企業が環境に適応しながらどのような方向に向かって経営していくのかを示す構想を経営戦略といい，企業内の人々が意思決定する上での指針となる。経営戦略がなければ，環境変化にどのように対応してよいか分からず，人々の意思決定はバラバラになってしまうだろう。一般に，経営戦略は企業戦略（全社戦略），競争戦略（事業戦略），機能戦略に分けられる。

◇企業戦略（全社戦略）

企業は，環境変化に適応しながら持続的に経営するために，新しい事業を展開したり，事業の組み合わせを変えたりする。例えば，セブン-イレブン・ジャパンやイトーヨーカ堂を傘下に持つセブン&アイ・ホールディングスは，1920年に吉川敏雄氏が浅草に開業した「羊華堂洋品店」が始まりであるが，時代とともに事業の組み替えを行い，今日では，総合スーパー，コンビニエンスストア（コンビニ），百貨店，食品スーパー，レストラン，金融など，多くの事業を展開している。このように，企業を成長させていくための事業構造の構想を企業戦略または全社戦略という。

◇競争戦略（事業戦略）[(1)]

事業によって顧客，競合企業，供給業者，必要とされる技術などの事業環境が異なるため，事業ごとの事業戦略が必要になる。この戦略は，企業間競争において競争優位を確立することが基本となるので，競争戦略ともいう。マイケル・ポーター[(2)]によれば，競争戦略にはコスト・リーダーシップ，差別化，集中の3つの基本戦略がある。

① コスト・リーダーシップ

競合企業よりもコスト面で優位に立とうとする戦略である。品質面で同程度の製品であれば，競合企業よりも低価格で販売することによって販売量を拡大することができるし，競合企業と同じ価格で販売すれば，より多くの利益を獲得することができる。業界1位のトップ企業は，競合企業よりも生産量が多く，規模の経済によって製品の原価を低くすることができるため，この戦略をとりやすい。

② 差別化

製品の品質，デザイン，広告，ブランド，サービスなどの面で，顧客にとって魅力的な独自性を打ち出すことによって，価格以外の要素で差別化しようとする戦略である。業界2番手以下の企業は，トップ企業よりも生産量が少ないため，コスト面では不利である。そこで，新技術やデザインなど，製品の魅力によってトップ企業との差別化を図ろうとする。

③ 集中

特定の顧客，製品，地域などに集中し，そこにおいてコスト・リーダーシップまたは差別化を図ろうとする戦略である。比較的小規模の企業に見られる戦略である。例えば，スズキはトヨタ自動車や日産自動車と比較すると経営規模が小さいため，軽自動車に集中することにより，事業を有利に展開している。

◇機能戦略

企業が顧客に製品やサービスを提供するには，生産，マーケティング，財務，労務・人事などの機能が必要になる。これらの機能ごとの戦略を機能戦略といい，生産戦略，マーケティング戦略，財務戦略，労務・人事戦略などがある。例えば，日本企業は長い間，終身雇用や年功賃金を労務・人事戦略とし，この戦略のもとに採用，昇進，昇給，福利厚生などの労務・人事施策を実施してきた。

事例1-1　マクドナルドとモスバーガーの競争戦略(3)

1990年代初め，バブル崩壊後の景気低迷期ということもあって，マクドナルドは売上げの低迷に苦しんでいた。そこで，同社は，1994年にハンバーガー，ポテト，ドリンクをセットにした「バリューセット」を400円前後で販売したのを皮切りに，1995年にはハンバーガーを210円から130円に大幅に値下げするなど，低価格化を進めた。1998年にはハンバーガーを65円にする「半額セール」を行っている。一方，モスバーガーは「おいしさ」を商品開発の基本にしており，価格は高いが独自の商品を展開してきた。特に，日本人の好みにあわせた商品に特徴があり，みそ味・しょうゆ味を取り入れたテリヤキバーガーやライスバーガーが代表的なものである。マクドナルドは，2003年，客数は伸びたものの売上高は3,000億円を割り込み，当期純利益で71億円の赤字に転落した。2004年に原田泳幸氏が社長に就任すると，それまでの極度の低価格化は見直され，商品バリエーションを拡大して価格帯を広げるなど，収益性を重視する戦略に転換した。その結果，2008年，売上高は4,000億円を超え，過去最高益を更新した。

3 ビジネスモデル

◇ビジネスモデルとは(4)

企業が経営戦略のもとに事業を展開するときの基本となる考え方をビジネスモデルという。ビジネスモデルは事業の設計図のようなものであり，「収益を得るために，誰を顧客として，どのような価値を，どのようなビジネスシステムによって提供するのか」という問いに答えたものである。

図表1-2　経営戦略とビジネスモデル

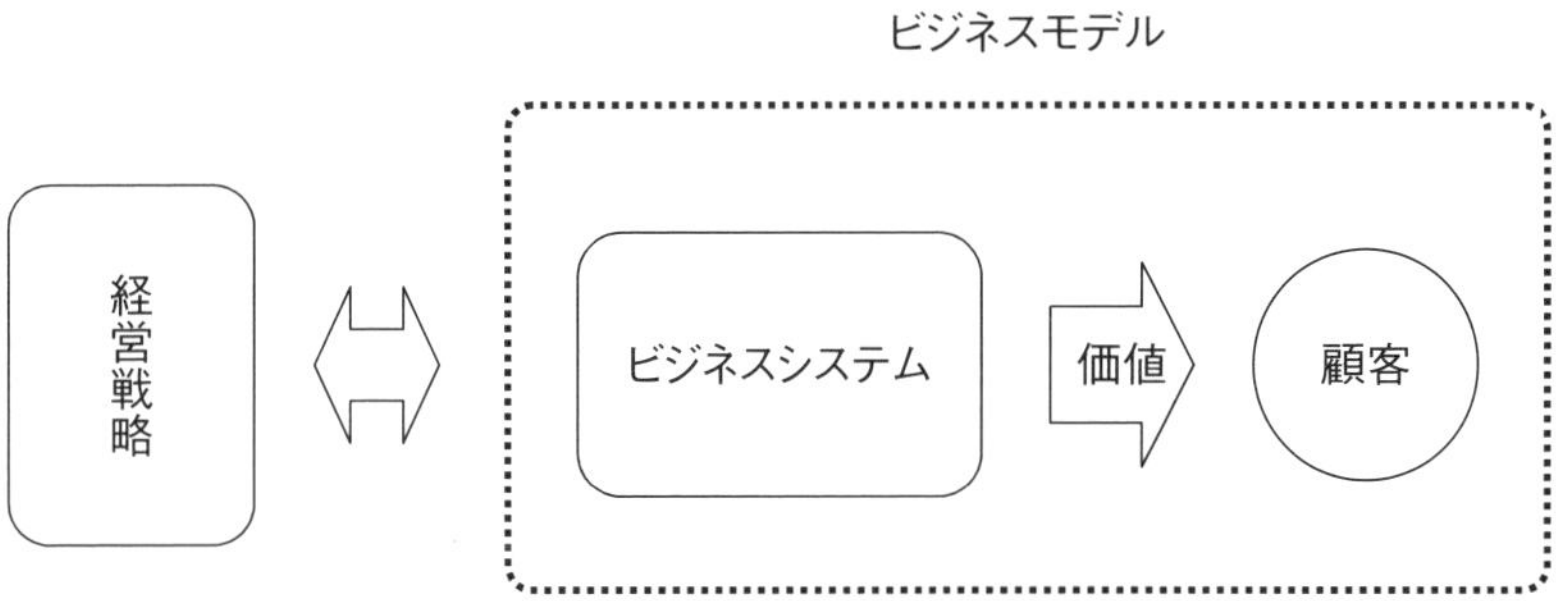

◇ビジネスシステム[5]

製品・サービスを生産して販売するには，他企業との協働が必要になる。例えば，自動車事業においては，自動車部品を生産する部品会社，自動車を開発したり組み立てたりする自動車会社，完成した自動車を販売する販売会社などが，お互いに協力しながら自動車の生産や販売を行っている。生産や販売を行うには，人・モノ・金・情報といった経営資源ばかりではなく，生産・販売の仕組みや人々を動かす経営組織など，さまざまな仕組みが必要になる。ビジネスシステムは，企業が他企業と協働しながら顧客に価値を提供するためのシステムであり，経営資源とさまざまな仕組みを企業横断的に統合したものである。

◇ビジネスシステムのプロセスと構造

ビジネスシステムには，プロセスと構造という2つの側面がある。

①　ビジネスシステムのプロセス（ビジネスプロセス）

ビジネスプロセスは生産や販売といった事業活動の流れであり，事業活動に必要な人，モノ，金，情報の流れでもある。個々の企業のビジネスプロセスは企業間の協働によって連結され，顧客に製品・サービスを供給する全体のビジネスプロセスを形成する。このようなビジネスプロセスは顧客に価値を提供する事業活動の連鎖であり，バリューチェーン（価値連鎖）[6]と呼ぶこともある。

② ビジネスシステムの構造

ビジネスシステムは経営資源とさまざまな仕組みによって構成される。仕組みには，生産や販売といった事業活動を遂行するための「生産･流通の仕組み」と，事業活動を遂行する人々を組織化したり管理したりするための「組織構造」や「経営管理システム」がある。これらの仕組みによって経営資源が統合されることにより，ビジネスプロセスが形成される。経営情報システムは，経営資源としての情報を管理したり，生産・流通や経営管理に必要な情報処理を行うための仕組みである。

図表1-3 ビジネスシステム

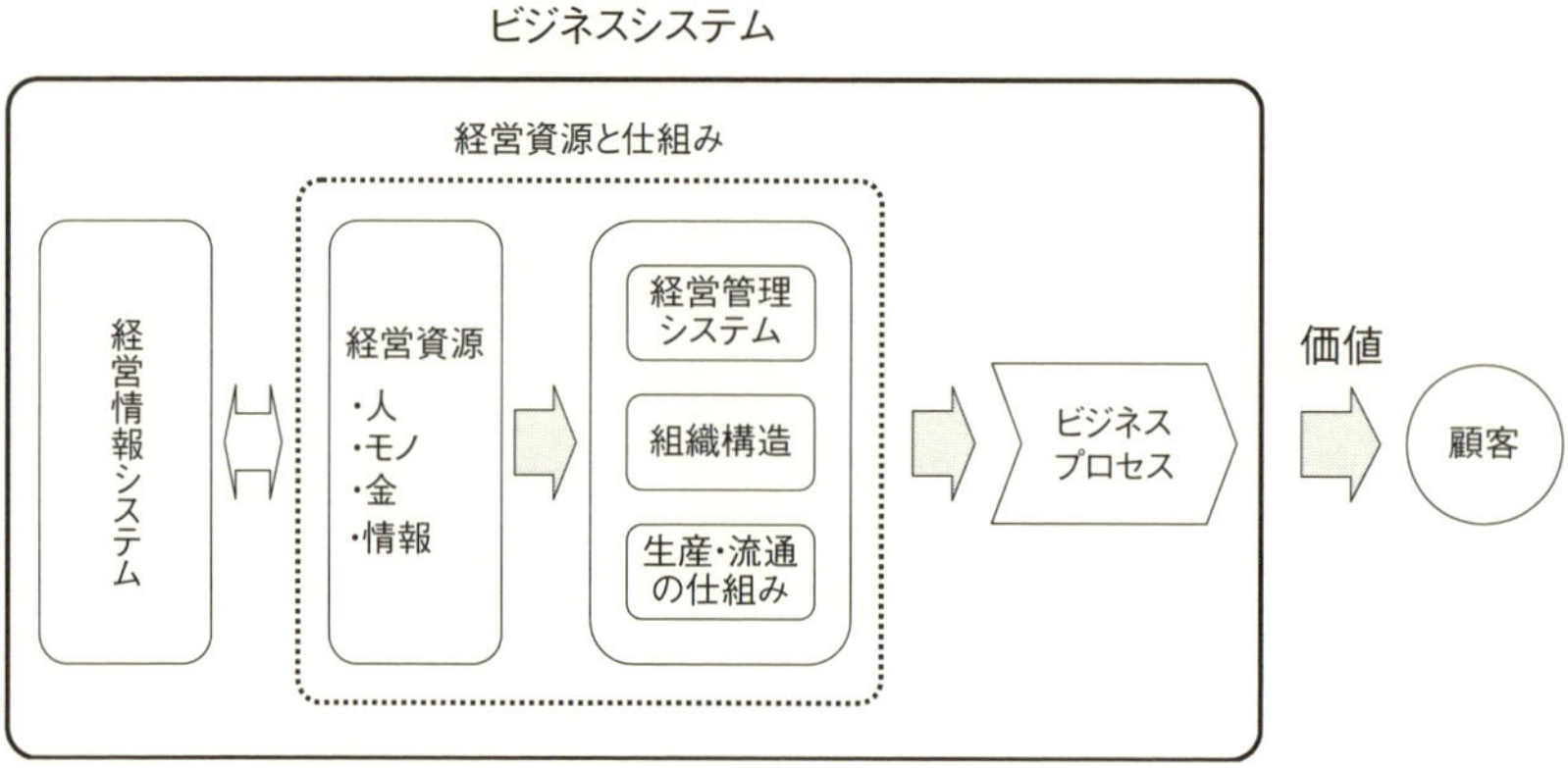

◇ビジネスモデルと経営情報システム

近年のICT（Information and Communication Technology：情報通信技術）の発達は，ビジネスモデルの創造と革新を可能にしている。例えば，インターネットによる動画サービスは，不特定多数の人々が動画を投稿したり視聴したりするビジネスモデルを創造することによって，インターネットが普及するまでは不可能であったような価値を提供している。また，以前は本を購入するには書店へ行くしかなかったが，インターネットの登場により，自宅に居ながら注文することができ，数日中に宅配便で届けられるようになった。インターネットは本を提供するビジネスモデルを革新したのである。これにより，それまでよりも簡便に本を購入することが可能になるなど，顧客に新しい価値を提供するようになった。さらに，店舗販売よりはるかに広範囲の顧客に書籍を販売できるようになり，ターゲットとする顧客が変わった。

経営情報システムは，情報管理と情報処理の仕組みを変えることによって，顧客，価値，ビジネスシステムの3つのレベルで，企業のビジネスモデルに大きな影響を与えているのである。

事例1-2　アスクルのビジネスモデル(7)

1993年，文具会社のプラスは新たな販売方法を開拓すべく，事務用品の通信販売事業を開始した。当時，文具業界ではコクヨが圧倒的に強く，全国に販売流通網を張り巡らしており，他社の追随を許さない状況であった。プラスの新しい通信販売事業はインターネットの普及もあって急成長し，1997年には新会社としてアスクルが設立された。アスクルは当初，中小企業をターゲット顧客とした。大企業には文具会社の担当営業がいて，定期的に注文をとったり，商品を納品したりしていたが，中小企業では社員が文具店まで行って買わなければならず，中小企業にこそ通信販売のビジネスチャンスがあると考えたからである。アスクルは物流システムと情報システムに大規模に投資をし，顧客がアスクルのホームページから商品を注文すれば，翌日には配達される仕組みを作った。商品が「明日，来る」ことから，社名をアスクルとしたのである。その後，アスクルは，顧客を大企業や個人へと広げるとともに，商品も事務用品だけではなく食品や介護用品まで扱うことにより，成長を続けている。

要点整理

各空欄に入る適切な語句を答えなさい（解答は巻末）

1. 企業と経営資源

企業は製品やサービスを生産・販売することによって，顧客に（　ア　）を提供する組織体である。製品・サービスを生産・販売するには，人，モノ，金，（　イ　）の4つの経営資源が必要になる。

2. 経営戦略

企業が（　ア　）に適応しながら，どのような方向に向かって経営していくのかを示す構想を経営戦略といい，企業内の人々が（　イ　）する上での指針となる。一般に，経営戦略は企業戦略（全社戦略），競争戦略（事業戦略），機能戦略の3つに分けられる。

① 企業戦略（全社戦略）

企業を成長させていくための（　ウ　）の構想である。

② 競争戦略（事業戦略）

事業ごとの戦略であり，（　エ　）を確立することが基本となる。競争戦略には次の3つの基本戦略がある。

・（　オ　）：競合企業よりもコスト面で優位に立とうとする戦略。
・（　カ　）：製品の品質，デザイン，広告，ブランド，サービスなど価格以外の要素で差別化しようとする戦略。
・（　キ　）：特定の顧客，製品，地域などに集中し，そこにおいてコスト・リーダーシップまたは差別化を図ろうとする戦略。

③ 機能戦略

生産，マーケティング，財務，労務・人事などの（　ク　）ごとの戦略である。

3. ビジネスモデル

企業が経営戦略のもとに事業を展開するときの基本となる考え方をビジネスモデルという。ビジネスモデルは事業の設計図のようなものであり，「収益を得るために，誰を（　ア　）として，どのような（　イ　）を，どのような（　ウ　）で提供するのか」という問いに答えたものである。

（　ウ　）は，他社と協働しながら顧客に価値を提供するためのシステムであり，経営資源とさまざまな仕組みを企業横断的に統合したものである。ビジネスプロセスというプロセスの側面と，経営資源と仕組みから構成されるという構造的な側面がある。

第2章
生産・流通のプロセスと仕組み

本　章　の　要　約

① 製品を工場で製造する過程を生産といい，生産された製品を商品として消費者のもとに届けるまでの過程を流通という。また，生産を担う企業を製造業（生産者またはメーカー）といい，流通を担う企業を流通業という。流通業の中でも，小売業は最終消費者に商品を販売し，卸売業は製造業と小売業の間の取引を仲介する。

② 生産者が自社または系列下にある販売会社（販社）を通して消費者に直接，販売する場合を直接流通といい，卸売業や小売業を経由して販売する場合を間接流通という。小売業の基本的な活動は販売，在庫管理，仕入れの３つである。

③ 製造業の生産形態を製品の作り方によって分類すると加工組立型とプロセス型がある。また，受注と生産のタイミングによって分類すると見込生産型と受注生産型がある。製造業の基本的な活動は製品開発，生産，マーケティングの３つである。

1 生産・流通の基礎

◇生産と流通の意味

私たちは色々な商品（製品）をお店で買うことができるが，これも商品を生産するメーカーや，商品を工場から店舗まで運送する物流会社，消費者に商品を販売する小売店など，多くの企業の活動によるものである。商品を工場で製造する過程を生産といい，生産された商品を消費者のもとに届けるまでの過程を流通という。なお，工場で生産されるまでの商品を製品と呼び，流通過程にある商品と区別することがある。

◇製造業と流通業

生産と流通のプロセスにおいては，色々な企業がお互いに取引しながら生産・販売活動を行っている。生産を担う企業を製造業(生産者またはメーカー)といい，流通を担う企業を流通業という。テレビや自動車のような工業製品について考えてみよう。これらの工業製品はソニーやトヨタ自動車のようなメーカーによって生産される。メーカーにも，アセンブリメーカーまたはセットメーカーと呼ばれる最終製品を生産するメーカーと，アセンブリメーカーに資材（素材や部品）を供給するサプライヤ（供給業者）がある。生産された最終製品はメーカーが直接，消費者に販売するか，卸売業や小売業を通じて販売される。小売業は最終消費者に商品を販売し，卸売業はメーカーと小売業の間の取引を仲介する。これらの生産や流通に直接関与する企業だけではなく，商品を運送する物流会社，企業の資金調達や決済を支援する銀行，情報システムを開発するシステム会社のように，生産や流通を間接的に支援する企業もある。

例題2-1　小売業の業種と業態

小売業の分類方法として業種と業態の2つがある。業種は主な取扱商品や営業種目といった商品によって分類したものであり，肉屋，魚屋…などがある。これに対して，業態は販売方法などの営業形態によって分類したものである。同じ商品を販売していても，販売方法が異なれば業態も異なる。ビールを販売する小売業の業態にはどのようなものがあるか答えよ。

答え　酒販店，スーパー，コンビニ，…

例題2-2　卸売業の機能

卸売業の機能の1つに取引回数の削減がある。例えば，生産者がM社，小売業者がN社あり，すべての小売業者がすべての生産者と1対1で取引するとすれば，M×N回の取引が必要になる。生産者と小売業者の間に卸売業者1社が介在して取引するようにすると，取引回数は何回に削減されるか。

答え　M＋N回

◇生産・流通プロセス　―事業活動とモノ・金・情報の流れ―

色々な企業の生産・販売活動の結果，製品（モノ）は工場で製造され，商品として消費者のもとに届けられる。モノの所有権が製造業から流通業，消費者へと移転していくと，これとは逆の方向に金の流れが発生する。小売業は商品を消費者に販売することによって代金を受け取るが，商品を仕入れた卸やメーカーに対して仕入代金を支払う。メーカーは製品を生産するために，原材料や製造設備を購入し，生産に従事する従業員に給与を支払う。これにより，メーカーからサプライヤ，設備メーカー，従業員へと金が流れていくことになる。また，企業が生産・販売活動を行うには，さまざまな情報を必要とする。どこから商品を仕入れたらよいのか，それらの品質と価格はどうか，消費者はどのような商品をいくら位で購入したいと思っているのか…など。消費者もどこでどのような商品を購入できるのかという情報を必要としている。以上のように，生産と流通のプロセスは，企業による生産・販売活動（事業活動）の連鎖であり，それによって発生するモノ・金・情報の流れでもある。

図表2-1　事業活動とモノ・金・情報の流れ

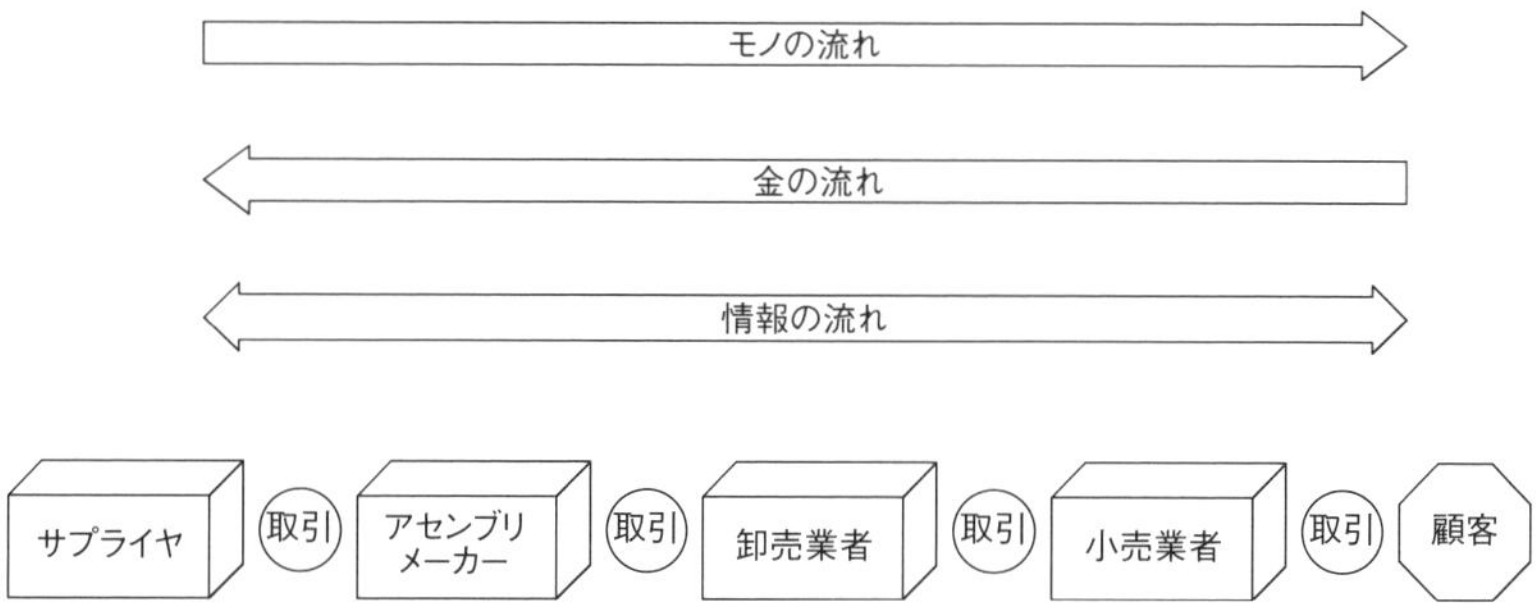

◇生産・流通の仕組み

製品・サービスを生産・販売するには，さまざまな仕組みが必要になる。ものの作り方や販売の仕方など，仕組みには企業としての経験や知恵が蓄積されている。例えば，トヨタ自動車のトヨタ生産方式や，セブン-イレブンのPOSシステムによる単品管理は，代表的な生産・流通の仕組みである。両社とも，日々，仕組みを改善しており，競争力の源泉になっている。生産・流通の仕組みには，企業内部の仕組みと市場取引の仕組みがあり，市場取引には企業間取引と企業・消費者間取引がある。これらの仕組みが統合されることによって，企業と企業が協働しながら顧客に製品・サービスを提供する企業横断的な仕組みができる。トヨタ自動車は，“かんばん”と呼ばれる仕組みを使うことによって，サプライヤと協働しながら高品質の車を効率よく生産している。

2 小売業の事業活動

◇流通形態

生産者が自社または系列下にある販売会社（販社）を通して消費者に直接，販売する場合を直接流通といい，卸売業や小売業を経由して販売する場合を間接流通という。家電製品や化粧品のメーカーは，昔は販売会社を系列化して販売していたが，家電量販店やスーパーなどの小売業が大量販売によって力を持つようになると，直接流通から間接流通へと変わっていった。流通の形態は企業の戦略によって異なるし，時代や地域によっても変化する。

図表2-2　流通形態

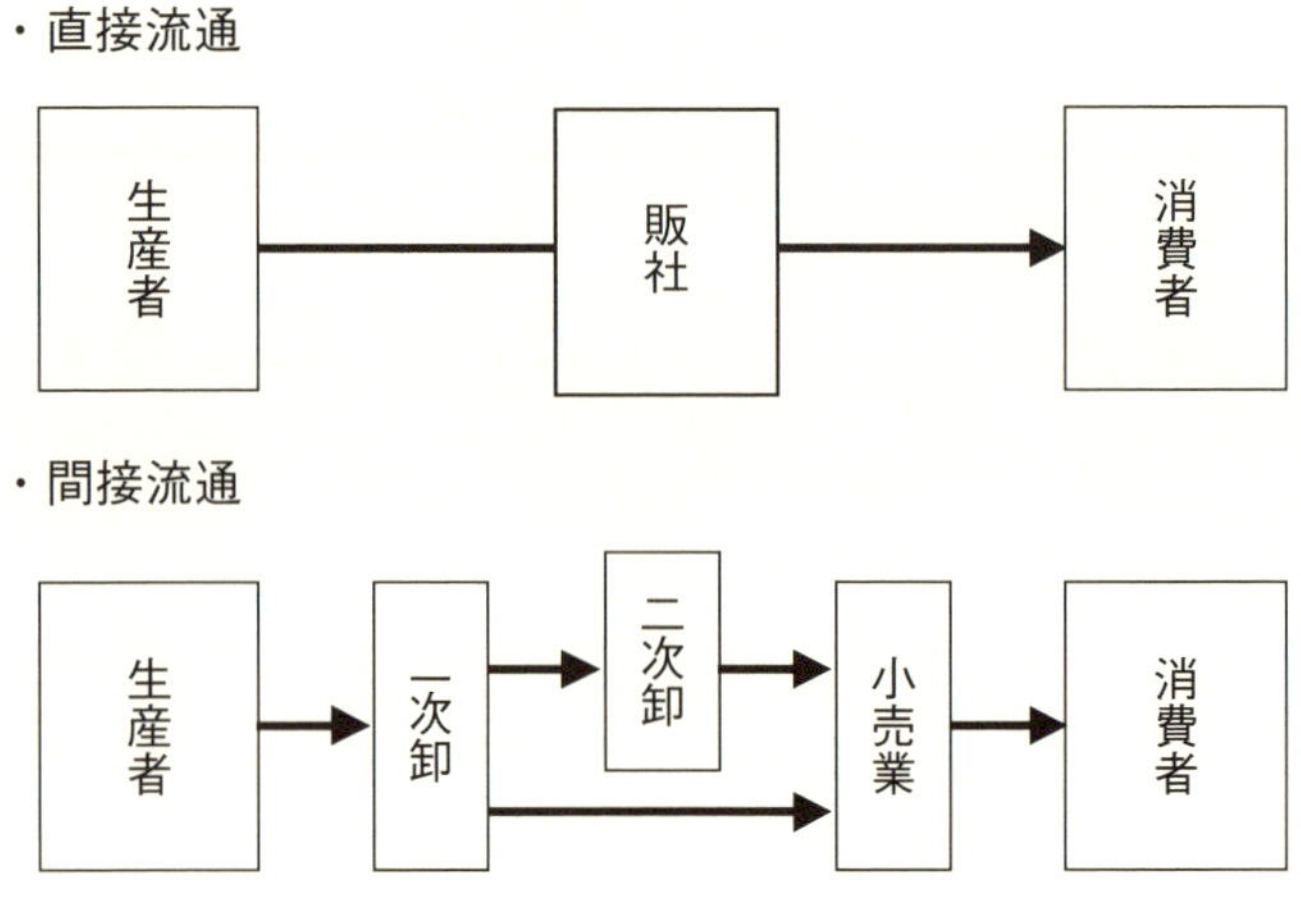

◇小売業の基本活動

小売業の基本的な事業活動は販売，在庫管理，仕入れの3つである。

① 販売

市場調査によって消費者のニーズや嗜好を調査し，市場においてどのような商品がどれくらい売れそうかを分析する。市場調査の結果にもとづいて販売計画を立て，売上目標高を設定する。この目標高を実現するために，品揃えを計画して商品を仕入れる。次に，販売価格を設定し，消費者の購買意欲を呼び起こす広告やキャンペーンなどの販売促進を行う。商品を販売したら，入金を売上げとして処理する。

② 在庫管理

在庫管理において大切なことは，消費者のニーズや嗜好に応じた商品を常に揃えておき，販売機会を失わないようにすることである。しかし，在庫が多いと，保管費用が増大し，商品の売れ残りや腐敗･変質の発生する危険性がある。適正な在庫を維持するには，販売や仕入れと連動して商品の流れを適切に管理する必要がある。

③ 仕入れ

商品の品揃え計画をもとに，仕入先を選定して仕入価格を決める。次に，商品を仕入先に注文し，商品が入荷したら注文通りに納入されているかを確認（検品）した上で，代金を支払う。商品の品切れや過剰在庫が発生しないように，商品ごとの仕入数量や発注時期などを管理することが大切である。

◇小売業のビジネスプロセス

小売業のビジネスプロセスは販売，在庫管理，仕入れの3つの基本活動によって構成されるが，これらの活動の内容や流れは業界や企業によって異なる。図表2-3にスーパーと自動車販売会社の例を示す。

図表2-3 小売業のビジネスプロセス

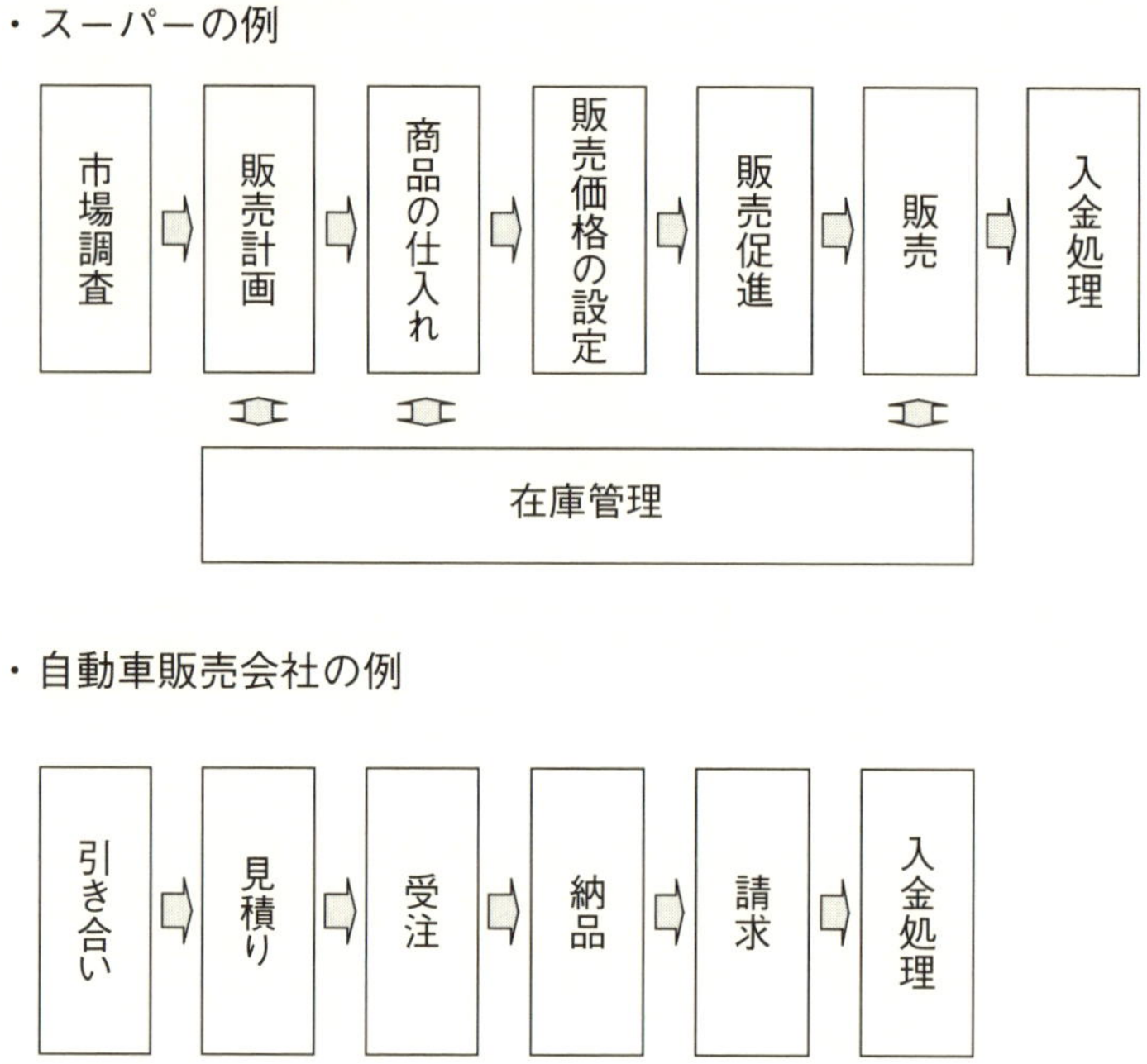

3 製造業の事業活動

◇生産形態

製造業の生産形態は，製品の作り方や，受注と生産のタイミングなどによって分類することができる。

① 製品の作り方による分類

製品の作り方には，加工組立型とプロセス型がある。加工組立型は，自動車や家電製品のように，機械加工した部品を組み立てることによって製品を作る。プロセス型は，ガソリンや鉄鋼のように，原料を化学反応・溶解・分解して製品を作る。

図表2-4　加工組立型とプロセス型

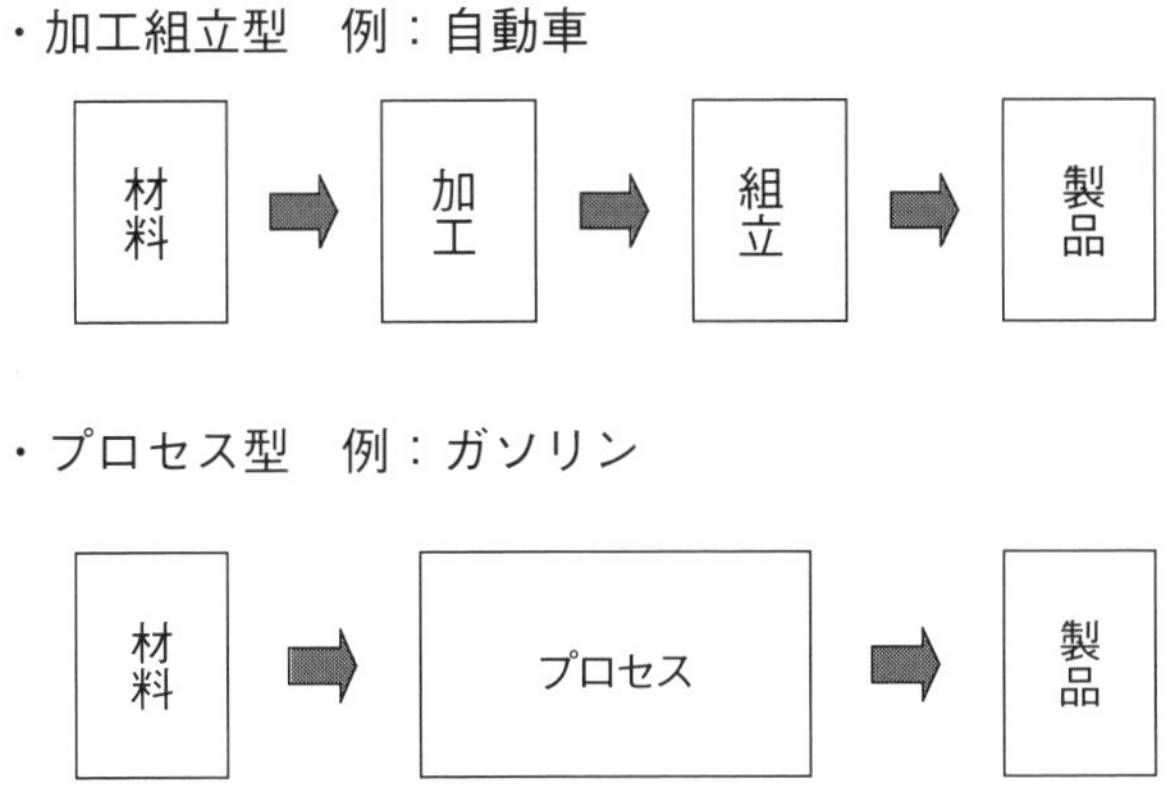

② 受注と生産のタイミングによる分類

生産形態は，見込生産型と受注生産型の2つに分類できる。見込生産型は，販売量の予測にもとづいて生産を行い，注文を受けたら出荷する。これに対して，受注生産型では，注文を受けてから生産して出荷する。注文に応じて個別に製品を設計することもある。一般に，家電製品や食料品のように，不特定多数の顧客を対象に生産するときは見込生産型となり，大型の建造物や船舶のように，特定の顧客のニーズに応じて生産するときは受注生産型になる。

図表2-5　受注生産型と見込生産型

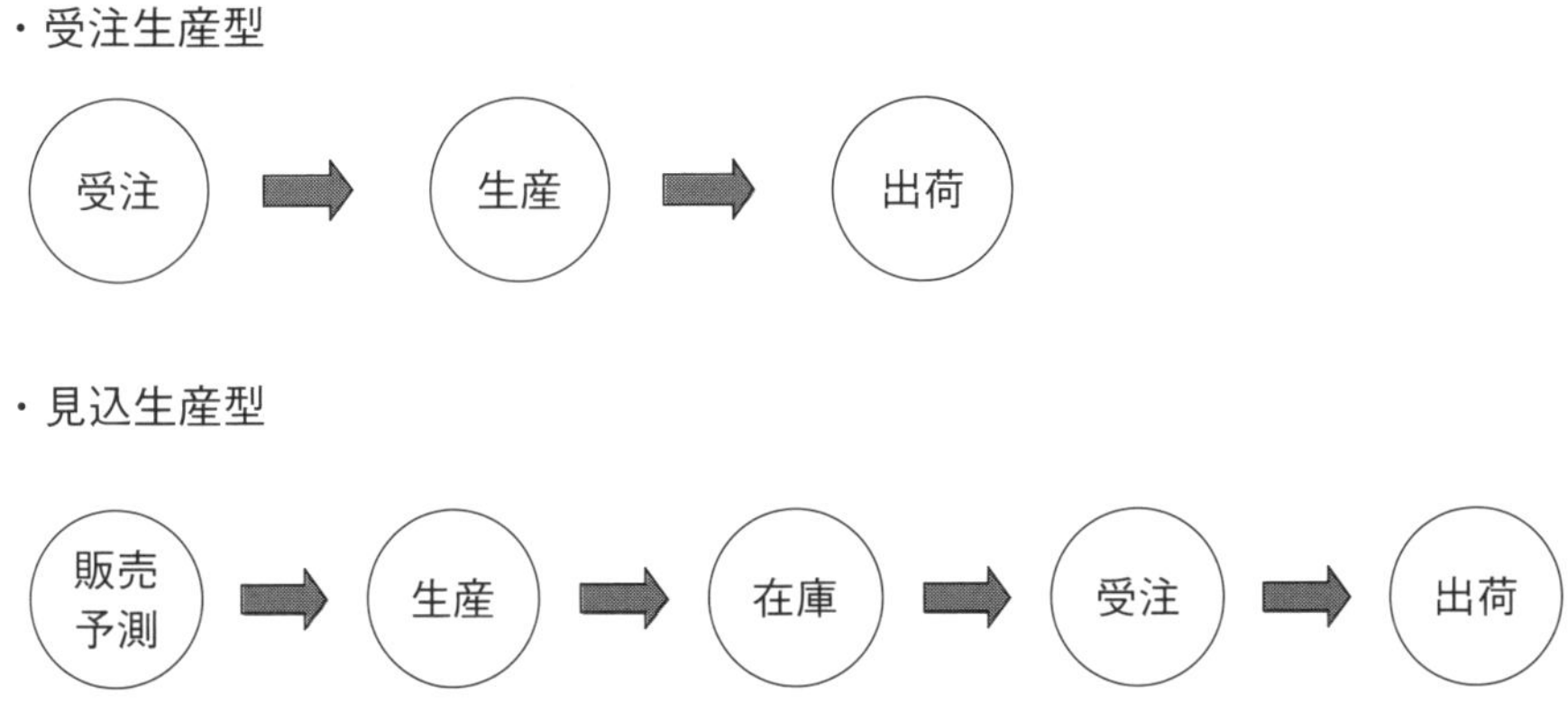

例題2-3　生産形態

次の設問に答えよ。

Q1. ビールの生産形態は加工組立型とプロセス型のいずれか。

Q2. 注文住宅は受注生産型と見込生産型のいずれの生産形態か。

答え　Q1：プロセス型　　Q2：受注生産型

◇製造業の基本活動

製造業の基本的な事業活動は製品開発，生産，マーケティングの3つである。製品開発やマーケティングを行わず，生産に特化した企業もある。

①　製品開発

製品企画，製品設計，生産準備に分けることができる。製品企画では，顧客に提供する価値を構想し，それを実現する製品のデザインや主要機能を決め，販売価格や発売時期などを計画する。製品設計では，製品の具体的な機能，形状，構造，材質などを設計し，設計図を作成する。生産準備では，設計図をもとに，製品を生産するための加工・組立手順（製造工程）を決めた上で，作業者の作業方法や製造設備を設計し，作業者を訓練したり設備を手配するなど，生産のための準備を行う。

②　生産

販売計画をもとに，どの製品をいつまでにいくつ生産するかを計画し，生産に必要な資材を調達する。資材が納入されたら，製品の加工・組立を行う。計画通りに生産が進捗するよう管理することが大切であり，これを生産管理という。生産管理の目的は，製品の品質，日程・数量，原価を計画し，これらを達成することである。また，資材・半製品・完成製品の在庫を管理する在庫管理も重要である。

③　マーケティング

一般に，マーケティングでは，製品，価格，流通，プロモーションの4つを計画して実施する。製品と価格は製品開発の上流段階である製品企画によって決まる。製品企画は，製品の機能や基本構造を検討する技術的な活動であると同時に，販売数量や販売価格を計画するマーケティング活動でもある。流通は最終消費者までの流通チャネル（流通経路）である。例えば，化粧品会社は，百貨店，直営店，美容室など，色々な流通チャネルを展開している。最近では，インターネットによる通信販売や，コンビニ，ドラッグストアなど，新しい流通チャネルの開拓にも力を入れている。プロモーションは，広告・宣伝，販売員，キャンペーンなどによって，最終消費者や流通業者の購買意欲を引き出すことである。販売員によるプロモーション活動を（狭義の）販売という。

◇製造業のビジネスプロセス

製造業のビジネスプロセスは，製品開発，生産，マーケティングの3つの基本活動によって構成されるが，これらの活動の内容や流れは生産形態や経営方針などによって大きく異なる。

事例2-1　日用品の生産・流通

洗剤などの日用品を生産するメーカーと，それを販売するスーパーマーケットのビジネスプロセスは次のようである。

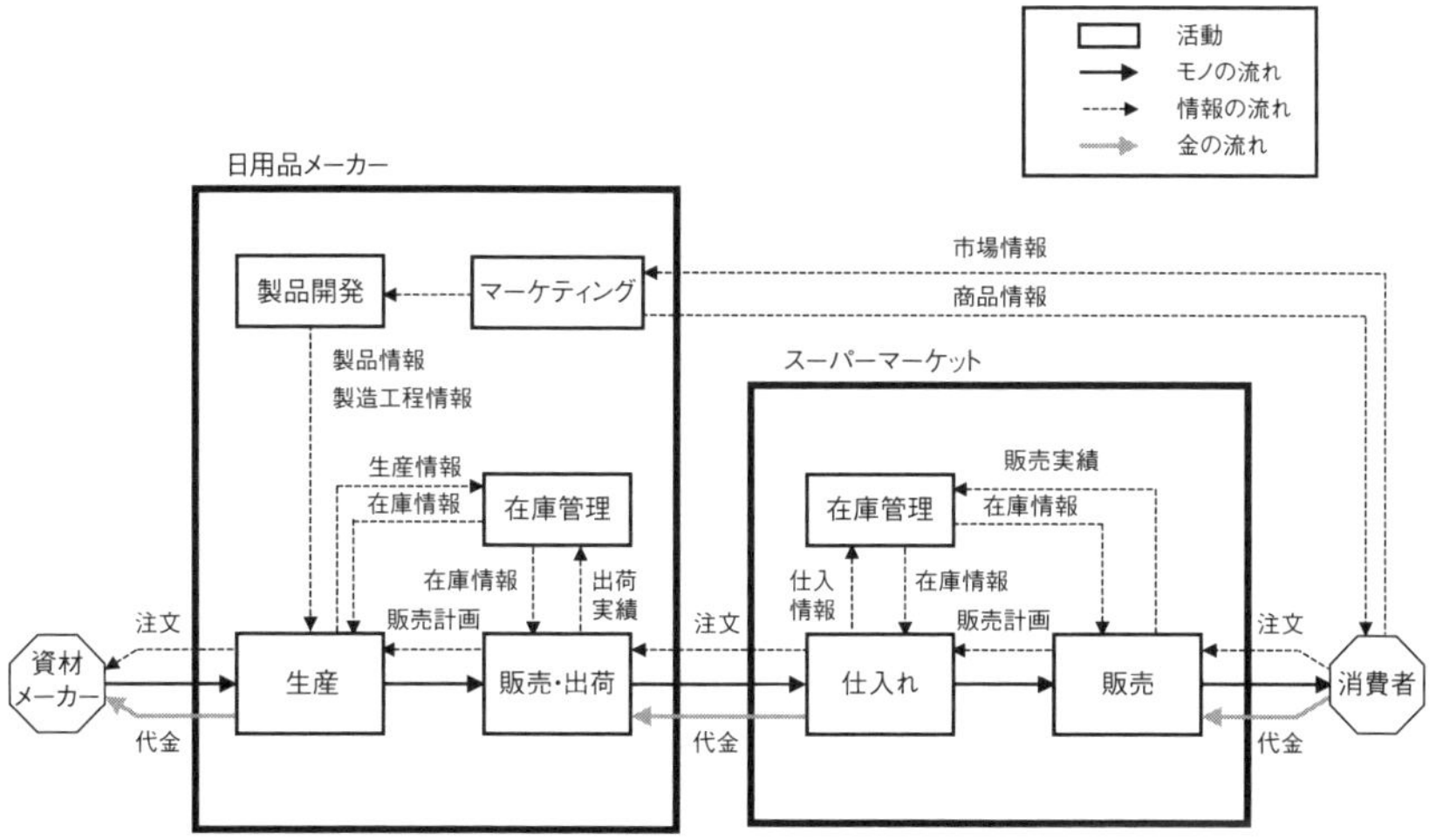

要点整理

各空欄に入る適切な語句を答えなさい（解答は巻末）。

1．生産・流通の基礎

製品を工場で製造する過程を（　ア　）といい，生産された製品を商品として消費者のもとに届けるまでの過程を（　イ　）という。また，生産を担う企業を（　ウ　）といい，流通を担う企業を（　エ　）という。（　オ　）は最終消費者に商品を販売し，（　カ　）は製造業と小売業の間の取引を仲介する。生産と流通のプロセスは企業による生産・販売活動（事業活動）の連鎖であり，そのためのさまざまな仕組みが必要になる。

2．小売業の事業活動

流通形態には，生産者が消費者に直接，販売する直接流通と，卸売業や小売業を経由して販売する（　ア　）がある。小売業の基本的な活動は販売，在庫管理，仕入れである。

① 販売

市場調査の結果にもとづいて（　イ　）を立てて商品を仕入れる。次に，販売価格を設定して販売促進を行う。商品を販売したら入金を売上げとして処理する。

② 在庫管理

販売や仕入れと連動して商品の流れを適切に管理することにより，適正在庫を維持する。

③ 仕入れ

商品の品揃え計画をもとに商品を仕入れる。商品の品切れや（　ウ　）が発生しないように，商品ごとの仕入数量や（　エ　）などを管理することが大切である。

3．製造業の事業活動

生産形態には，製品の作り方によって，機械加工した部品を組み立てて製品を作る（　ア　）型と，原料を化学反応・溶解・分解して製品を作るプロセス型がある。また，受注と生産のタイミングによって分類すると，販売予測にもとづいて生産を行って注文を受けたら出荷する（　イ　）型と，注文を受けてから生産して出荷する（　ウ　）型がある。製造業の基本的な活動は製品開発，生産，マーケティングである。

① 製品開発

製品開発には，新しい製品のデザインなどを企画する製品企画，製品の具体的な機能，形状，構造，材質などを設計する（　エ　），生産の準備を行う（　オ　）がある。

② 生産

生産計画をもとに，生産に必要な資材を（　カ　）して，製品の（　キ　）を行う。

③ マーケティング

製品，価格，流通，（　ク　）の4つを計画して実施する。

第3章 経営管理と経営組織

本　章　の　要　約

① 企業の目的を達成するために，組織を編成し，その活動を統制（コントロール）することを経営管理という。経営管理階層は，通常，経営者（トップマネジメント），中間管理層（ミドルマネジメント），監督管理層（ロワーマネジメント）に分けられる。

② 経営組織は，企業の経営活動である事業活動と管理活動をどのように分業し，活動間の調整をどのように行うかを規定するものである。経営組織を構成する部門や責任・権限の関係などを規定したものを組織構造という。

③ 組織構造の基本的な形態には，職能別組織，事業部制組織，マトリックス組織がある。最近，市場への適応力を高めるものとして，ネットワーク組織が注目されている。ビジネスプロセスは，顧客に製品・サービスを提供するための事業活動の流れであり，顧客の視点に立って組織横断的に設計することが大切である。

1 経営管理

◇経営管理とは

企業の事業活動を実際に遂行するのは，そこで働く人々であり，より大きな経営成果を生み出すには，人々がお互いに協力することが大切である。人々が協力して活動することを協業といい，そのためには組織が必要になる。企業の目的を達成するために，組織を編成し，事業活動を統制（コントロール）することを経営管理という。

◇経営管理のプロセスとシステム

経営管理は，計画策定，組織編成，動機づけ，調整，統制というプロセスからなる。将来の目的を達成するための計画を策定し，その計画をもとに組織を編成する。組織メンバーが意欲を持って業務に取り組むように動機づけるとともに，メンバー間の活動を調整する。組織の活動成果を確認して問題があれば対策を打つなど，目的を達成できるように活動を統制する。また，経営管理に用いられる仕組みを経営管理システムといい，計画と統制のシステム，動機づけのためのインセンティブ・システム，生産と販売の調整システム（製販調整）などがある。

◇経営管理階層

企業の経営活動は，生産や販売などを直接遂行する事業活動と，事業活動を管理する管理活動に分けることができる。事業活動の流れがビジネスプロセスであり，経営管理階層による管理活動によって管理される。経営管理階層は通常，次の3つに分けられる。

① 経営者（トップマネジメント）

全社的な経営戦略と経営計画を策定し，企業全般を管理する。

② 中間管理層（ミドルマネジメント）

全社的な経営計画をもとに，各部門の計画を策定し，それを実施するのに必要な経営資源を調達して組織化する。

③ 監督管理層（ロワーマネジメント）

部門計画をもとに，日常的な事業活動が効率的に遂行されるように現場を管理する。

図表3-1　経営管理階層

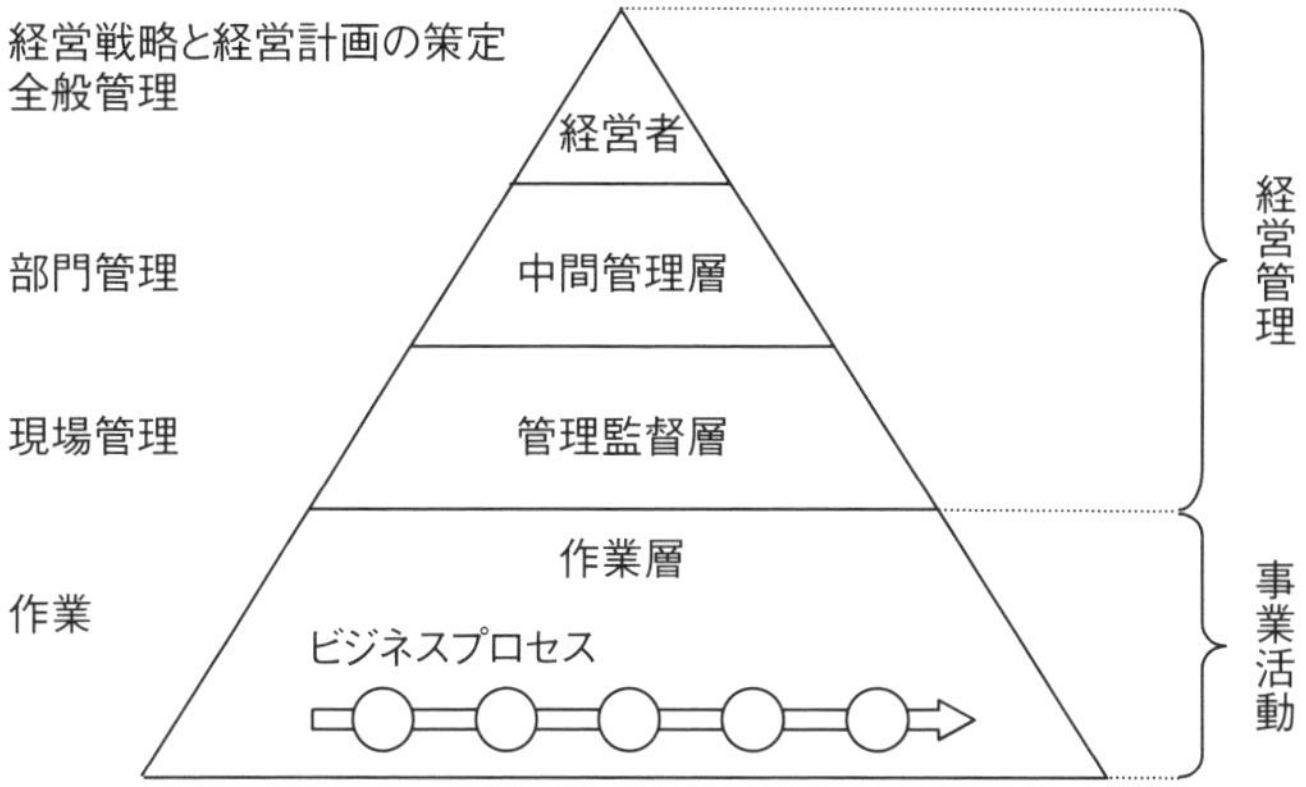

2 経営組織

◇経営組織とは

経営組織は，企業の経営活動である事業活動と管理活動をどのように分業し，活動間の調整をどのように行うかを規定するものである。例えば，自動車の生産と販売を行う企業であれば，誰が生産に従事し誰が販売に従事するかという分業を決めるとともに，販売計画を達成できるように自動車を生産するなど，生産活動と販売活動を調整しなければならない。販売に責任を持つのが営業部であり，生産に責任を持つのが製造部であるとすれば，両部門の上位に位置する事業部のレベルで調整されることになる。

◇組織構造

経営組織を構成する部門や責任・権限の関係などを規定したものを組織構造という。組織構造は，生産や販売などの職能（機能）や専門性など，何を基準として人々が分業するかによって決まる。組織構造の基本的な形態には，分業の基準によって，職能別組織，事業部制組織，マトリックス組織がある。最近，これらの組織形態の長所を取り入れながらも，市場への適応力を高めるものとして，ネットワーク組織が注目されている。

①　職能別組織

生産や販売など，事業活動の流れにしたがって，職能別に部門を編成した組織形態である。職能ごとの専門化によって知識や経験の蓄積が容易になり，人や設備などの経営資源を全社的に共有することによる規模の経済を得やすいといったメリットがある。一方，過度の専門化が進むと部門間の対立が生じやすく，経営トップの意思決定や部門間調整の負担が大きくなるという問題がある。

図表3-2　職能別組織の例

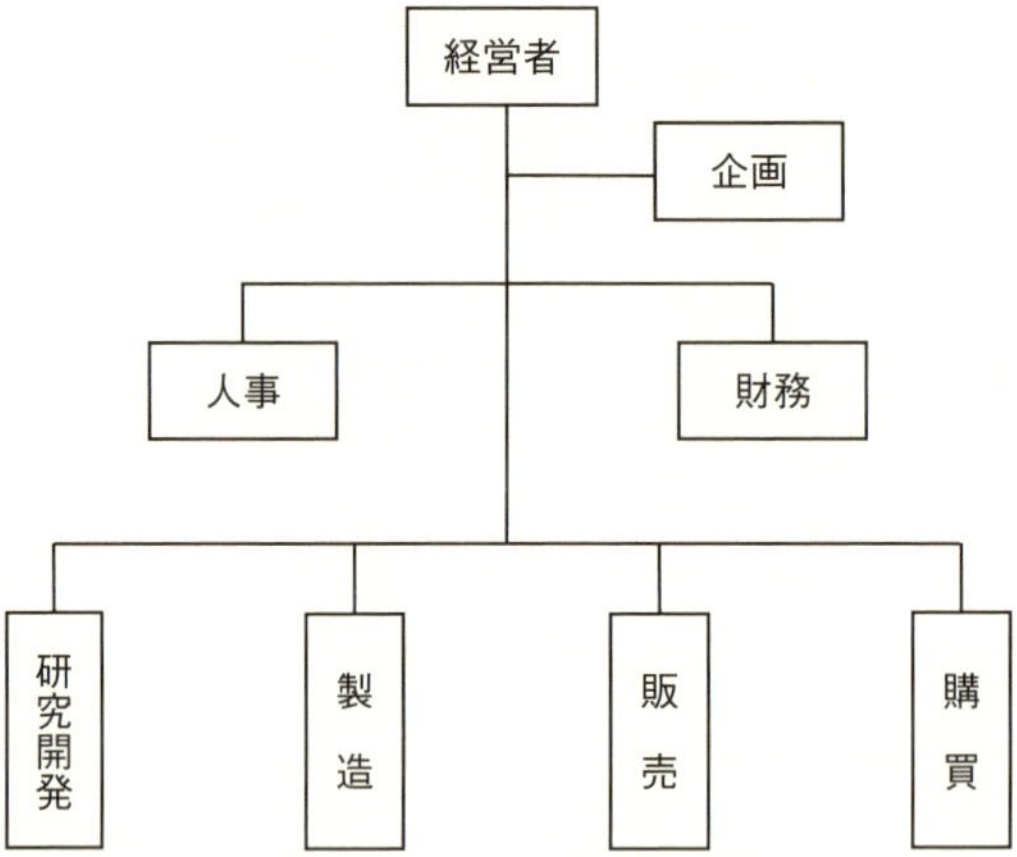

②　事業部制組織

事業の多角化が進むと，事業間での調整が複雑になる。これを避けるために，製品，地域，顧客などの事業単位で部門（事業部）を編成する。このような組織形態を事業部制組織という。各事業部が自己完結的に事業を行うため，経営トップの負担は軽減され，市場の変化に適応しやすくなるというメリットがある。一方，経営資源が事業部間で重複したり，事業部を横断して新しい商品やサービスを開発するのが困難になるといった問題がある。

図表3-3 製品別事業部制組織の例

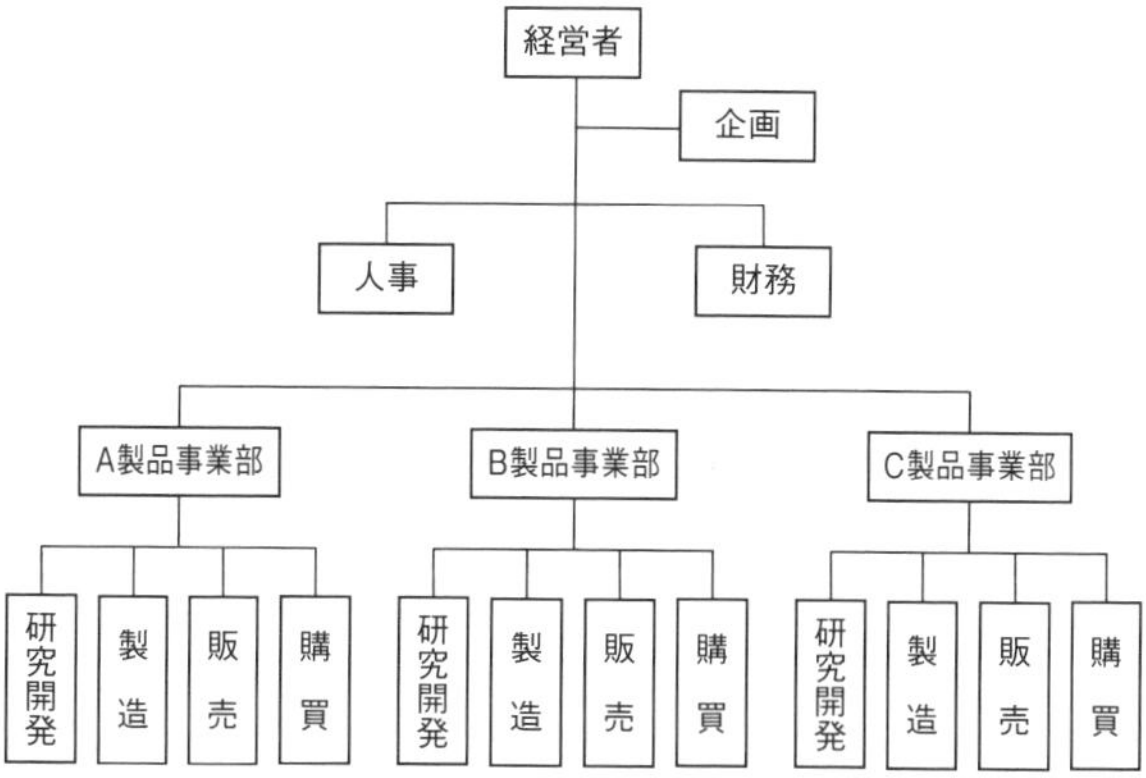

③ マトリックス組織

マトリックス組織は，職能別組織と事業部制組織の長所を取り入れるために，これら2つの組織を格子状に組み合わせたものである。組織メンバーは，職能別部門の上司と事業部の上司の2人によって指揮されることになるため，責任・権限関係があいまいになったり，指揮命令系統間に対立が生じやすく，その調整に時間がかかったりするという問題がある。

図表3-4 マトリックス組織の例

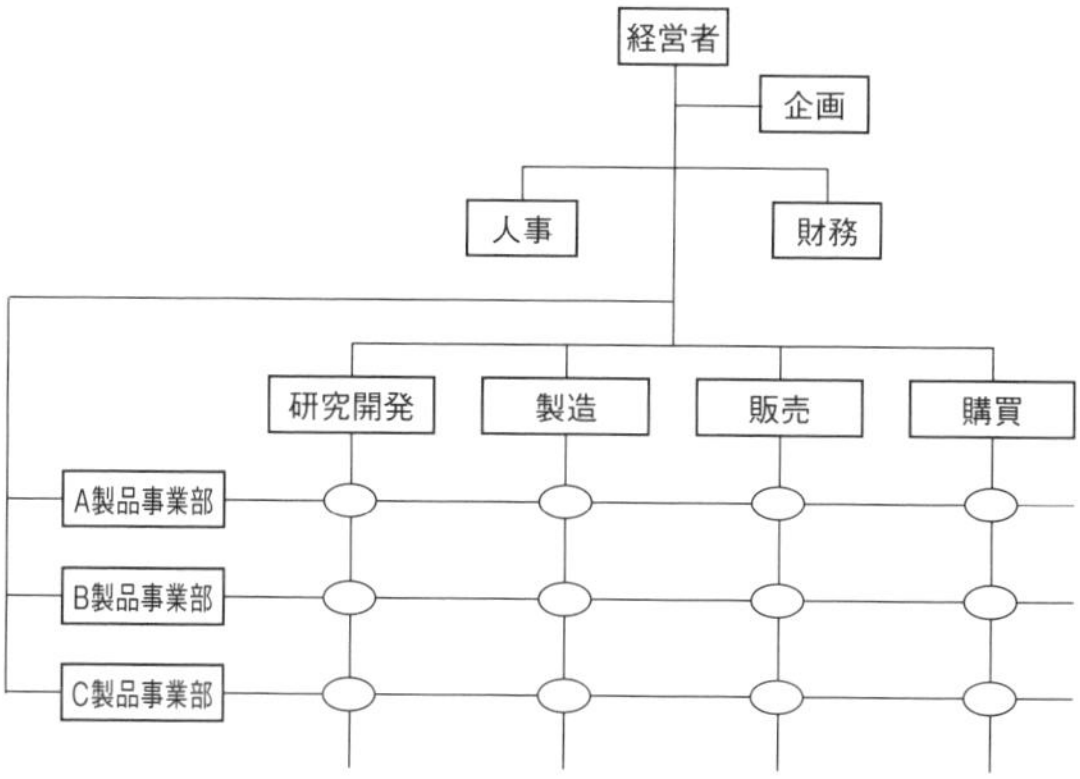

④ ネットワーク組織

企業の経営環境が大きく変化する今日，ネットワーク組織が注目されている。従来の職能別組織，事業部制組織，マトリックス組織は，いずれも人々の間の指揮命令系統を階層的に規定したものである。これらの階層的組織は経営環境の変化が小さいときには安定した組織運営を可能にするが，経営環境の変化が大きくなると階層性の持つ硬直性が問題になる。ネットワーク組織は組織構造を動的なものにすることによって，経営環境への適応力を高めようとするものである。ネットワーク組織においては，企業内部の組織構造は階層的なものからフラット（平坦）なものになり，個々の部門は大きな権限を持って自律的に運営され，部門間の関係は対等で水平的なものとなる。また，企業と企業の関係も，親企業と下請けのような系列に見られる垂直的なものから，市場メカニズムを取り入れた水平的なものに変わっていく。このような企業間ネットワークにおいては，各企業は自社の得意分野に集中し，それ以外の分野については外部企業の資源や能力を活用しようとする。

事例3-1　トヨタ自動車[8]　ー組織のフラット化ー

トヨタ自動車は，1989年，意思決定の迅速化と「個人の力」の向上を目的として大幅な組織改革を行った。それまでの「部長－副部長－次長－課長－副課長－係長」という職制を廃止し，「部長－室長－グループリーダー」の3階層にすることによってフラットな組織にした。部長は，仕事の変化に応じて10人位から構成されるグループを作り，グループリーダーを任命する。しかし，人材育成とチームワークに問題が見られるようになったことから，2006年，コミュニケーションや人材育成を基盤とした「職場力」とチームワークを強化することを目的として，チームリーダー制を導入した。チームリーダー制では，グループの下に少人数のチームを編成し，チームリーダーがメンバーの指導と育成にあたるようにした。

事例3-2　エヌシーネットワーク[9]　ー企業間ネットワークー

株式会社エヌシーネットワークは，1998年2月，部品加工や金型設計・製作を手がける中小製造業9社によって，顧客からの注文を相互に協力しながら請け負うことを目的に設立された。9社は，CAD／CAMデータ（デジタル化された設計･製造データ）をインターネット上で送受信しながら，試作から部品加工，金型設計・製作まで行った。この企業間ネットワークは，現在，会員会社が16,000社を超える日本最大級のビジネスコミュニティへと発展している。あたかもインターネット上に巨大な仮想工場ができたかのようである。

◇組織構造とビジネスプロセス

ビジネスプロセスは，顧客に製品・サービスを提供するための事業活動の流れであり，顧客の視点に立って組織横断的に設計することが大切である。

図表3-5　ビジネスプロセスと組織構造

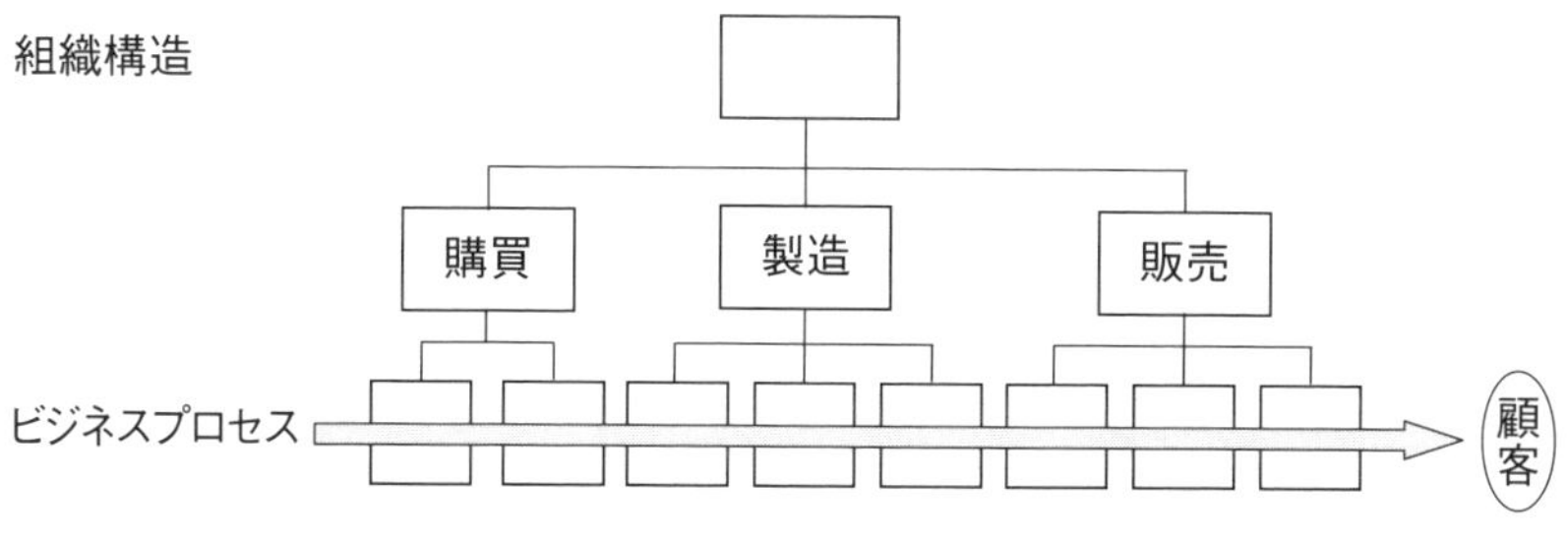

3 組織形態の変遷

企業の組織形態は，経営環境の変化にともなって，歴史的に変遷してきた。米国企業を中心に組織形態の変遷を概観すると，次のようになる。

◇大量生産・販売の時代

19世紀後半から始まる大量生産・販売の時代，経営戦略の中心は，標準化された製品を大量に生産・販売することによって「規模の経済」を追求することであった。そのためには，経営トップに権限を集中させ，分業と専門化によって部門の効率性を高めることが必要である。このような大量生産・販売体制に適した組織構造は職能別組織であった。

◇多角化の時代

1930年代に入ると，製品市場が大規模になり，製品の多様化が進んだ。市場と製品の拡大によって多角化が進むと，単一の管理機構によっていくつかの事業をコントロールすることが難しくなる。このような多角化の時代に，市場への適応力を高める組織構造として事業部制組織が生まれた。

◇戦略経営の時代

1960年代以降，企業の多角化はますます進展し，事業部間の業務上のムダや経営資源の重複が問題になってきた。そこで，生産や販売といった職能の効率性と，経営資源を事業部間で最適に配分して活用する全社的な最適化とを，同時に追求する組織構造として，マトリックス組織が生まれた。

◇グローバル化と情報化の時代

1990年代以降，企業の経営活動は急速にグローバル化した。グローバルな市場は多様であり，常に変化していて不確実性が大きい。市場の多様性と変化に適応するには，経営トップに権限を集中させた集権的組織では困難である。情報化の進展によって情報武装した第一線の人々は，市場の変化を素早くキャッチして行動することができる。そこで，権限を下位に委譲し，現場に近い人たちが自らの裁量によって行動できる分権的組織として，ネットワーク組織が指向されるようになった。

事例3-3　パナソニック（旧松下電器産業）の組織変革(10)

パナソニックは，1918年に松下幸之助が創業した日本を代表する家電メーカーである。同社の強みの源泉は，1933年に日本で初めて導入した事業部制にあるとされてきた。数十ある製品ごとに編成された事業部や関連会社は大きな権限を持って独立採算で運営された。各事業部や関連会社は，担当する製品の技術と市場に精通しており，高品質で価格競争力のある製品を大量生産・販売することによって同社を大きく成長させた。1990代に入って家電のデジタル化が進むと，従来の製品分類を超えた商品が続々と登場するようになった。このような状況の中で，各事業部や関連会社の開発した商品が重複したり競合したりするなど，同社はデジタル化の波に乗り遅れ，業績を大幅に悪化させた。2000年に社長に就任した中村邦夫氏は，「破壊と創造」をスローガンに抜本的な組織変革を行った。組織変革の一環として行われたのが，事業部制組織の解体と事業分野別体制への移行であり，それまでの硬直的な階層的組織をフラット化して，意思決定の権限を大幅に現場に委譲することであった。これらの組織変革は，画期的で付加価値の高い商品を素早く市場に投入することを可能にし，業績をV字回復させた。

要点整理

各空欄に入る適切な語句を答えなさい（解答は巻末）。

1．経営管理

企業の目的を達成するために，（　ア　）を編成し，その活動を統制することを経営管理という。経営管理は，計画策定，（　イ　），（　ウ　），調整，（　エ　）というプロセスからなる。また，経営管理に用いられる仕組みを（　オ　）といい，計画と統制のシステム，動機づけのための（　カ　），生産と販売の調整システムなどがある。事業活動を管理する経営管理階層は通常，次の3つに分けられる。

・経営者（トップマネジメント）：全体的な経営戦略・経営計画の策定と全般管理。

・（　キ　）：各部門の計画策定と経営資源の調達・組織化。

・監督管理層（ロワーマネジメント）：日常的な事業活動の現場管理。

2．経営組織

経営組織は，企業の経営活動である事業活動と管理活動をどのように（　ア　）し，活動間の（　イ　）をどのように行うかを規定するものである。経営組織を構成する部門や責任・権限の関係などを規定したものを（　ウ　）といい，基本的な形態には次のものがある。

・職能別組織：職能別に部門を編成した形態。

・（　エ　）：製品，地域，顧客などの事業単位で部門を編成した形態。

・マトリックス組織：職能別組織と事業部制組織を格子状に組み合わせた形態。

・ネットワーク組織：企業間，部門間の関係が階層ではなくネットワークとして構成される形態。

（　オ　）は，顧客に製品・サービスを提供するための事業活動の流れであり，顧客の視点に立って組織横断的に設計することが大切である。

3．組織形態の変遷

企業の組織形態は，経営環境の変化にともなって，職能別組織から（　ア　）やマトリックス組織へと変遷してきた。今日，多くの企業が，経営環境の変化への適応力を高めるべく（　イ　）を指向するようになった。

第4章 企業経営と経営情報システム

本 章 の 要 約

① 戦後の日本経済を高度成長期，安定成長期，低成長期に時代区分すると，時代ごとに，大量生産・販売体制の確立，多品種少量生産・販売体制への移行，情報通信革命とグローバリゼーションへの対応など，日本企業はさまざまな経営課題に直面してきた。
② 経営情報システムの概念は1960年代に誕生した。その後も，経営課題の変化とICTの発達を背景に，経営管理，意思決定，経営戦略，ビジネスプロセス，ビジネスモデルなど，経営全般に影響を与えるものとして認識されるようになった。
③ 経営情報システムの目的は経営の効率性と有効性を向上させることである。そのために，ビジネスシステムを構成する経営資源や仕組みに影響を与えることによって，ビジネスプロセスを効率化したり顧客への価値を高めたりする。
④ 経営情報システムは，事業活動を支援する業務システムと，事業活動を管理する経営管理のための情報システムに分けられる。業務システムによって処理された取引データはデータベースで管理され，経営管理に利用される。

1 日本企業の経営課題

戦後の日本経済を見ると，1950年代中頃に始まり1970年代前半の石油危機まで続く「高度成長期」，1991年のバブル崩壊までの「安定成長期」，その後の「低成長期」とおおまかに分類することができる。

◇高度成長期の経営課題

高度成長期の日本企業は，欧米と比較して技術レベルも低く，諸外国から「安かろう，悪かろう」といわれるような状態であった。とはいえ，日本経済は急速に成長しており，増え続ける需要に対応するには，大量生産・販売体制を確立することが大きな課題であった。そのために，技術導入などによって技術面で欧米諸国に追いつくとともに，生産性と品質を向上させることが求められた。

◇安定成長期の経営課題

安定成長期に入り，多くの商品が成熟期を迎えると，消費者のニーズと嗜好の多様化が急速に進み，多品種少量生産・販売体制へ移行することが課題となった。多品種の商品を少量ずつ生産・販売するための効率的な仕組みが求められたのである。その代表例はトヨタ生産方式である。トヨタ自動車は，フォードの大量生産方式を参考にしながらも，多品種の車を少量ずつ生産する新しい生産方式を作った。これにより，低価格で高品質の車は諸外国から高く評価され，輸出を増やしていった。

◇低成長期の経営課題

低成長期に入ると，需要の大きな落ち込みに対して，企業は減量経営によって対応しようとした。その一方で，情報通信革命とグローバリゼーションが進展したことから，新規ビジネスのチャンスが増えた。特に，1990年代中頃からインターネットが急速に普及したことにより，それまでは不可能であったビジネスモデルによって新規ビジネスを創出する企業が相次いだ。大きく変化する環境に適応できる企業作りが求められており，スリムな企業体質と素早くビジネスチャンスをものにできる敏捷性が課題になっている。

2 経営情報システムの概念(11)

経営情報システムは，経営環境や経営課題の変化およびICTの発達にともなって変化し続けている。ここでは，経営情報システムの概念が時代とともに，どのように変遷してきたかを概観する。

◇EDPS

企業でのコンピュータ利用が本格化するのは1950年代である。高度成長期を迎えつつあった日本では，増え続ける業務を効率化する道具として，多くの企業がコンピュータの導入を開始した。この頃，コンピュータシステムはＥＤＰＳ《イーディーピーエス》(Electronic Data Processing System) と呼ばれ，手作業で行っていた会計処理などの事務処理や技術計算を自動化するために利用された。

◇経営情報システム：MIS

1960年代に入ると，銀行オンラインシステムや列車の座席予約システムなど，コンピュータと通信を結合したオンラインシステムが普及し，コンピュータの企業経営に及ぼす影響が大きくなった。これにともない，コンピュータを単なるデータ処理の道具としてではなく，企業経営の視点から捉えようとする考え方から，MIS《エムアイエス》(Management Information System) の概念が誕生した。それは，定型的な業務を自動化し，そこから得られたデータを経営情報として提供することにより，あらゆる経営管理階層の経営管理や意思決定を支援しようとするものであった。高度成長期にあった日本企業は現代的な経営管理体制を築く必要に迫られていたこともあり，MISに対する関心は高かった。しかし，MISを実用化するには，当時のコンピュータは技術的に未熟であり，コンピュータのデータを経営情報として活用するための経営管理技術も不十分であった。

◇意思決定支援システム：DSS

1970年代初めにＤＳＳ《ディーエスエス》(Decision Support System) の概念が提唱された。当時，コンピュータは主に定型的な業務を自動化することに利用されていたが，DSSは意思決定の支援を目的としていた。安定成長期に入って多品種少量生産・販売体制へ移行しつつあった日本企業は，経営者やミドルマネジメントの意思決定を質的に向上させるものとしてDSSに注目した。DSSでは，意思決定プロセスを自動化するのではなく，人がコンピュータと対話しながら意思決定をする仕組みになっている。最近は，パソコンの普及により，DSS専用システムではなく，表計算などの身近なソフトウェアを使用した意思決定が一般的になっている。また，より大規模な意思決定支援システムとしてビジネスインテリジェンスが普及しつつあるが，これは企業内外のデータを組織的かつ系統的に管理することによって経営上の意思決定を支援するものである。

◇戦略的情報システム：SIS

1980年代，いくつかの米国企業が，コンピュータネットワークを利用して顧客や取引先を囲い込むなど，コンピュータを戦略的に利用するようになった。チャールズ・ワイズマンは，競争優位の確立を目的として戦略的に活用される情報システムをSIS《エスアイエス》（Strategic Information System）と呼んだ(12)。それまでの情報システムが社内業務の合理化や効率化に力点を置いていたのに対し，SISは競争力の強化や新規事業の開拓を目指した。当時の日本はバブル期にあり，日本企業は事業の拡大を目的としてSISに積極的に投資した。SISによって，戦略的に情報システムを構築し活用することの重要性が広く認識されるようになり，企業における情報システムの位置づけが大きく変わった。

事例4-1　アメリカン航空の戦略的情報システム(13)

1976年，アメリカン航空は，セーバー（SABRE：Semi-Automated Business Research Environment）と名づけられたコンピュータ座席予約システムの端末機を旅行代理店に設置した。これにより，旅行代理店は，窓口に来た顧客に対して，アメリカン航空の航空券の予約・発券だけではなく，他の航空会社の航空便，レンタカー，ホテルなどの予約・発券や，旅行に関するコンサルテーションを行うことができるようになった。1973年のオイル・ショックによって旅行客が減少し，経営的に厳しい状況に置かれていた旅行代理店にとって，SABRE端末機の導入は手数料収入を増やすチャンスであった。1978年に航空運賃や路線の規制が撤廃されると，複雑になった発券業務を合理化することを目的に，旅行代理店は積極的にSABRE端末機を導入した。アメリカン航空はSABREにバイアス表示と呼ばれる仕組みを組み込むことによって，自社の航空便が他社便よりも優先的に予約されるようにした。例えば，顧客がニューヨークからサンフランシスコまでの航空券を予約しようとすると，この区間を就航している航空便の一覧を表示するときに，アメリカン航空の便が他社便よりも優先して上位に表示される。一覧を見た人は心理的に上位の航空便から選んで予約することになる。こうして，アメリカン航空はSABREによって，旅行代理店の囲い込みと自社便の優先的な販売に成功したのである。その後，バイアス表示は法律によって，禁止されるようになったが，SABREはマイレージサービスやホテル・レンタカーの代行予約などの新しいサービスや手数料ビジネスを創り出していった。

◇ビジネスプロセス・リエンジニアリング：BPR

1990年，企業のビジネスプロセスを抜本的に改革することを目的として，BPR《ビーピーアール》（Business Process Reengineering）の概念が提唱された[14]。BPRとは，コスト，品質，サービス，業務スピードを劇的に改善するために，取引の発生から完了までの一連の業務の流れであるビジネスプロセスを再構築することである。ビジネスプロセスを劇的に改善するには，ICTを最大限に活用することが不可欠であるとされた。バブルが崩壊し低成長期に入った日本企業は，それまでの個別業務の改善や最適化ではなく，経営全体の効率化を目指すBPRによって低迷する業績からの脱却を図ろうとした。

◇eビジネス：e-business

eビジネス（e-business）は，インターネットの普及を背景として，1997年にIBM社が提唱した概念である。消費者への情報発信，企業間取引，ビジネスプロセスの再構築など，インターネットを活用して行われるビジネスの形態を意味する。eビジネスによって，企業の情報システムのオープン化と経営組織のネットワーク化が進むとともに，インターネットを活用した革新的なビジネスモデルによって成長する企業が相次いでいる。

3 経営情報システムの目的と役割

(1) 経営情報システムの目的

経営情報システムの目的は経営の効率性と有効性を向上させることである。効率性とは，コストの削減や生産性向上などにより，より少ない経営資源で顧客に製品やサービスを提供できるようにすることである。また，有効性とは，同じ経営資源でより大きな価値を顧客に提供することによって，顧客満足度の向上，競争優位の獲得，売上げの拡大などを図ることである。

(2) 経営情報システムの役割

どのような経営情報システムが効率性と有効性を向上させるかについて，今まで色々な概念が提唱されてきたが，未だに統一的なものはない。それは，経営情報システムの企業経営に与える影響が広範囲であり，その時々の経営課題やICTの技術水準によって，経営情報システムのどこに焦点を当てるかが変わるからである。本書では，経営情報システムの役割は，ビジネスシステムを構成する経営資源や仕組みに影響を与えることによって，ビジネスプロセスを効率化したり，顧客への価値を高めたりすることであるとする。経営情報システムの役割をビジネスシステムと関係づけて考えることにより，今まで提唱されてきた諸概念を包括的に理解することができるようになる。経営情報システムがビジネスシステムに与える影響には，次のようなものがある。

◇経営資源への影響

経営情報システムは経営資源の中でも，特に人と情報に影響を与える。

① 生産性の向上

長い間，コンピュータは伝票処理や給与計算など，定型的な情報処理を自動化することを目的に利用されてきた。これは今日でも変わらない。自動化によって，人は単純作業から解放され，より創造的な仕事に携わることができるようになる。また，情報処理上の単純なミスがなくなり，処理時間が短縮されるなど，業務を効率化することができる。

② 問題解決と意思決定

人は問題解決をしながら仕事をしている。問題解決において重要なのは，解決策を検討・評価して，最適と思われる解決策を選択する意思決定である。解決すべき問題を明確にしたり，解決策を検討・評価したりするには，情報が必要になる。経営情報システムはよりよい情報を提供することによって，意思決定の質を向上させる。最近は，意思決定の権限が現場に委譲される傾向にあり，意思決定の質的向上は，経営管理階層ばかりではなく，日々の事業活動を担う作業者にとっても，大きな課題になっている。

③ 知識の管理

企業の情報資源にはデータや知識などがあるが，経営にとって最も重要なのは人の持つ知識である。知識には暗黙知と形式知とがある。暗黙知は人間の経験や勘にもとづく知識であり，言葉などで表現することは難しい。それに対して，形式知は文章，図表，マニュアルなどの形で具体的に表現することができる知識であり，人に伝達することが可能である。暗黙知を形式知化することができれば，個人の知識を組織として蓄積したり，共有したりすることが可能になる。経営情報システムは，知識の蓄積・共有・創造を支援する。

◇生産・流通の仕組みへの影響

生産・流通の仕組みは，市場取引の仕組みと企業内部の仕組みに分けることができる。

① 市場取引の仕組み

企業と消費者，企業と企業が市場で取引する費用を取引費用という。取引費用には，取引相手や製品・サービスを探索する費用，取引相手と交渉して契約を締結する費用，そして契約通りに取引を履行しているかを確認する費用がある。インターネットなどの利用により市場での取引費用が低下すれば，すべての活動を自社で行うより，自社にとって付加価値の少ない活動は外部企業に委託して協働しながら事業を行うようにした方が有利になる。また，消費者も，取引相手を探索する費用が低下すれば，今までよりも広範囲に取引相手を探索して取引するようになるだろう。インターネットが普及したことにより，消費者は遠方の企業からも商品を購入するようになった。

② 企業内部の仕組み

経営情報システムは，情報処理のコストや時間を大幅に削減したり，情報の流れを変えたりする。その結果，生産・流通の仕組みが効率化され，以前は不可能であった仕組みが可能になる。例えば，インターネットによる通信販売では，注文はコンピュータによって自動的に処理される。以前は店舗や電話などで行っていた受付業務は不要となり，人の仕事は通信販売のためのWebサイトを作ることに変わった。これは自動車が私たちの生活を大きく変えたのに似ている。自動車が普及する以前，遠くへ行くにはバスや電車を利用するのが一般的であった。ところが，自動車が普及すると，人々は通勤に車を利用するようになり，やがて郊外に住むようになった。郊外の人口が増えると，商店も街中から郊外へと移転していった。自動車が移動のコストや時間を削減することによって住居や商店を変えていったように，経営情報システムは情報処理のコストや時間を削減することによって，生産・流通の仕組みを大きく変えてきた。

◇経営管理と組織構造への影響

経営情報システムは，組織におけるコミュニケーションを変える。コミュニケーションの変化は，調整や協業，統制など経営管理の仕組みを変え，組織構造にも影響を与える。

① 調整（コーディネーション）と協業（コラボレーション）

組織において人と人が協力しながら仕事をするには，お互いに調整する必要がある。例えば，生産部門と販売部門とで販売計画と生産計画を調整しないと，販売計画を達成できなかったり，生産過剰になったりする。さらに，組織が個人の能力を足したもの以上の能力を発揮できるようにする協業の仕組みも大切である。仕事に求められる能力は高度化しており，協業の仕組みの重要性は増している。調整と協業の基本は，人と人が情報を交換するコミュニケーションである。以前のコミュニケーション手段は，文書，電話，会議などであった。

コミュニケーションが変われば，調整・協業の仕組みや効果も変わる。

② 統制

製品を生産し流通させる上で大切なことは，モノの流れと，それに必要な人の活動や金の流れを把握して統制することである。すべてのモノ，人，金の流れを直接目で見て把握することは不可能であり，通常は，製造実績表や作業報告書などに記載された情報を見て，問題があれば対策を打つ。モノ，人，金の流れを情報として表現し，それを記録・伝達する手段が変われば，流れを変えることができる。情報を通じてモノ，人，金の流れをリアルタイムに把握することを可視化という。

③ 組織構造の変化

組織構造は，経営組織を構成する部門や責任・権限の関係などを規定するものであり，組織における情報伝達（コミュニケーション）の経路を決める。例えば，他部門に情報を伝達するときには，組織構造によって規定されている上司を経由することになる。組織構造と経営情報システムは，ともに情報伝達に関係しているという意味において，相互に補完的である。経営情報システムによって情報伝達の方法や経路が変われば，組織構造も変化する。最近，ネットワーク組織が注目されている背景には，経営情報システムによる情報伝達の変化がある。

4 経営情報システムの構成

◇業務システムと経営管理の情報システム

経営情報システムは通常，事業活動（業務）の遂行を支援する業務システムと，事業活動を管理する経営管理のための情報システムに分けられる。さらに，各々の情報システムはライン用とスタッフ用に分けられる。ライン業務は，製品・サービスの生産・販売に直接関わる業務であり，ストップすると経営活動そのものが止まってしまうことから，基幹業務と呼ばれることもある。これに対して，スタッフ業務はライン業務を管理したり，補佐したりする業務である。業務システムは日々発生する取引データを処理する。処理された取引データはデータベースで管理され，経営管理のために利用される。これにより，経営管理階層は業務をリアルタイムに把握しながら意思決定したり，事業活動を調整・統制したりすることができる。

図表4-1　経営情報システムの構成

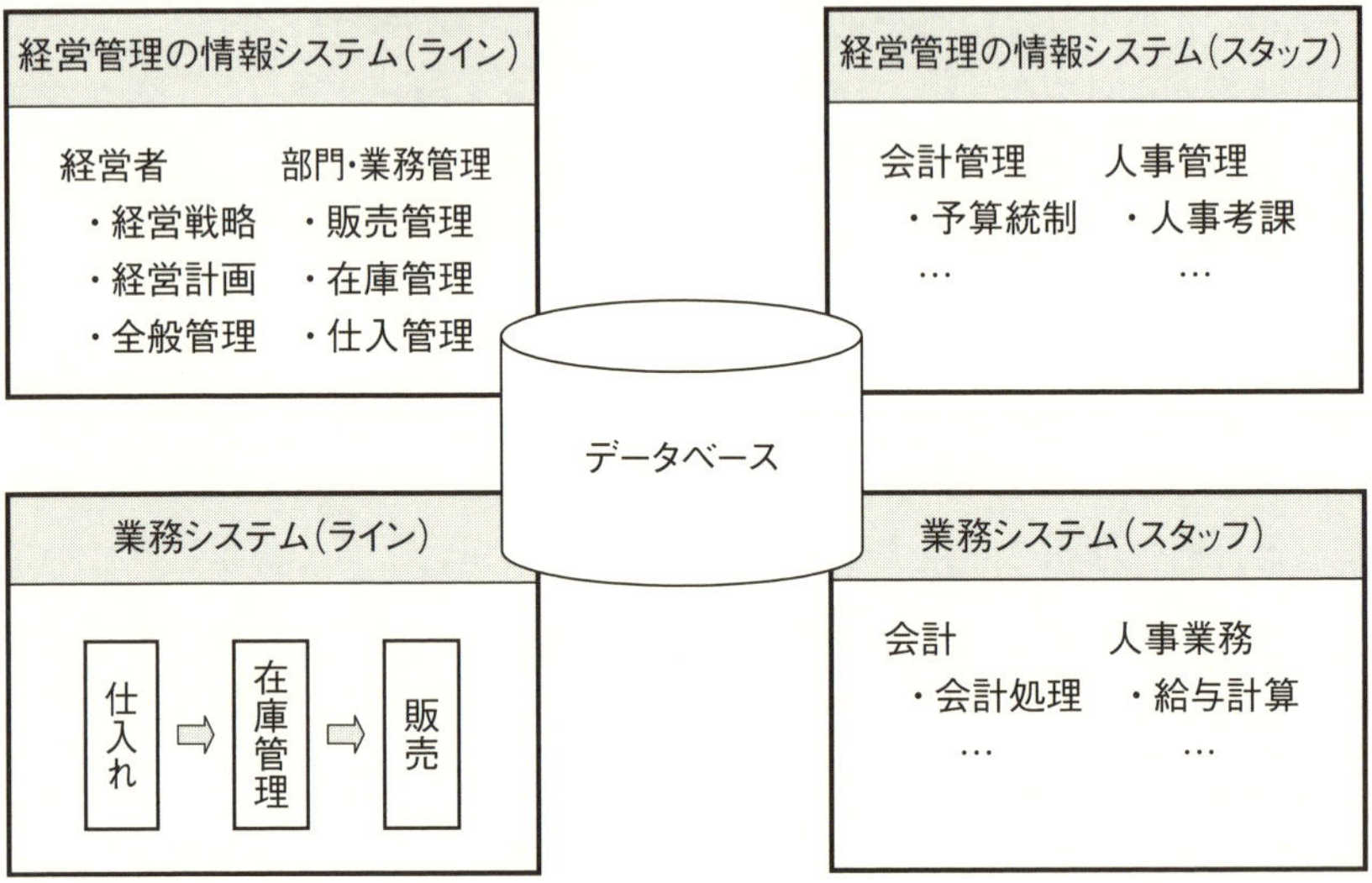

◇ICTを活用した経営手法

ICTを活用した経営手法が色々と提唱されており，各企業の経営情報システムにも取り入れられている。本書では次章以降，ライン業務を対象とした経営情報システムを中心に説明するが，その中で，製造業と小売業で広く普及している主要な経営手法を取り上げる。本書で取り上げるICTを活用した経営手法を図表4-2に示す。

図表4-2 ICTを活用した経営手法

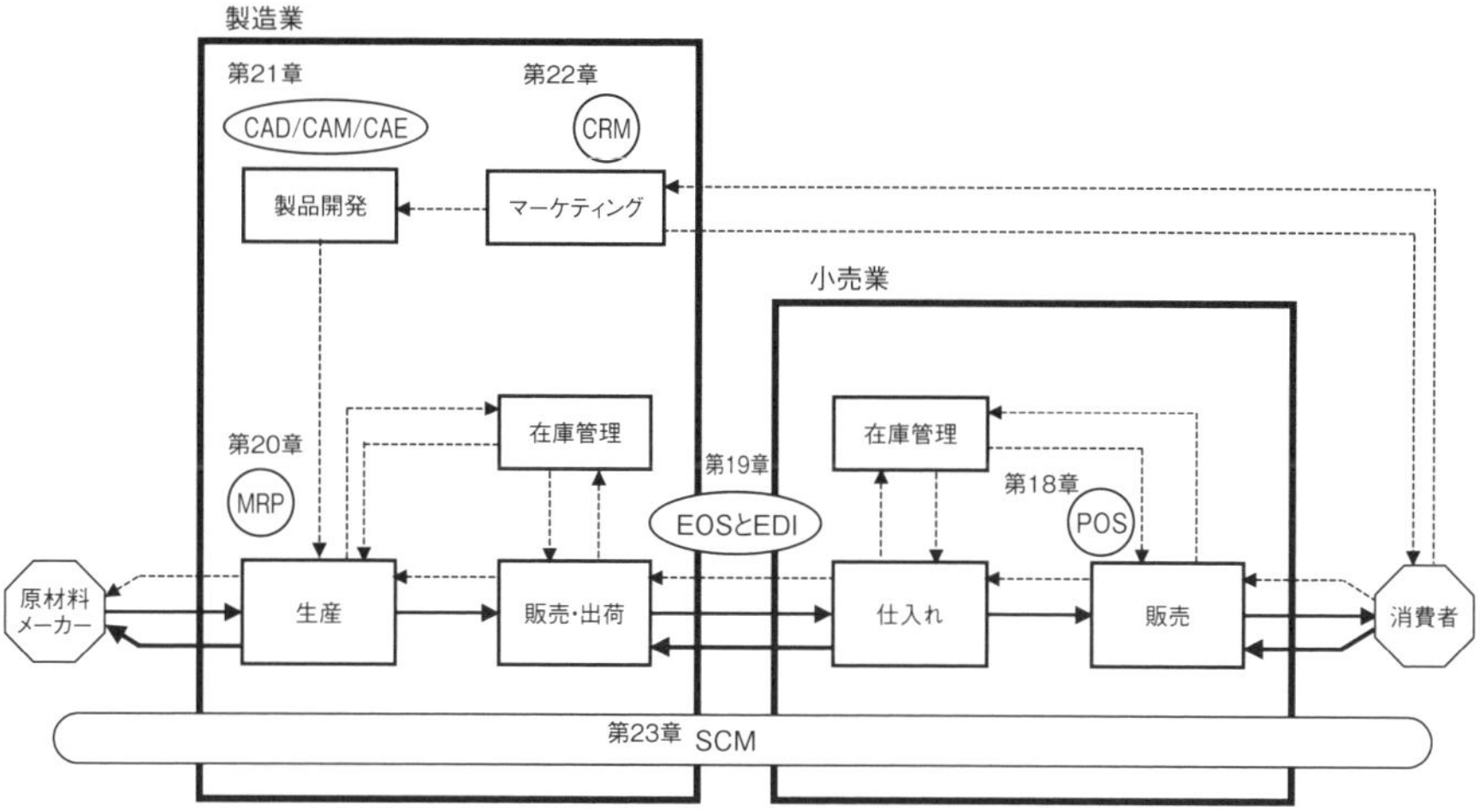

POS：Point Of Sales

EOS：Electronic Ordering System

EDI：Electronic Data Interchange

MRP：Material Requirements Planning　または
Manufacturing Resource Planning

CAD：Computer Aided Design

CAM：Computer Aided Manufacturing

CAE：Computer Aided Engineering

CRM：Customer Relationship Management

SCM：Supply Chain Management

要点整理

各空欄に入る適切な語句を答えなさい（解答は巻末）。

1．日本企業の経営課題

戦後の日本経済を高度成長期，安定成長期，低成長期と時代区分すると，時代ごとに，大量生産・販売体制の確立，（　ア　）体制への移行，情報通信革命と（　イ　）への対応など，日本企業はさまざまな経営課題に直面してきた。

2．経営情報システムの概念

① 経営情報システム：MIS（Management Information System）

定型的な業務を自動化し，そこから得られたデータを経営情報として提供することにより，経営管理階層の（　ア　）や意思決定を支援する。

② 意思決定支援システム：DSS（Decision Support System）

（　イ　）の質的向上を目的として，人間の（　イ　）を支援する。

③ 戦略的情報システム：SIS（Strategic Information System）

（　ウ　）の確立を目的として戦略的に活用される情報システムであり，競争力の強化や（　エ　）の開拓を目指す。

④ （　オ　）：BPR（Business Process Reengineering）

コスト，品質，サービス，業務スピードを劇的に改善するために，（　カ　）を再構築することである。ICTを最大限に活用することが不可欠であるとされる。

⑤ eビジネス（e-business）

インターネットを活用して行われるビジネスの形態。

3．経営情報システムの目的と役割

経営情報システムの目的は，経営の（　ア　）や（　イ　）を高めることである。そのために，（　ウ　）を構成する経営資源や仕組みに影響を与えることによって，ビジネスプロセスを効率化したり，顧客への価値を高めたりする。

4．経営情報システムの構成

経営情報システムは，事業活動の遂行を支援する業務システムと，事業活動を管理する（　ア　）のための情報システムに分けられる。業務システムによって処理された取引データは（　イ　）で管理され，経営管理に利用される。

第Ⅱ部 小売業と製造業の経営情報システム

第Ⅱ部では，小売業と製造業における経営情報システムの目的・機能・構成について説明する。小売業や製造業にも色々な業種・業態があるが，ここで取り上げるのは，主に，食品・雑貨を中心に販売するコンビニやスーパーのような小売業と，家電や自動車のような電気・機械製品を開発・生産・販売する製造業である。経営情報システムはビジネスシステムと深く関わっており，ビジネスプロセス，生産・流通の仕組み，および組織マネジメント（経営管理）と関係づけながら理解することが重要である。

第５章～第９章で，販売管理，発注（仕入れ）管理，生産，製品開発，マーケティングといった企業の基本的な事業活動ごとに説明した後，第10章では，製造業から小売業を経て消費者に至るサプライチェーン（製品供給活動の連鎖）全体の最適化を目指すサプライチェーン・マネジメントについて説明する。これらの事業活動を組織として遂行するには，人々を組織化して調整・統制する必要がある。このような組織マネジメントにおけるICTの活用について，第11章で説明する。

第5章
販売管理

本章の要約

① 店舗販売では，商品の品揃えを計画してメーカーや卸から仕入れた後，価格設定，陳列，販売促進を行って販売する。これら一連の販売活動を管理するには，商品や顧客などの情報を収集・分析することが重要である。

② POSシステムとは，販売時点で商品ごとのバーコードを読み取って精算すると同時に，商品や顧客などの情報を収集するための情報システムである。レジ作業の効率化によって得られるハードメリットと，収集した情報を経営管理や販売管理に活用することによって得られるソフトメリットがある。

③ POSシステムは，商品，顧客，従業員の情報を個のレベルで効率的かつ迅速に収集できることが特徴であり，商品管理，顧客管理，従業員管理で利用されている。POSシステムを有効に活用するには，仮説検証プロセスを繰り返し行うことが大切である。

1 小売業の店舗運営と販売管理

◇販売管理

スーパーなどの店舗販売では，商品の品揃えを計画してメーカーや卸から仕入れた後，価格設定，陳列，販売促進を行って販売する。これら一連の販売活動を管理することを販売管理という。今日，消費者のニーズや嗜好は多様化しており，変化も大きくなっている。販売動向を的確に捉えて素早く対処していくことが，販売管理に求められている。

◇販売と情報

販売動向を捉えるには，どのような商品が売れているか，どのような顧客が購入しているかなど，色々な情報を素早く収集して正確に把握することが必要である。中でも商品情報と顧客情報が重要である。商品情報としては商品名，販売価格，仕入先，在庫数量，陳列位置，販売数量など色々あるが，商品の品揃えや価格，陳列方法などを決めるのに不可欠な情報である。また，氏名，住所，年齢，性別，購買履歴などの顧客情報を活用できれば，個々の顧客のニーズや嗜好に対応した品揃えや販売促進が可能になる。

2 POSシステム(15)

◇POSシステムとは

小売業で広く利用されており，その経営を大きく変えたのがPOS（Point Of Sales）システムである。POSシステムは，日本語で販売時点情報管理といわれ，販売時点で商品ごとのバーコードを読み取って精算すると同時に，商品や顧客などの情報を収集するための情報システムである。精算業務が効率化されるだけではなく，収集した情報を用いて販売動向を分析することにより，商品の品揃えから販売までの一連の販売活動を的確に実施することができるようになる。

◇バーコードとOCR値札

バーコードが食品や雑貨を中心に利用されているのに対して，衣料品や耐久消費財などではOCR値札が用いられている。OCR値札は，OCR（Optical Character Reader：光学式文字読み取り装置）によって読み取ることができるOCR文字を使って，商品分類コードや価格などを印刷したものである。最近では，商品情報を自動認識するための方法として，従来のバーコードやOCR値札に代わって，より多くの情報を持たせることができる2次元バーコードや，無線で情報を読み取ることができるICタグなどが利用され始めている。

◇POSシステムの構成

POSシステムは，基本的にPOSターミナルとストアコントローラ（またはストアコンピュータ）によって構成される。POSターミナルは，レジスターとバーコードスキャナからなっており，各店舗のレジに設置される。ストアコントローラは，店舗事務室（バックヤード）に設置され，回線によってPOSターミナルと結ばれる。また，コンビニなどのチェーンストアの場合には，ストアコントローラは本部のホストコンピュータとオンラインで結ばれていることが多い。

図表5-1　POSシステムの構成

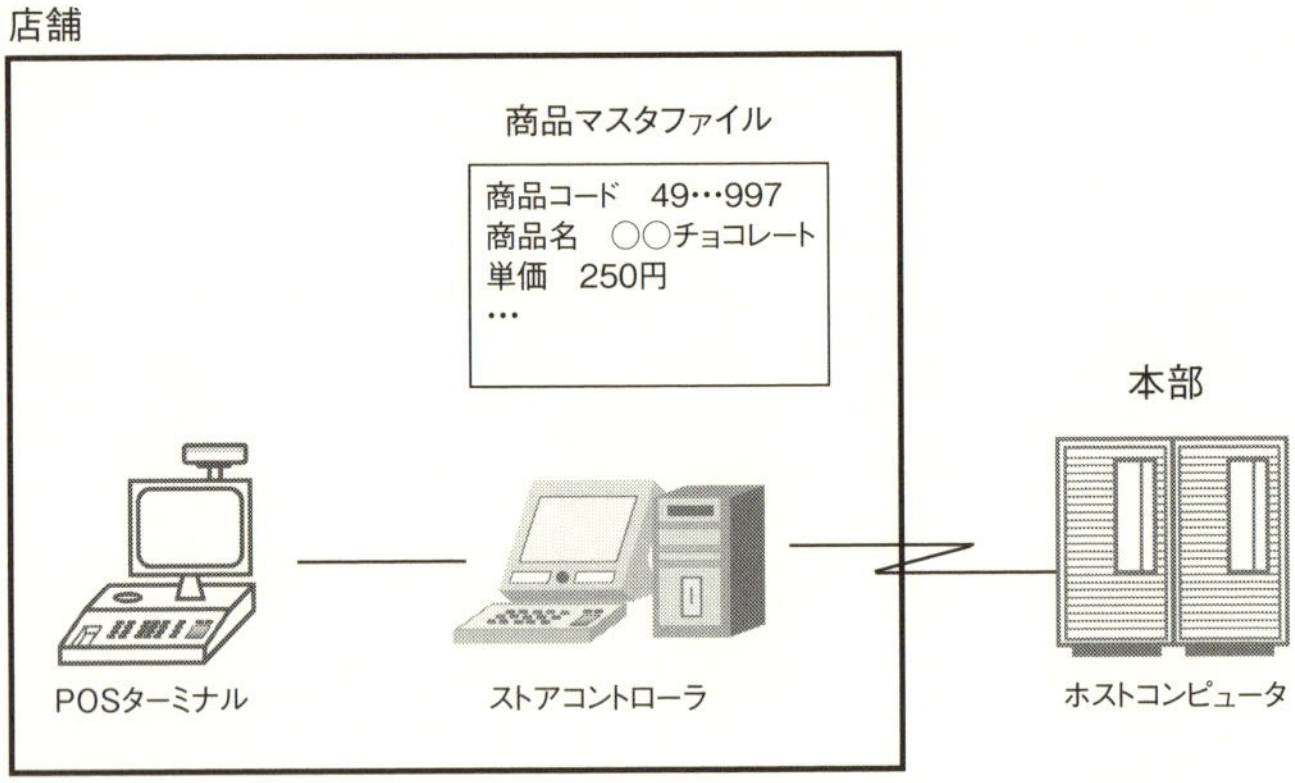

◇POSシステムの仕組み

顧客がレジへ来てから精算が終わるまでの一連の流れは，一般的には次のようになる。

① POSターミナルのバーコードスキャナによって，商品ごとにバーコードを読み取る。バーコードは，個々の商品を識別するための商品コードを表している。

② 読み取られた商品コードは，ストアコントローラへ送られる。

③ ストアコントローラは，商品マスタファイルを管理しており，POSターミナルから送られてきた商品コードをもとに商品名や価格を検索する。ここ

で，商品マスタファイルとは，商品コード，名称，価格など，商品の基本的な情報を記録しているファイルである。

④ ストアコントローラは，商品ごとの商品コード，販売日時，販売数量などの販売情報を売上げファイルに記録し，POSターミナルへ商品の名称や価格などの情報を送り返す。売上げファイルに蓄積された販売情報は，定期的に本部のホストコンピュータへ送られ，全社的に活用される。

⑤ POSターミナルに商品名と価格が表示され，レシートが印刷される。

なお，商品コードをもとに商品マスタファイルから価格を検索する方式をPLU（Price Look Up：プライス・ルック・アップ）という。これに対して，バーコードに価格の情報を含む方式をNON-PLU（ノン・プライス・ルック・アップ）という。

例題5-1　NON-PLU方式

どのような商品に対してNON-PLU方式を用いたらよいか。食品スーパーを例にして答えよ。

答え　生鮮食料品のように品物の重量によって価格が異なる商品

◇JANコード

バーコードが表している商品コードは，1978年に日本工業規格（JIS）として標準化され，JAN《ジャン》（Japanese Article Number）コードと略称されている。JANコードには，標準タイプ（13桁）と短縮タイプ（8桁）の2種類がある。いずれのタイプも，商品メーカーまたは発売元を表す企業（メーカー）コード，個々の商品を表す商品アイテムコード，そしてPOSターミナルの誤読を防止するためのチェックデジットから構成されている。企業コードの登録企業が多くなったため，2001年1月以降の新規登録分より標準タイプの企業コードは7桁から9桁に変更された。なお，短縮タイプはバーコードを印刷する面積が小さい小物商品に使用される。

図表5-2 JANコード

標準タイプ13桁（JAN企業コード9桁バージョン）

4 569951 116179

①　②　③

短縮タイプ8桁

4996 8712

①　②　③

標準タイプ13桁（JAN企業コード7桁バージョン）

4 912345 678904

①　②　③

① JAN企業（メーカー）コード
② 商品アイテムコード
③ チェックデジット

出所：流通システム開発センター（http://www.dsri.jp/jan/about_jan.htm（2009.9.17））。

◇JANコードのマーキング

JANコードは通常，商品の製造・出荷時に包装資材などにバーコードの印刷・貼付を行う。これをソースマーキングという。これに対し，製造・出荷時にバーコードを印刷・貼付できない生鮮食品（青果，鮮魚，精肉等）などは，小売店内や流通センターで加工・計量した後に，バーコードを印刷したラベルを貼付する。これをインストアマーキングという。

◇POSシステムの効果

POSシステムを導入することによって得られる効果には，ハードメリットとソフトメリットがある。ハードメリットが，レジ作業の時間短縮や入力ミスの排除など，POSシステムから直接得られる効果であるのに対して，ソフトメリットは，POSシステムで収集したデータを経営管理や販売管理に活用することによって得られる効果である。ハードメリットはPOSシステム導入当初から得られ，効果の大きさも導入前に予測しやすい。一方，ソフトメリットは，人間のデータ活用能力に依存するところが大きく，POSシステムを導入しても効果は段階的にしか得られず，その大きさを導入前に予測することは困難である。しかし，データ活用能力を高めていけば，ハードメリットよりもはるかに大きな効果を得ることができるようになる。

3 POSシステムの特徴と活用

(1) POSシステムの特徴

POSシステムは，商品，顧客，従業員の情報を個のレベルで効率的かつ迅速に収集できることが特徴であり，商品管理，顧客管理，従業員管理で利用されている。個のレベルとは，商品1つひとつ，顧客1人ひとり，従業員1人ひとりという意味である。

◇商品管理

POSシステム以前は，「菓子」や「調味料」といった商品部門別に売上げを集計して管理していたが，POSシステムでは，「X社の20粒入りアーモンドチョコレート」といった商品1つひとつについて販売動向を把握・分析し，品揃えや陳列などの商品管理に反映させることができるようになった。個々の商品を単品またはSKU（Stock Keeping Unit）といい，これを単位として行う商品管理を単品管理という。

◇顧客管理

クレジットカードや顧客カードなどをPOSシステムで取り扱えるようにすれば，商品の販売情報と同時に顧客情報を収集することができる。商品情報と顧客情報を組み合わせれば，誰がどの商品をいつ，いくつ購入したかが分かる。これにより，顧客のニーズにあわせて商品を紹介したり，催し物を案内したりするなど，個人向けマーケティングが可能になる。最近は，購入金額の大きい優良顧客に対して値引きをしたり，プレミアム商品を提案することにより，顧客の固定化を促進しようとする小売業が増えている。

◇従業員管理

キャッシャー（レジ係）が作業を開始する前に従業員コードをPOSシステムに入力するようにすれば，誰が何時から何時まで作業をしたのかが分かる。この情報を活用することにより，従業員1人ひとりの勤怠管理，生産性分析，作業スケジューリングと最適配置などが可能になる。

(2) POSデータを活用した商品管理

ここでは，スーパーやコンビニなど主に食品・雑貨を扱う小売業を対象として，POSデータ活用の中心となる商品管理について説明する。来店客数の大幅な増加を期待できない今日，顧客あたりの購買単価(平均商品単価×買上個数)を増やすことが小売業の課題になっている。そのためには，顧客の購買意欲を高めるような商品の品揃え，商品陳列，販売促進が大切である。

◇商品の品揃え

新商品がメーカーによって日々開発され市場に送り出されている。さらに，新商品のライフサイクル（商品寿命）も年々短くなっている。例えば，清涼飲料水は年間数千点の新商品が発売されているが，コンビニなどの陳列棚のスペースは限られているために，多くが消費者の目に触れることもなく消えていく。一時的に売れても，やがて販売数が減少していく商品が多く，一定の売上げを維持し続けて定番となる商品はごくわずかである。このような中にあって，小売業各社は，死に筋商品を排除し，売上げを期待できる売れ筋商品を揃えることによって売上げの増大と利益の確保を図ろうとしている。そのための手法として，POSデータを活用したABC分析や新商品導入評価がある。

① ABC分析

ABC分析は，売上高の多い商品を重点的に管理するための手法であり，販売管理のみならず，商品発注や在庫管理などで広く利用されている。例えば，100種類の商品があるとすると，ほんの10～20種類の商品が売上高全体の80%近くを占めていることが多い。この場合，100種類の商品を均等に管理するよりも，10～20種類の商品を重点的に管理した方がよい。ABC分析では，商品を売上高の多い順に並べ，商品別売上高を上位から下位へと順次累計した上で，累計値が売上高全体の70％までの商品をA区分，70～90％の商品をB区分，残りの商品をC区分とする。A区分の商品は売れ筋商品であり，重点的に品揃えすべき商品である。一方，C区分の商品は死に筋商品であり販売中止を検討すべき商品である。

例題5-2　ABC分析

商品別売上高と売上高累計構成比（売上高の累計値が売上高全体に占める比率）をグラフにしたところ，次の図のようになった。売れ筋商品と死に筋商品を答えよ。

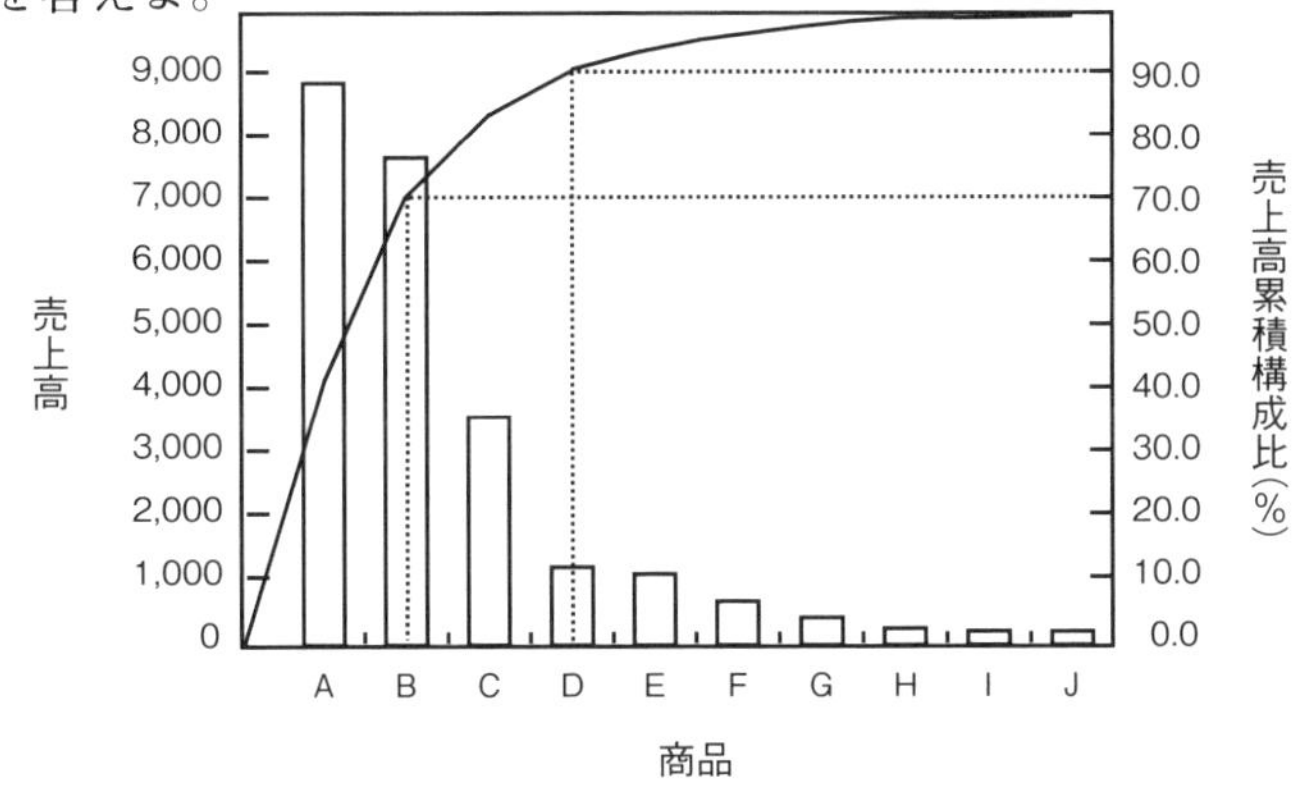

答え　売れ筋商品：A，B　　死に筋商品：E，F，G，H，I，J

② 新商品導入評価

新商品は実績データがないため，最初にどの位仕入れればよいか判断が難しい。類似商品の過去の実績をもとに適正な仕入量を割り出すのがよいだろう。販売を開始した新商品はPOSデータなどにより販売状況を追跡し，引き続き発注すべきかどうかを判断する。

例題5-3　販売機会の損失と売れ残り

あるお店は毎日，弁当とおにぎりを午前11時（1便）と午後5時（2便）に仕入れて販売している。POSデータから得た販売数量を使って在庫数量を計算し，在庫数量がゼロになった時刻を売切れ時刻としている。9月10日の仕入数量と売切れ時刻は次のようであった。売切れ時刻の「…」は商品が売れ残ったことを示している。仕入数量をどのように変更したらよいか。

商品		9月10日	
		1便	2便
弁当	仕入数量	20	15
	売切れ時刻	13：05	18：15
おにぎり	仕入数量	35	40
	売切れ時刻	…	…

答え

弁当は販売機会を損失しているので仕入数量を増やし，おにぎりは売れ残っているので仕入数量を減らす。

◇商品陳列

商品の陳列位置によって売上げが大きく変わる。限られた売場スペースの中で売上高や利益を最大化するには，商品の陳列位置とPOSデータを組み合わせることにより，効率的な店舗レイアウトや棚割りを検討することが大切である。店舗レイアウトとは，店舗のどこにどの商品を配置するかという店舗全体のレイアウトのことである。例えば，コンビニでは，多くの顧客が購入するドリンクや弁当などは店舗の奥に陳列してある。これは，来店客の動線を長くすることによって，店内の商品を隅々まで見てもらい，1つでも多くの商品を買ってもらうための工夫である。また，棚割りとは，商品を陳列する棚にどの商品をどう並べるかを決めることである。陳列棚の中で最も顧客の目にとまりやすい領域はゴールデンゾーンと呼ばれている。一般に，床上60cm～160cmの範囲とされており，ここにどの商品を陳列するかによって売上げや利益が変わる。

◇販売促進

小売業では，集客効果や売上げ増加を狙って，特売やチラシなどの販売促進が行われる。いつ，どのような販売促進を行ったのかというデータとPOSデータを組み合わせることにより，販売促進の効果を測定して効果的な販売促進を計画することができるようになる。例えば，販売価格と販売数量の関係をPOSデータによって分析すれば，特売日の適正な販売価格を判断することができる。

例題5-4　販売促進

販売促進の一環として，顧客カードを発行し，購買金額の多い顧客にクーポン券を郵送することにした。収集すべき情報の種類と収集方法を答えよ。

答え　顧客の名前と住所：顧客カード　顧客の購買金額：POSシステム

(3) POSシステムと仮説検証プロセス

◇仮説検証プロセス

POSシステムを販売管理に活用していく上で大切なことは，仮説検証プロセスを繰り返し行うことである。売上げには，商品の品揃え，価格，販売促進，陳列方法，天候など，色々な要因が影響を及ぼす。データをもとに売上げ変動要因と売上げとの関係について仮説を設定し，商品の品揃えや販売促進などを計画・実施した後に，仮説が正しかったかどうかをデータによって検証する。これにより，より効果の大きい販売施策を実施することができるようになる。

◇仮説検証とデータ

仮説検証プロセスを繰り返し行うには，仮説を設定し検証するためのデータが必要になる。データとしてはPOSデータのみならず，コーザルデータやスキャンパネルデータも重要である。コーザルデータは販売促進や天候など売上げ変動要因についてのデータであり，スキャンパネルデータは顧客別の購買履歴データである。POSデータを活用することにより，単品単位での仮説検証プロセスが可能になる。

(4) POSシステムとビジネスインテリジェンス

ビジネスインテリジェンスは，経営者や一般社員が，ITの専門家に頼ることなく，自らがデータ分析を行って意思決定を行うための手法やシステムである。POSシステムと連動させることにより，販売管理における仮説の設定と検証を支援することができる。

① データマイニング

POSデータのように大量に蓄積されるデータを解析し，その中に潜む項目間の相関関係やパターンなどを探し出す。将来起こり得る事象について仮説を発見することを目的としている。例えば，スーパーの販売データを分析することにより，「日曜日にビールを買う客は一緒に紙オムツを買うことが多い」など，項目間の相関関係を見つけることができる。

② 多次元分析（OLAP《オーラップ》：On-line Analytical Processing）

蓄積したPOSデータなどを，複数の分析視点（次元）を組み合わせて分析する。あらかじめ仮説を立てて，それを検証することを目的としている。例えば，POSデータをもとに売上げが伸びない原因を分析するとする。原因が商品か店舗にあるとの仮説を設定すれば，店舗，商品，期間の3つの次元のデータを用意する（図表5-3）。そして，期間別／店舗別，店舗別／商品別，期間別／商品別といったように分析視点を切り替えて分析することにより，仮説を検証することができる。

図表5-3　多次元分析（OLAP）

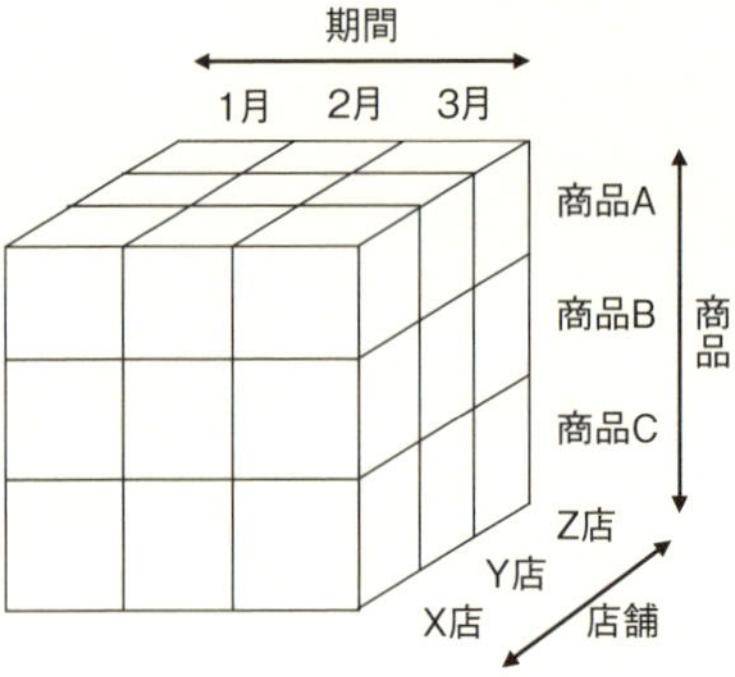

X店の期間別／商品別販売数

X店	商品A	商品B	商品C
1月	203	105	158
2月	229	113	161
3月	240	127	176

事例5-1　セブン-イレブンの単品管理(16)

1973年，中小小売業者の保護を目的に第一次大規模小売店舗法（大店法）が施行され，大型店の出店に際して店舗面積などに規制がかけられるようになった。大手スーパーのイトーヨーカ堂は，米国で7-Elevenというコンビニを展開していたサウスランド社とライセンセンス契約を締結し，日本でコンビニを開始することにした。コンビニであれば店舗面積が狭いため，大店法に抵触することなく出店できるし，店舗の経営を地元の中小小売業者に委託すれば，彼らとの共存共栄の道が開ける。

1974年に東京都江東区豊洲にセブン-イレブンの第1号店が開店したが，顧客が来店しても商品が売り切れているという「機会ロス」が発生し，売上げが伸びなかった。店舗面積は24坪しかなく，大量に商品を並べることができないため，売れる商品だけを置くようにするしかない。そのために始めたのが「単品管理」である。商品一品一品について，いつ，どれだけ売れたかを把握し，それをもとに商品を発注するようにしたのである。

「単品管理」により機会ロスは減少したが，一度に大量に発注する方式から，売れた量に応じて発注する方式へ切り替えたことから，各店舗に配送する商品の量が小口となり，配送頻度も増えるという新たな問題が発生した。そこで，店舗を一定の地域に集中的に出店（ドミナント出店）することによって，配送距離の短縮を図った。また，各店舗への配送は，卸業者などのベンダーが個別に行う方式から，一旦共同配送センターに集約してから，一緒に配送する方式（共同配送）へと切り替えた。これらにより，各店舗への配送頻度が減少し，トラックの積載効率が向上したことから，配送コストは劇的に低下した。1978年には電子式発注システム「ターミナル・セブン」を開発し，1982年にはPOSシステムを導入することにより，発注作業と販売情報の収集・管理を効率化していった。

セブン-イレブンは，ドミナント出店，共同配送，発注システム，POSシステムといった「単品管理」の仕組みを構築することにより，コンビニという業態を作りあげてきたのであり，それが同社の強みになっている。

要点整理

各空欄に入る適切な語句を答えなさい（解答は巻末）。

1．小売業の店舗運営と販売管理

店舗販売では，商品の（　ア　）を計画してメーカーや卸から仕入れた後，価格設定，陳列，（　イ　）を行って販売する。これら一連の販売活動を管理するには，商品や（　ウ　）などの情報を収集して販売動向を分析することが重要である。

2．POSシステム

① POSシステムとは

日本語で販売時点情報管理といわれ，販売時点で商品ごとの（　ア　）を読み取って精算すると同時に，商品や顧客などの情報を収集するための情報システムである。

② バーコードとOCR値札

（　ア　）が食品や雑貨を中心に利用されているのに対して，衣料品や耐久消費財などでは（　イ　）が用いられている。最近は，2次元バーコードや（　ウ　）なども利用されている。

③ POSシステムの構成

POSシステムは，基本的にPOSターミナルと（　エ　）によって構成される。コンビニなどのチェーンストアの場合には，（　エ　）は本部の（　オ　）とオンラインで結ばれていることが多い。

④ JAN（Japanese Article Number）コード

商品コードは，日本工業規格（JIS）として標準化されており，JANコードという。企業コード，（　カ　），誤読防止用のチェックデジットから構成されている。

⑤ JANコードのマーキング

・ソースマーキング：商品の製造・出荷時に包装資材などに印刷・貼付する方式。

・（　キ　）：小売店内や流通センターでラベルに印刷して貼付する方式。

⑥ POSシステムの効果

・ハードメリット：レジ作業の時間短縮などPOSシステムから直接得られる効果。

・（　ク　）：POSデータを販売管理などに活用することによって得られる効果。

3．POSシステムの特徴と活用

POSシステムの特徴は，個のレベルでの（　ア　），（　イ　），従業員管理が可能になることである。そのためには，仮説検証プロセスを繰り返すことが大切であり，POSデータのみならず，売上げ変動要因についてのデータである（　ウ　）や，顧客別購買履歴データである（　エ　）も重要になる。

第6章 発注管理

本 章 の 要 約

① 商品の発注業務においては，注文書，納品書，請求書など，色々な取引データが企業間で交換される。コンピュータネットワークを利用して企業間で取引データを交換する標準的な仕組みをEDIという。

② 発注業務でEDIを利用するには，発注方式や発注データの入力方式などを検討しなければいけない。基本的な発注方式として定量発注方式と定期発注方式がある。発注データの入力を効率化するために棚札方式が広く利用されている。

1 発注管理と情報化[17]

◇発注業務

スーパーやコンビニでは，商品の在庫が少なくなってくると，メーカーや卸などの取引先から仕入れなければならない。各店舗では陳列棚をチェックし，在庫数量の不足する商品があれば，本部に補充発注する。本部は，各店舗から受け取った注文を取引先別に取りまとめて発注する。取引先は，商品を店舗に納品するとともに，本部に代金を請求する。商品の発注業務においては，注文書，納品書，請求書など，色々な取引データが店舗，本部，取引先の間で交換される。

図表6-1 発注業務の例

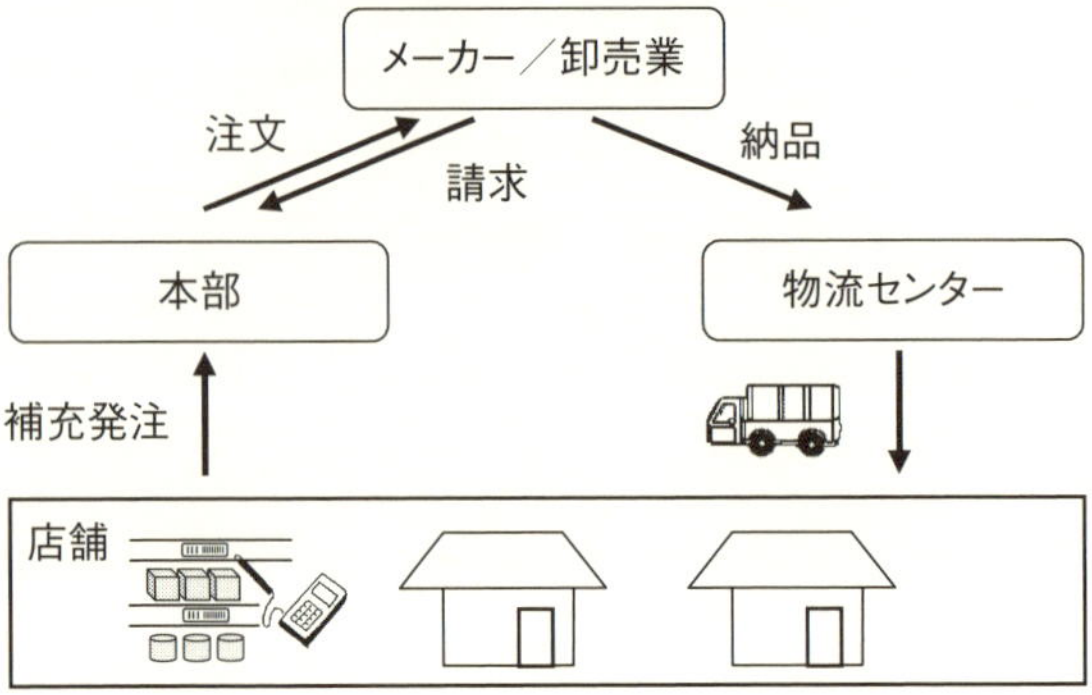

◇発注管理の目的

発注業務の難しさは，注文する商品が多すぎると在庫が過剰になり，少なすぎると品切れにより販売機会を失うことである。適正在庫を維持しながら効率よく商品を仕入れるために，発注から入荷・受入れまでを管理することを発注管理という。過剰在庫と品切れの防止という一見矛盾したことを両立させなければならない発注管理は，少なからぬ経験とノウハウが要求されるため，以前はベテラン社員の仕事であった。また，発注業務は電話や伝票で行われていたため，聞き間違いや記入ミスが発生するなどの問題があった。これらの問題を解決したのがEOS《イーオーエス》（Electronic Ordering System：電子式補充発注）であり，その後のEDI（Electronic Data Interchange：電子データ交換）である。

◇オーダーエントリーシステムとEOS

取引データをもとに，発注側と受注側とでさまざまな業務が行われる。発注側の業務には発注，商品の受入・検品，支払いなどがあり，受注側の業務には商品出荷，売上げ処理，請求・入金処理などがある。受発注業務（受注と発注の業務）は，事務処理の負担が大きく，取引データの交換に時間がかかるといった問題があった。このような問題を解決すべく，受発注業務のコンピュータ化は1960年代から進められてきた。得意先からの注文データをコンピュータに入力して受注処理を行う情報システムをオーダーエントリーシステムといい，商品の発注処理を行う情報システムをEOSという。EOSは当初，各店舗と本部間の補充発注に用いられ，企業内補充発注システムとして利用されたが，その後，通信回線を通じてメーカー・卸のオーダーエントリーシステムと接続され，企業間情報システムとして発展してきた。

◇EOSからEDIへ[(18)]

コンピュータネットワークを使って取引データを交換するには，取引手順，データの内容・表現方式，通信プロトコルの3つについて企業間で取り決めする必要がある。これらを標準化したデータ交換の仕組みをEDIという。EOSは受発注データを特定企業間で交換する仕組みであるが，EDIは受発注や特定企業間に限定することなく取引全般において取引データを交換する仕組みである。EDIの標準化が1980年代に進んだこともあり，1990年代以降，EOSはEDIと呼ばれるようになった。

図表6-2 EDI

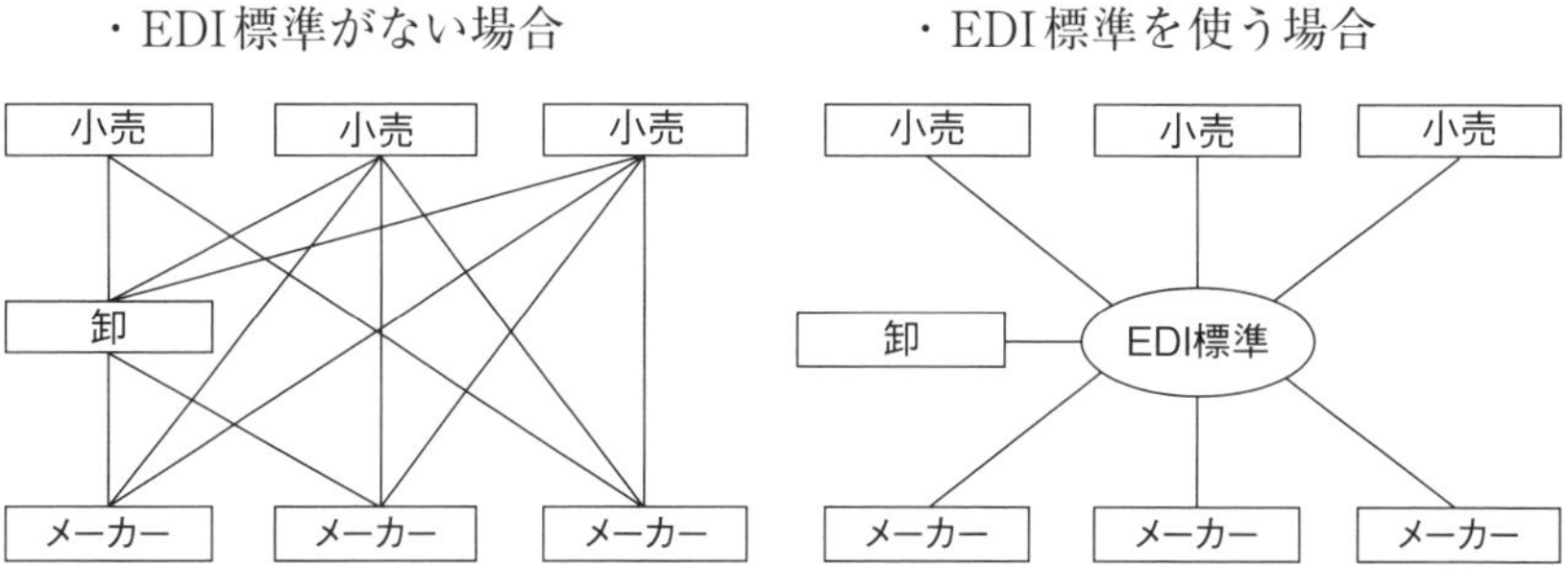

2 EDIによる発注

スーパーの食品・雑貨を例にして，EDIによる発注について説明する。

◇商品在庫と発注

商品が売れると在庫が減少し，卸やメーカーに発注した商品が納入されると在庫が増加する。発注してから納入されるまでの期間を「調達リードタイム」という。調達期間中に予想以上に売れると，品切れを起こす可能性がある。品切れを発生させないためには，在庫に余裕を持たせる必要があるが，この余裕を「安全在庫」という。

◇発注のタイミングと量

適正な在庫量を維持するには，商品が今後どの位売れるかという需要予測をすると同時に，卸・メーカーにいつ，何個発注するかが問題になる。発注のタイミングと量は，在庫費用と発注費用に影響する。発注間隔を長くして発注頻度を少なくすると，発注に必要な費用は減少するが，1回あたりの発注量は大きくなり，多くの在庫を持つことになる。逆に，発注間隔を短くして発注頻度を多くすると，1回あたりの発注量は小さくなって在庫も減少するが，発注に必要な費用は増加する。

◇発注方式

発注のタイミングと量を決める基本的な方式として，定量発注方式と定期発注方式がある。定量発注方式は，在庫量がある量（発注点）まで減少したときに，一定量の発注を行う方式であり，発注時期はその都度異なる。これに対して，定期発注方式は，発注間隔は一定であるが，発注量がその都度異なる方式である。

図表6-3　発注方式

●定量発注方式

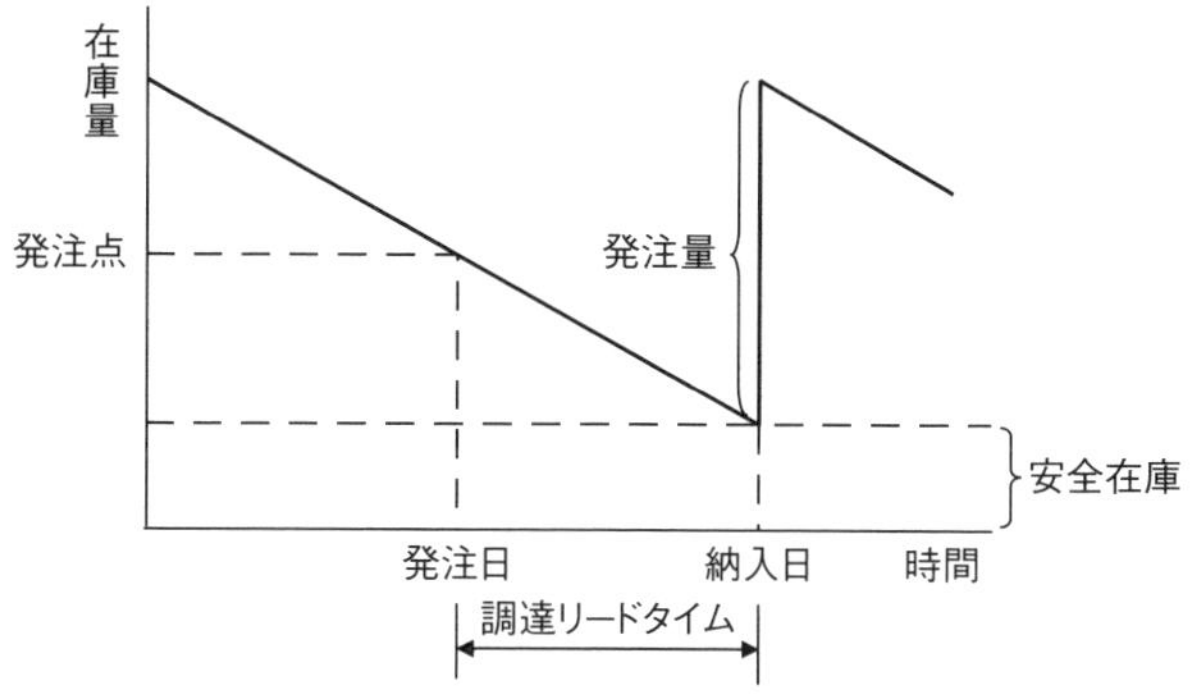

●定期発注方式

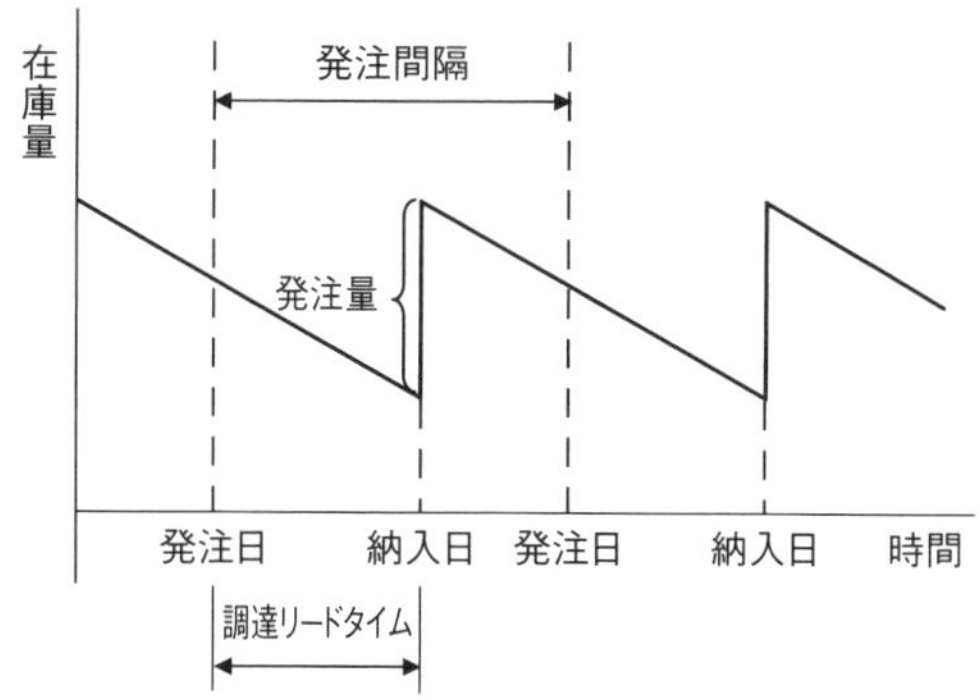

例題6-1　発注方式

発注を定量発注方式によって管理している定番商品がある。この商品を発注すると5日後に入荷する。1日あたりの需要が30個，安全在庫が20個とすると，発注点は何個か。また，EDI導入後は調達リードタイムが3日に短縮され，安全在庫は15個に減少した。EDI導入後の発注点は何個か。

EDI導入前　計算式　30個×5日＋20個＝170個　**答え**　170個

EDI導入後　計算式　30個×3日＋15個＝105個　**答え**　105個

例題6-2　在庫管理システム

在庫管理に関する次の記述を読んで，空欄に入る適切な語句を答えよ。

「X商店は約10年前に創業した文房具店である。現在の取扱商品は1,000種類を超えている。商品の在庫管理と発注は担当者の経験と勘を頼りに行ってきた。しかし，商品数が増えるにつれて，在庫の把握が困難になってきており，適切な発注ができずに過剰在庫や品切れが多発している。そこで，各商品の在庫を正確に把握して，計画的な発注を行うために，在庫管理システムを構築することにした。新しい在庫管理システムでは，在庫管理と発注を次のように行うことにした。

商品の発注は定量発注方式によるものとし，商品ごとに発注点と発注数量をあらかじめ決めておく。閉店後に各商品の在庫数量を調べ，在庫数量が（　ア　）を下回っている商品があれば，翌日に（　イ　）分の注文を行う。各商品の在庫数量は次の計算式で計算する。

在庫数量＝期首の在庫数量－期中の出庫総数＋期中の（　ウ　）

期中の出庫総数と（　ウ　）は，それぞれ期首から計算日までの出庫数量と入庫数量の累計である。毎日の出庫数量と入庫数量は，それぞれ売上げ記録と入荷記録より求める。」

答え　ア：発注点　　イ：発注数量　　ウ：入庫総数

◇発注データの入力方式

EDIによって商品を発注するには，商品コードや発注数量などをコンピュータに入力する必要がある。入力方式にはいくつかあるが，棚札方式が広く利用されている。棚札方式では，バーコードなどを印刷した棚札を陳列棚に貼っておき，人が在庫をチェックしたときに発注点を切っていたら，発注端末でバーコードをスキャンして発注数量を入力する。コンピュータに発注数量が登録されていれば，自動的に発注することも可能である。入力された発注データはストアコントローラに送信された後，本部を経由して取引先へと送られる。

図表6-4 棚札の例

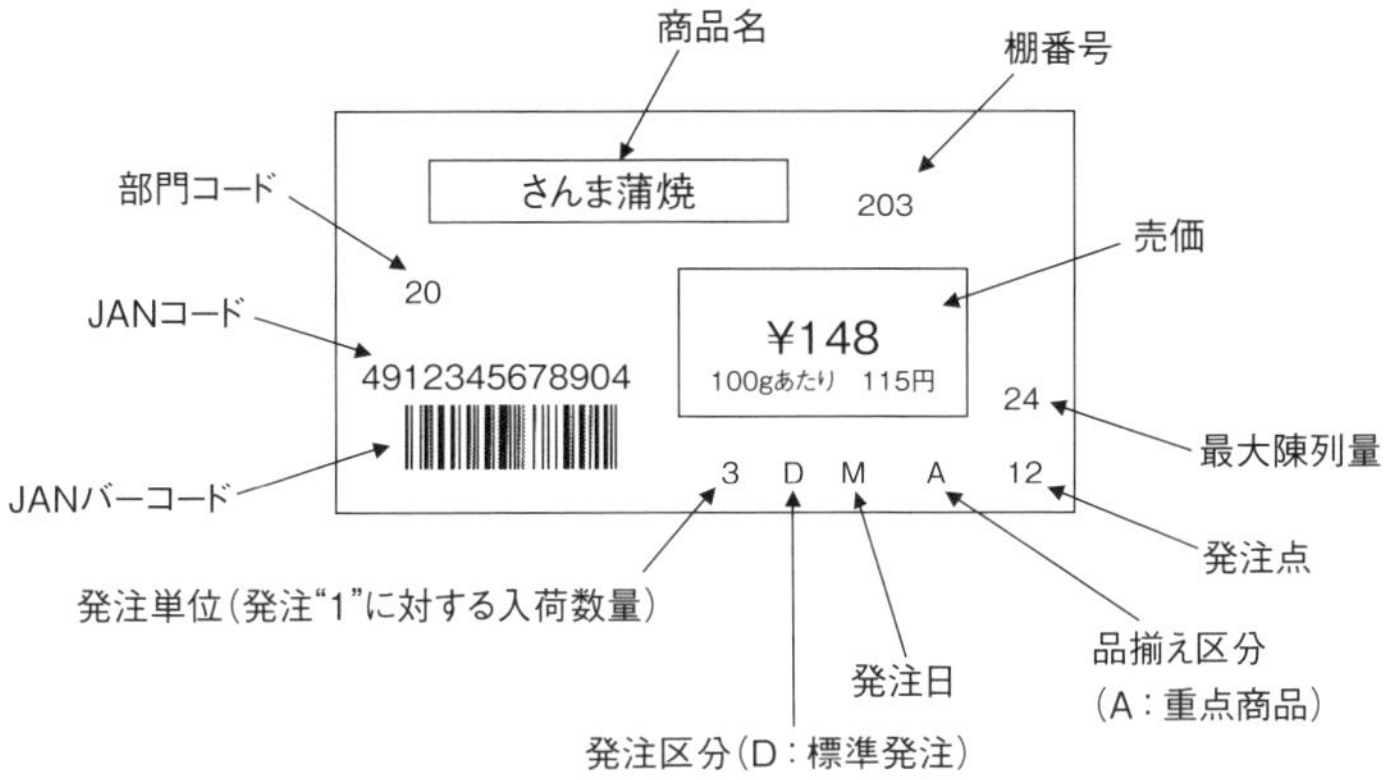

出所：流通システム開発センター［1997］p.40，図表2-2。

例題6-3　受発注システム

次の図はコンビニの例である。空欄に入る適切な語句を答えよ。

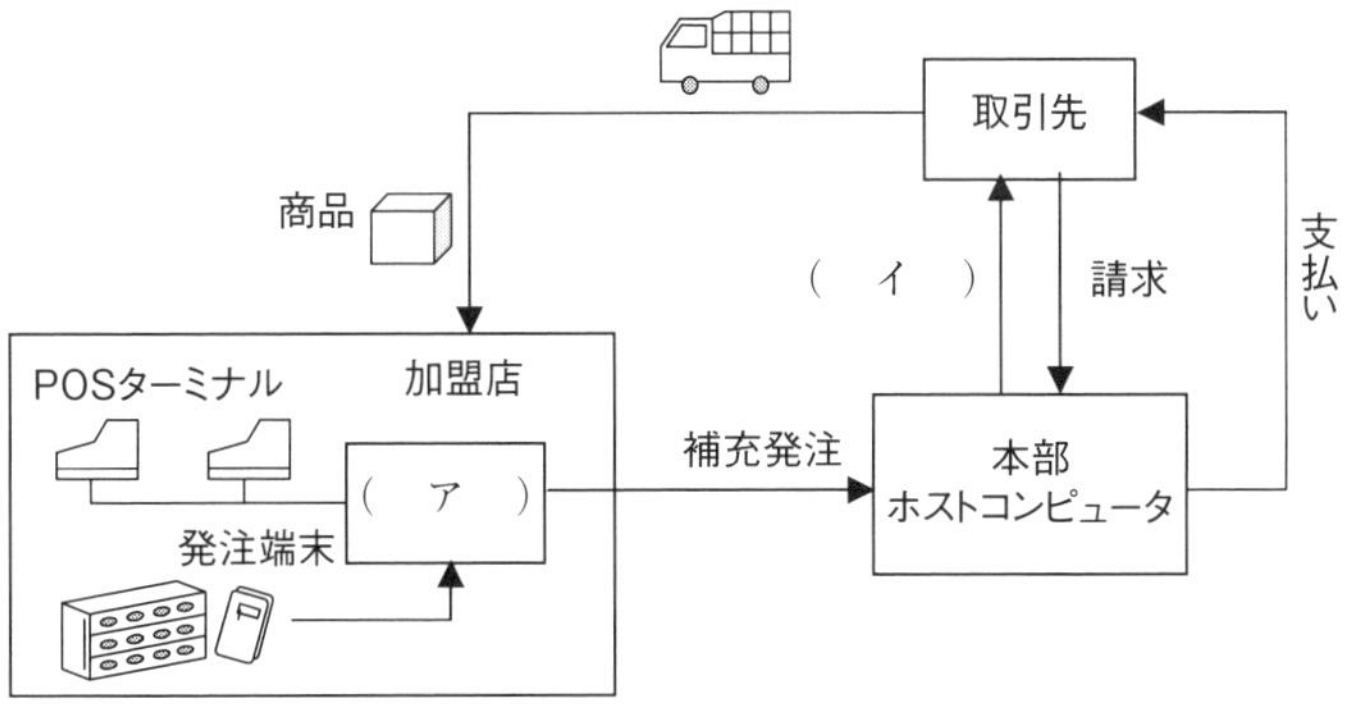

答え　ア：ストアコントローラ　　イ：注文

事例6-1　セブン-イレブンとわらべや日洋(19)

わらべや日洋はセブン-イレブン向けにおにぎりや調理パンなどのファーストフードを製造するメーカーである。わらべや日洋の米飯工場は，具材を調理加工する前工程と，トッピングする後工程とに分かれている。前工程，後工程ともに4時間かかる。セブン-イレブンの店舗への納品は1日3回（午後便，深夜便，翌日午前便）行う。セブン-イレブンからの最初の注文は11：00に受ける。18：30までに全店舗に納品するには，トラックは15：00に配送センターを出発する必要がある。商品を作るのに8時間かかるのに対して，注文を受けてから4時間以内に出荷しなければならない。

この問題を解決するために，わらべや日洋では先行生産方式をとっている。米飯工場は，受注量を予想しながら朝4：00に先行生産を開始する。セブン-イレブンは，10：30に加盟店からの注文を受けると，11：00までに米飯工場別に集計して，午後便の確定生産のための注文と，深夜便の先行生産のための暫定情報を米飯工場へ送る。米飯工場は注文を受けた時点で午後便の確定生産に入る。深夜便の確定情報は14：00に米飯工場に送られ，深夜便の確定生産が開始される。このように，受発注データを頻繁に交換することにより，需要への対応と生産の安定化とを実現している。

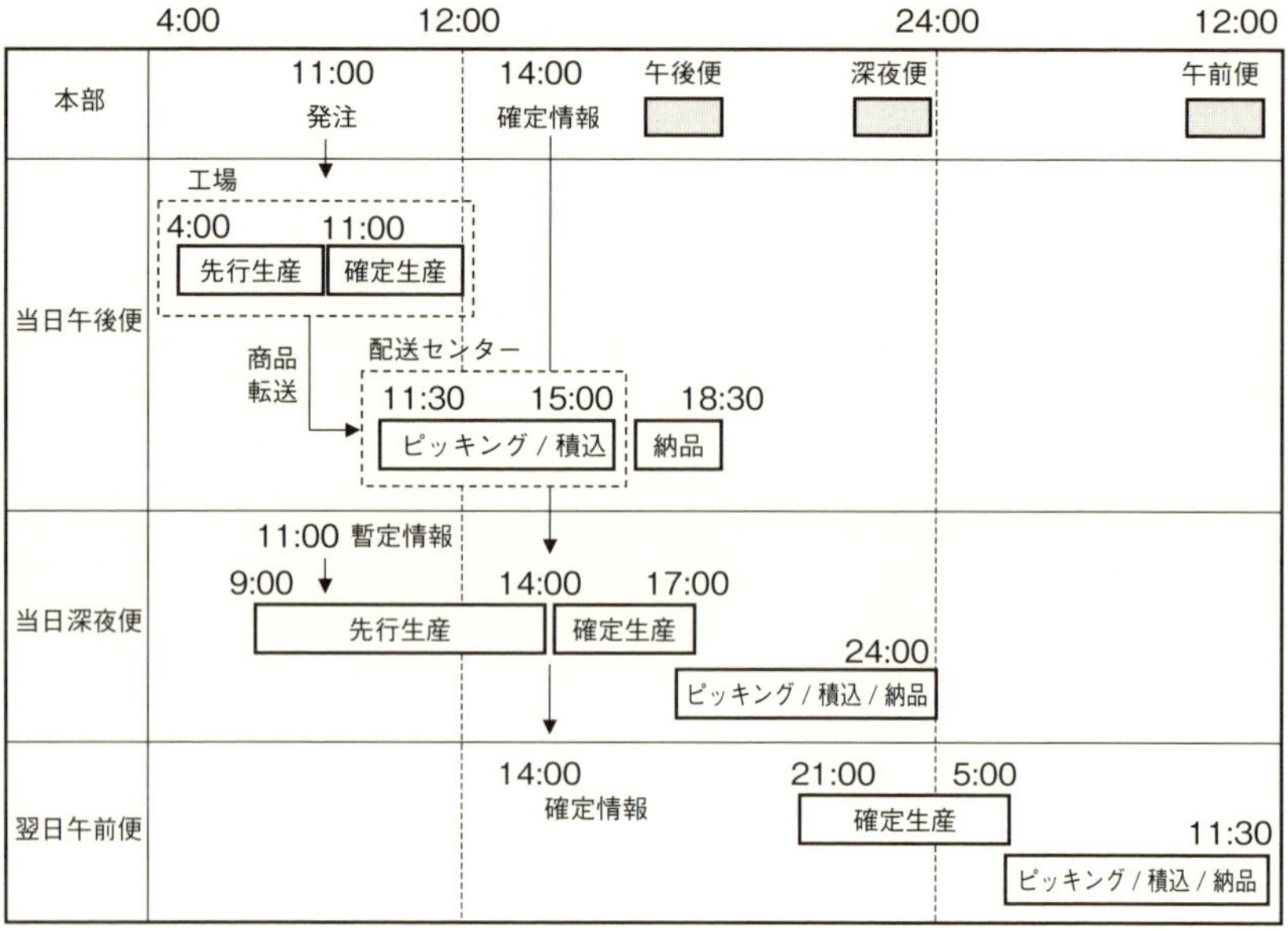

要点整理

各空欄に入る適切な語句を答えなさい（解答は巻末）。

1．発注管理と情報化

① 発注業務

商品の発注業務においては，注文書，納品書，請求書など，色々な取引データが企業間で交換される。

② 発注管理の目的

商品の発注から入荷・受入れまでを管理することを発注管理という。発注管理の目的は，（　ア　）を維持しながら，効率よく商品を仕入れることである。

③ オーダーエントリーシステムとEOS（Electronic Ordering System）

受注処理を行う情報システムを（　イ　）といい，商品の発注処理を行う情報システムをEOSという。

④ EOSからEDI（Electronic Data Interchange）へ

取引手順，データの内容・表現方式，（　ウ　）を標準化し，取引業務全般で利用できるようにしたデータ交換の仕組みを（　エ　）という。1990年代以降，EOSは（　エ　）と呼ばれるようになった。

2．EDIによる発注

発注業務でEDIを利用するには，発注方式や発注データの入力方式などを検討しなければいけない。

① 発注方式

基本的な発注方式として，定量発注方式と定期発注方式がある。

・（　ア　）：在庫量が（　イ　）まで減少したときに一定量の発注を行う方式。

・（　ウ　）：発注時期は一定であるが，発注量がその都度異なる方式。

② 発注データの入力方式

商品コードや発注数量などの発注データをコンピュータに入力する方式にはいくつかあるが，バーコードなどを印刷した棚札を利用する（　エ　）が広く利用されている。

第7章 生　産

本　章　の　要　約

① 広義の生産は，設計，調達，製造という３つの機能に分けることができる。品質（Quality），原価（Cost），納期（Delivery）の３条件を満たすように，生産活動を管理することを生産管理という。

② 生産情報システムは，生産に必要な情報を処理するための仕組みであり，ロボットなどの自動化機械を中心とする製造工程のオートメーション化と，生産活動の計画と統制を行う生産管理情報システムとに大別される。

③ 1960年代初め，コンピュータを利用した生産管理手法としてMRPが考案された。その後，MRPを中核として体系化が行われ，今日の生産管理情報システムへと発展してきた。1980年代，CIMが提唱され，製造工程のオートメーション化と生産管理情報システムとの統合のみならず，製品開発や販売などとの統合が指向されるようになった。

1 生産の基礎

◇生産の意味

自動車や家電製品など，私たちの身の回りの工業製品は，工場で生産される。工場では，素材や部品を加工したり組立てたりして製品が作られる。同じ自動車であっても，乗用車の場合は設計済みの製品が繰り返し生産されるのに対して，トラックやバスのような産業用車両の場合には，運送会社やバス会社といった顧客からの注文に応じて製品を設計することもある。一般に，「生産」は素材や部品から製品を作るプロセスを意味するが，広義には設計をも含む。

◇生産の3つの機能　―設計・調達・製造―

広義の生産は，設計，調達，製造という3つの機能に分けることができる。

① **設計**

設計には，製品設計と工程設計とがある。製品設計では顧客のニーズを満たすように製品の形状・機能・品質を設計し，工程設計では設計図にもとづいて製品の製造方法を設計する。

② **調達**

調達は，製品の製造に必要な資材（素材や部品）を調達することであり，購買と外注に分けることができる。購買が規格化された資材を仕入れることであるのに対し，外注は作業の一部を外部に依頼することである。

③ **製造**

製造は，設計図にもとづいて製品を作ることであり，機械工業の場合，部品加工と製品組立とからなる。

◇生産管理

生産された製品は，品質（Quality），原価（Cost），納期（Delivery）によって評価される。これらを生産の3条件といい，頭文字をとってQCDと略称される。すなわち，生産には，良質の製品を低コストで顧客が必要とする時期に必要な量だけ作ることが求められる。QCDを満たすように，設計，調達，製造といった生産活動を管理することを生産管理という。

2 生産情報システム

(1) 生産情報システムの概要

◇生産情報システムとは

生産に必要な情報は2つに区分することができる。1つは生産する製品と作り方についての技術情報であり，もう1つは生産を計画・統制するための生産管理情報である。生産情報システムは，生産における技術情報と生産管理情報を処理するための仕組みであり，コンピュータや通信などのICTと，それを利用した情報処理の手順，ルールを体系化したものである。

◇オートメーション化と生産管理情報システム

生産情報システムは，製造工程のオートメーション化（自動化）と生産管理の効率化を中心に進められてきた。生産管理を対象とした情報システムを生産管理情報システムという。生産情報システムの構成例を図表7-1に示す。なお，ここでは設計を含まない狭義の生産情報システムを示した。設計の情報化については，次章を参照していただきたい。

図表7-1　生産情報システムの構成例

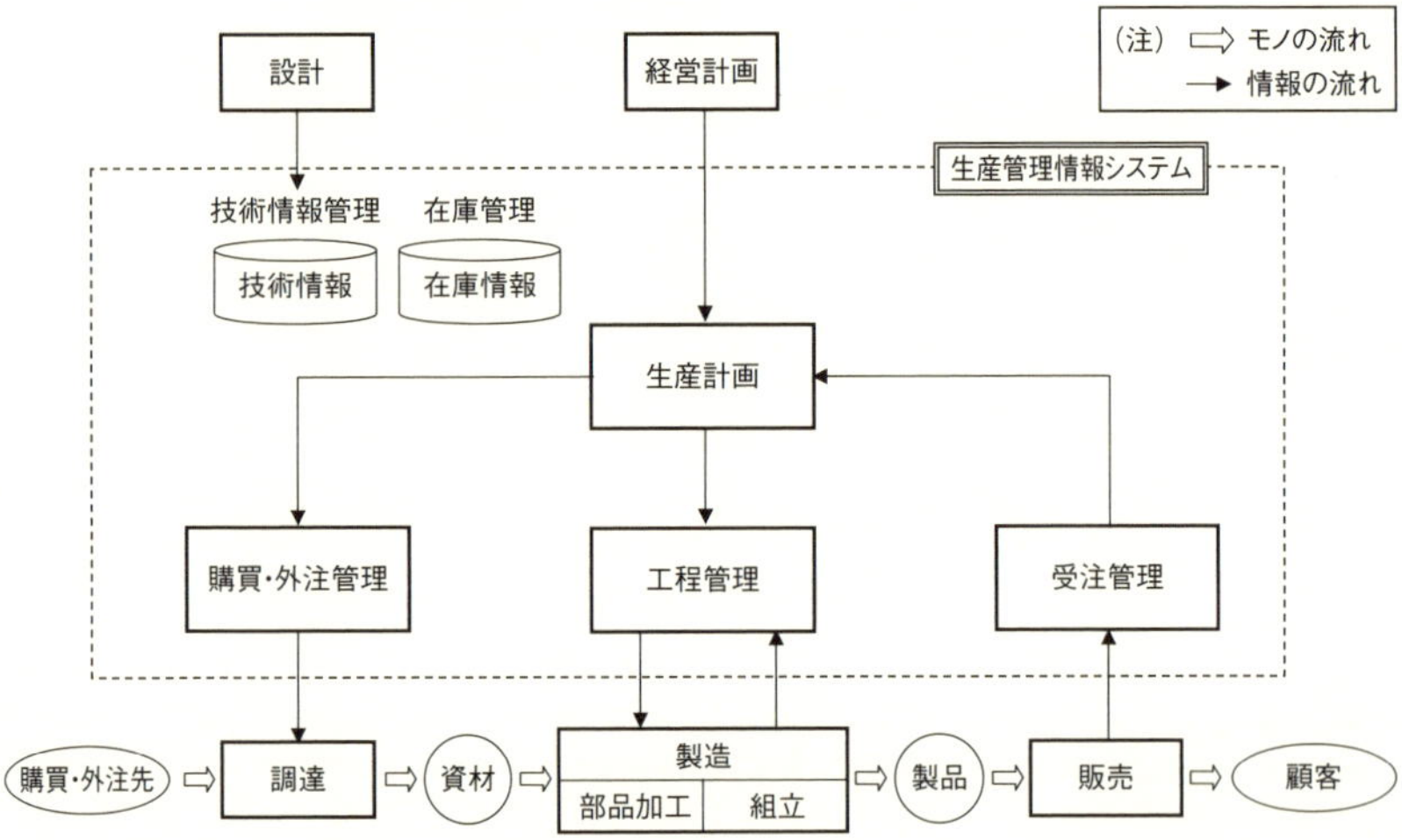

出所：岸川・中村［2009］p.138，図表8-1。

(2) 生産情報システムのサブシステム

生産情報システムを構成するサブシステムの機能を以下に説明する。

◇製造工程のオートメーション化

コンピュータによる製造工程のオートメーション化は，製造工程に設置されたNC《エヌシー》（Numerical Control：数値制御）工作機械，ロボット，自動搬送装置などの自動化機械を制御することから始まった。1970年代に入ると，これらの自動化機械をネットワークでつなぎ，製品や部品の種類に応じて加工，搬送，保管といった一連の製造プロセスを制御することが可能になり，多品種少量生産の製造工程を中心として,コンピュータ制御によるオートメーション化が進んだ。

◇生産管理情報システム

生産管理情報システムは，次のようなサブシステムから構成される。

① 受注管理システム

生産と販売の接点となり，顧客からの注文を取りまとめて生産計画に反映させたり，注文ごとの生産状況を管理する。

② 生産計画システム

経営計画や顧客からの注文をもとに生産計画を立案し，購買管理システムへ資材の調達に必要な情報を伝達するとともに，工程管理システムへ製造指示を伝達する。

③ 技術情報管理システム

製品設計や工程設計によって作られた部品表・図面などを管理する。これらの技術情報は，生産計画システムや工程管理システムなどによって利用される。

④ 購買・外注管理システム

製造に必要な資材を外部から調達する。業務としては，発注，受入・検査，取引先（サプライヤ）管理などがある。

⑤ 工程管理システム

作業者や設備の能率を高めると同時に納期を守ることを目的として，製造工程を管理する。作業の手順や日程を決定する計画機能と，計画通りに実施されるように作業を統制する統制機能とからなる。

⑥ 在庫管理システム

倉庫に保管する資材・半製品・完成製品を管理する。購買・外注管理システムや工程管理システムからの要求による入出庫処理や，在庫場所の管理，棚卸処理を行う。在庫情報は受注管理システムや生産計画システムでも利用される。

⑦ その他

原価管理システムや品質管理システムなどがある。原価管理システムでは，原価低減を目的に，標準原価の設定，実際原価の収集・集計，標準原価と実際原価の差異分析を行う。また，品質管理システムでは，品質改善を目的として製品の品質や製造工程の情報を収集・蓄積・分析したり，PL法（製造物責任法）など法的に必要な情報を管理する。

事例7-1　トヨタ自動車の生産計画システム[20]

トヨタ自動車の生産管理部門は，販売店からのオーダー（注文）をもとに，月次，旬間，日次の3段階で生産計画を立案し，工場やサプライヤに生産指示をする。

a．**月間オーダーと月度生産計画**：毎月，販売店から向こう3ヵ月間の月間オーダーを受け付け，生産能力と調整した上で，向こう3ヵ月間の月度生産計画を立てる。翌月の月度生産計画をもとに部品所要量を計算し，サプライヤに内示として通知する。内示によって資材手配や人員計画など，生産の準備が進められる。

b．**旬オーダーと旬間生産計画**：販売店から，最終仕様別（型式・オプションなど）に展開したオーダーが旬（10日間）ごとに月3回送られてくる。この旬オーダーをもとに月度生産計画を修正し，旬間生産計画を立てる。

c．**デイリー変更オーダーと日次生産計画**：販売店は毎日，デイリー変更オーダーによって旬オーダーを変更できる。旬間生産計画は変更され，日次生産計画が立てられる。日次生産計画では，生産する車の種類と順序が決定され，生産順序計画として工場へ通知される。

d．**製造と出荷**：組立工場は生産順序計画にしたがって車を製造する。部品は“かんばん”によってサプライヤに納入指示が出される。“かんばん”には納入する部品，数量，納入場所などが指定されている。完成した車は販売店へと出荷される。

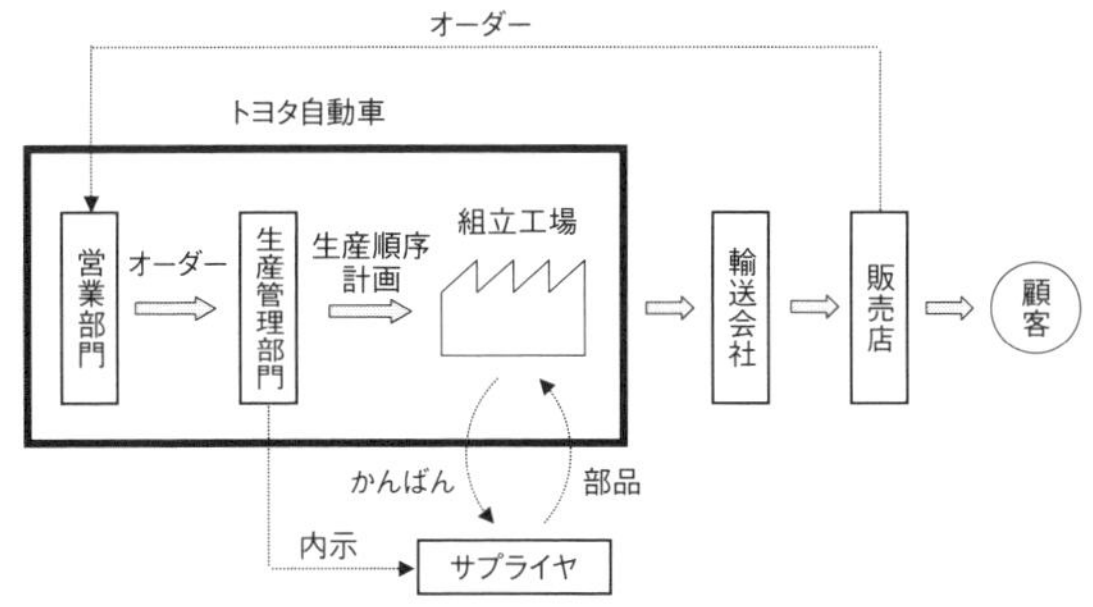

(3) MRP (資材所要量計画)[21]

1960年代初め，コンピュータを利用した生産管理手法としてMRP《エムアールピー》（Material Requirements Planning）が考案された。その後，MRPを中核として体系化が行われ，今日の生産管理情報システムへと発展してきた。ここでは，MRPの中心機能である資材所要量計画について説明する。

◇資材所要量計画と資材所要量計算

資材所要量計画とは，製品の基準生産計画をもとに資材をいつ何個手配すべきかを計画することであり，製品の生産に必要な資材の所要量を計算する必要がある。製品の種類が増えると膨大な資材所要量計算が必要になるため，初期のMRPはコンピュータによって計算を自動化することを目的としていた。

◇部品表

MRPには部品表が不可欠である。部品表は製品と製造工程に関する情報を体系的に管理するものである。部品表が管理する主な情報は，次の3つである。

・個々の部品の情報（名称，材質，設計変更の履歴等）
・A部品はB部品とC部品から構成されるといった部品構成の情報
・部品を製造する製造工程の情報

例えば，図表7-2に示したような製品Xがあるとする。製品Xは部品A×1個と部品B×2個から構成されており，さらに部品Bは部品b_1×1個と部品b_2×2

個から構成されている。部品Aは購入部品であり，手配してから納入されるまでの調達リードタイムは2日である。部品b_1と部品b_2は材料を加工して作られるが，製造手配してから加工が終わるまでの製造リードタイムは各々1日である。また，部品b_1と部品b_2を組み立てて部品Bを作るのに1日，部品Aと部品Bを組み立てて製品Xを作るのに1日かかる。このとき，部品表は図表7-2のような階層構造によって示すことができる。

図表7-2　部品表の例

●製品の構造

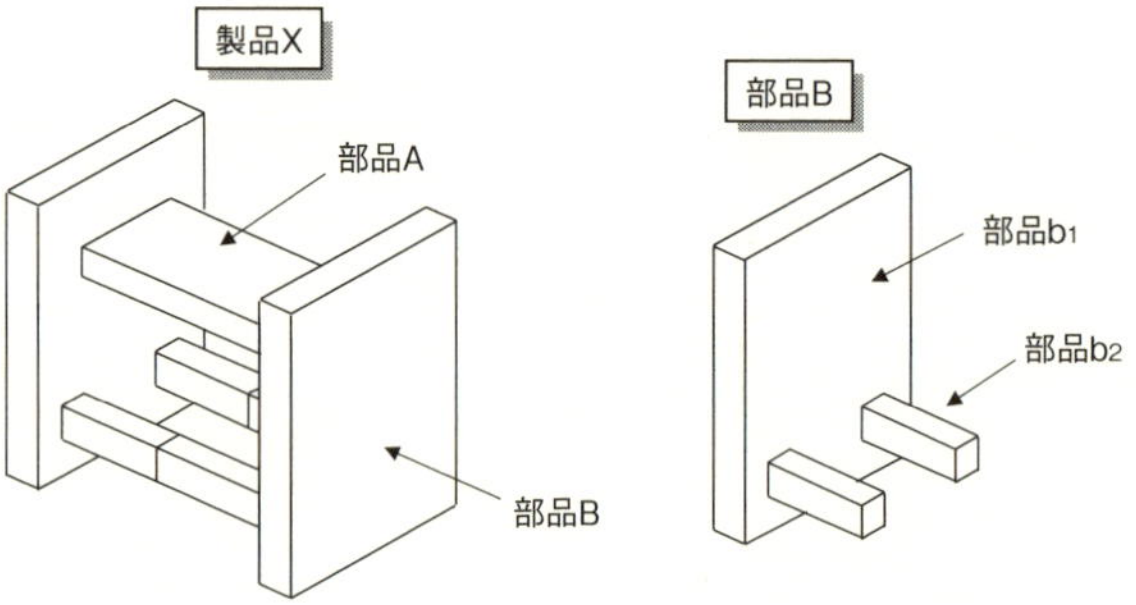

●製造工程

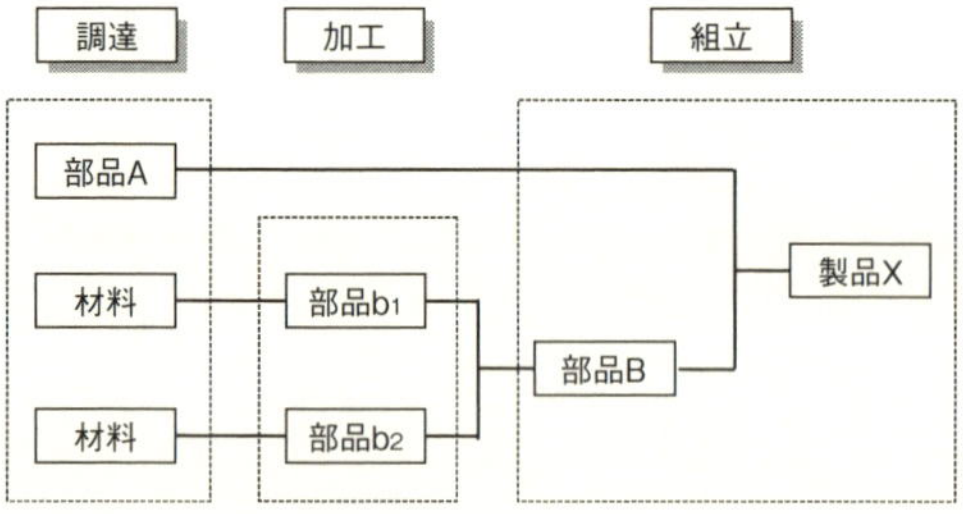

●部品表

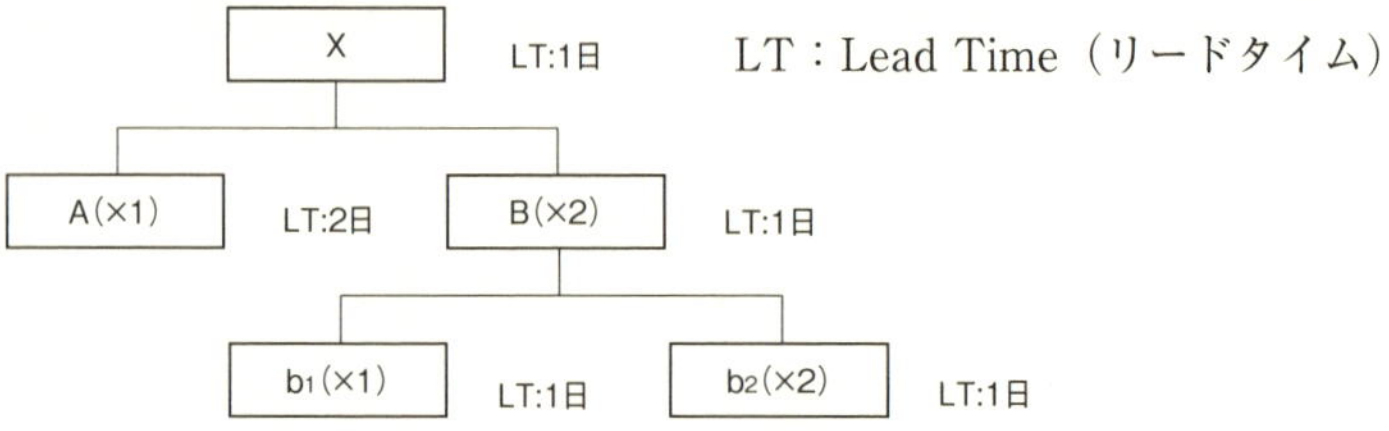

◇ロットまとめとロットサイズ

製品や部品を調達したり，製造したりするとき，まとまった数量にまとめると，コストが下がることがある。まとめて調達・製造する単位をロットといい，調達数量や製造数量をロット単位にまとめることをロットまとめという。また，ロットの大きさ（数量）をロットサイズという。

◇資材所要量計算の例

MRPは，製品の基準生産計画と部品表をもとに，生産に必要となる資材の所要量を上位の部品から下位の部品へと順に計算する。これを所要量展開または部品展開という。図表7-2に示した製品Xおよび部品Bについて，資材所要量計算を行った例を図表7-3に示す。

図表7-3 資材所要量計算の例

品名	計画の内容		10月度					
			1日	2日	3日	4日	5日	6日
X	基準生産計画		4	5	3	4	3	5
X	計画オーダー（完了日）		4	5	3	4	3	5
X	計画オーダー（着手日）		5	3	4	3	5	…
B	総所要量		10	6	8	6	10	…
B	計画在庫		5	5	5	5	5	…
B	繰越在庫	3	5	5	5	5	5	…
B	正味所要量		12	6	8	6	10	…
B	計画オーダー（完了日）		20		20		20	…
B	計画オーダー（着手日）			20		20	…	…

（注）製品Xの発注残0個，リードタイム1日，ロットサイズ1個
部品Bの発注残0個，リードタイム1日，ロットサイズ20個

［説明］

① 基準生産計画

基準生産計画は，MPS（Master Production Schedule）とも呼ばれ，顧客の要求する最終製品の必要量と必要時期を設定したものである。工場の生産管理部門は，この基準生産計画をベースに資材の所要量を計算して調達計画や製造計画を作成する。

② 計画オーダー

工場への製造指示や調達先への発注をオーダーという。また，計画段階にあるオーダーを計画オーダーといい，最終的に承認されると確定オーダーとなって，実際に製造や調達の手配がなされる。製品Xは部品を組み立てて作るのに1日かかるので，基準生産計画に示された日の前日には作り始めなければならない。製品Xの計画在庫と繰越在庫を0個とすれば，基準生産計画に示された10月2日の5個を生産するには，前日の10月1日に製造に着手し10月2日に完了するように，オーダーを出す必要がある。

③ 総所要量

総所要量とは，該当品目の必要量である。1個の製品Xを作るのに2個の部品Bが必要となるため，10月1日に製品Xを5個作り始めるには部品Bは10個揃っていなければならず，同日の部品Bの総所要量は10個になる。

④ 計画在庫

トラブルなどによって計画通り生産できなかった場合に備えて余分に在庫を持つことがある。このように，安全対策として計画的に持つ在庫を計画在庫という。

⑤ 正味所要量

総所要量は生産に必要な資材の所要量であり，これに計画在庫を加えたものが安全対策を加味した所要量になる。さらに，繰越在庫や発注残があれば，これらを差し引いて手配することになる。新たに手配しなければならない数量を正味所要量という。

正味所要量＝総所要量＋計画在庫－（繰越在庫＋発注残）

⑥ ロットまとめ

計画オーダーの数量は，正味所要量をロット単位にまとめることにより決まる。例えば，10月1日を完了日とする部品Bの計画オーダーは，ロットサイズが20個単位になるように，10月1日（12個），2日（6個），3日（2個）の正味所要量をまとめたものである。

例題7-1 資材所要量計算

図表7-2に示した製品Xについて，部品A，部品b_2の計画オーダーを計算せよ。ただし，部品Aは，前月からの繰越在庫8個，計画在庫10個(各日)，発注残0個，ロットサイズ5個であり，部品b_2は，前月からの繰越在庫10個，計画在庫10個（各日)，発注残0個，ロットサイズ10個であるとする。

答え

品名	計画の内容		10月度					
			1日	2日	3日	4日	5日	6日
X	基準生産計画		4	5	3	4	3	5
	計画オーダー（着手日）		5	3	4	3	5	…
A	総所要量		5	3	4	3	5	…
	計画在庫		10	10	10	10	10	…
	繰越在庫	8	10	10	10	10	10	…
	正味所要量		7	3	4	3	5	…
	計画オーダー（完了日）		10		5	5	5	…
	計画オーダー（着手日）		5	5	5	…	…	…
B	計画オーダー（着手日）			20		20		…
b_2	総所要量			40		40		…
	計画在庫		10	10	10	10	10	…
	繰越在庫	10	10	10	10	10	10	…
	正味所要量			40		40		…
	計画オーダー（完了日）			40		40		…
	計画オーダー（着手日）		40		40		…	…

3 生産情報システムの発展[22]

生産におけるコンピュータ利用が本格化するのは1960年代である。最初は個々の業務や機械の自動化を目的としたものであったが，今日では，生産プロセス全般を対象とする体系的な生産情報システムへと発展してきた。

◇MRPⅡ（Manufacturing Resource PlanningⅡ：製造資源計画）

MRPの本来の目的は，生産と在庫を計画・統制することである。そのためには，資材と生産能力以外に，資金や要員といった他の経営資源をも考慮する必要がある。1980年代に入ると，MRPは資金や要員など生産活動に必要な経営資源を計画・統制するMRPⅡへと発展した。これにともない，MRPの意味も「資材所要量計画」から「製造資源計画」へと変わった。

◇ERP（Enterprise Resource Planning：企業資源計画）

1990年代に入ると，MRPⅡはＥＲＰ《イーアールピー》へと発展した。受注から出荷に至るプロセスには，生産のみならず販売・物流・会計など色々な業務が関係する。ERPは，これらの業務での経営資源の流れを組織横断的に把握することにより，全社的な視点から経営資源を最適化しようとする経営概念である。ERPの概念を実現する情報システムは，ERPシステムや統合業務パッケージと呼ばれ，販売管理，在庫管理，生産管理，会計といったサブシステムから構成される。

◇CIM（Computer Integrated Manufacturing：コンピュータ統合生産）

1980年代，生産や製品開発といった業務の情報化と工場のオートメーション化を個別に進めてきた結果，各々のシステムがお互いに連携がとれず孤立していることが問題とされ，CIM《シーアイエム》が注目された[23]。CIMは製造業における生産，製品開発，マーケティングなどの基幹業務をICTによって統合した生産システムの概念である。生産情報システムは，製造工程のオートメーション化と生産管理情報システムとの統合のみならず，製品開発やマーケティングなどの業務・システムとの統合を指向するようになったのである。

要点整理

各空欄に入る適切な語句を答えなさい（解答は巻末）。

1．生産の基礎

① 生産の意味と機能

「生産」は，素材や部品から製品を作るプロセスを意味し，次の3つの機能がある。

・設計：製品を設計する製品設計と製造方法を設計する工程設計がある。

・（　ア　）：製品の製造に必要な資材を調達することであり，購買と外注とがある。

・製造：設計図にもとづいて製品を作ること。

② 生産管理

品質（Quality），（　イ　），納期（Delivery）の3条件を満たすように生産活動を管理すること。

2．生産情報システム

① 生産情報システムとは

生産情報システムは，生産における技術情報と生産管理情報を処理するための仕組みであり，製造工程の（　ア　）と生産管理情報システムとがある。

② 生産管理情報システムのサブシステム

・受注管理システム：顧客からの注文を処理し，注文ごとの生産状況を管理する。

・（　イ　）：生産計画を立案し，資材調達や製造の手配をする。

・技術情報管理システム：部品表・図面などの技術情報を管理する。

・購買・外注管理システム：製造に必要な素材や部品を外部から調達する。

・（　ウ　）：作業の手順や日程を決定し，製造工程を管理する。

・（　エ　）：倉庫に保管する資材・半製品・完成製品を管理する。

・その他：原価管理システムや品質管理システムなどがある。

③ MRP（資材所要量計画）

資材所要量計画とは，製品の基準生産計画をもとに資材をいつ何個手配すべきかを計画することである。MRPでは，製品の基準生産計画と（　オ　）をもとに，資材の所要量を上位の部品から下位の部品へと順に計算する。これを（　カ　）または部品展開という。

3．生産情報システムの発展

MRPはMRPⅡ，（　ア　）へと発展してきた。1980年代には製品開発やマーケティングなどの業務・システムとの統合を指向する（　イ　）が提唱された。

第8章 製品開発

本章の要約

① 競争優位の製品開発システム（製品開発の仕組み）は，競争力のある製品を短期間に市場投入することを可能にする。製品開発システムの優位性は，製品品質（商品力），開発生産性（開発コスト），開発期間によって評価される。製品開発のプロセスは，大きく「製品企画」，「製品設計」，「生産準備」に分けることができ，プロセス間の調整パターンには逐次型，重複型，同時並行型の３つがある。

② 製品開発で利用される情報システムには，製品設計を支援するCAD，ロボットやNC工作機械などの製造データ作成を支援するCAM，製品の性能や品質を解析することを支援するCAEがある。

③ 製品開発の競争優位を実現する手法として，コンカレント・エンジニアリングがある。これは，製品開発のプロセスを並行化させることにより，製品の品質，コスト，開発期間を抜本的に改善しようというものである。

1 製品開発の概要(24)

(1) 製品開発競争と製品開発システム

◇製品開発と企業間競争

製造業の基本的な活動は，新しく開発した製品を工場で生産して販売することである。特に，製品開発は企業の競争力と成長力の源泉である。画期的な新製品は企業の売上げや利益を増大させるばかりではなく，ときとして業界における地位を逆転させたり，製品開発に失敗した企業を業界から退出させたりする。例えば，アップル社はiPodの成功により携帯型音楽プレイヤー市場を席巻した。

◇製品開発システム

製品を開発するための仕組みを製品開発システムという。競争優位の製品開発システムを構築することに成功した企業は，高い製品開発能力を持つこととなり，競争力のある製品を短期間に市場投入することができるようになる。一般に，製品開発システムの優位性は，製品品質（商品力），開発生産性（開発コスト），開発期間の3つの指標によって評価される。企業は製品の性能や価格で競争するばかりではなく，製品開発システムのレベルでも競争している。

(2) 製品開発プロセス

製品開発のプロセスは，製品企画，製品設計，生産準備の3つに分けることができる。以下，自動車や家電などのアセンブリメーカーに見られる製品開発プロセスについて説明する。

◇製品企画

製品開発はどのような製品を開発するかを決めることから始まる。これが製品企画であり，製品コンセプトを設定し，それを実現する製品のデザインや基本構造などを決定する。製品の基本仕様を決定すると同時に，製造するための設備投資や発売時期・販売量を計画し，販売価格と収益性を検討する。

◇製品設計

製品設計では，製品企画で設定された基本仕様を実現するように，製造の容易性や環境負荷の低減などを考慮しながら,製品の物理構造を詳細に設計する。設計がある程度具体化した段階で，試作と実験が行われ，製品の目標機能や目標コストが達成できているかどうかや，工場でうまく製造できるかどうかなどを検証する。自動車の製品設計では，数十台の試作車が作られ，性能や衝突安全性などが確認される。試作車は1台5,000万円位といわれており，試作・実験は多額の投資と多くの時間を必要とする。製品の諸目標が達成されるまで，設計・試作・実験が繰り返される。このようにして決定された製品の物理構造の情報は，図面に表現され，生産準備部門や製造部門，サプライヤなどに伝達される。図面には，製品を構成する機構や部品の形状，寸法，公差（最大寸法と最小寸法の差），材質，構成（部品の親子関係）などが記載される。

◇生産準備

生産準備では，製品設計によって決まった製品の物理構造を受けて，製造工程を設計した上で，作業マニュアルやNC工作機械用の製造データを作成したり，機械設備・治工具・金型を設計・製作したりする。生産準備が終わると，量産に向けた製造工程の最終チェックが行われる。これは量産試作と呼ばれることもあり，機能確認を目的とした製品設計段階の試作とは区別される。量産試作によって製品設計に起因する製造上の問題が発見されると，設計部門に製品設計を見直すよう設計変更が要請される。

（3）プロセス間の調整

製品開発のマネジメントにおいて重要なことは，製品企画や製品設計，生産準備のプロセスをどのように調整するかということである。製品開発プロセス間の調整パターンには，逐次型，重複型，同時並行型の3つがある。

◇逐次型

製品開発プロセスはいくつかの段階に分けられ，市場投入に向かって逐次的に進められる。段階ごとに問題を解決していくために開発リスクが低く，画期的な新技術の開発を必要とするような製品開発に適している。開発期間が長くなる欠点がある。

◇重複型

基本的には逐次型に類似しているが，隣接する段階がオーバーラップ（重複）している点が異なる。オーバーラップによって段階間の中断がなくなり，開発期間が短縮される。しかし，前の段階が完了する前に次の段階が開始されるので，未完成の情報をもとに開発を進めたことによって，後からやり直さなければいけないリスクが発生する可能性がある。

◇同時並行型

製品開発の各段階が並行的，同時的に進められる。段階間で緊密な情報共有が行われ，相互に協調しながら開発を進めていく。過去に類似製品を開発している場合や，市場ニーズを反映した開発目標が明確になっている製品開発に適している。

図表8-1 プロセス間の調整パターン

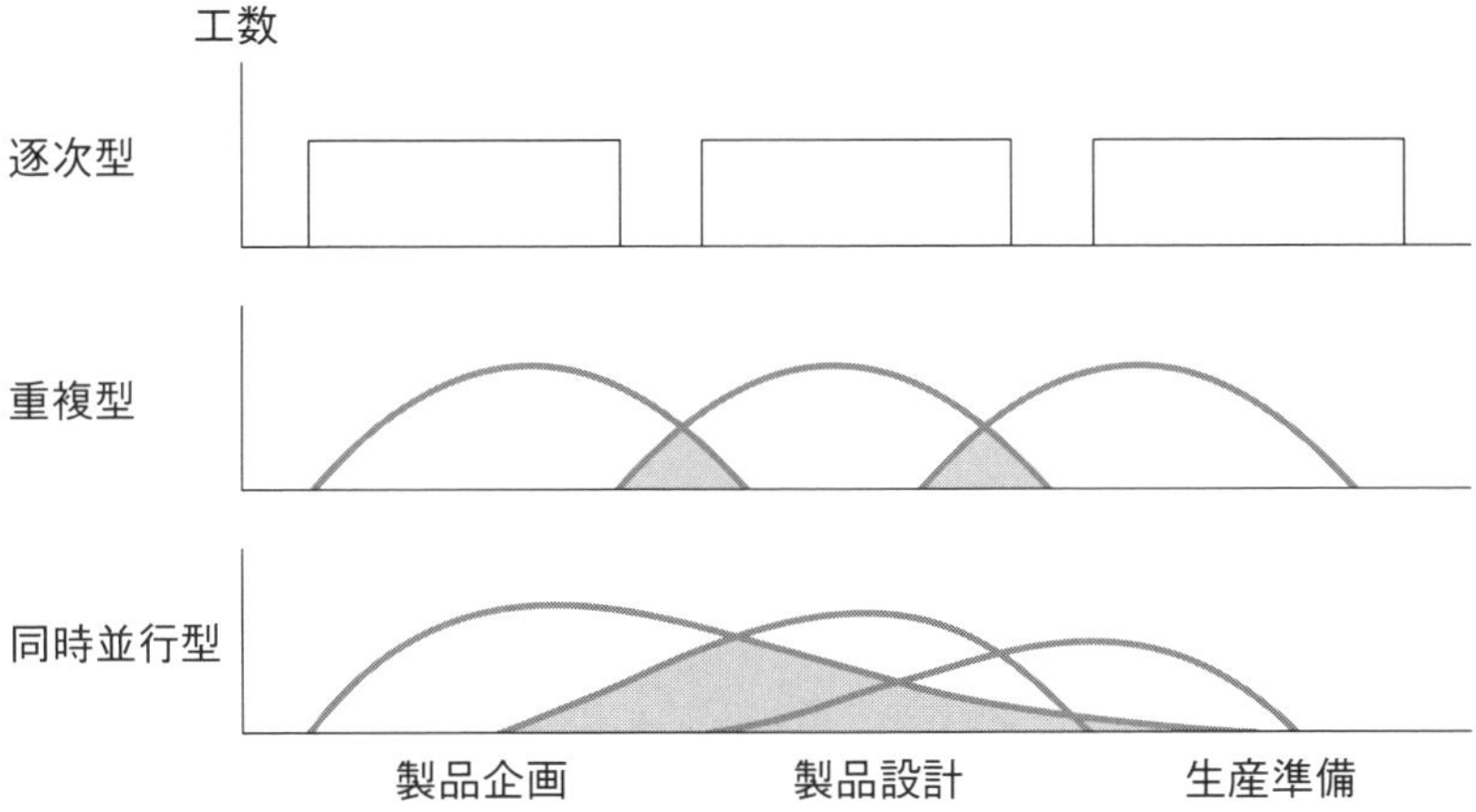

出所：岸川・中村［2009］p.124，図表7-2。

2 製品開発を支援する情報システム

◇CAD

今日の多くの工業製品はCAD《キャド》（Computer Aided Design）を用いて設計されている。CADの特徴は図形処理機能と対話型処理機能にあり，設計者がコンピュータと対話しながら製品を設計することを可能にする。CADが登場する以前，設計者は製図板に向かって定規とコンパスを使いながら図面を作っていたが，今日では製図板はCADによって置き換えられた。CADの図形処理機能によって，図面では不可能であったような製品形状を表現することが可能になった。

◇形状表現モデル

CADによる形状表現モデルには，大きく分けて2次元モデルと3次元モデルがある。図表8-2にそれぞれの説明を示す。

図表8-2 形状表現モデル

2次元モデル	3次元モデル		
	ワイヤーフレームモデル	サーフェスモデル	ソリッドモデル
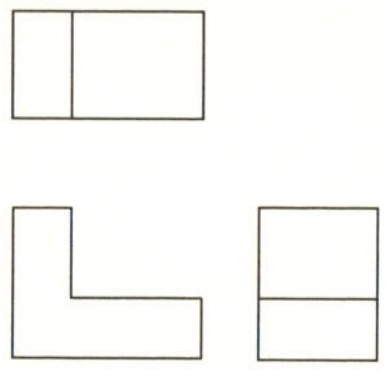	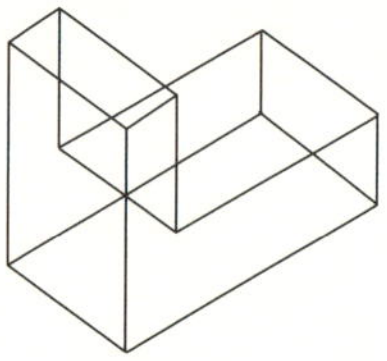	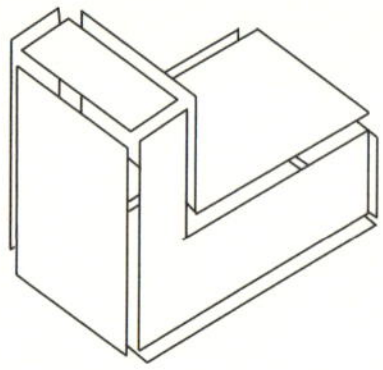	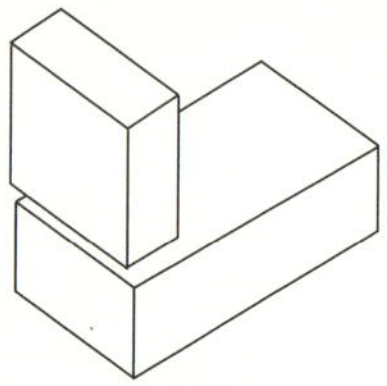
平面に投影した形状を点と線によって表現したもの。	3次元形状を頂点と稜線だけで表現したもの。	ワイヤーフレームモデルに面のデータを加え，曲面（サーフェス）によって表現したもの。	中味の詰まった3次元立体として表現したモデル。

出所：岸川・中村［2009］p.126，図表7-3。

◇CAEとCAM

CADによって作られたCADデータ（形状表現モデル）は，解析，試作，生産準備など，色々な業務で活用することができる。CADデータを利用して製品の性能や品質を解析する情報システムをCAE《シーエーイー》（Computer Aided Engineering）という。また，工場のロボットやNC工作機械を稼動させるのに必要な製造データを作成する情報システムをCAM《キャム》（Computer Aided Manufacturing）という。

例題8-1 CAD/CAM/CAEと形状表現モデル

次の場合，どの形状表現モデルを用いてCADで設計したらよいか。

ア．製品の重量を計算する。

イ．部品の曲面形状を加工するための製造データを作成する。

ウ．効率よく図面を作図したい。

答え ア：ソリッドモデル イ：サーフェスモデル ウ：2次元モデル

図表8-3 CAD/CAM/CAE

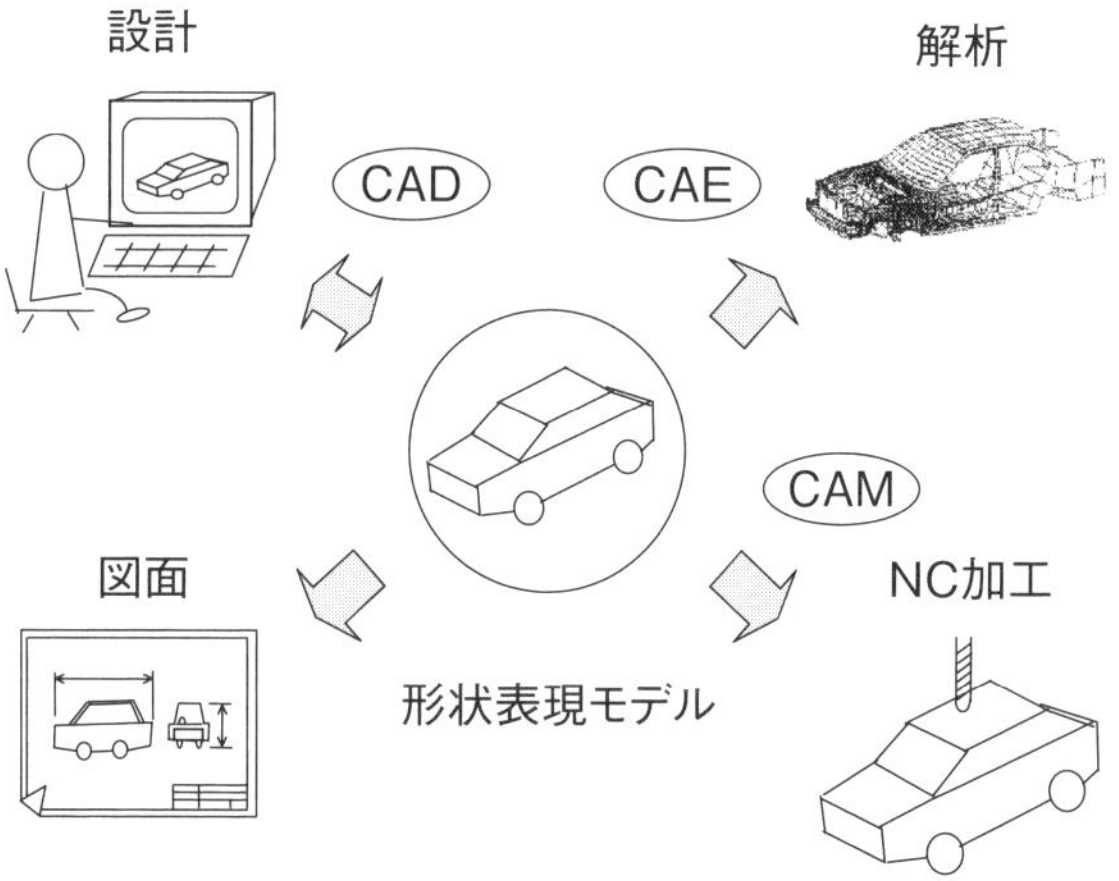

3 コンカレント・エンジニアリング

◇コンカレント・エンジニアリングとは

同時並行型のように，製品企画，製品設計，生産準備を同時並行的に進める製品開発方式をコンカレント・エンジニアリング（CE：Concureent Engineering）という。一般に，製品の品質やコストは設計段階で70%，生産準備段階までで80%以上が決まるといわれており，製造段階で検討しても限界がある。このように製品の品質やコストは製品設計までの段階で大半が決まってしまうので，製品開発の早い段階で，製品設計者や生産技術者，製造技術者，サプライヤが一緒になって製品と製造工程を同時に設計することにより，製品品質と開発生産性の向上および開発期間の短縮を実現しようというのが，コンカレント・エンジニアリングの考え方である。

◇プロダクトモデル

コンカレント・エンジニアリングを実現するには，製品設計者，生産技術者，製造技術者，サプライヤなどが情報を共有しながら同時並行的に製品開発を進めていくための情報基盤が必要になる（図表8-4）。情報基盤の中核となるのが，製品の形状，材質，精度，加工方法などの情報を統合的に管理するプロダクトモデルである。製品コンセプトを実現する製品構造や製造工程を検討しながらプロダクトモデルが作られていく。製品の意匠性，性能，製造性，保守性などがプロダクトモデル上で検証された後，製品を生産するための製造情報（製造工程，製造設備，治工具，金型，NCプログラムなど）がプロダクトモデルから作成される。

◇仮想試作（Digital Mockup）

プロダクトモデルをベースに，コンピュータ上で仮想的に試作を行うことを仮想試作という。試作品を作ることなく，製品の意匠性，性能，製造性，保守性などを検証できる。

図表8-4　コンカレント・エンジニアリング

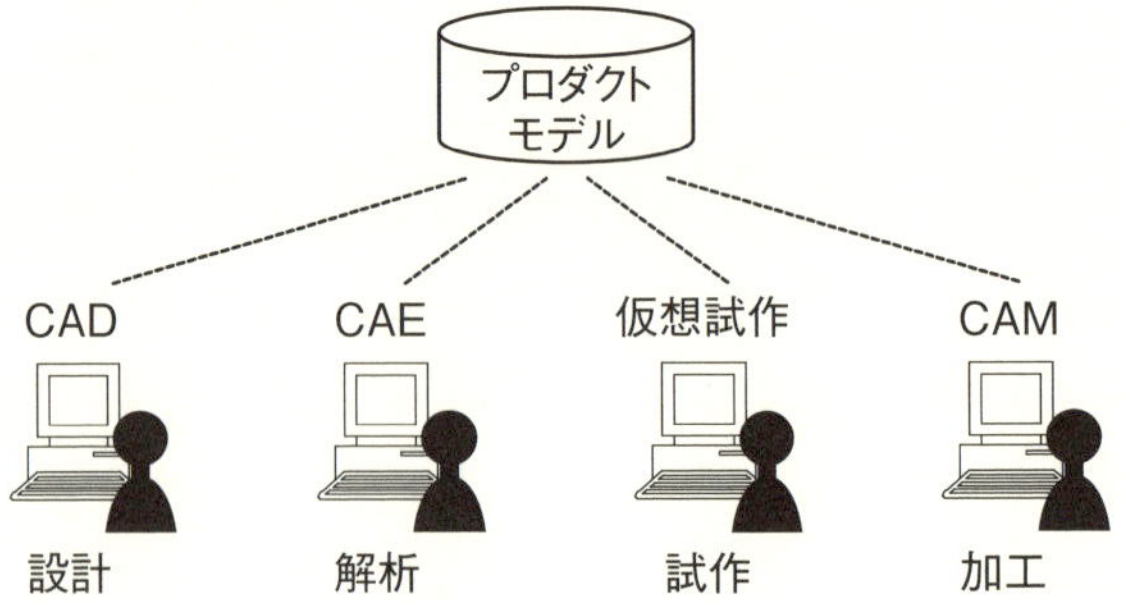

出所：岸川・中村［2009］p.127，図表7-4を一部改変。

◇フロント・ローディング

コンカレント・エンジニアリングを進めていくと，製造性や保守性など，従来は下流工程で検討していたことを開発の源流段階（上流工程）で考慮するようになる。これをフロント・ローディングといい，源流段階の開発工数は増えるが，生産準備や製造の段階で発見される設計ミスが減少するので，全体の開発工数は低減し，開発期間も短縮される。

図表8-5 フロント・ローディング

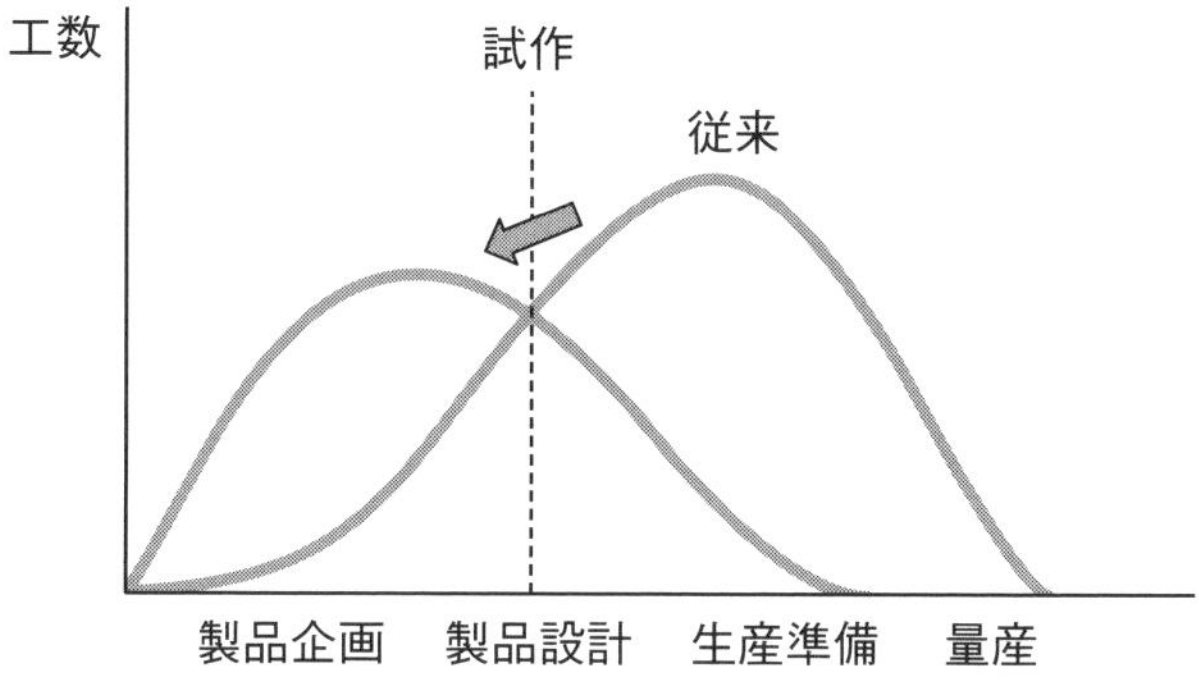

出所：岸川・中村［2009］p.123，図表7-1を一部改変。

事例8-1 トヨタ自動車のコンカレント・エンジニアリング[25]

◎ 1980年代の新車開発プロセス

製品企画の成果は開発指示書にまとめられ，これが承認されると製品設計が開始される。1980年代，製品設計の開始から量産開始までに約30ヵ月を要していた。この間，試作を繰り返しながら設計の問題点を洗い出し，設計，生産技術，製造，サプライヤなどが一体となって問題を解決していくという形で製品開発が行われていた。

◎ CAD/CAM/CAE

トヨタ自動車は，1960年代からCAD/CAM/CAEを順次開発し，1980年代中頃までに体系化していった。CADは，技術者の仕事を，図面やモデル

(模型)を作ることから，コンピュータの支援を受けながらデジタルデータ(形状表現モデル)を作ることに変えた。デジタルデータを使ったCAEは，衝突解析など，試作･実験の生産性と精度を向上させた。1980年代のCAD/CAM/CAEは，技術者の生産性向上，情報伝達の効率化，試作と実験の効率化などによって，増え続ける製品開発量に対処することに貢献した。

◎ コンカレント・エンジニアリング

1996年4月にV-Comm（Visual and Virtual Communication）と呼ばれる仮想試作システムを導入して製品開発プロセスを大きく変革した。国内外の30ヵ所以上に設置されたV-Commルーム（V-Commを利用できる部屋）では，世界中の設計，評価，生産技術，工場，サプライヤなどのエンジニアが，大型スクリーンに映し出される車両の3次元モデルを一緒に見ながら，車両の部品構成やレイアウトを検討している。V-Commにより，過去の経験やサプライヤの意見などを設計段階で組み込むことが可能になり，設計品質と製造品質が大幅に向上した。

◎ コンカレント・エンジニアリングの成果

V-Commを全面的に適用したのは，2000年に発売された「bB」の開発であった。「bB」の開発では，製品設計時に製造性が同時に検討され，試作がコンピュータ・シミュレーションによって代替されるなどの変化が見られた。これにより，設計変更が従来の半分以下に低減し，試作が5回から量産試作1回に減少した結果，開発が承認されてから量産開始までの期間が13～18ヵ月に大幅に短縮した。

要点整理

各空欄に入る適切な語句を答えなさい（解答は巻末）。

1. 製品開発の概要

① 製品開発システム

製品を開発するための仕組みを製品開発システムといい，そのシステムの優位性は，製品品質（商品力），（　ア　），開発期間によって評価される。

② 製品開発プロセス

・製品企画：製品コンセプトを設定し，製品の基本仕様などを決定する。
・（　イ　）：製品の物理構造を設計し，試作と実験により検証する。
・生産準備：生産するための工程・設備・治工具などを設計・製作する。

③ プロセス間の調整

製品開発プロセス間の調整パターンには，逐次型，重複型，（　ウ　）の3つがある。
・逐次型：製品開発プロセスをいくつかの段階に分け，逐次的に進める。
・重複型：隣接する段階をオーバーラップ（重複）させながら進める。
・（　ウ　）：開発の各段階を並行的，同時的に進める。

2. 製品開発を支援する情報システム

① CAD/CAM/CAE

・（　ア　）：製品設計を支援。
・（　イ　）：製品の性能・品質の解析を支援。
・（　ウ　）：ロボットやＮＣ工作機械などの製造データ作成を支援。

② 形状表現モデル

・2次元モデル：平面に投影した形状を点と線によって表現したもの。
・ワイヤーフレームモデル：3次元形状を頂点と稜線だけで表現したもの。
・サーフェスモデル：曲面（サーフェス）によって表現したもの。
・（　エ　）：中味の詰まった3次元立体として表現したもの。

3. コンカレント・エンジニアリング

製品の品質やコストの大半が決まる製品開発の早い段階で，製品設計者や生産技術者，製造技術者が一緒になって（　ア　）と製造工程を同時に設計することにより，製品品質と開発生産性の向上および（　イ　）の短縮を同時に実現する。

第9章 マーケティング

本章の要約

① マーケティングは，市場全体を画一的なものと見なすマス・マーケティングから，市場をいくつかのセグメントに細分化するターゲット・マーケティングへと変わってきた。最近，顧客を“個客”として捉え，長期にわたる継続的な関係性を形成しようとするCRM（顧客関係管理）が注目されている。

② インターネットは，消費者の購買行動だけではなく，企業のマーケティングにも大きな影響を及ぼしている。インターネットを利用したマーケティングをインターネット・マーケティングという。

③ インターネット・マーケティングは，製品，価格，流通，プロモーションといったマーケティング・ミックスを大きく変えただけではなく，マーケティング上の意思決定や顧客との関係管理をも変えつつある。

1 マーケティングの基礎

今や，製品を作れば売れる時代ではない。企業は市場に働きかけることによって需要を創造し拡大していかなければならない。このような活動をマーケティングという。マーケティングはマス・マーケティングからターゲット・マーケティングへと変わってきた。最近は，顧客1人ひとりとの関係性を重視するＣＲＭ《シーアールエム》（Customer Relationship Management：顧客関係管理）が注目されている。

◇マス・マーケティング

マーケティングの仕組みは，標準化された製品の大量生産・大量販売を基礎として，20世紀初めに米国で作られた。市場全体に対して画一的な方法によって展開するマス・マーケティングであり，そこでの中心はテレビ，ラジオ，新聞，雑誌などのマス・メディアによって大量広告を行い，消費者の欲望を刺激することであった。

◇ターゲット・マーケティング

1980年代に入って，消費者ニーズが多様化すると，マス・マーケティングに代わってターゲット・マーケティングが注目されるようになった。ターゲット・マーケティングでは，多様化した市場に対応していくために，市場をいくつかのセグメントに細分化し，特定のセグメントにターゲットを絞ることによって，自社の製品をそのセグメント固有のニーズに適合するように位置づけていく。ターゲット・マーケティングは，市場細分化（セグメンテーション），標的市場の選択（ターゲティング），製品の位置づけ（ポジショニング）の3つのプロセスからなり，これらの頭文字をとってSTPマーケティングと呼ぶこともある。

◇マーケティング・ミックス

マーケティングを構成する要素には，製品（Product），価格（Price），流通（Place），プロモーション（Promotion）の4つがある。これらの4要素をマーケティング・ミックスといい，頭文字をとって「マーケティングの4P」と呼ぶ。ターゲット市場に対応したマーケティング・ミックスを展開することが重要である。

① 製品（Product）

製品によって，顧客にどのような価値を提供するのかということである。顧客は，製品の機能や品質だけではなく，ネーミング，デザイン，パッケージングなどにも反応して購入するか否かを決める。

② 価格（Price）

顧客は製品のよしあしだけではなく，価格や支払い方法によって購入するか否かを決める。価格は，基本的にコストと利潤を考慮して設定されるが，需要の価格弾力性や競合製品の価格などを加味して決定される。

③ 流通（Place）

流通チャネルのことであり，顧客に製品を販売して届けるまでの流通経路を意味する。顧客の購買における利便性を考慮した流通チャネルを設定することが大切である。

④ プロモーション（Promotion）

製品の存在や有用性といった情報を顧客に伝えることであり，具体的な方法としては，広告，パブリシティ，販売員による人的販売，サンプル（試供品）やクーポン券などによる販売促進がある。パブリシティは，企業がテレビや新聞などのメディアに対して，その企業や製品をニュース・記事として取り上げられるように働きかけることである。

事例9-1　花王　―ヘルシア緑茶のマーケティング[26]―

花王は，2003年5月，「体脂肪が気になる方に」をキャッチコピーとして，ヘルシア緑茶を発売した。厚生労働省から特定保健用食品（特保）として認可されており，生活習慣病が増える中で健康への関心が高い中高年男性を中心に売れている。花王は，もともと洗剤やシャンプーなどの日用品のメーカーであり，主たる顧客は主婦であったが，ヘルシア緑茶によって中高年男性という新しい顧客を創造した。ヘルシア緑茶の発売にあたり，花王は次のようなマーケティング・ミックスを展開した。

◎ **製品**：ヘルシア緑茶の健康機能を訴求するために，「特定保健用食品」の認可を厚生労働省から受け，それをパッケージングに表示した。

◎ **価格**：350ml入りペットボトルで180円と緑茶飲料としては高価格であるが，競合製品よりも機能や品質がよいことを訴求した価格設定になっている。

◎ **流通**：流通チャネルはコンビニに限定した。これは，コンビニであれば，定価販売なので値崩れしにくいこと，多忙なビジネスマンでも毎日手にすることが容易であること，また，コンビニはPOSによって販売実績をきめ細かく管理しているのでヘルシア緑茶の販売状況を分析しやすいことなどが理由であるとされる。

◎ プロモーション：積極的にテレビ広告を投入する一方，コンビニには店内の目立つ場所に大きなスペースをとって陳列するよう依頼した。発売当時，テレビ広告でヘルシア緑茶を知った人が3割であったのに対して，店頭に陳列されているのを見て知った人は6割を占めていた。

◇CRM（Customer Relationship Management：顧客関係管理）(27)

1990年代に入ると，消費者ニーズの多様化と市場の成熟化を背景として，One to Oneマーケティングや関係性マーケティング（リレーションシップ・マーケティング）が注目されるようになった。ターゲット・マーケティングが同様のニーズや嗜好を持った顧客層（セグメント）に向けて類型的なマーケティングを行うのに対して，顧客を“個客”として捉え，顧客1人ひとりのニーズ・嗜好にあわせた製品やサービスを提供するのがOne to Oneマーケティングであり，顧客との間に1度限りの取引ではなく長期にわたる継続的な関係性を形成しようとするのが関係性マーケティングである。最近は，One to Oneマーケティングと関係性マーケティングの考え方はCRMへと統合されつつある。CRMの基本的な考え方は，次のようなものである。

・新規顧客の獲得は既存顧客の維持と比べて大きなコストを必要とするため，既存の優良顧客との取引を増やすことにより，少ないコストで収益を最大化する。

・市場シェアや顧客との1回あたりの取引額よりも，顧客内シェアとLTV（Life Time Value：顧客生涯価値）を重視する。顧客内シェアは顧客が購入した商品のうち自社商品が占める割合であり，LTVは顧客が長期にわたって自社商品を購入し続けてくれることによって得られる価値である。

・企業や商品に対する顧客のロイヤリティ（忠誠心）を高める。ロイヤリティが高いほど，他社製品に切り替えることは少なく，購買リピート率が高くなる。

具体的には，電話による問い合わせや営業といった顧客との接点から得られる顧客情報をデータベース化し，個々の顧客とのすべてのやりとりを一貫して管理することにより，顧客との関係性を深めていく。航空会社のマイレージやカード会社のポイント制などが代表的な例である。

◇RFM分析

CRMで用いられる代表的な手法としてRFM分析がある。RFM分析では，顧客を次の3つの指標によって評価することにより，ロイヤリティを分析する。

・R（Recency：最新購買日）　最新購買日からの経過期間
・F（Frequency：購買頻度）　一定期間における累積購買回数
・M（Monetary：購買金額）　一定期間における累計購買金額

最新購買日からの経過期間（R）が短く購買頻度（F）と購買金額（M）の大きい顧客は，ロイヤリティの高い優良顧客であるので，重点的にプロモーションを展開することが有効である。RFM分析のためには，顧客ごとの購買データが必要になる。インターネットによる通信販売の場合は比較的データを収集しやすいが，店頭販売の場合には顧客を識別できるポイントカードや電子マネーを発行するなど，データを収集する仕組みが必要になる。

例題9-1　RFM分析

顧客別のマーケティング施策を検討するために，RFM分析により顧客を優良顧客，通常顧客，離反顧客，新規顧客に分類したい。個々の顧客のR，F，Mは，購買データより次のようにランクづけるとする。

ランク	R(最新購買日)	F（購買頻度）	M（購買金額）
5	10日以内	20回以上	15万円以上
4	30日以内	10回以上	10万円以上
3	60日以内	5回以上	5万円以上
2	120日以内	2回以上	1万円以上
1	121日以上	1回	1万円未満

次の基準によって顧客を分類するとすれば，a～cはどのような顧客か。

<table>
<tr><th>M＼F</th><th>5</th><th>4</th><th>3</th><th>2</th><th>1</th></tr>
<tr><td>5</td><td colspan="5" rowspan="2">（　ア　）</td></tr>
<tr><td>4</td></tr>
<tr><td>3</td><td colspan="3" rowspan="2">（　イ　）</td><td colspan="2" rowspan="2">R小：離反顧客
R大：（　ウ　）</td></tr>
<tr><td>2</td></tr>
</table>

答え　ア：優良顧客　　イ：通常顧客　　ウ：新規顧客

2 インターネット・マーケティング

インターネットは，消費者の購買行動だけではなく，企業のマーケティングにも大きな影響を及ぼしている。インターネットを利用したマーケティングをインターネット・マーケティングという。ここでは，インターネット・マーケティングにおけるマーケティング・ミックス，マーケティング意思決定，CRMについて説明する。

(1) マーケティング・ミックス

製品，価格，流通，プロモーションの4つの視点から，インターネット・マーケティングと消費者の購買行動について見ていく。

◇製品

インターネットは，企業が販売する製品とその開発プロセスに影響を及ぼしている。製品はデジタル化が進み，製品開発プロセスは顧客ニーズの多様性と変化に適応できるような柔軟性とスピードを重視したものに変わりつつある。

製品のデジタル化

音楽や書籍などを中心に製品のデジタル化が進み，市場が大きく変わった。例えば，アップル社はiPodやiPhoneによって音楽市場を一変させた。それまで，音楽は音楽CDを販売店で購入して聴くものであったが，CDはデジタルデータによって代替され，iTunesと呼ばれる音楽の管理・再生ソフトウェアを利用してインターネットからダウンロードして聴くものになった。

顧客との「共創」による製品開発

従来，新製品は企業が市場調査をもとに独自に開発してきたが，インターネットの双方向性とリアルタイム性を利用して，顧客との「共創」という形で開発することも行われるようになってきた。例えば，サッポロビールは2012年，「ビール愛好家とソーシャルで新しいビールを作る」をコンセプトとして，製品開発コミュニティ「百人ビール・ラボ」をソーシャル・ネットワーキング・サービス（SNS《エスエヌエス》：Social　Networking Service）上に開設した。このコミュニティでは，同社の開発部門が提示するいくつかの新製品案に対して消費者が意見を寄せたり，投票したりすることによって，新製品を決定している。

顧客によるオリジナル製品の開発

顧客が自分の嗜好にあわせて独自のオリジナル製品を作ることができるWeb《ウェブ》サイトが増えている。例えば，ナイキのオンラインストア「NIKEiD」では，カスタマイズできるシューズの基本型があらかじめいくつか用意されており，この中から顧客が自分の欲しいものを選んで，カラー，素材，サイズなどを指定することにより，自分だけのオリジナルシューズを作ることができる。

◇価格

インターネットによって，価格の設定方法は多様化し，需要の変化に応じてすぐに変更できるようになった。また，簡単に価格情報を入手できるようになったことから，価格の透明性が増している。

価格設定

顧客がインターネット上で直接，価格を確認しながら製品を選択できるようにすれば，顧客の属性や製品ごとに価格をきめ細かく設定することができる。例えば，携帯電話会社の機種価格や料金プランは，顧客の属性（学生，家族など）や商品の利用状況（音声通話・データ通信の利用量など）に応じて，きめ細かく設定されている。また，買い手が提示した価格に対して売り手が応札するオークション（競売）や，インターネット上で購入希望者を募って一定数集まれば価格を下げる共同購買など，価格の設定方法は多様化している。

価格の透明性

顧客はインターネット上の価格比較サイトを利用すると，簡単に価格を比較することができることから，価格の透明性が高まっている。例えば，家電製品などでは，販売店で製品の下調べをしてから，価格比較サイトで販売店ごとの価格を比較し，最も安いところで購入する消費者も増えている。その結果，消費者の価格弾力性が高まってきた。価格への感度が高まり，価格の少しの変動でも需要が大きく変動するようになったのである。

◇流通

インターネットによる通信販売はネット通販と呼ばれており，年々取扱高が増加している。店舗を経由しないで顧客に直接販売することが可能であり，多くの企業は新たな流通チャネルとして位置づけている。従来の店舗販売を中心とした流通チャネルをネット通販にシフトしていく企業もあれば，店舗販売とネット通販との融合を図っている企業もある。詳しくは第12章で説明する。

◇プロモーション

インターネットを利用したプロモーションが広く行われているが，中でも，行動ターゲティング広告が，広告効果を高めるものとして注目されている。これは，Webページの閲覧や検索といった行動履歴をもとに，利用者の興味に合った広告を個別に配信する手法である。例えば，「旅行」をキーワードとして検索した人には，「旅行」に興味を持っていると判断して，「旅行」関連の広告を配信する。最近は，Webサイトによる企業から消費者への一方向的なプロモーションだけではなく，ソーシャルメディアを通じて消費者との間で情報交換を行ったりする双方向的なプロモーションも行われている。

また，インターネットでは，プロモーションのリーチとリッチネスをともに高めることができる[(28)]。リーチとは，「どれだけ多くの顧客と接触できるか」，「その顧客にどれだけ多くの製品を提供できるか」ということである。また，リッチネスとは，「顧客に提供する情報がどれくらい深くて詳しいか」，「顧客に関する情報がどれくらい深くて詳しいか」ということである。従来は，リーチとリッチネスはトレードオフの関係にあった。例えば，新聞やテレビなどのマス・メディアによる広告は，広範囲の顧客に接触できるためリーチに優れているが，提供できる情報の内容は画一的なものにならざるをえず，リッチネスに問題がある。人的販売は，顧客ごとにカスタマイズした情報を提供できるためリッチネスに優れているが，接触できる顧客が限定され，リーチに問題がある。インターネットでは，リーチとリッチネスのトレードオフは解消される。

図表9-1　実施したインターネット広告の種類（2012年末）

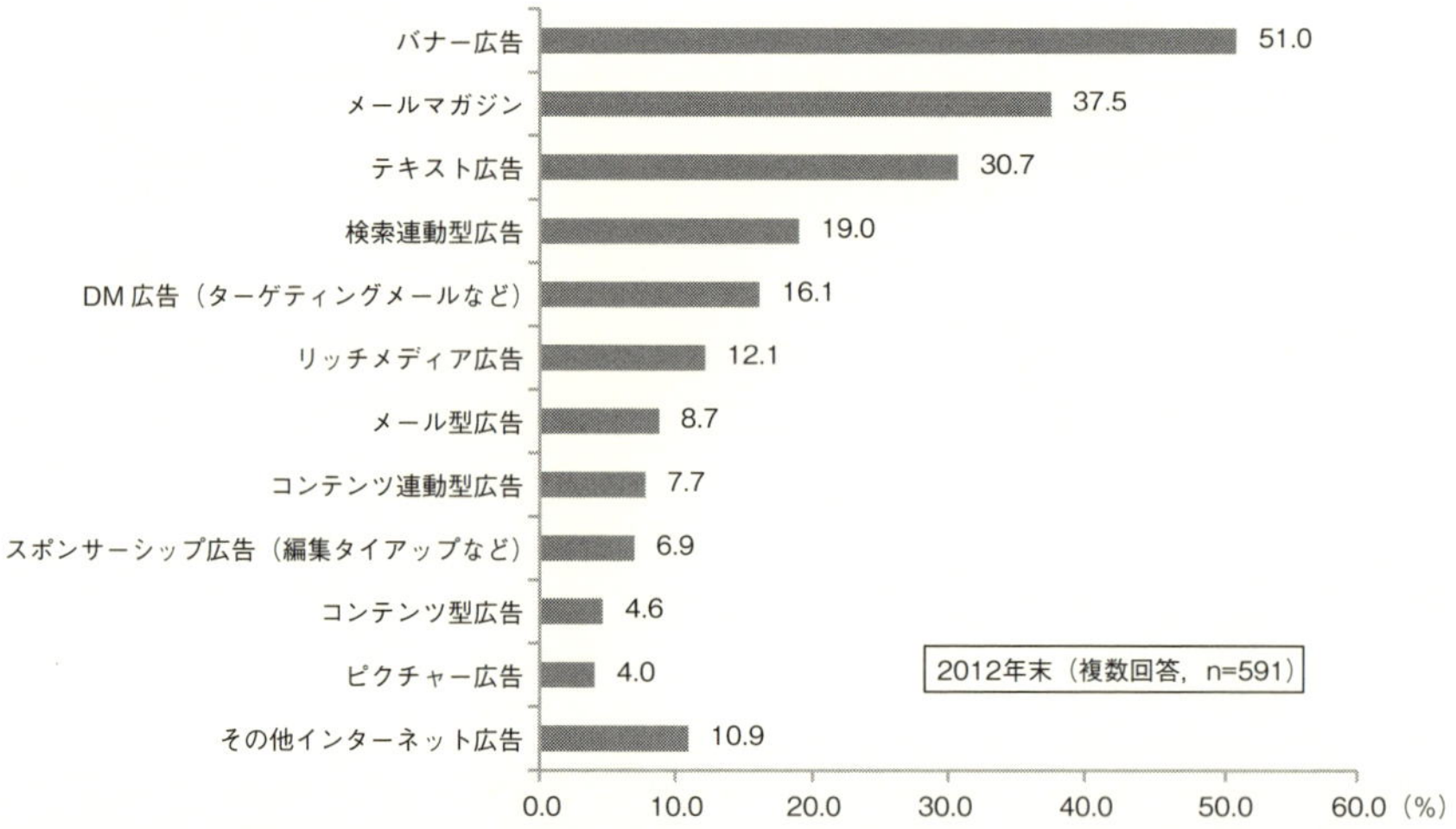

（注）①**テキスト広告**：文字のみで構成されているもの。
②**バナー広告**：Webページ上で他のWebサイトを紹介する機能を持つ画像で，クリックするとそのバナーのWebサイトへリンクするもの。
③**リッチメディア広告**：マウスの動きにあわせて表示が動いたり，ストーミング技術で動画を表示したりするような音声や映像を活用しているもの。
④**コンテンツ連動型**：Webコンテンツの文脈やキーワードを解析し，内容と関連性の高い広告を表示するもの。

出所：総務省［2013］p.17を一部改変。

事例9-2　SNSによるプロモーション　—スターバックスコーヒージャパン(29)—

スターバックスコーヒージャパンは，コンビニを含めた「コーヒー戦争」が激しくなる中，SNS上のクチコミを活用したプロモーションによって勝ち残りを図っている。SNS上に設けた同社のページのファン登録者は約90万人おり，新商品情報をSNSに投稿すると，ファンのクチコミによって評判が広がっていく。2013年に発売した期間限定商品「ストロベリーチーズケーキフラペチーノ」は，SNSで紹介すると，「いいね」が8万7千件を数え，売上げが大きく伸びた。クチコミの効果は大きく，期間限定商品を毎月のように出している。また，店舗を改装した時には，雰囲気のよくなった店内の様子を顧客がSNSに投稿したことから，評判が広がっていった。SNSを活用することによって，テレビCMを多用する他社よりも少ない広告販促費で，ブランド力と集客効果を高めている。

(2) マーケティング意思決定

◇マーケティング意思決定とビジネスインテリジェンス

マーケティング戦略やマーケティング・ミックスを策定してマーケティング活動を実施するには，ブランド戦略の立案や新商品の企画など，さまざまな意思決定が求められる。ビジネスインテリジェンスは意思決定のための手法・技術であり，商品の販売動向など，企業内外の情報を収集・整理・分析することができる（第5章）。ビジネスインテリジェンスでは，企業内情報システム（基幹業務システム）の情報だけではなく，マーケティング調査によって収集した情報や，インターネット上で日々発生している大量の情報も，意思決定に活用することができる。

図表9-2 マーケティング意思決定とビジネスインテリジェンス

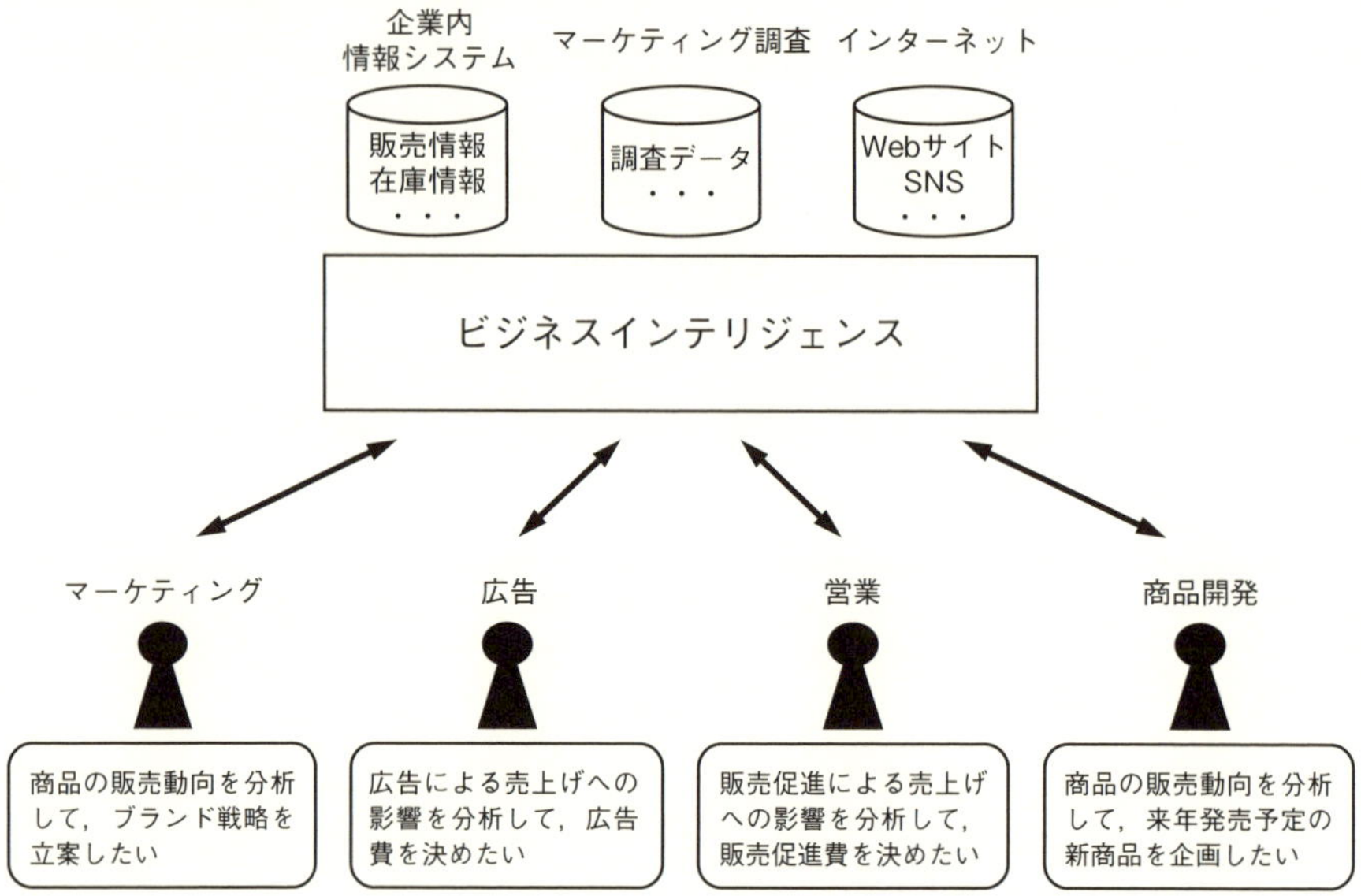
企業内
情報システム
マーケティング調査
インターネット
販売情報
在庫情報
・・・
調査データ
・・・
Webサイト
SNS
・・・
ビジネスインテリジェンス
マーケティング
広告
営業
商品開発
商品の販売動向を分析して，ブランド戦略を立案したい
広告による売上げへの影響を分析して，広告費を決めたい
販売促進による売上げへの影響を分析して，販売促進費を決めたい
商品の販売動向を分析して，来年発売予定の新商品を企画したい

◇インターネットとマーケティング調査

インターネットを利用したマーケティング調査（インターネット調査）が急速に普及している。従来は，電話や郵送によるアンケートによって消費者の購入実態や広告効果などを調査していたが，インターネットを利用することにより，少ない費用で早く調査できるようになった。Webサイト上の広告バナーを見て興味を持った人にアンケートを依頼する方法や，事前に登録しておいた調査協力者にメールを送って回答してもらう方法などがある。例えば，調査協力者の年齢，性別，住所，職業などをデータベースとして管理しておけば，アンケート結果をもとに新商品の購入状況を年代別・地域別に分析し，商品や販売促進の改善に生かすことができる。

◇ビッグデータ

企業内情報システムには，顧客との取引や生産実績など，企業活動に関するデータが多く蓄積されている。企業外では，企業や個人がソーシャルメディアなど，インターネット上で発信する情報も増えている。また，企業の通販サイトには，消費者のプロファイルや閲覧ログ・購買履歴など，消費者1人ひとりの情報が蓄積されている。これら企業内外で日々発生する大量かつ多様なデータをビッグデータという。ビッグデータを高速に蓄積・処理・分析する技術が発達しており，ビジネスインテリジェンスでの活用が進んでいる。

(3) CRMの実践

CRMを実践する方法や形態は，インターネットの普及によって，ますます高度化しており，業種・業界によって多様な展開を見せている。ここでは，代表的な事例を中心に，CRMの動向について説明する。

販売時点情報と顧客情報の統合

小売店ではPOSシステムの普及により，どの商品がいつ売れたかが販売時点で分かるようになった。これらの情報を顧客1人ひとりの情報と統合して管理することにより，優良顧客との関係を重視したマーケティングが可能になる。例えば，Webサイト上で集めたメールマガジンの会員情報を店舗のPOSデータと統合すれば，メールによる優良顧客に向けた情報発信が可能になる。また，ネット通販では，顧客情報や商品の販売時点情報を容易に収集できることから，購買履歴や商品の検索履歴を分析することによって，顧客1人ひとりの嗜好や興味を反映した推奨商品をリアルタイムに提示することができる。

WebサイトによるCRM

インターネットの双方向性とリアルタイム性を利用して，Webサイト上で顧客との関係を築こうとする企業が増えている。これらのWebサイトは，会員を対象にさまざまなコンテンツやサービスを提供するものであるが，顧客を会員として組織化し，メールなどを通じてコミュニケーションを強化することを目的としている。

事例9-3　資生堂のwatashi+（ワタシプラス）[30]

資生堂は，総合美容サービスとしてWebサイト「watashi+（ワタシプラス）」を2012年に開設した。watashi+は，「Webカウンセリング」，「オンラインショップ」，「お店ナビ」の3つのサービスを顧客に提供する。Webカウンセリングは，自宅にいながらにして，Webサイト上で本格的な美容相談を受けることができるサービスであり，Web専任のビューティーコンサルタント（BC：美容部員）が応対する「Web BC カウンセリング」と，顧客がセルフで診断できる「ビューティーチェック」とがある。オンラインショップは同社商品のネット通販であり，限定品や先行販売品も販売する。また，お店ナビを利用すると，商品・エリア・サービス内容などの条件をもとに，顧客1人ひとりにあった販売店を検索することができる。watashi+は，インターネットと店舗とを融合したCRMの仕組みとして注目されている。

組織的マーケティングとしてのCRM

企業が商品を販売する上で，営業が中心的な役割を担う。しかしながら，多くの企業が，顧客との関係作りを営業個人の経験やノウハウに依存しているのが現状である。このような企業では，顧客がサポートセンターや保守担当者に保守を依頼する時は自分のことを一から伝えなければならない，優れた営業が異動すると顧客との関係が途切れてしまう，といった問題を抱えている。そこで，組織全員が顧客情報（プロファイル，取引の履歴など）を共有し，組織として顧客との関係を構築・維持することを目的としたCRMの実践が進められている。このような組織的マーケティングとしてのCRMを支えているICTは，誰もがいつでもどこでも情報を共有しながらコミュニケーションをとることができるクラウドコンピューティングである。

事例9-4　ガス機器販売会社のCRM

A社は，業務用・家庭用のガス機器を販売している会社であり，顧客への電話対応業務を専門に行うコールセンターを設置している。顧客からの問い合わせに答えたり，使用中のガス機器に異常が発生したときの点検・修理依頼を受け付けたりしている。顧客の名前，住所，年齢，商品の購入・修理履歴といった顧客情報はデータベース化されており，電話を受けたときに，顧客に聞くことなく知ることができる。顧客からすれば旧知の間柄かのようである。緊急を要する点検・修理依頼の場合は，すぐに保守担当者と連絡をとって対応しなければならない。彼らのスケジュールはCRMシステムによって一元的に管理されており，一番早く顧客のところへ向かうことのできる保守担当者に連絡がとられる。保守担当者は，CRMシステムを使って，顧客からの依頼内容を確認しながら修理部品を事前に準備したり，訪問先で過去の修理履歴を確認しながら修理したりすることができる。修理が終われば，修理の内容と完了時間がCRMシステムに送られ，顧客情報と保守担当者のスケジュールが更新される。更新された情報は，コールセンター，保守担当者，営業の間で共有され，次からの営業活動や保守サービスに反映される。A社は，CRMシステムによって，顧客が他社に乗り換える「離反率」を引き下げるなど，顧客満足度の向上を実現した。

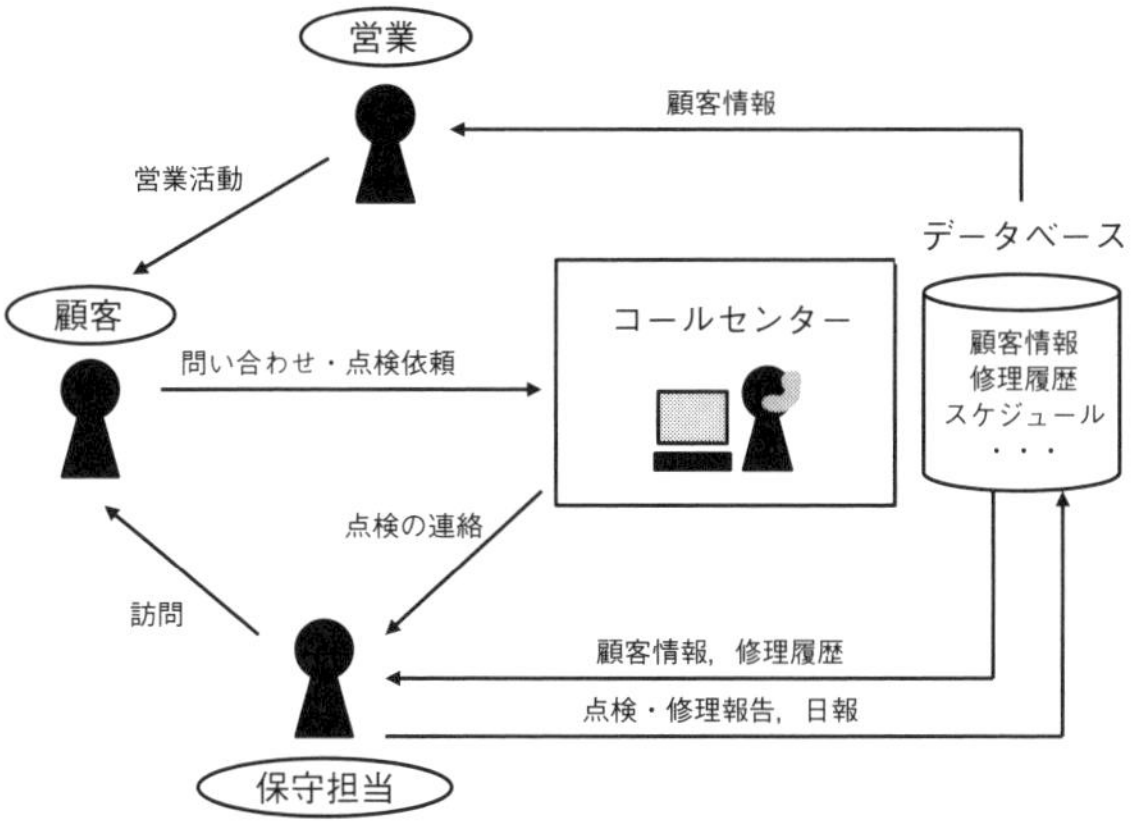

要点整理

各空欄に入る適切な語句を答えなさい（解答は巻末）。

1. マーケティングの基礎

① マス・マーケティング

大量生産・大量販売を目的に，市場全体に対して（　ア　）なマーケティングを展開する。

② ターゲット・マーケティング

市場全体をいくつかの（　イ　）に細分化し，特定の（　イ　）にターゲットを絞ることによって，自社の製品をその（　イ　）固有のニーズに適合するように位置づけていく。

③ マーケティング・ミックス（マーケティングの4P）

・（　ウ　）：顧客に提供する価値とそれを実現する製品。
・（　エ　）：製品の価格や支払い方法。
・（　オ　）：顧客に製品を販売して届けるまでの経路（流通チャネル）。
・（　カ　）：広告，パブリシティ，人的販売，販売促進。

④ CRM（Customer Relationship Management）

顧客を“個客”として捉え，顧客との間に長期にわたる継続的な（　キ　）を形成する。

・既存の優良顧客との取引を増やすことにより，少ないコストで収益を最大化する。
・顧客内シェアと（　ク　）を重視する。
・企業や商品に対する顧客の（　ケ　）を高める。

2. インターネット・マーケティング

インターネットを利用したマーケティングを（　ア　）といい，マーケティング・ミックスのみならず，マーケティング意思決定やCRMをも変えつつある。

① マーケティング・ミックス

インターネットは製品開発，価格設定，流通，プロモーションといったマーケティング活動を変えただけでなく，（　イ　）の透明性を高めるなど，消費者の購買行動をも変えた。

② マーケティング意思決定

（　ウ　）は，企業内情報システム，マーケティング調査，インターネットによって収集した情報を収集・整理・分析し，マーケティング上の意思決定を支援する。

③ CRM

購買履歴などを分析することによって，顧客1人ひとりの嗜好や興味を反映した推奨商品をリアルタイムに提示するなど，高度で多様なCRMの実践が可能になってきた。

第10章 サプライチェーン・マネジメント

本 章 の 要 約

① 資材の供給から最終消費者に至る企業横断的な商品供給の流れをサプライチェーンという。商品供給の効率化と顧客満足度の向上を同時に達成するには，企業と企業が協働してサプライチェーン全体の最適化を目指す必要がある。そのための手法・技術をサプライチェーン・マネジメント（SCM）という。

② 企業と企業が協働して全体最適を目指すという考え方は，1980年代に米国アパレル業界が取り組んだQRに始まり，1990年代には食品・日用品業界のECR，さらには，業界を越えたSCMへと発展してきた。

③ サプライチェーン全体の最適化を実現する方法としては，マス・カスタマイゼーション，ポストポーメント，計画サイクルの短縮，企業間コラボレーション，ロジスティクスなどがある。

1 SCMの基礎

◇SCMの意味と目的

商品が最終消費者に届けられるまでには，資材の供給，部品・製品の生産，物流，販売などの活動が必要であり，これらの活動は生産者，卸，物流業者，小売りなど，色々な企業によって行われる。このような資材の供給から最終消費者に至る企業横断的な商品供給の流れを1つの「供給（Supply）の連鎖（Chain）」と捉え，サプライチェーン（Supply Chain）という。サプライチェーンは多くの企業によって構成されるため，販売機会の損失や在庫費用増大などの問題が発生しやすい。これは企業間で情報が正しく伝達されないことに起因する。そこで，サプライチェーンを構成する企業が情報を共有しながら協働することにより，企業ごとの部分最適ではなく，サプライチェーンの全体最適を目指す必要がある。そのための手法・技術をサプライチェーン・マネジメント（SCM《エスシーエム》：Supply Chain Management）という。SCMの目的は，サプライチェーン全体を市場に迅速に適応させることにより，商品供給の効率化と顧客満足度の向上を同時に達成することである。

◇SCMの背景

今日，多くの企業がSCMに取り組んでいる背景には，市場の需要変動と不確実性，消費者ニーズ・嗜好の多様化，需要予測の困難さといったことがある。

① 市場の需要変動と不確実性

今日，需要は大きく変動しており，市場の不確実性はますます高まっている。昨日まで売れていた商品が急に売れなくなったり，ある日突然ライバル会社の新商品がヒットしたりする。商品を生産して販売するには時間がかかるため，将来どの位売れそうなのかを予測して生産しなければならないが，予測することが非常に難しくなっている。一般に，商品を生産してから消費者のもとへ届けるまでの時間（スループットタイム）は，消費者が要求する納期（リードタイム）より長い。スループットタイムがリードタイムよりも長くなるほど，需要にあわせて商品を生産・販売することは難しくなる。

② 消費者ニーズ・嗜好の多様化

消費者のニーズ・嗜好はますます多様化しており，それに対応した多様な品揃えをしなければいけなくなっている。さらに，新商品を出してもすぐに陳腐化するために，次から次へと新商品を開発しなければならない。一方で，商品の多様化は生産や流通の効率を低下させ，コストを増大させる。消費者の低価格化への要求は厳しくなっており，商品の多様性と生産・流通の効率性を考慮した商品政策が必要になっている。

③ 需要予測の困難さ

需要予測が難しいのは，市場の不確実性ばかりではなく，サプライチェーンが多くの企業によって構成されていて多段階になっていることにも起因する。

一般に，サプライチェーンの上流になるほど，需要予測の精度は低下する。このような現象は，ブルウィップ効果と呼ばれている。ブルウィップとは牛を追う鞭（むち）のことであり，鞭は手元を小さく動かすだけで，その先端が大きく動く。ブルウィップのように，消費者の需要が少し変動しても，「販売×卸×生産×資材供給」と上流に行くにしたがって，需要予測の変動幅が大きくなってしまうのである。ブルウィップ効果の原因は，下流から上流へと企業間で需要予測情報が伝達されるときに，情報が増幅されることにある。

◇SCM発展の経緯

企業と企業が協働して全体最適を目指すという考え方は，1980年代に米国アパレル業界が取り組んだＱＲ《キューアール》（Quick Response）に始まる。その後，食品･日用品業界のＥＣＲ《イーシーアール》（Efficient Consumer Response），さらには，業界を越えたSCMへと発展してきた。

① QR

1980年代半ば，米国アパレル業界は外国からの低価格品に対抗するためQRに取り組んだ。QRは市場に迅速（Quick）に適応（Response）することを目的として，小売りとメーカーが協力して生産と販売を行う経営手法である。アパレル商品は季節性と流行性があり，販売機会の損失や在庫リスクが問題になっていた。そこで，小売りが店頭のPOSデータをEDIによって素早くメーカーに伝えることにより，販売状況を生産に反映させる仕組みを作った。これにより，初期生産量を抑え，販売状況を見ながら機動的に追加生産することが可能になった。

② ECR

1990年代初め，食品・日用品業界はアパレル業界のQRの成果を取り入れようとしてECRに取り組み始めた。ECRの始まりとされるウォルマートとP&Gとの製販同盟では，ウォルマートから提供された店舗ごとの売上げ情報と在庫情報をもとに，P&Gが需要予測を行ってウォルマートに商品を納入した。

③ SCM

SCMという言葉は，1980年代に米国で提唱されたが，1990年代に入ってから製造業を中心として本格的な取組みが始まった。トヨタ生産方式に代表される日本のリーン生産方式は，サプライヤを巻き込んで生産の効率化を図ろうとするものであり，企業間の協働関係を重視するSCMの発展に大きな影響を与えた。

2 SCMの取り組み[31]

SCMの基本は,企業間の情報共有によるサプライチェーンの全体最適である。そのための方法や手法には色々あるが，ここでは主なものについて説明する。

◇マス・カスタマイゼーション（Mass Customization）

多様化する顧客ニーズに対応する方法としては，注文を受けてから商品を生産することが考えられる。この方法だと，顧客1人ひとりのニーズにあわせて商品を作ることはできるが，注文から納品までのスループットタイムは長くなるし，生産や販売に要するコストも大きくなる。そこで，商品をいくつかのモジュールに分割し，標準的なモジュールを事前に生産しておき，顧客の要望に応じてモジュールを組み合わせて商品を提供するようにすれば，スループットタイムは短くなりコストは少なくなる。このように，モジュールまでは見込みで大量生産しておき，商品は受注生産とすることにより，大量生産（マス・プロダクション）と同じような低コストで個々の顧客ごとに商品をカスタマイズ（特製）することを，マス・カスタマイゼーションという。

事例10-1　デルのマス・カスタマイゼーション[32]

パソコンメーカーのデルは，パソコンを構成するCPUやハードディスク装置などの主要部品をモジュール化し，モジュールごとに数パターンの選択肢を用意しておいて，顧客がWebサイト上で仕様を選べるようにした。受注してから1週間程度で，モジュールからパソコンを組み立てて出荷している。このように注文が来てから生産する方式をBTO《ビーティーオー》（Build To Order）と呼ぶ。

◇ポストポーメント

商品の生産・流通過程において，商品を多様化させるタイミングをできるだけ先送りすることをポストポーメント（postponement）という。例えば，工場で最終顧客のニーズにあわせて色々な商品を作るよりも，工場では標準品を作っておいて，店頭や流通センターで顧客ごとにカスタマイズすることができれば，工場は需要変動の影響を受けにくくなり，安定して生産することができるようになる。

事例10-2　ベネトンの「後染め」―ポストポーメント―

イタリアの代表的なアパレルメーカーであるベネトンは，従来，つむぎから染色，織り，原反《げんたん》，裁断，縫製などの工程を経て商品を販売するまでに半年を必要としていた。色に対する顧客の嗜好は変わりやすいため，流行色を予測しながら商品を作るのは難しく，品切れや売れ残りが多く発生していた。そこで，原反まで無地にしておき，販売状況にあわせて染色するようにした。染色工程を原反の後にする（後染め）ことによって，流行色を見極めてから染色することが可能になり，品切れや売れ残りが大幅に減った。これはポストポーメントの代表的な事例である。

◇計画サイクルの短縮

メーカーの資材調達や生産・販売活動は，それぞれ調達計画，生産計画，販売計画をもとにして行われる。これらの計画は，需要，在庫，生産能力，サプライヤの供給能力などを考慮しながら作られ，お互いに一貫性がなければいけない。一般に，家電製品のような見込生産の場合，一定期間ごとに計画は作られる。計画サイクルの短縮とは，需要変動に適応することを目的に，計画を作るサイクル（周期）を短縮することである。例えば，計画サイクルが月次であるとすると，翌月までの間の需要変動に対応することができないが，週次に短縮すれば，週単位で需要変動に対応することができる。計画サイクルを短縮すればするほど，需要変動に即応することが可能になる一方，変動にフレキシブルに対応できる生産体制が必要になる。実際には，月次で計画を作り，週次，日次で計画の見直しと調整を行う場合が多い。

◇VMI ／ CRP

メーカーや卸といった納入業者（ベンダー）が，顧客から入手した販売情報や在庫情報をもとに,直接,顧客の在庫を管理して補充する方式をVMI《ブイエムアイ》（Vender Managed lnventory：ベンダー主導型在庫管理）という。また,CRP《シーアールピー》（Continuous Replenishment Program：連続補充計画）も，ベンダーが直接，顧客の在庫を管理して在庫補充する方式であるが，メーカーと（卸の）流通センター間，メーカー・卸と（小売りの）流通センター間で利用されている。消費者が購入した分だけ補充するというのが基本的な考えであり，流通センターの在庫がある数量にまで減少すると自動的に発注するようにしている事例もある。比較的季節変動が少なく，商品回転率の高い日用品などの在庫管理に向いている。

事例10-3　家電メーカーのVMI[33]

ある家電メーカーA社は，部品メーカーに部品在庫の管理を任せるようにした。部品メーカーは，あらかじめA社との間で部品在庫の最低限必要な数量を設定しておく。A社から今後の生産計画と毎日の使用数量のデータをもらい，部品在庫が下限数量を下回らないように部品を納入する。A社は発注という手続きをすることなく部品を使用する。A社にある部品在庫は部品メーカーの資産であり，A社が使用した時点で部品メーカーの売上げが計上される。A社は在庫管理や発注といった業務が不要になり，部品メーカーは生産計画や納入計画を立てやすくなった。

◇企業間コラボレーション

サプライチェーン上の企業が新商品開発や需要予測などにおいて協働（コラボレーション）することにより，新しい価値を創造することが可能になる。企業間コラボレーションの例として，カテゴリー・マネジメントとCPFR《シーピーエフアール》（Collaborative Planning Forecasting and Replenishment）について説明する。

① **カテゴリー・マネジメント**

ドラッグストアなどへ行くと，花粉症対策コーナーが設置されていて，マスクや治療薬，洗剤など花粉症関連の商品が1ヵ所にまとめて陳列してあることがある。花粉症に困ってマスクを買うためにドラッグストアへ行った人が，花粉症対策コーナーに立ち寄れば，治療薬や洗剤も花粉症に有効であることを知って一緒に購入するだろう。このように，商品をマスクや治療薬といった単品ごとに管理するのではなく，花粉症対策といったカテゴリー（部門）に分類し，カテゴリー全体で構成商品を管理する手法をカテゴリー・マネジメントという。消費者の視点に立ってカテゴリー分けすることが大切であり，小売りとメーカー・卸が情報を共有しながら，共同で取り組んでいくことが不可欠となる。

② **CPFR**

メーカーと小売りが，協働（Collaborative）して，計画立案（Planning），需要予測（Forecasting），商品補充（Replenishment）を行う手法である。そのためには，現在の販売・在庫情報や将来の予測・計画情報を企業間で共有することが必要になる。小売りは特定のメーカーの商品だけではなく競合商品についても販売情報を持っているし，メーカーは特定の小売り以外についても自社商品の出荷情報を持っている。これらの販売・出荷情報だけではなく，小売りの特売計画やメーカーの新商品計画などの予測・計画情報を，メーカーと小売りがコンピュータネットワークを活用してリアルタイムに共有することにより，精度の高い需要予測や効果の高い計画立案が可能になる。

◇ロジスティクス

ロジスティクスはサプライチェーンの一部であり，資材調達から生産・販売に至る“モノの流れ”を中心に，商品の供給活動を計画・実施・統制することである。SCMの目的である市場変動への適応を実現するには，迅速で効率的なロジスティクスが不可欠である。画期的なロジスティクスの手段として，クロスドッキングや３ＰＬ《スリーピーエル》（third-party logistics：サード・パーティー・ロジスティクス）が注目されている。

① クロスドッキング

クロスドッキングとは，仕入先から入荷した商品を物流センターで在庫することなく配送先（店舗など）ごとに振り分けて出荷する方式のことである。仕入先が個別に配送先へ商品を配送すれば，トラックの台数や配送の手間が多くなる。かといって，入荷した商品を物流センターに保管し，配送先からの要求に応じて商品を取り揃えて出荷するようにすると，商品の保管スペースや保管管理が必要になる。そこで，物流センターで商品を配送先ごとに振り分けて出荷するクロスドッキングが考え出された。

② 3PL

3PLとは，企業がロジスティクスを第三の企業に委託することをいい，委託される側の企業を3PL事業者という。3PL事業者は，荷物の輸送や保管ばかりではなく，荷物の追跡情報を荷主に提供するなど，ロジスティクスに関わる業務を一括して請け負う。3PL事業者が専門知識を持ってロジスティクスの仕組みとサービスを複数の企業に提供することにより，荷主企業は高度で効率的なロジスティクスを実現することができる。

例題10-1　SCM手法

次の事例はどのSCM手法によるものか。

ア．プリンタの電源部分は国によって異なる。複数の国に輸出しているプリンタメーカーは，工場の製造段階ではなく，輸出先で電源部分を取り付けるようにした。

イ．ピザは，生地自体は同じでも，顧客の注文に合わせてトッピングを変えることにより，色々な種類のものを販売することができる。

ウ．ウォルマートはワーナーランバートとの間で，口ゆすぎ液のリステリンを対象として，共同で需要予測と販売計画を行うようにした。

答え　ア：ポストポーメント　イ：マス・カスタマイゼーション
ウ：CPFR

事例10-4　小売業　―ウォルマート(34)―

◎ EDLP戦略

ウォルマートは，1962年にディスカウントストアとして創業された。エブリデイ・ロー・プライス（EDLP：EveryDay Low Price）を基本戦略として急速に成長し，世界最大の小売業になった。EDLPは，特売日だけ低価格で提供する通常のバーゲンセールとは対極の考え方であり，いつも低価格を守って定価販売を続けていく販売方式である。バーゲンセールだと，特売日を知らせるチラシを配布したり，その日だけ大量に商品を仕入れるなどのムダが生ずる。EDLPでは，これらのムダもなくし，常に安く商品を提供することで消費者が安心して買い物ができるようにする。ウォルマートはEDLPを推進するために本部経費や物流費などの削減を進めてきた。

◎ 情報戦略

ウォルマートは，ローコスト経営のために積極的に情報投資を行ってきた。1973年に本社と各店舗にコンピュータを設置し，各店舗の販売情報を収集してタイムリーに商品を供給するようにした。1988年には全店にPOS端末を導入し，売れ筋商品の販売数を全店から一時間おきに本社のホストコンピュータに収集する仕組みを作った。1987年にはP&GとECRの試行を開始し，その後のリテールリンク，CPFRへと発展させていった。

◎ リテールリンク

1991年，ウォルマートは，「どの商品が，どの店舗で，いつ売れたか」といった販売情報を分析するためのデータウェアハウスを構築し，取引先に公開した。データウェアハウスは，基幹業務システムに蓄積されている日々の取引データを抽出して，分析しやすいように再構成して作ったデータベースのことである。取引先との情報共有を目的とするウォルマートのデータウェアハウスはリテールリンクと呼ばれている。リテールリンクによって，取引先は，過去2年間の日別店舗別売上げ，在庫，出荷状況など，ウォルマートのバイヤーと同じデータを分析しながら，販売予測や店舗ごとの品揃え・販売促進などについて提案できるようになった。

事例10-5　製造業　―アサヒビール(35)―

◎ ビール業界

ビール業界は，1980年代後半から今日に至るまで業界構造の大きな変化の中にある。1988年にアサヒビールが発売したスーパードライが大ヒットしたことによって新製品開発競争が激化し，その後の発泡酒や第三のビールを巡る競争へと続いている。また，規制緩和によってコンビニやスーパーなどでもビールを販売できるようになり，流通チャネルの再編も進められてきた。このような環境変化の中にあって，ビールメーカー各社は，商品ばかりではなく，経営のあらゆる面において変革を続けている。

◎ フレッシュマネジメント活動とSCM

アサヒビールは，1993年，鮮度管理を目的としたフレッシュマネジメント活動を開始した。鮮度管理とは,「つくりたてのおいしいビールを，鮮度という新しい価値を付加して提供する」ことであり，特に，ビールを製造してから消費者のもとに届けるまでの日数を短縮することに重点的に取り組んだ。そして，それまでの情報システムを刷新し，1997年から営業，生産，物流，資材の4部門にまたがったSCMの本格運用に入った。これにより，ビールの製造から特約店までの配送日数は1987年の平均10日から4日にまで短縮された。アサヒビールのSCMでは，資材発注や売上げ，生産計画などの情報だけではなく，販売店のPOSデータや特約店の在庫情報などの情報を共有しながら，各部門が需要予測から販売・生産・物流・資材調達の計画立案までを共同で行えるようにしている。

◎ CRP

2000年，特約店の在庫量の削減，受発注業務の効率化などの効果を期待して，特約店との間でCRPの運用を開始した。販売店の発注情報や特売情報，特約店の出荷・在庫情報などを収集・分析することによって最新の需要を予測し，特約店の在庫量や補充数量を自動的に割り出して，自動補充する仕組みである。

要点整理

各空欄に入る適切な語句を答えなさい（解答は巻末）。

1．SCMの基礎

① SCMの意味・目的・背景

SCMは，企業と企業が（　ア　）を共有しながら協働して（　イ　）の全体最適を図るための手法・技術である。商品供給の効率化と顧客満足度の向上を同時に達成することが目的である。市場の需要変動と不確実性，消費者ニーズ・嗜好の多様化，需要予測の困難さといったことが背景にある。

② SCM発展の経緯

1980年代の米国アパレル業界が取り組んだ（　ウ　）に始まり，1990年代に，食品・日用品業界の（　エ　），さらには，業界を越えたSCMへと発展してきた。

2．SCMの取り組み

①（　ア　）

顧客の要望に応じて標準的なモジュールを組み合わせて商品を提供することにより，大量生産と同じような低コストで個々の顧客ごとに商品をカスタマイズすること。

②（　イ　）

商品の生産・流通過程において，商品を多様化させるタイミングを先送りすること。

③（　ウ　）の短縮

需要変動への適応を目的に，調達，生産，販売の計画を作るサイクルを短縮すること。

④（　エ　）

納入業者（ベンダー）が顧客の在庫を管理して自動的に在庫補充する方式。

⑤ 企業間コラボレーション

・（　オ　）：単品ごとではなくカテゴリー全体で構成商品を管理する手法であり，小売りとメーカー･卸が情報を共有しながら共同で取り組むことが不可欠。

・（　カ　）：メーカーと小売りが協働して計画立案，需要予測，商品補充を行う手法。

⑥ ロジスティクス

・（　キ　）：仕入先から入荷した商品を物流センターで在庫することなく配送先ごとに振り分けて出荷する方式。

・（　ク　）：ロジスティクスを第三の企業（3PL事業者）に委託すること。

第11章
経営組織のマネジメント

本　章　の　要　約

① 今日の企業では，社員はお互いにコミュニケーションをとりながら協調して仕事を進めると同時に，自ら状況を分析して積極的に問題解決を図っていくことが求められている。そのためには，１人ひとりが知的能力と情報処理能力の向上に努めるとともに，組織全体として個人の総和以上の能力を創出できるような組織マネジメントが必要になる。

② 組織におけるコーディネーション（調整）とコラボレーション（協業）を支援する仕組みとしてグループウェアやナレッジマネジメントがある。グループウェアは組織におけるグループ活動を支援する情報システムであり，ナレッジマネジメントは個人の知識を組織として共有し，新たな知識を創造するためのマネジメント手法である。

③ プロジェクトや経営課題に応じてダイナミックにチームを編成して運営する組織形態をチーム型組織またはプロジェクト型組織という。チームを運営するには，人材育成とスキル管理，仕事の調整，人事評価，コミュニケーション，進捗管理などが課題となり，ICTの活用が不可欠である。

1　ワークスタイルと組織の変化

◇Ａ氏のある一日

図表11-1に示したのは，消費財メーカーに勤務するマーケティング担当者Ａ氏のある一日の行動である。Ａ氏は特定のブランドや商品について商品企画から販売に至るまで責任を持っている。新商品の企画についてはマネジメントや

関連部署の承認を得なければならないし，承認後も，製造部門や営業部門などと密接にコミュニケーションをとりながら商品化を進めていかなければならない。また，発売後も，常に販売状況を分析し，問題があれば関係者と協力しながら対策を打たなければいけない。

図表11-1　マーケティング担当者A氏のある一日

7：00	起床。9時半からの会議に間にあうように8時に家を出る。
9：00	会社に到着。メールに目を通して適宜，返信をする。海外からのメールは，時差の関係で深夜に送られてくるので，朝一番に見ることになる。
9：30	会議。生産管理，営業，マーケティングなどの部門から，先月発売したばかりの製品を担当するチームのメンバーが集まって，翌月の需要がどの程度予測されるかを検討する。来月は営業部門が大規模な店頭プロモーションを予定しているが，工場の生産能力に問題はなさそうだ。
11：00	デスクワーク。パソコンを使って前月のシェアを確認する。自社製品に比べて競合製品が大きくシェアを伸ばしている。原因を分析し，関係者にメールで対策を依頼する。
12：00	同僚と一緒に昼食。雑談もかねて情報収集。
13：00	再びデスクワーク。パソコンを使って来週のプレゼン資料を作成する。新製品のマーケティングプランについてマネジメントにプレゼンし，承認をもらわなければならない。
15：00	オフィス内のコーヒーショップで休憩。
20：00	プレゼン資料もようやく完成したので帰宅。

◇ワークスタイルの変化

今日の企業では，A氏の例に見られるように，社員がお互いにコミュニケーションをとりながら協調して仕事を進めると同時に，自ら状況を分析して積極的に問題解決を図っていくことが求められている。今日のワークスタイル（仕事の内容や進め方）の特徴をまとめると，次のようになる。

- **知識創造**：新商品企画など，新たな知識を創造する仕事が増えている。
- **チーム**：部門をまたがってチームとして仕事を進めることが多い。
- **情報処理能力**：データ分析，プレゼン，コミュニケーションなどの高い情報処理能力が必要になっている。

経営環境が安定していて将来を予測することができた時代には，上司から指示された仕事を正確かつ効率的に行うことが求められたが，経営環境が大きく変化し続けている今日，環境変化にダイナミックに適応できるワークスタイルが求められている。そのためには，1人ひとりが知的能力と情報処理能力の向上に努めるとともに，組織全体として個人の総和以上の能力を創出できるような組織マネジメント（経営管理）が必要になっている。

◇コーディネーションとコラボレーション

組織マネジメントとは，組織の目的を達成するために，組織を編成し，その活動を調整・統制することである。今日の組織マネジメントに求められているのは，集権的な階層的組織に見られるトップダウンによる調整・統制ではなく，組織メンバーが相互に活動を調整しながら協業することによって新しいものを創造していくことを支援することであり，そのためのコーディネーション（Coordination：調整）とコラボレーション（Collaboration：協業）の仕組み作りと組織設計が課題になっている。多くの企業が，ICTを活用した仕組み作りと，チーム型組織を指向した組織設計を進めている。

2 組織マネジメントと情報システム

ICTを活用したコーディネーションとコラボレーションの仕組みとして，グループウェアとナレッジマネジメントについて説明する。グループウェアは，組織におけるグループ（集団）活動を支援する情報システムであり，ナレッジマネジメントは個人の知識を組織として共有し新たな知識を創造するためのマネジメント手法である。

(1) グループウェア（Groupware）

グループウェアは集団活動におけるコーディネーションやコラボレーションの支援を目的に利用されている。代表的な機能として，電子的コミュニケーション，スケジュール管理，ワークフロー管理，文書管理がある。

① 電子的コミュニケーション

人と人のコミュニケーションには，対話，会議，電話，手紙など，色々な手段がある。グループウェアでは，従来の手段に代わって，電子メール，電子掲示板，電子会議室など，電子的なコミュニケーション手段が提供される。これらは，コミュニケーションにおける時間と空間の制約を取り除き，文字や音声のみならず画像など，さまざまなメディアによるコミュニケーションを可能にする。また，議事録や会議の様子を記録・保存するなど，コミュニケーションの効率化を図ることができる。

② スケジュール管理

グループメンバーが各自のスケジュールを入力し，自分のスケジュール管理に利用するとともに，メンバー間でスケジュールを調整する。また，会議室などの施設の利用スケジュールを管理することにより，メンバーが集まって会議を開催したりすることが容易になる。

③ ワークフロー管理

複数の人の作業があらかじめ決められた手順にしたがって実施されるように，作業の流れ（ワークフロー）を支援したり，管理したりする機能である。例えば，出張旅費を申請したとすると，あらかじめ決められた手順にしたがって，申請書が上司に送られる。上司が承認すれば，経理課に送られて，経理処理と銀行への振込みが行われる。出張旅費の申請が迅速化，効率化されるとともに，承認待ちの申請書を確認したり，申請書がどこまで処理されたかを確認するなど，ワークフローの管理が容易になる。

④ 文書管理

主に，形式が一定でない非定型的な文書の管理に用いられている。テキストや画像など，さまざまな形式のデータを合成して作成した複合文書を扱うことができ，文書の保管，履歴管理，承認・レビュー，検索などの機能がある。利用例としては，商品カタログやマニュアルのような複合文書，ニュースレターのように多くの人が参照する文書，営業報告やプロジェクト進捗報告のように，時系列的な履歴管理を必要とする文書などがある。

図表11-2　グループウェア

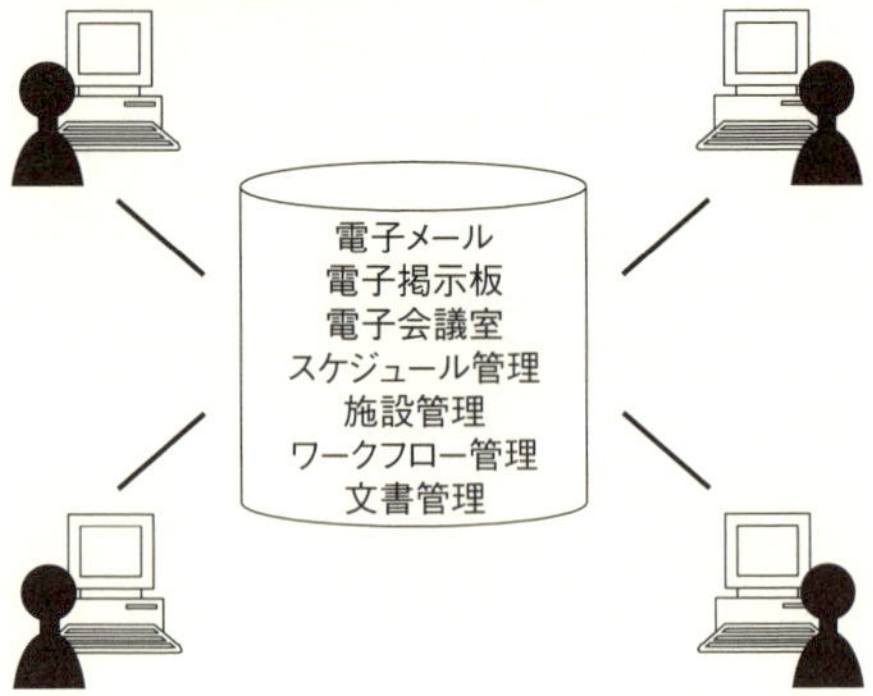

(2) ナレッジマネジメント（Knowledge Management）

◇ナレッジマネジメントとは

企業の競争優位の源泉は，知識（Knowledge：ナレッジ）にある。ある企業が他企業よりも顧客に対して大きな価値を提供できるとしたら，その企業は新製品を開発したり，サービスを提供したりする上で，他企業にはない知識を持っていると考えられる。知識を厳密に定義することは難しいが，ここでは「個人の経験やノウハウ」としておこう。個人の知識は退職などによって失われてしまう。企業としては，個人の知識を組織として共有したり，知識と知識を結合することによって新たな知識を創造したりすることができれば，競争力を高めることができる。知識を組織の共有資産として捉え，それを獲得，蓄積，創造，活用するプロセスを体系的に管理することをナレッジマネジメント(36)という。

◇暗黙知と形式知

知識には，暗黙知と形式知がある。暗黙知は，経験や勘にもとづく知識であり，言葉や文章などで表現することが難しい。これに対して，形式知は言葉や文章によって表現できる知識である。例えば，自転車の乗り方は，何度も転びながら覚えていく。一度覚えると忘れることはないが，人に言葉で説明することは難しい。これに対して，自転車に乗るときの法規は文書化されており，人に説明することができる。自転車の乗り方は暗黙知であり，法規は形式知である。

◇知識創造プロセス

暗黙知と形式知は相互変換しながら組織の中で共有され，新しい知識が創造される。この知識創造のプロセスをモデル化したものがSECI《セキ》モデルである。SECIとは，共同化（Socialization），表出化（Externalization），連結化（Combination），内面化（Internalization）の4つのプロセスを表している。知識創造プロセスにおいて大切なことは，知識を皆で“共有”できるような仕組みと，人と人が集まってお互いに交流する中で新しい知識を創造する“場”の仕組みを作ることである。“共有”と“場”の仕組みとしてグループウェアが利用されることが多いが，最近はインターネットのSNS（Social Networking Service）のような新しい技術・サービスの利用も進められている(37)。

図表11-3 知識創造プロセス（SECIモデル）

・共同化：身体・五感を駆使，直接経験を通じた暗黙知の共有，創出
・表出化：対話・思慮による概念・デザインの創造（暗黙知の形式知化）
・連結化：形式知の組み合わせによる新たな知識の創造（情報の活用）
・内面化：形式知を行動･実践のレベルで伝達，新たな暗黙知として理解･学習

出所：紺野［2002］p.49（野中・紺野［2000］より引用）を一部改変。

3 チーム型組織

◇チーム型組織とは

伝統的な職能別組織や事業部制組織では，最近の企業環境に適応することが困難であるため，多くの企業がチームによる組織運営を指向している。チームは，新製品開発のようなプロジェクトや緊急性を要する経営課題に取り組むことを目的として，少人数のメンバーによって編成され，目的を達成すると解散する。定常的な組織形態としては職能別組織や事業部制組織であるが，プロジェクトや経営課題に応じてダイナミックにチームを編成することが多い。チームを中心として運営される組織形態をチーム型組織という。また，プロジェクトごとにチームを編成し，プロジェクトを単位として運営される組織形態をプロジェクト型組織ということもある。チーム型組織やプロジェクト型組織は，従来のマトリックス組織のように複数の目的を同時に達成することを目的としているが，ダイナミックに編成される点が恒常的なマトリックス組織とは異なる。

事例11-1　日産自動車のクロス・ファンクショナル・チーム(38)

さまざまな経験・知識を持った人々が各部門から集まって，全社的な視点からコスト削減や品質向上などの経営課題に取り組んでいくチーム型の組織をクロス・ファンクショナル・チーム（CFT：Cross-Functional Team）という。部署として常設する場合もあるが，明確な目的と期限を持つプロジェクトとして立ち上げる場合が多い。1999年，業績の低迷が続いていた日産自動車を再建すべく，仏ルノー社のカルロス・ゴーンが最高執行責任者（COO）に着任した。彼は，クロス・ファンクショナル・チーム（CFT）を導入し，①事業の発展，②購買，③製造・物流，④研究開発，⑤マーケティング・販売，⑥一般管理費，⑦財務コスト，⑧車種削減，⑨組織と意思決定プロセスの9つのテーマに取り組んだ。2001年度には，日産自動車の国内売上高は増加に転じ，25年続いた市場シェアの低下にも歯止めがかかった。

◇チームの編成と運営

チームは特定の目的のために編成され，通常，期限を設定される。チームを編成するには，目的とメンバーの役割を明確にした上で，メンバーを選ぶことが大切である。また，チームを運営するには次のような課題があり，グループウェアなどのICTの活用が不可欠になっている。

① 人材育成とスキル管理

チームを編成するときには，当然，メンバーに求められる能力を持っている人を選抜することになる。そのためには，日頃から，1人ひとりの能力向上を図るとともに，保有するスキルを把握しておく必要がある。

② 仕事の調整と人事評価

チームメンバーがチームと同時に特定の部門にも所属する場合，チームとしての仕事と所属部門としての仕事を調整する必要がある。また，チームとして行った仕事の成果を所属部門の人事評価に反映させる仕組みも必要になる。

③ コミュニケーション

チームメンバーには，チーム内だけではなく所属部門とのコミュニケーションも求められ，コミュニケーションの負担が大きくなる可能性がある。最近は，海外部門や関連企業との間でもチームが編成されることが多く，物理的に離れた職場で働く人がメンバーになった場合には，どうやってコミュニケーションをとるかが課題になる。

④ 進捗管理

チームの目的がどこまで達成されているかを把握し，問題があれば対策を打つようにしなければならない。また，個々のチームだけではなく，現在活動しているチーム全体の状況を把握することにより，経営計画と関係づけてチームの活動を管理することが必要である。

事例11-2　日本IBMの営業改革(39)

1990年代半ば，コンピュータメーカーの日本IBMは大きな転換点を迎えていた。1980年代後半からコンピュータのダウンサイジング（小型化）とオープン・アーキテクチャ化が進み，ハードウェアの価格は低下し続け，差別化が困難になりつつあった。その一方で，顧客企業のニーズは情報化の進展により，ますます多様化，高度化しつつあった。このような技術と市場の変化を背景として，日本IBMは，ハードウェア中心の事業構造をサービスビジネス中心へと変革することを決断し，顧客企業との関係強化と営業効率の向上を目的として，営業体制を大きく改革した。

従来，営業活動をどのように進めるかは営業担当者の力量と裁量に任されていたが，新しい営業体制では営業活動のプロセスと役割が標準化された。そして，それまでの営業担当者やシステムエンジニアは，特定の分野（顧客，製品，スキルなど）を担当する専門職として営業活動を行うようになった。

新しいビジネス案件があると，プロジェクトとして定義され，専門職の中からメンバーを選んでチームが編成される。プロジェクトは，ビジネス案件の発掘から提案，契約，導入に至るまで，標準的なプロセスにしたがって遂行されるように管理される。各チームの活動状況はデータベースに登録され，チームメンバー間の情報共有に用いられる。また，上司は複数のプロジェクトの進捗状況をデータベースによって確認しながら，各プロジェクトの継続・中断の判断，要員管理，販売目標・営業効率の管理を行う。このようなチームと専門職を中心とした営業活動を，日本IBMではダイナミック・チーム・オペレーションと呼んでいる。日本IBMはサービスビジネスを中心とする事業構造への変革に成功し，コンピュータ産業における新しいビジネスモデルを創った。

要点整理

各空欄に入る適切な語句を答えなさい（解答は巻末）。

1．ワークスタイルと組織の変化

今日の企業では，市場の変化にダイナミックに適応できる（　ア　）と（　イ　）が求められている。

2．組織マネジメントと情報システム

組織マネジメントを支援する仕組みとして，グループウェアやナレッジマネジメントがある。

① グループウェア

組織における（　ア　）を支援する情報システムであり，次のような機能がある。

・（　イ　）：電子メール，電子掲示板，電子会議室など。

・スケジュール管理：スケジュール調整や会議室などの施設管理。

・（　ウ　）：作業の流れ（ワークフロー）の支援や管理。

・文書管理：文書の保管，履歴管理，承認・レビュー，検索など。

② ナレッジマネジメント

個人の知識を組織として共有し，新たな知識を創造するためのマネジメント手法である。

・暗黙知と形式知：知識には，経験や勘にもとづいていて言葉や文章などで表現することが難しい（　エ　）と，言葉や文章によって表現できる（　オ　）がある。

・知識創造プロセス：知識創造プロセスを（　カ　），表出化，（　キ　），内面化の4つのプロセスによってモデル化したものを（　ク　）モデルという。知識創造における“共有”と（　ケ　）の仕組みとして，グループウェアなどが利用される。

3．チーム型組織

① チーム型組織とは

プロジェクトや経営課題に応じてダイナミックに（　ア　）を編成して運営する組織形態を，チーム型組織またはプロジェクト型組織という。

② チームの編成と運営

チームを編成するには，目的とメンバーの役割を明確にした上で，メンバーを選ぶことが大切である。また，チームを運営するには，人材育成とスキル管理，仕事の調整，人事評価，（　イ　），進捗管理などが課題となり，ICTの活用が不可欠である。

第III部 電子商取引とビジネスモデル

1970年代にデータ通信技術が発展すると，企業はコンピュータネットワークを介して，受発注などの取引データを相互に交換するようになった。80年代にはデータ交換の標準化が進められ，EDI (Electronic Data Interchange) が急速に進展した。さらに，90年代中頃からインターネットとパソコンの普及が進み，インターネットによる商品販売など，企業間のみならず消費者との間でもコンピュータネットワークを介して商取引が行われるようになった。

コンピュータネットワークを介して行う商取引を電子商取引 (EC:Electronic Commerce) あるいはeコマースという。90年代後半には，インターネットを商取引だけではなく，企業内のビジネスプロセスやビジネスモデルの改革，さらには社会全体の変革に適用していく「eビジネス (e-business)」が提唱された。

今日，データ交換や商品販売から始まった電子商取引は，新たなビジネスモデルへと進化しつつある。電子商取引の形態には，企業が消費者に商品を販売する企業 - 消費者間電子商取引 (BtoC EC) と，企業と企業が取引する企業間電子商取引 (BtoB EC) があるが，企業間の競争の焦点は商品からビジネスモデルへとシフトしている。中でも，自らは商品を販売しないが，第三者に取引の「場」を提供するプラットフォームビジネスが伸びており，新しいビジネスモデルが次々と出現している。

第12章 企業－消費者間電子商取引

本 章 の 要 約

① 企業－消費者間電子商取引（BtoC EC）は，ネット通販とかネットショッピングと呼ばれており，企業が自社のWebサイトによって商品を販売する方法と，インターネット上の商店街であるネットモールに出店して販売する方法とがある。

② 電子商取引によって商品を販売するには，消費者が商品を探索・注文・受領・決済するための仕組みが必要になる。その中心となるのは通販サイトとフルフィルメントである。フルフィルメントとは，注文のあった商品を顧客に届けるまでのプロセスであり，受注管理，商品管理，ピッキング・梱包，配送，決済，返品処理などの業務がある。

③ 電子商取引の特性を生かしたビジネスモデルとして，「ロングテール」，「フリー」，「ネットとリアルの融合」が注目されている。

1 企業－消費者間電子商取引の概要

インターネットのようなコンピュータネットワークを介して行う商取引を電子商取引（EC：Electronic Commerce）あるいはeコマースといい，企業（Business）が消費者（Consumer）に商品を販売する企業－消費者間電子商取引（BtoC《ビーツーシー》 EC：Business to Consumer EC）と，企業と企業が取引する企業間電子商取引（BtoB《ビーツービー》 EC：Business to Business EC）がある。

企業－消費者間電子商取引はネット通販とかネットショッピングと呼ばれており，企業が自社のWebサイトによって商品を販売する方法と，インターネット上の商店街であるネットモールに出店して販売する方法とがある。

(1) 企業−消費者間電子商取引の方法

◇自社 Webサイトとネットモール

企業がインターネット上で消費者に商品を販売するには，自社Webサイトやインターネット上のネットモールを利用して商品の紹介，受注，決済を行う。ネットモールはインターネットショッピングモール，電子モールなどと呼ばれることもあるが，複数の企業のWebページを集めてさまざまな商品を販売するWebサイトのことである。色々な店舗が出店しているショッピングモールに似ていることから，ネットモールと呼ばれている。複数の企業が出店することにより，消費者は欲しい商品を探しやすくなり，集客力が向上するというメリットがある。ネットモールの加盟店は運営会社を経由して消費者に販売することになるから，その電子商取引の形態をBtoBtoC（企業－運営会社－消費者）ということもある。ネットモールの運営会社は，商品販売よりも企業－消費者間の取引を仲介することを目的としている。

図表12-1 自社Webサイトとネットモール

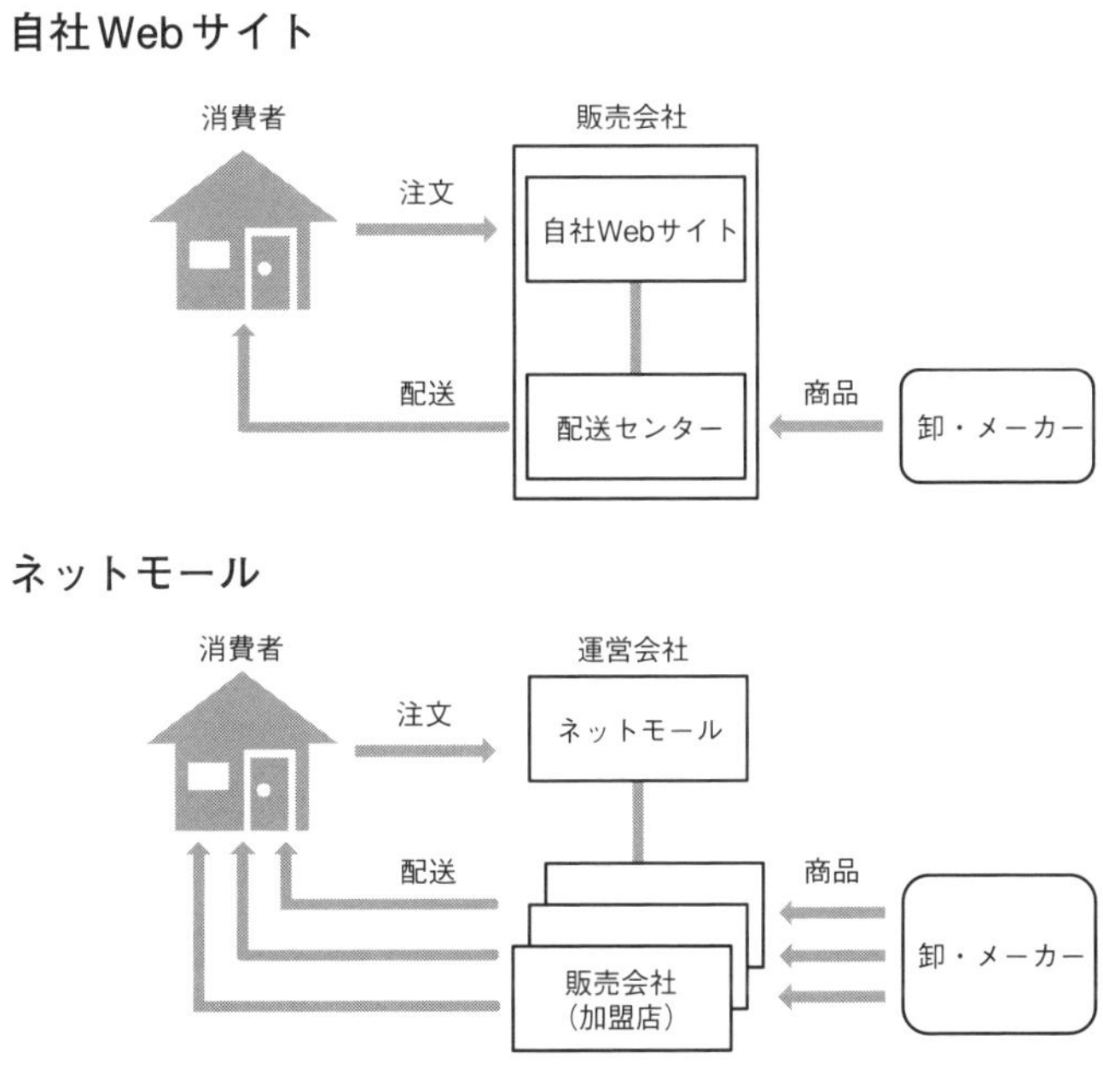

(2) 企業−消費者間電子商取引の利用状況

◇企業−消費者間電子商取引での購入理由

総務省の平成22（2010）年通信利用動向調査によると，消費者がインターネットで購入する理由は，図表12-2のようであった。「店舗の営業時間を気にせず買い物できるから」が55.4%と最も多く，次いで，「店舗までの移動時間・交通費がかからないから」（46.6%），「様々な商品を比較しやすいから」（43.2%）となっている。消費者は買い物の利便性を重視して電子商取引を利用しているといえる。また，「価格を比較できるから」（42.0%），「一般の商店ではあまり扱われない商品でも購入できるから」（40.2%），「購入者の商品の評価が分かるから」（16.9%）と答えた人も多く，従来の店舗販売では不可能であった購買行動が広がっていることが分かる。

図表12-2　インターネットで購入する理由（2010年末）

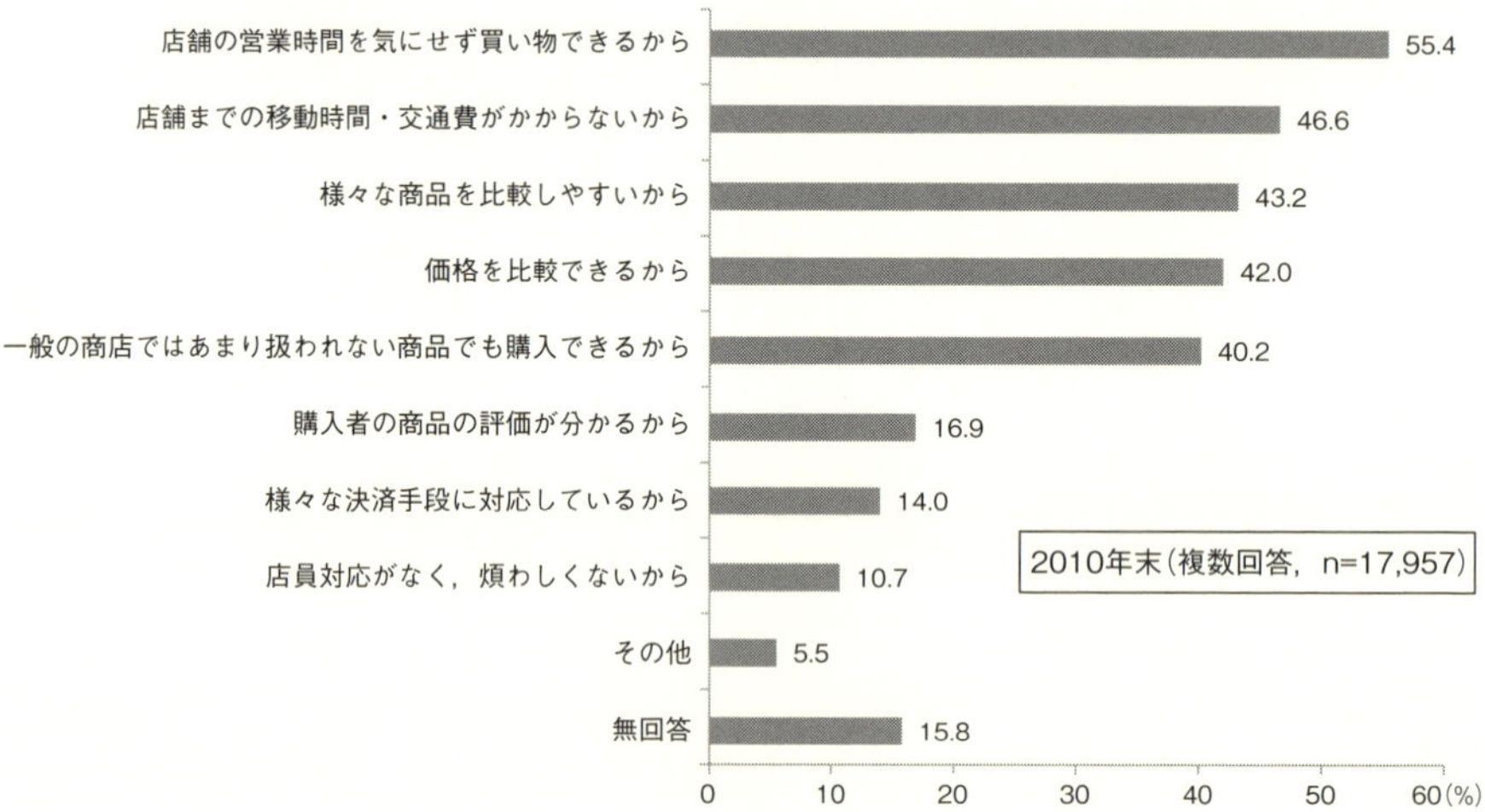

＊対象：15歳以上の商品・サービス購入経験者

出所：総務省［2011］p.10を一部改変。

◇企業−消費者間電子商取引の取扱商品

今日では，物財，デジタル財，サービス財のいずれの商品もインターネット上で販売されるようになった。物財とは食品，書籍，家電製品のような物理的な商品であり，デジタル財とは音楽やソフトウェアのようなデジタル情報にすることが可能な商品である。また，サービス財は保険・金融商品やホテルの予約といったサービスである。収益源としては，商品の販売収入や音楽配信サービスなどに見られる年間または月間の定額料金（会費）が主なものである。

総務省の平成23（2011）年通信利用動向調査によると，過去1年間にインターネットで商品を購入した人の比率は，図表12-3のようであった。書籍・CD・DVD・BDのように商品番号や型番から商品を特定でき，購入前に実際に商品を確認する必要の低い商品が上位を占めている。これらの商品が電子商取引に適していることは以前からいわれていたが，趣味関連品・衣料品・アクセサリー類のように嗜好性が高く実物を確認する必要があると思われる商品も購入する人が多いのが注目される。これは，電子商取引であれば幅広い品揃えが可能であり，電子商取引の利用に慣れたリピーターが増えているからであろう。

図表12-3 インターネットで商品を購入した人の比率（2011年末）

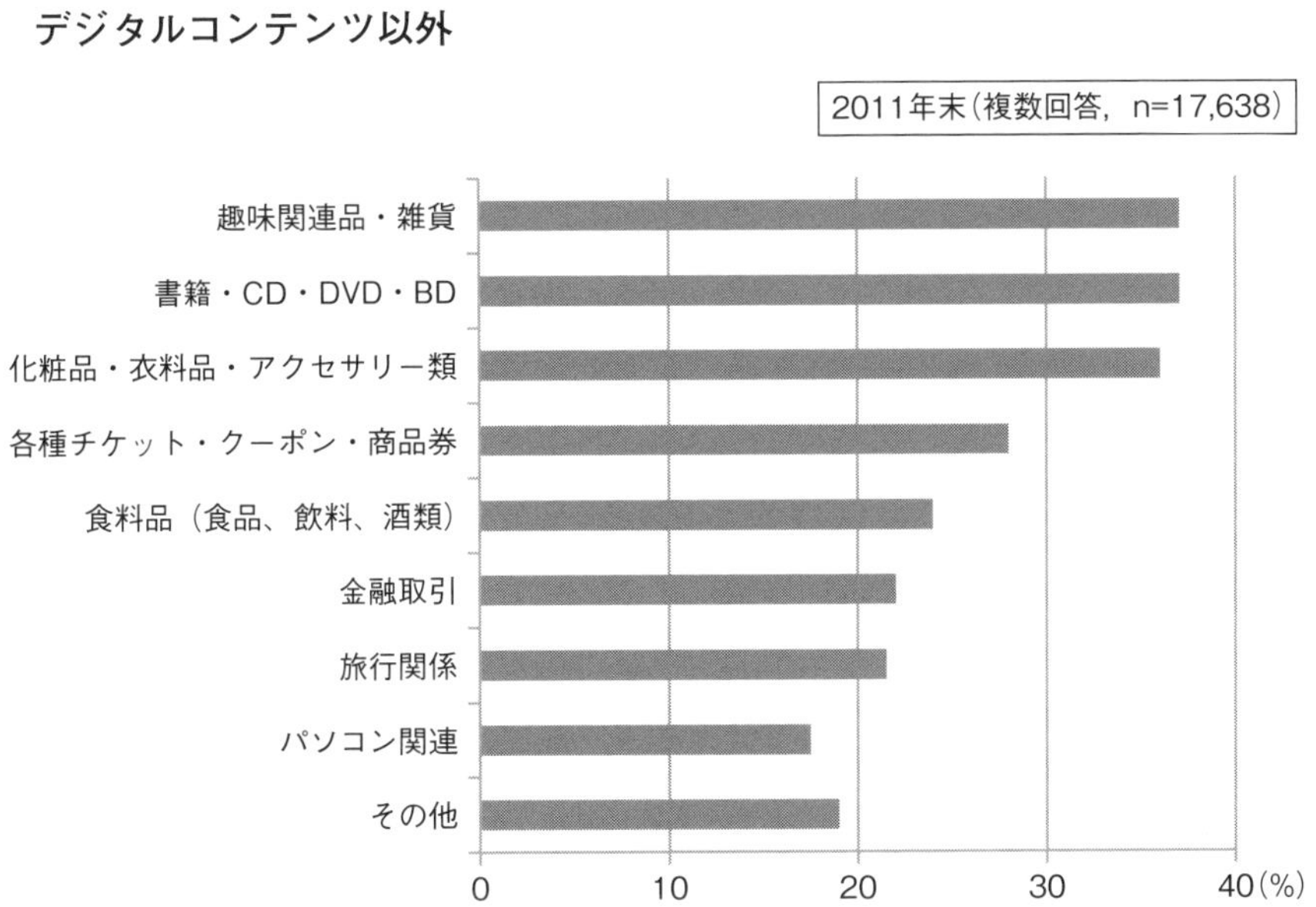

デジタルコンテンツ

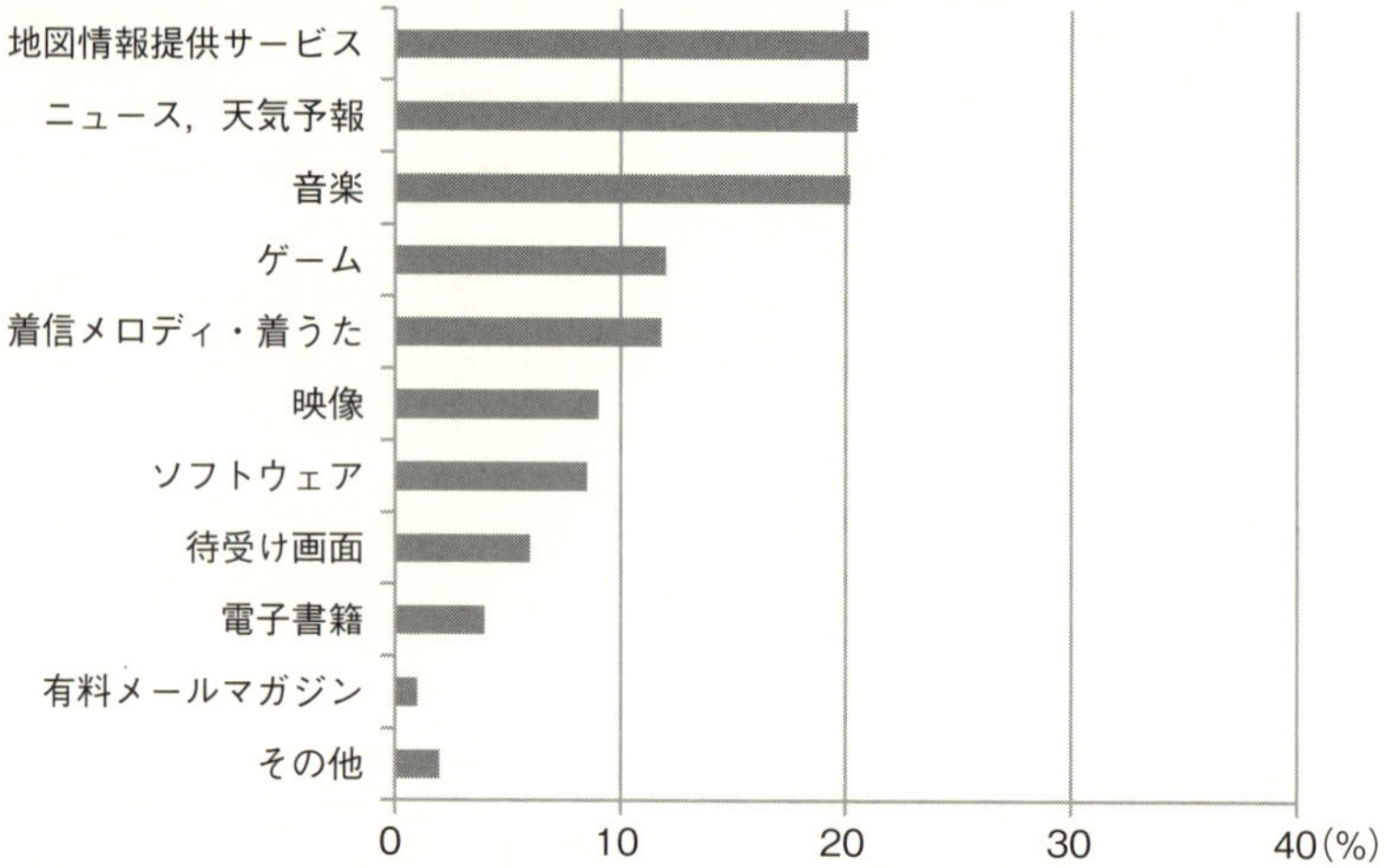

出所：総務省『通信利用動向調査　平成23（2011）年統計表一覧（世帯構成員編）』（http://www.e-stat.go.jp/SG1/estat/List.do?bid=000001049750&cycode=0（2014.2.6））をもとに筆者作成。

2 企業ー消費者間電子商取引の仕組み

電子商取引によって消費者に商品を販売するには，自社Webサイト内あるいはネットモール上の通販サイトと，消費者が商品を探索・注文・受領・決済するためのフルフィルメントの仕組みが必要になる。

(1) 通販サイト

◇消費者接点としての通販サイト

通販サイトは商品を販売する企業と消費者との接点であり，消費者はこれを利用して商品の探索から注文・決済までを行う。そのためには，多くの消費者が訪れ，楽しく便利かつ安全に買い物をできるような通販サイトが必要になる。ネットモールに出店するときには，ネットモール運営会社の規定にしたがって通販サイトを作ることになる。

事例12-1　通販サイト　—アマゾン(40)—

ネット通販大手のアマゾンの通販サイトには，消費者が買い物をしやすいように，次のような工夫がされている。

レコメンド

ある商品を買おうとすると，「この商品を買った人は，こんな商品も買っています。」といったように，次々と商品を薦めることをレコメンドという。顧客が商品を検索・購入した履歴はデータベースとして管理されており，このデータベースを利用して同じ商品を買った他の顧客の購買傾向を分析し，商品を薦めている。意外性の高い商品を薦められることも多く，購入に結びつきやすい。

レビュー

商品を購入した人がその商品を評価することである。ネット通販の1つの問題は実際に商品を手にとって見ることができないことであるが，購入した人の評価は商品を購入するかどうかを判断するのに役立つ。このようなユーザー参加型の評価サイトは，消費者の購買行動にかなり影響を与えている。

ワンクリック

ネット通販で買い物をするときには，商品を選択した後，送付先や支払い方法などを入力する必要がある。アマゾンは，最初の注文時に入力した顧客の氏名，住所，クレジットカード番号などをデータベースとして管理し，次回からはワンクリックで商品を購入することができるようにしている。これは，ワンクリック特許というビジネスモデル特許になっている。

アフィリエイト・プログラム

Webサイトを開設している人と提携し，サイトのページにアマゾンへのリンクを貼ってもらう。リンク経由で注文があると，アフィリエイト（提携先）に紹介料を支払う。1996年にアマゾンが米国で開始したのが始まりで，同社ではアソシエイト・プログラムと呼んでいる。

(2) フルフィルメント

◇フルフィルメントとは

注文のあった商品を顧客に届けるまでのプロセスをフルフィルメント (fulfillment) という。フルフィルメントは「注文の履行」を意味し，受注管理，商品管理，ピッキング・梱包，配送，決済，返品処理などの業務がある。サービス財やデジタル財はフルフィルメントを含めて取引全体がインターネット上で完結して行われるようになってきたが，物財は宅配便などで届ける必要があり，どのようなフルフィルメントの仕組みを作るかが課題になる。全業務を自社で行う必要はなく，一部またはすべての業務を外部委託することも多い。

◇商品管理

商品管理は在庫の持ち方によって，集中在庫と分散在庫に分類することができる。

①　商品管理　―集中在庫―

集中在庫による商品管理の例として，アマゾンを取り上げる。同社のフルフィルメントは，通販サイトと大型物流センター・宅配便とを統合しているところに特徴があり，受注から配送・決済までの流れと，そのための商品管理は次の通りである。

受注から配送・決済までの流れ

大都市近郊に大型物流センターを作り，常時数百万アイテムともいわれる在庫を持っている。通販サイト経由で注文があると，その情報は物流センターへ送られ，商品を取り揃えて梱包した後，宅配会社に委託して顧客のもとに届ける。注文時に出荷予定日を知らせたり，発送時にメールで知らせたりするなどのサービスを提供している。支払い方法としては，クレジットカード，代金引換，コンビニ，ATM，ネットバンキング，電子マネーが利用できる。

商品管理

物流センター内の商品は一点一点コンピュータによって管理されている。商品を保管するときには，商品を分類することなく，空いている棚にばらばらに配置する。このとき，商品につけられたバーコードと保管棚のバーコードを読み取ることによって，商品の保管場所をコンピュータに登録する。注文があると，作業者は携帯端末に表示される商品の保管場所を見ながら商品を取り揃える。これにより，商品を分類して保管する手間を省いている。

② 商品管理 ―分散在庫―

分散在庫による商品管理の例として，ネットスーパーを取り上げる。スーパーは，青果物や精肉といった生鮮食品から日用品・衣料品まで幅広い商品を多くの店舗で販売している。大手スーパー各社は，品揃えの豊富さと多店舗という強みを生かして，既存店舗とネット通販を連携させた「ネットスーパー」を展開している。日用品や日持ちのする加工食品は専用の物流センターで保管しておき，インターネットで注文を受けると，物流センターの商品を店舗へ配送した上で，店舗の生鮮食品などとあわせて自宅まで届ける。生鮮食品は鮮度が重視されるため，配送範囲は店舗近隣に限られることが多いが，店舗在庫をネット通販で活用している点が注目される。

◇決済

インターネット上で商品を売買するとき，買い手には商品が確実に届けられるかどうかという不安があり，売り手には確実に入金されるかどうかという不安がある。フルフィルメントの中でも，決済をどのように行うかが，ネット通販に対する信頼性の上でも重要である。最近は，宅配業者が信頼性の高い決済サービスとしてエスクローサービス（物品などを売買する際に取引の安全性を保証する仲介サービス）を提供するなど，決済の方法も多様化しており，企業と消費者の双方が安心して取引できる方法を選択する必要がある。

決済方法

総務省によるネット通販の決済方法に関する調査結果によると,「クレジットカード払い」,「商品配達時の代金引換」,「コンビニでの支払い」,「銀行・郵便局の窓口・ATMでの支払い」が多い（図表12-4）。消費者は決済の便利さと安全性を考えながら決済方法を選択しているようである。

図表12-4　インターネットで購入する際の決済方法

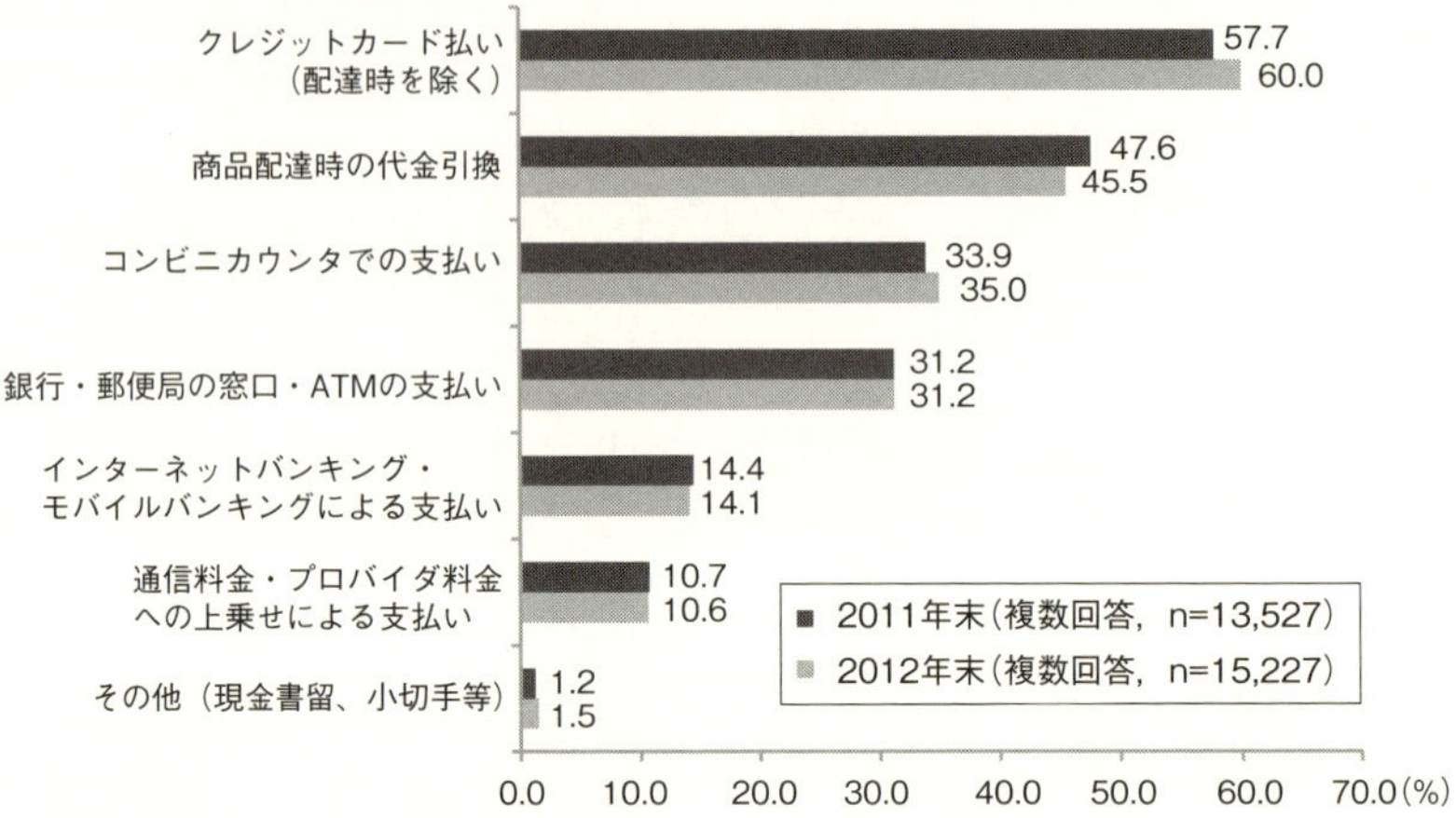

出所：総務省［2013］p.11を一部改変。

エスクローサービス

宅配業者などが，商品配送と決済を安全かつ確実に行うエスクローサービスを提供している。このサービスでは，商品配送と入金を次のように行う。①買い手がエスクローサービス会社に代金を入金する。②売り手に入金通知を送る。③売り手が買い手に商品を発送する。④買い手がエスクローサービス会社に商品受領を通知する。⑤エスクローサービス会社が売り手に代金を振り込む。

3 企業—消費者間電子商取引のビジネスモデル

電子商取引間の競争は，単に販売する商品の競争ではなく，ビジネスモデルの競争でもある。電子商取引の利用に習熟した消費者は，価格やクチコミの情報を見ながら商品を比較したり，電子商取引でしか販売していない商品を探したりといったように，より便利でより高度なショッピング経験を求めるようになっている。消費者の購買行動の変化に対応していくには，電子商取引のビジネスモデルを常に見直していくことが求められる。ビジネスモデルを設計するときには，店舗販売とは異なる電子商取引の特性を考慮することが大切である。ここでは，電子商取引の特性を生かしたビジネスモデルとして，「ロングテール」，「フリー」，「ネットとリアルの融合」について説明する。

◇ロングテール(41)

一般に，売上げ上位20%の商品が売上げ全体の80%を占めるといわれている。従来の店舗販売では，店舗スペースが限られているため，売れ筋商品を重点的に陳列し，売上げの少ない商品は販売されなかった。しかし，アマゾンでは，売上げの少ない商品80%が売上げ全体に占める割合は3分の1である。電子商取引では，売上げの少ない商品でも種類を多く揃えることによって，大きな売上げを期待することができるのである。これは，店舗が不要なため在庫コストが少なくてすむこと，そして商品の量が膨大になっても顧客はインターネットの検索技術によって必要な商品を探し出せることが理由である。横軸に販売量の多い順に商品を並べ，縦軸に商品ごとの販売量をとったグラフを作ると，図表12-5のようになる。このグラフの右側の線がロングテール（長い尻尾）に似ていることから，売上げの少ない商品に注目した販売手法をロングテールという。

図表12-5 ロングテール

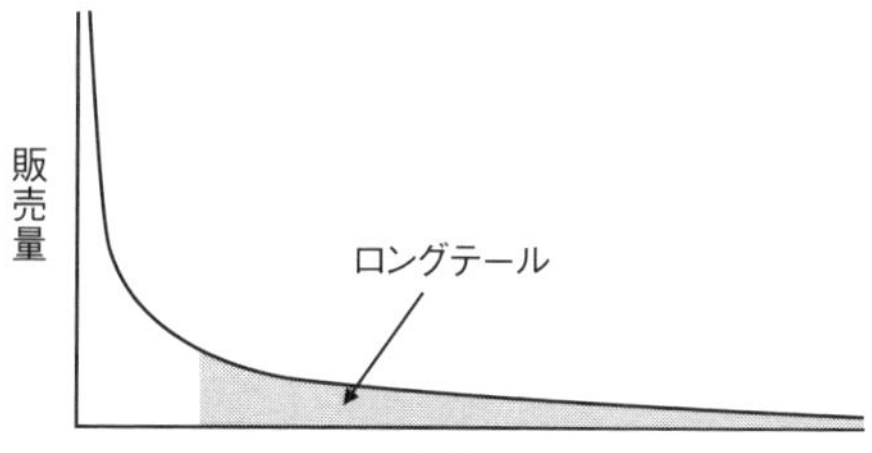

◇フリー（無料）(42)

インターネット上では，ソフトウェア，音楽，情報検索サービスなど，デジタル財やサービス財を中心に，多くの商品が無料で提供されている。Anderson［2009］は，「フリー（無料）」から収益をあげるビジネスに注目し，そのビジネスモデルには次の4種類があるとした。

① 直接的内部相互補助

ある商品を無料で提供することによって，他の有料商品の購入を促す。例えば，アーティストが自分の曲を無料で提供することによってファンを増やし，ライブチケットやグッズ販売の売上げを伸ばす。

② 三者間市場

消費者に商品を無料で提供するが，そのコストは第三者が負担する。例えば，GoogleやYahoo!は情報検索サービスや地図情報サービスを一般利用者に無料で提供しているが，そのコストは第三者である広告主が負担している。

③ フリーミアム

一般利用者に商品の簡易版を無料で提供し，上級者やプロにはプレミアム版を有料で提供する。例えば，オンラインゲームでは，簡易なゲームを無料で提供することによって利用者を増やし，上級者になった段階で有料ゲームへ誘導することが行われている。一般に，95%が無料利用者であっても，5%の有料利用者がいれば，ビジネスは成立するといわれている。

④ 非貨幣市場

金銭以外の動機から商品を提供する。例えば，インターネット百科事典であるWikipediaは，すべての記事が無償のボランティアによって書かれている。人々の評判や関心を集めたり，表現する満足感を得ることが目的であろう。

インターネット上で，「フリー」のビジネスが拡大しているのは，デジタル財・サービス財を流通させる限界費用（生産量が1単位増えたときに必要となる追加費用）が限りなくゼロに近いからである。物財は一定の限界費用が発生するため，無料で配布すると，その数に比例してコストも増える。しかし，インターネット上のデジタル財・サービス財は，基本となるコンテンツやサービスが完成すれば，それを複製して流通させる限界費用は限りなくゼロに近いため，コストの制約を受けることなく提供することが可能である。

◇ネットとリアルの融合

ネット通販に対して実際に商品を陳列して販売している店舗を実（リアル）

店舗といい，店舗販売を続けてきた企業にとって，両者をどのように位置づけて連携させるかが大きな課題になっている。店舗販売が減少していればネット通販に切り替えていくのがよいかも知れないし，ネット通販を実店舗とは異なる新しい販売チャネルと位置づけて新規顧客を開拓していくのがよいかも知れない。最近は，新しいチャネル戦略として「オムニチャネル（omni channel）」が注目されている。

オムニチャネル

オムニチャネルは，ネット通販や実店舗だけではなくテレビ通販，ダイレクトメール，ソーシャルメディアなども含め，すべての販売チャネルを顧客接点と位置づけて，顧客がどの顧客接点でも同じように商品を購入できるようにすることを目指している。顧客はどの顧客接点でも商品を注文できるだけではなく，ネット通販で注文した商品を実店舗で受け取ったり，実店舗に商品がない場合には他店舗やネット通販用の倉庫から自宅に配送してもらったり，共通のポイントカードを利用したりすることができる。オムニチャネルを実現するには，すべての販売チャネルで商品と顧客の情報を一元的に管理する必要がある。

O2O《オーツーオー》

オムニチャネルの中でも，ネット通販やソーシャルメディアなどのネット（Online）と，実店舗（Offline）とを相互に連携・融合させる取り組みをO2Oという。例えば，顧客のスマートフォンに割引クーポンを配信した上で位置情報サービスを利用して近くの実店舗へ誘導したり，実店舗で商品のバーコードをスマートフォンで撮影したら通販サイトへ誘導したりすることが行われている。O2Oには，ネットからリアルへ誘導する「Online to Offline」と，リアルからネットへ誘導する「Offline to Online」の2つの意味があるが，スマートフォンなどの普及にともない，いつでもどこでもインターネットとつながる環境ができてきたことから，ネットとリアルの境目はなくなりつつある。

一方，店舗で商品を下見してから価格比較サイトを利用して最も安い通販サイトで購入する消費者が増えている。このような購買行動は，実店舗がショールームのように利用されることから「ショールーミング」と呼ばれており，小売店にとって大きな問題になっている。

要点整理

各空欄に入る適切な語句を答えなさい（解答は巻末）。

1. 企業－消費者間電子商取引の方法

企業－消費者間電子商取引（BtoC EC）は，ネット通販とかネットショッピングと呼ばれており，次の2つの方法がある。

・企業が自社の（　ア　）によって商品を販売。

・インターネット上の商店街である（　イ　）に出店して販売。

2. 企業－消費者間電子商取引の仕組み

電子商取引によって商品を販売するには，消費者が商品を探索・注文・受領・決済するための仕組みが必要になる。その中心となるのは通販サイトと（　ア　）である。

（　ア　）は「注文の履行」を意味し，受注管理，（　イ　），ピッキング・梱包，配送，（　ウ　），返品処理などの業務がある。

3. 企業－消費者間電子商取引のビジネスモデル

電子商取引の特性を生かしたビジネスモデルとして次のようなものがある。

a.（　ア　）

電子商取引では，売上げの少ない商品でも種類を多く揃えることによって，大きな売上げを期待することができる。

b.（　イ　）

無料で商品・サービスを提供しながら収益をあげるビジネスモデルであり，「直接的内部相互補助」，「三者間市場」，「フリーミアム」，「非貨幣市場」の4種類がある。インターネット上のデジタル財・サービス財は，基本となるコンテンツやサービスが完成すれば，それを複製して流通させる（　ウ　）は限りなくゼロに近いことから成立するビジネスモデルである。

c.（　エ　）

ネット通販や実店舗だけではなく，テレビ通販，ダイレクトメール，ソーシャルメディアなども含め，すべての販売チャネルを顧客接点と位置づけて，顧客がどの顧客接点でも同じように商品を購入できるようにすることを目指している。

第13章 企業間電子商取引

本 章 の 要 約

① コンピュータネットワーク上で企業と企業とが取引をする電子商取引の形態を企業間電子商取引（BtoB EC）という。
② 企業間電子商取引の方法には，EDI，Webサイト，eマーケットプレイスがある。EDIは特定の取引先と多量の取引データを交換するときに利用されている。新規取引先を探索したり，不特定の取引先と少量の取引データを交換する場合は，Webサイトやeマーケットプレイスが利用されている。
③ 企業間電子商取引の直接的効果は，商談や受発注などの取引にともなって発生する費用（取引費用）を削減することである。間接的効果として，ビジネスモデル変革による新たな価値の創造がある。

1 企業間電子商取引の概要

コンピュータネットワーク上で企業と企業とが取引をする企業間電子商取引(BtoB EC)は，調達業務の効率化を主たる目的として利用されてきたが，新規取引先の開拓や新規ビジネスの創出に利用する企業も増えている。

これにともない，企業間電子商取引で利用するコンピュータネットワークは，企業独自のネットワークからインターネットへとシフトしつつある。

(1) 企業間取引とは

◇販売と調達

小売業や卸が商品を調達したり，メーカーが原材料を調達したりするときには，これらのものを販売する企業との間で取引が行われる。また，企業が調達するものには，商品に直接投入される直接材とそれ以外の間接材がある。例えば，ビールメーカーにとって，麦芽・ホップのようなビールの原材料は直接材であり，工場でビールを製造するための設備・消耗品やオフィスで使用する事務用品などは間接材である。なお，調達には購買と外注とがあるが，標準品・市販品の場合は「調達」よりも「購買」ということが多い（第7章参照)。

◇企業間取引のプロセス

企業間取引は，商談，受発注，納品・受領，決済といったプロセスによって行われる。

図表13-1 企業間取引

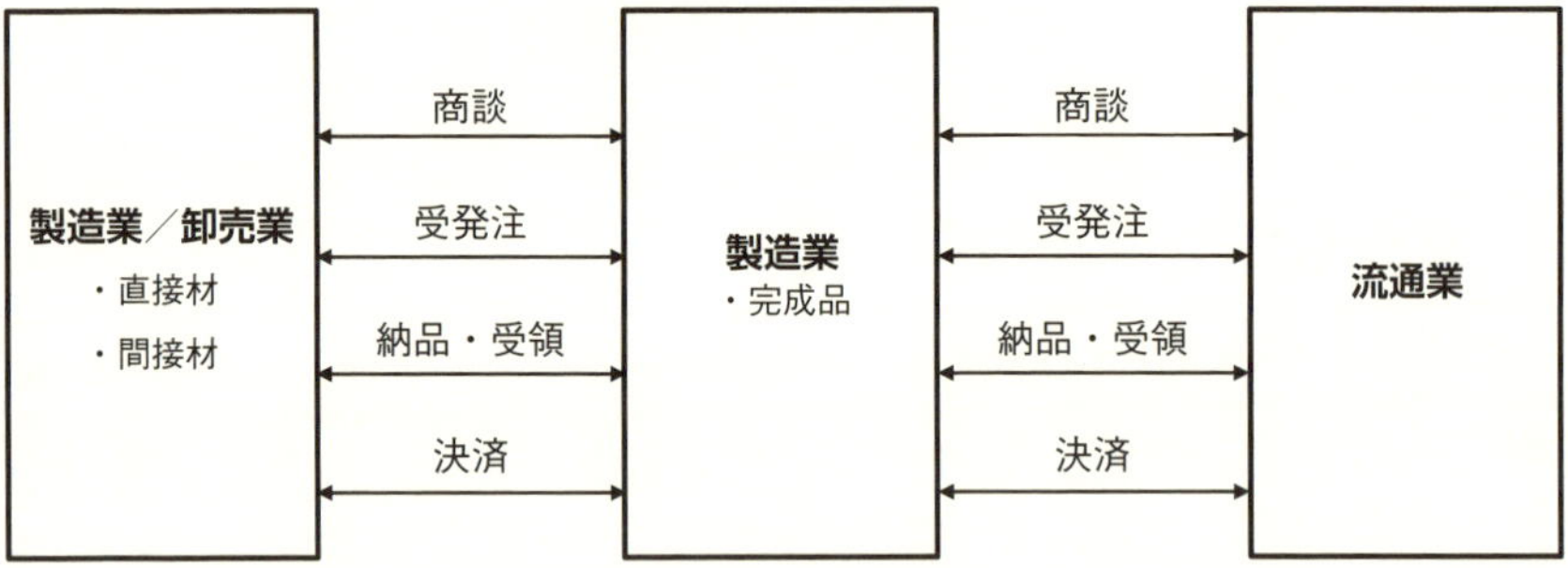

商談：取引先や商品を探索し，複数の候補について品質や価格などを比較する。最も調達条件にあったものを選択し，納期等を確認した上で契約する。

受発注〜納品・受領：取引先に発注すると，取引先は注文に応じて商品を製造したり，他社から仕入れたりして納品する。発注企業は商品を受領すると注文した内容と一致しているかどうかを確認する。

決済：取引先からの請求に応じて代金を支払う。

(2) 電子商取引の実施状況

総務省の平成24（2012）年通信利用動向調査によると，約半数の企業が電子商取引を実施しているが，「企業からの調達」を目的として実施している企業の割合が最も高く，「消費者への販売」が次いでいる（図表13-2）。今のところ，企業が電子商取引を実施する主たる目的は調達業務の効率化であるといえる。

図表13-2　産業別電子商取引の実施状況（2012年末）

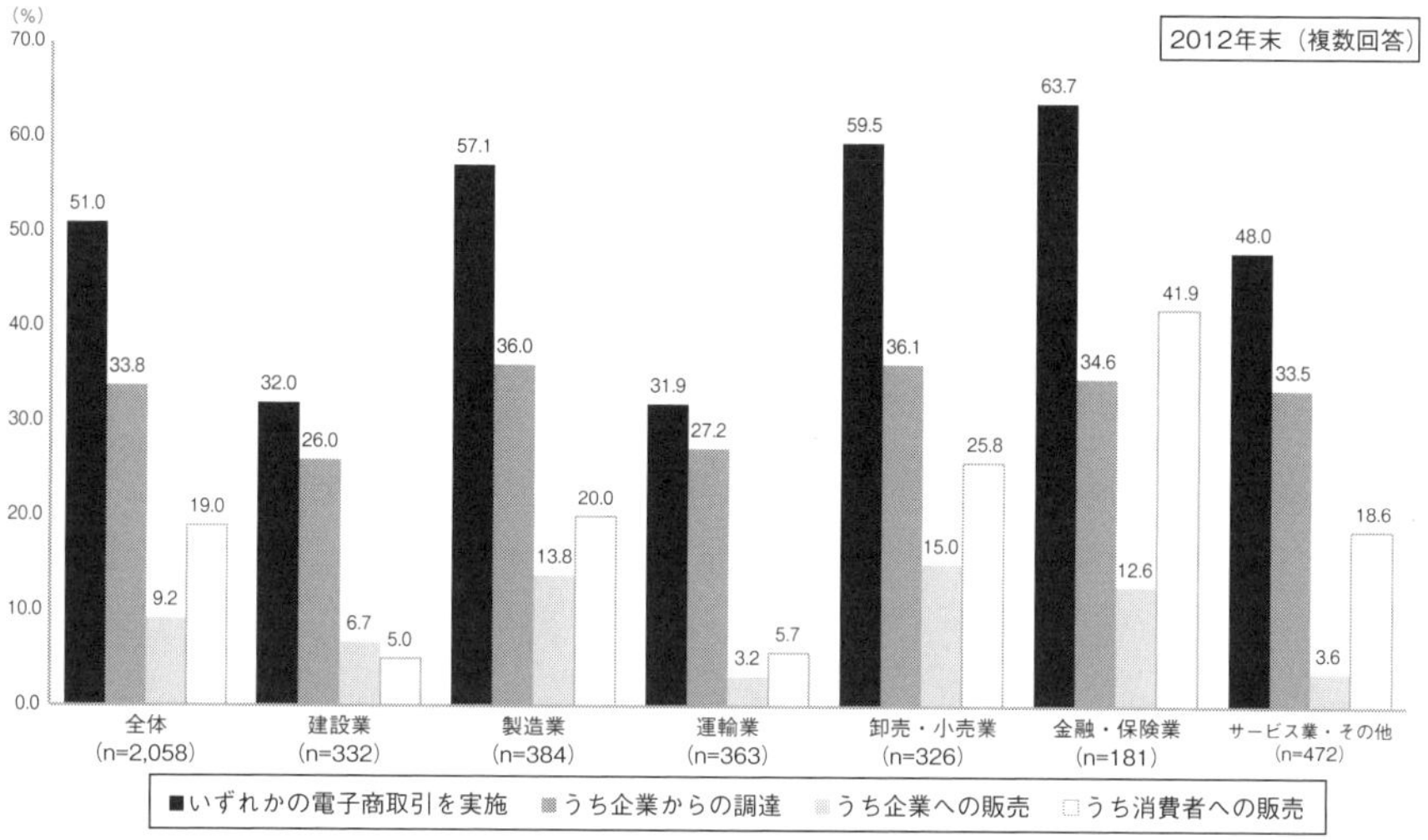

出所：総務省［2013］p.16を一部改変。

2 企業間電子商取引の方法

企業間電子商取引の方法には，EDI，Webサイト，eマーケットプレイスがある。EDIの主な目的は取引データ交換の効率化であるが，取引先との間で事前に取引手順などを取り決めておく必要があるため，特定の取引先と多量の取引データを交換するときに利用されている。新規取引先を探索したり，不特定の取引先と少量の取引データを交換する場合は，Webサイトやeマーケットプレイスが利用されている。

(1) EDI

◇EDIの動向

EDIは取引データをオンラインで交換する仕組みである。EDIが利用され始めた当初は受発注業務が中心であったが，今では商談から納品・決済に至る広範な業務で利用されるようになった。EDIでは，取引手順，取引データ，通信プロトコルの3つについて標準化する必要がある。現在，国際的なEDI標準としては国連が定めたEDIFACT《エディファクト》がある。EDIFACTは取引データの形式を中心に標準化したものであり，主に貿易関連業務で利用されている。EDIFACTは全産業を対象にしたものであるが，国内では業界ごとにEDIの標準化が進められている。通信プロトコルはすべての産業において専用回線のような企業独自のネットワークからインターネットへとシフトしつつある。

◇流通業界

流通業界は，2007年に流通BMS《ビーエムエス》（Business Message Standard：ビジネスメッセージ標準）を制定し，流通各社が導入を始めている。流通BMSでは，取引手順・取引データの標準化やデータ送受信の自動化が図られている。また，通信プロトコルとしてインターネットを利用することにより通信時間と通信費用の削減を実現している。

図表13-3　流通BMSの例（スーパーマーケット）

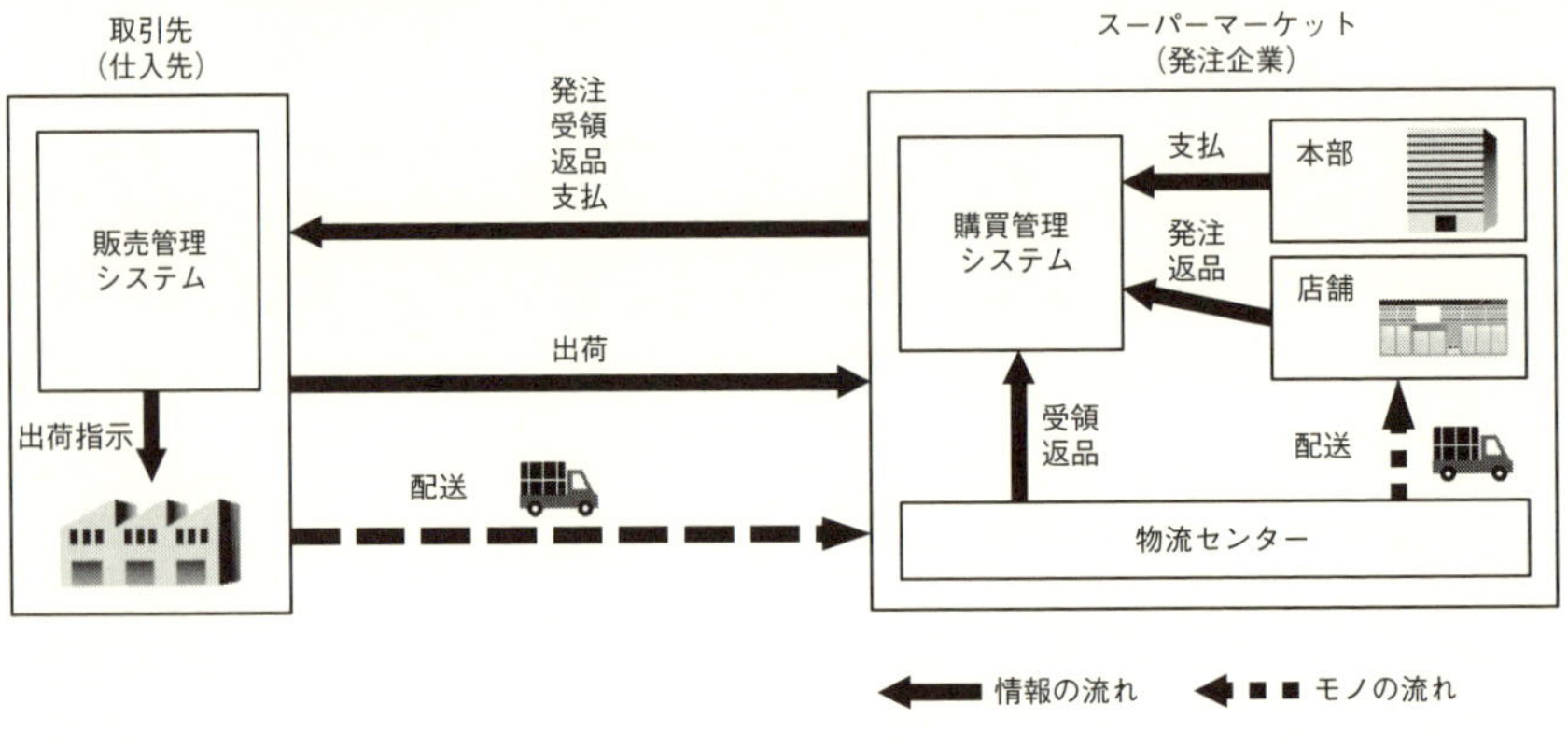

事例13-1　流通BMS　―成城石井[43]―

成城石井（本社・横浜市）は，1927年に小田急線・成城学園前で果物，缶詰，菓子を扱う食料品店として創業した。76年にスーパーマーケットとなり，独自の事業戦略によって成長を続けている。その成長の要因は商品戦略と出店戦略にある。世界中を巡ってワインやチーズを調達する一方，オリジナル商品の開発や全国の隠れた名産品の開拓に力を入れるなど，商品の企画から製造・物流までを一貫して主導することにより，他にはない魅力的な商品を提供している。また，通常の路面店だけでなく，駅ビル，デパ地下，ショッピングセンター，オフィスビルに出店するなど，収益性の高い店舗形態を開発してきた。2012年現在，首都圏から東海，関西地区に約100店舗を展開している。

独自の商品戦略と出店戦略によって成長する中にあって，それを支える受発注業務の強化が課題となってきた。取引先は500社を超え，小規模の企業，生産者も少なくない。一部の企業とはWeb-EDIを利用した受発注を行っていたが，電話やFAXによるやり取りが多く，受発注業務は繁雑を極めていた。2008年に流通BMS導入プロジェクトを開始し，半数を超える300社以上の取引先との間でEDIによる受発注を実現した。これにより，取引先も含めて受発注業務が大幅に効率化された。

◇自動車業界

自動車業界では，日本自動車工業会と日本自動車部品工業会が中心となり，自動車メーカーだけではなく，部品メーカーも巻き込んだ業界共通EDIサービスとしてＪＮＸ《ジェイエヌエックス》（Japanese automotive Network eXchange）を推進している。自動車関連産業は自動車の開発，製造，販売のみならず，金融，保険，整備，リサイクルなど広範囲に及ぶことから，JNXは自動車メーカーや部品メーカーだけではなく産業全般に拡大していくことを目指している。

◇電子・IT業界

電子・IT業界では，Web-EDIの利用が進んでいる。Web-EDIはWeb技術を利用した取引データ交換の仕組みであり，Webブラウザの画面操作により取引データを入力したり表示したりする。データ交換の自動化が困難であるが，Webブラウザさえあれば利用できることから，小規模の企業や取引データが少ない場合に利用されている。

図表13-4　Web-EDI

Web-EDIは，画面や認証が標準化されておらず，特定の企業との間でしか取引データを送受信することができなかったが，電子情報技術産業協会（略称JEITA《ジェイタ》）が2008年にWeb-EDIに関するガイドラインを定め，Web-EDIへの適合評価を実施している。現在，日立製作所や富士通などがJEITAの認定を受けたWeb-EDIサービスを展開している。

(2) Webサイト

◇N対1取引と1対N取引

自社独自にWebサイトを立ち上げて，商品や原材料を調達したり，販売したりする仕組みである。Webサイトには，調達のための調達サイトや通信販売のための通販サイトがある。特定の企業が多くの供給業者（サプライヤ）から調達する調達サイトはN対1取引であり，自社の商品を多くの企業に販売する通販サイトは1対N取引である。

◇調達サイト

多くのメーカーや小売業が，自社の調達サイトで調達条件（品質，価格，納期など）を開示し，入札のあった企業から最適な供給業者を選んで取引を行っている。調達サイトを利用する目的は，より多くの供給業者から入札を受けることである。特に，最近は生産や販売のグローバル化が進展しており，海外の供給業者も含めて新しい取引先を開拓する必要性が高まっている。

◇通販サイト

工場で製品を製造するには，原材料や部品だけではなく，設備を維持（Maintenance）・修理（Repair）・稼動（Operation）するために，切削工具，補修部品，研磨剤などの消耗品が必要になる。製造業ではこれらの消耗品をＭＲＯ《エムアールオー》と呼んでいたが，今では文具などのオフィス用品も含むようになり，企業で使用される間接財一般を意味するようになった。MRO品は種類が多く，不定期に少量ずつ調達されるために，合理化が困難な分野であった。最近は通販サイトを利用して販売する会社も現れ，顧客企業の調達業務の効率化に寄与することによってビジネスを伸ばしている。

事例13-2　MRO（Maintenance, Repair and Operation）—MonotaRO(44)—

株式会社MonotaRO は，製造業・自動車整備業・工事業で使用されるMRO品を販売する通販サイトを2000年にオープンした。2013年現在，登録事業者数約100万社，取扱商品点数約500万点，うち約14万点を在庫しており，即日出荷が可能な状態となっている。商品をまとめて購入・在庫して1個単位で販売することにより，顧客が在庫を持つことなく，早く低コストで調達できるようにしている。

(3) eマーケットプレイス

eマーケットプレイスは，インターネット上に開設されている取引市場（マーケットプレイス）である。参加企業同士がネットワーク上で商談や取引を行うN対N取引である。eマーケットプレイスの運営会社は，参加企業に対して，取引先の探索・選定や注文・決済などのサービスを提供する代わりに，取引額に応じて手数料を徴収する。衣料品や食料品，建設資材，機械工具など，さまざまな分野のeマーケットプレイスが存在する。

図表13-5　eマーケットプレイス

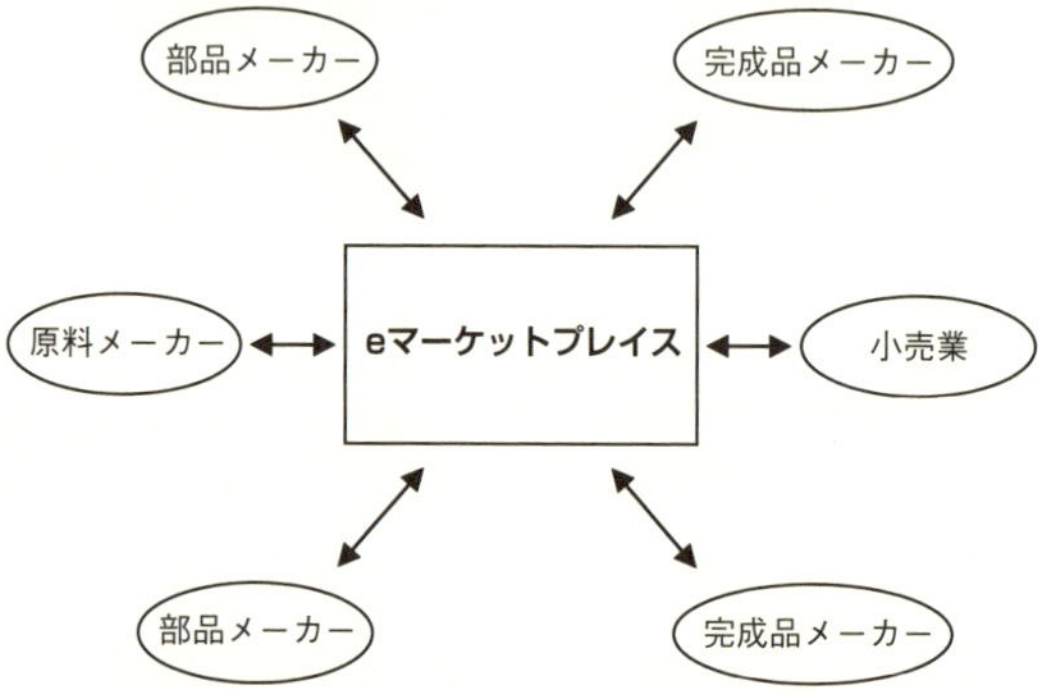

事例13-3　食品・食材のeマーケットプレイス　―インフォマート(45)―

株式会社インフォマートは，1998年に日本で初めて食品業界向けのeマーケットプレイス「FOODS Info Mart（フーズ・インフォマート）」を開設した。参加企業は，売り手である生産者／食品メーカー／食品卸と，買い手である外食／スーパーマーケット／ホテル・旅館／給食・中食・惣菜／食品卸である。

FOODS Info Martは，いくつかのシステムから構成されている。「商談システム」と「受発注システム」を利用することにより，参加企業は取引先の探索から見積り・受発注・決済までを行うことができる。また，食品の栄養成分・賞味期限・製造工程・トレーサビリティなど，安全・安心に関わる情報を商品規格書として管理する「規格書システム」，飲食店がメニューの原価・アレルギー情報・調理工程を管理するための「メニュー管理システム」，食品卸の営業活動を支援する「受注・営業システム」など，参加企業の業務を効率化するためのサービスを拡大している。

3 企業間電子商取引のビジネスモデル

企業間電子商取引の直接的な効果は，商談や受発注など，取引にともなって発生する取引費用を削減することである。さらに企業間電子商取引が進展すると，ビジネスモデルの変革が可能になる。ビジネスモデル変革による新たな価値の創造は間接的効果である。

（1）企業間電子商取引の直接的効果　―取引費用の削減―

◇取引費用

商品や原材料を調達する上で大切なことは，品質や価格など，最も条件のよいものを効率よく調達することである。調達の効率性は，商談から受領・決済に至る取引にともなって発生する取引費用が少ないことを意味する。取引費用には，商談段階で取引先を探索して交渉・契約するための費用と，契約した取引を遂行（受発注・納品・受領・決済）するための費用とがある。

◇企業間電子商取引による取引費用の削減

企業間取引において，どのように電子商取引を利用すれば，取引費用を削減することができるだろうか。ここでは，完成品メーカーを例として，電子商取引の利用方法について考える。

直接材

製品を生産するには，原材料を継続的かつ安定して調達することが重要であり，その製品を生産する間は特定の取引先から継続的に調達することが多い。製品の生産を開始する前に調達サイトを利用して最適な取引先を探索することにより，商談の費用を削減することができる。また，生産開始後はEDIを利用して受発注から受領・決済までを行うことにより，取引を遂行する費用を削減することができる。

間接材

一般的に，間接材は市販品が多く，直接材と比較すると調達量と取引頻度のいずれも少ないため，eマーケットプレイスまたはメーカー・卸の通販サイトを利用することが多い。eマーケットプレイスでは，商談から決済に至る取引全般を支援するサービスが提供されるため，取引費用を削減しやすい。通販サイトの場合は，いかに信頼できる取引先を探索・選定するかが問題になるが，一旦選定しておけば，長期にわたって安定的かつ効率的に調達することが可能になる。また，取引先を絞り込んで調達量を増やせば取引条件が有利になるなど，取引を遂行する費用の削減が期待できる。

(2) 企業間電子商取引の間接的効果　―価値の創造―

電子商取引は，企業間取引を効率化するだけではなく，企業と企業との関係を変化させ，ビジネスモデルの変革を可能にする。ここでは，ビジネスモデル変革によって新たな価値を創造した例として，新サービス創出とサプライチェーン改革を取り上げる。

◇新サービス創出

電子商取引による商品販売が進展すると，それをベースとして新たなサービスを創出することが可能になる。例えば，いくつかの間接材の通販サイトやeマーケットプレイスでは，顧客企業の購買履歴を分析して，購買業務の改善を提言するコンサルテーションを有料で実施している。顧客企業は，提言を受けて，購買品目や購買の仕方を変えることにより，ムダな費用を削減することができる。また，顧客企業の購買業務を代行するサービスを実施しているところもある。購買業務は，個々の顧客企業が行うよりも，通販サイトやeマーケットプレイスが複数の顧客企業から引き受けて一括して行った方が効率的になる。

コンサルテーションや購買業務代行サービスは，電子商取引をベースとしてビジネスモデルを変革し，新たなサービスを創出した例である。いずれの場合も，顧客企業との間で商品販売以外の新たな関係を築いたり，顧客企業の業務を取り込んだりするなど，電子商取引によって顧客企業との関係を変化させている点が注目される。

事例13-4　間接材の購買　―アスクルのソロエルアリーナ(46)―

アスクルのソロエルアリーナは，オフィス用品や工具といった間接材を販売するだけではなく，顧客企業の購買業務を代行するサービスを提供している。一般的に，間接材を購入するときの購買方式には，分散購買と集中購買がある。分散購買では各部署が個別に取引先に発注するのに対して，集中購買では各部署の発注を購買管理者が集約してから，それぞれの取引先に発注する。分散購買は部署ごとにばらばらに発注するため非効率になりやすく，集中購買は購買管理者の負担が大きく納品されるまでの時間が長くなるといった問題がある。

ソロエルアリーナでは，各部署の発注者はインターネット上のサイトを利用して直接発注することができ，購買管理者は購買管理機能を利用して購買プロセスを集中管理することができる。分散購買と集中購買の持つ問題を解消することによって，発注者と購買管理者双方の購買業務を効率化することを可能にしている。

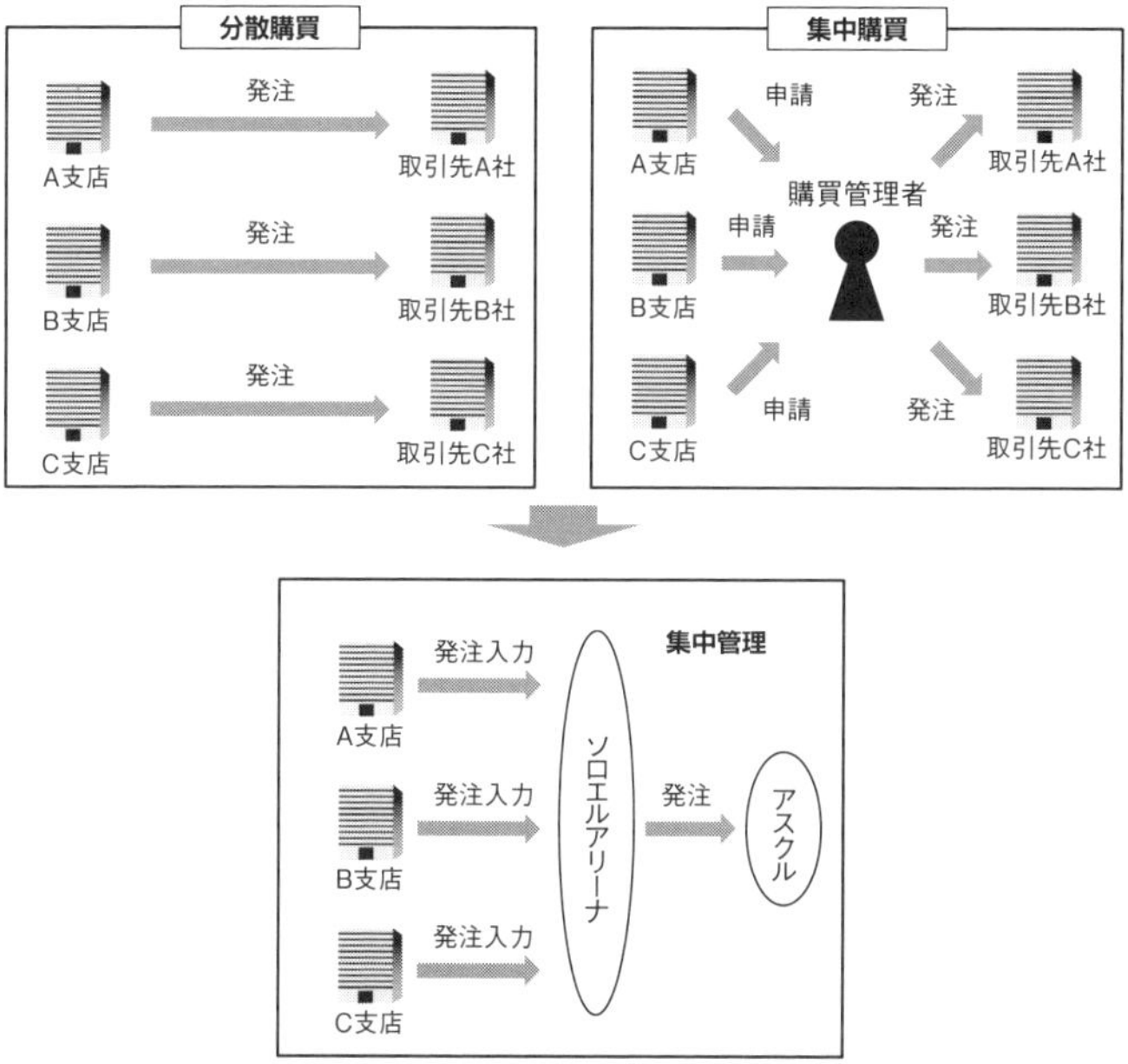

◇サプライチェーン改革

企業間電子商取引の進展にともない，流通段階の中間業者を排除する「中抜き」と呼ばれる現象が見られるようになってきた。例えば，切り花や鉢物を扱う花卉《かき》市場では，売り手と買い手が卸売市場に集まり「競《せ》り」や「入札」によって取引することが昔から行われてきた。しかし，卸売市場を経由すると，花卉の鮮度が劣化したり，物流コストがかかるといった問題がある。

最近は，インターネット上に花卉のオークションサイトがいくつか開設されており，小売店は生産者から直接仕入れることによって，花卉の鮮度を維持しやすくなり，販売期間を長くできるばかりではなく，物流コストを抑えることが可能になる。花卉の流通段階における卸売市場や卸売業者を排除した「中抜き」であり，モノの流れと取引の流れが分離されている。これは，サプライチェーン上の企業間関係を変えることによって，「鮮度」という価値を創造した事例である。

図表13-6　花卉市場におけるサプライチェーン改革

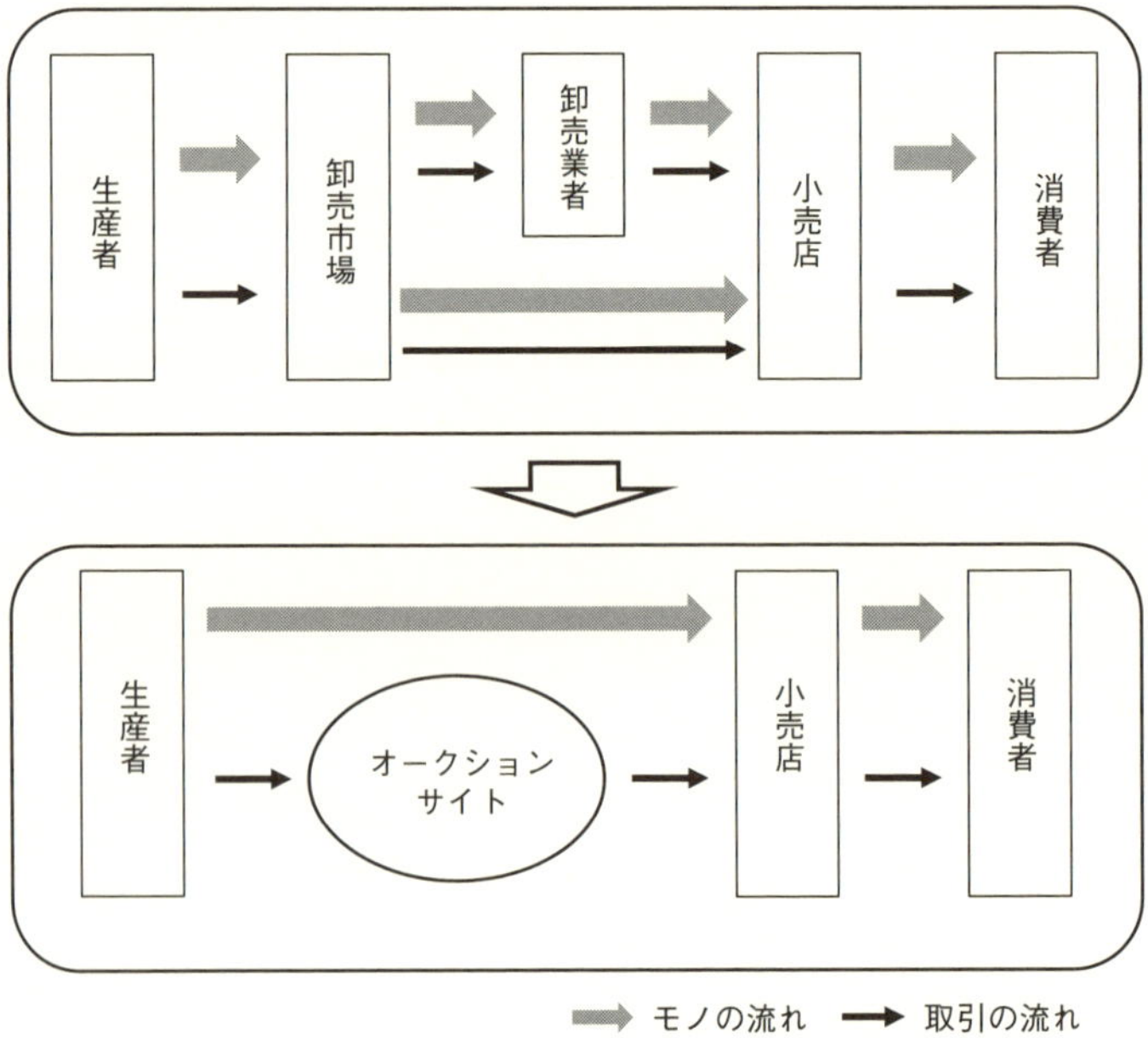

要点整理

各空欄に入る適切な語句を答えなさい（解答は巻末）。

1．企業間電子商取引の概要

コンピュータネットワーク上で企業と企業とが取引をする電子商取引の形態を（　ア　）という。企業間取引は，商談，（　イ　），納品・受領，決済といったプロセスによって行われる。

2．企業間電子商取引の方法

企業間電子商取引の方法には，EDI，Webサイト，eマーケットプレイスがある。（　ア　）は，特定の取引先と多量の取引データを交換するときに利用されている。新規取引先を探索したり，不特定の取引先と少量の取引データを交換する場合は，（　イ　）やeマーケットプレイスが利用されている。

・（　ア　）：取引データをオンラインで交換する仕組み。業界ごとに取引手順，取引データ，通信プロトコルの標準化が進められている。

・（　イ　）：調達のための調達サイトや通信販売のための（　ウ　）がある。調達サイトはN対1取引であり，（　ウ　）は1対N取引である。

・（　エ　）：インターネット上に開設されている取引市場（マーケットプレイス）。参加企業同士がネットワーク上で商談や取引を行う（　オ　）取引である。

3．企業間電子商取引のビジネスモデル

企業間電子商取引の直接的効果は，商談や受発注など取引にともなって発生する（　ア　）を削減することである。さらに企業間電子商取引が進展すると，ビジネスモデルの変革が可能になる。ビジネスモデル変革による新たな（　イ　）の創造は間接的効果である。

第14章 プラットフォームビジネス

本 章 の 要 約

① 複数のグループ間の取引を活性化することを目的に，「取引の場」としてのプラットフォームを提供するビジネスをプラットフォームビジネスという。
② ネットモールのように売り手と買い手の間の取引を仲介するビジネスや，ソーシャルメディアのようにインターネット上に人と人のつながり（コミュニティ）を形成して相互の交流を促進するビジネスがある。
③ プラットフォームビジネスの価値には，「取引費用の削減」，「ブランド力の強化」，「サービスの無料化と販売機会の拡大」などがある。
④ プラットフォームには，参加メンバーが増えると他の参加メンバーの得る価値が高くなるという特性がある。これはネットワーク効果と呼ばれ，どのように収益を得るかという収益モデルを設計するときの前提になる。

1 プラットフォームビジネスの概要

インターネットを活用した革新的なビジネスが次々と出現し，日々進化している。GoogleやYahoo!のようなインターネット検索サービスや，Facebookのようなソーシャルメディアは，それまでは存在していなかった全く新しいビジネスである。これらのビジネスの革新性は「プラットフォームビジネス」と呼ばれるビジネスモデルにある。

◇プラットフォーム（取引の場）

プラットフォームは，もともと「駅のホーム」のことであるが，企業や消費者が相互に取引をする「場」も意味するようになった。それは，「場」の上で取引するさまが，駅のホームの上で乗客が乗り降りしたり，お互いに交流したりするさまに似ているからであろう。

例えば，住宅や土地といった不動産の売買を仲介する不動産会社について考えてみよう。不動産の売り手と買い手は，直接取引しようとすると，取引相手を探して価格を交渉した上で契約する必要がある。不動産会社が取引相手の紹介や交渉・契約の仲介といったサービスを提供してくれれば，取引は効率化され活性化する。このとき，売り手と買い手は，不動産会社というプラットフォーム（場）の上で取引しているといえる。

◇プラットフォームビジネス

仲介手数料を収益源としている不動産会社は，より多くの売買が成立するように，売り手と買い手という2つの異なるグループとの間で取引を行う。2つのグループの間には，売り手が増えれば増えるほど買い手が増え，買い手が増えれば増えるほど売り手が増えるという関係がある。不動産会社のように，複数のグループをプラットフォームの上に乗せて取引を活性化させるビジネスをプラットフォームビジネスという(47)。

図表14-1　「取引の場」としてのプラットフォーム（不動産会社の例）

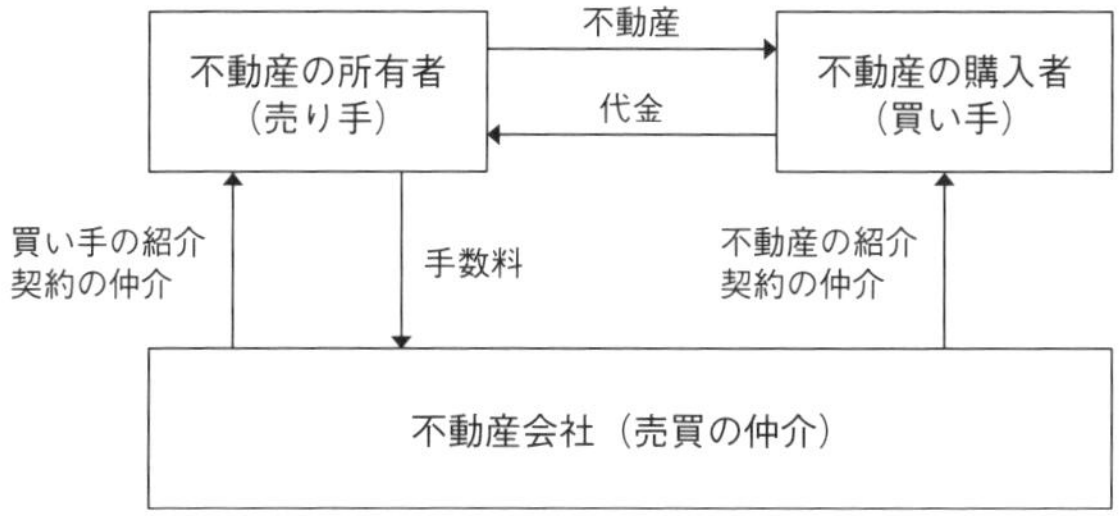

◇インターネットとプラットフォームビジネス

プラットフォームビジネスは古くからあるビジネスであるが，インターネットの出現以来，全く新しいビジネスモデルへと発展している。電子商取引におけるプラットフォームビジネスには，ネットモール（第12章）やeマーケットプレイス（第13章）のように取引を仲介するビジネスや，ソーシャルメディアのようにインターネット上に人と人のつながり（コミュニティ）を形成して相互の交流を促進するビジネスがある。いずれもプラットフォーム上で複数のグループが相互に交流して取引する点において共通している。

図表14-2　プラットフォームビジネスの例

分類	例	説明	グループ
ネットモール	楽天市場	インターネット上の商店街（モール）の運営。	テナント 消費者
eマーケットプレイス	インフォマート	企業間取引の仲介サービス。	売り手企業 買い手企業
予約サイト	じゃらん	ホテルやレストランなどの予約サービス。	ホテル 旅行者
コンテンツ配信サービス	iTunes	音楽，動画，書籍などのコンテンツの配信サービス。	コンテンツ制作者 視聴者
紹介サイト	ぐるなび	レストランなどを消費者に紹介するサイト。	レストラン 消費者
オークションサイト	ヤフオク!	「競《せ》り」による売買を支援するサービス。	売り手 買い手
価格比較サイト	価格.com	消費者が価格を比較しながら商品を購入するサイト。	販売会社 消費者
検索サイト	Google Yahoo!	インターネットの検索サービスと広告。	利用者 広告主
クチコミサイト	アットコスメ	店舗選びや商品購入を支援するために，消費者が相互に情報交換を行うサービス。	化粧品会社 消費者
動画サイト	Youtube ニコニコ動画	動画を利用者間で共有するサービス。	動画制作者 視聴者，広告主
SNS	Facebook LINE	コミュニティを構築・促進するサービス。	利用者，広告主 アプリ開発会社

2 プラットフォームビジネスの事例

プラットフォームビジネスの基本機能として,「取引の仲介」と「コミュニティ形成」がある。これら2つの機能をあわせ持つプラットフォームビジネスも多いが,ここでは,どちらの機能を中心にしているかによって「取引仲介型」と「コミュニティ形成型」に分け,そのビジネスモデルについて見ていく。

(1) 取引仲介型

私たちがインターネット上でショッピングをしようとすると,まず問題となるのは,数えきれないほど多くある商品の中から,どうやって欲しいものを探し出すかということである。そこで,私たちに代わって最適な商品を推薦してくれる誰かが必要になる。さらに,商品の注文や配送・決済なども代行してくれれば,私たち買い手だけではなく売り手にとっても大変便利である。

売り手と買い手という2つのグループ間の取引を仲介するプラットフォームでは,取引相手の探索や注文・決済などのサービスが提供され,ショッピングに必要な時間や費用を減らすことが可能になる。代表的な事例としては,ネットモール,オークションサイト,予約サイト,価格比較サイトなどがある。

◇ネットモール

第12章で見たように,ネットモールは商店をテナントとして1ヵ所に集めたインターネット上のモール(商店街)である。自らは商品を販売することなく,消費者に商品やテナントなどの情報を提供することにより商品購入を支援する。ネットモールにとって大切なことは,テナントミックス(店舗構成),注文・決済サービス,モールのWebサイトなど,消費者が便利に安心して楽しくショッピングできる環境を作ることによって,モール全体としてのブランド力と集客力を高めることである。

図表14-3　ネットモールのビジネスモデル

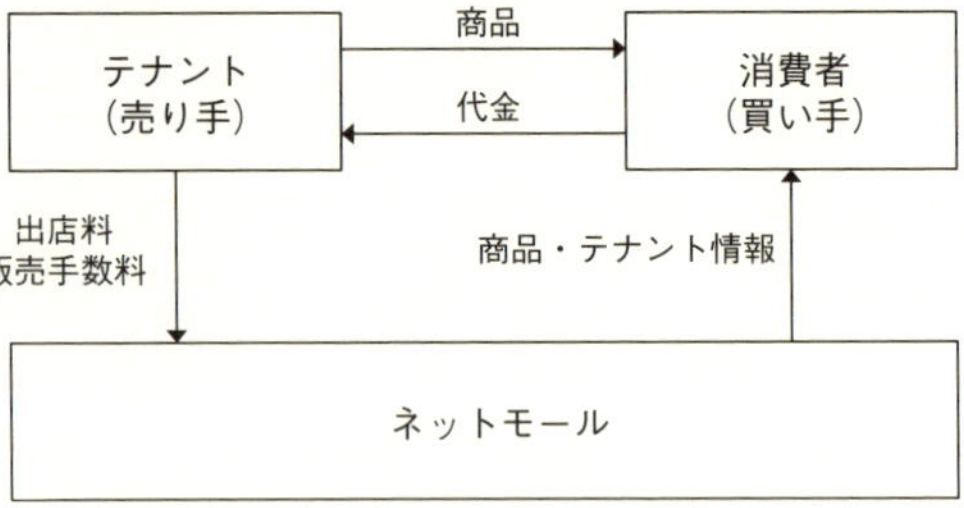

事例14-1　アマゾンと楽天のビジネスモデル　―直販型とモール型―

アマゾンと楽天はネット通販の大手であるが，ビジネスモデルは大きく異なる。アマゾンは独自に仕入れた商品を自社の通販サイトで販売する直販型ネット通販が基本であり，商品販売が収入源である。それに対して，楽天はネットモール「楽天市場」を運営するモール型ネット通販であり，モールのテナントである加盟店からの出店料，販売手数料，システム利用料などを収入源としている。

アマゾンは「安くて早くて便利」なショッピングを実現するために，独自の通販サイトとフルフィルメントを構築している。通販サイトは容易に商品を検索・注文できるように，独自の工夫が施されている。また，商品は広大な物流センターで在庫を常に保持し，注文があればすぐに出荷される。送料は原則，無料であり，アマゾンの強みの1つになっている。

一方，楽天は商品ごとの通販サイトや物流は加盟店に任せ，通販サイトの作り方や販売促進の仕方を指導している。また，ネットモール全体の集客力を高めるために，楽天市場のどの加盟店でも利用できるポイントサービスや，消費者が複数の加盟店から商品を購入しても指定された日時・場所にまとめて配送するサービスなどを提供している。

◇オークションサイト

売り手と買い手の間に立ったオークション（競売）の場を提供し，オークション参加費や取引額に応じた手数料を収益源としている。

事例14-2　ヤフオク![(48)]

ヤフオク!は，ヤフー株式会社が運営する日本最大のオークションサイトであり，家電・ファッションから不動産まで色々なモノがオークションによって取引されている。出品者は，利用登録をした上で，商品の画像と説明，オークションの開始価格と終了日時，送料など，出品に関する情報を登録する。入札者は，オークションサイトの検索機能によって商品を探し，購入希望金額を指定して入札する。オークションの期間が終了すると，入札金額が最も高い入札者が落札者として確定し，出品者と落札者にメールで通知される。出品者と落札者の間で発送や決済の方法を相談して決める。代金の支払いと商品の受け取りがすんだら，出品者と落札者の双方が相手を評価する。評価結果はオークションサイト上で公開され，他の参加者はこれを参考にしてオークションを行うため，評価の低い参加者は取引から除外されていく。この評価の仕組みによって，オークションサイトの信頼性が維持される。ヤフオク!は，出品者から会員費，落札金額に応じたシステム利用料などを受け取る。

◇価格比較サイト

家電製品のように，同じ商品であってもショップ（販売店）によって価格が異なることがある。このような場合，最も安く販売するショップを探すには，いくつものショップを見て回る必要がある。そこで，価格比較サイトでは，ショップの出店を募り，商品ごとにショップ間の価格比較情報を消費者に提供することによって，商品購入を支援する。

価格比較サイトでショップを選ぶと，ショップの通販サイトが表示され，商品の注文から配送・決済までは，消費者とショップ間で行われる。価格比較サイトは，消費者がショップを選択した回数あるいは商品の販売金額に応じて，ショップから手数料を受け取る。価格比較サイトでは，価格比較情報だけではなく，クチコミや売れ筋ランキングなど，消費者の商品購入を支援する情報が提供されることもある。

◇検索サイト

今まで見てきたネットモール，オークションサイト，価格比較サイトは，いずれも商品購入を支援する情報を提供することによって売り手と買い手をマッチングさせるサイトであるが，それ以外のサービスによってマッチングさせるサイトもある。GoogleやYahoo!に代表される検索サイトは，インターネットの検索サービスによって広告主と消費者をマッチングする。

消費者はインターネット上でさまざまな情報を検索している。商品の購入を検討しているときには，その商品に関連したキーワードを使って検索するだろう。検索サイトでは，検索結果と同時に，キーワードに連動した広告を表示する。例えば，「チューリップ」をキーワードとして検索すると，フラワーショップの広告が表示される。広告主は，特定のキーワードの検索結果に広告サイトを表示する権利を検索サイトの運営会社から購入し，消費者が広告サイトをクリックするごとに広告料として料金を支払う。新聞やテレビといったマスメディアによる広告は不特定多数の消費者を対象としたものだが，検索サイトでは商品に興味を持っている消費者にターゲットを絞り込んだ効率的な広告が可能になる。

図表14-4　検索サイトのビジネスモデル

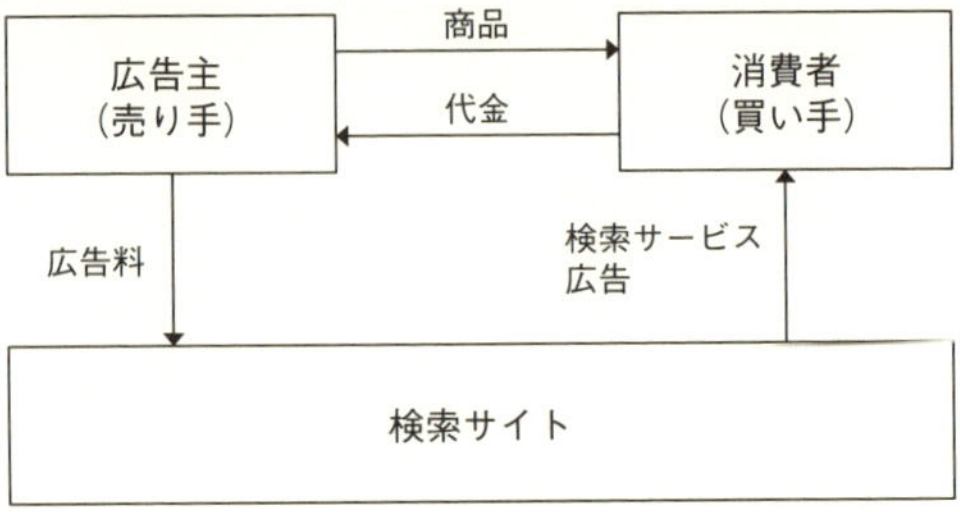

(2) コミュニティ形成型

インターネットのリアルタイム性と双方向性を利用して，プラットフォーム上のグループ内あるいはグループ間にコミュニティを形成することにより，相互の交流と取引を活性化させるビジネスである。代表的な事例としては，ソーシャルメディアがある。ソーシャルメディアには，ソーシャル・ネットワーキング・サービス（SNS）やツイッター，動画サイトなどがあり，多くが広告料を主な収益源としている。

◇ソーシャル・ネットワーキング・サービス（SNS）

SNSはインターネット上で人と人とのつながり（コミュニティ）を形成・促進するサイトである。SNSの利用者は自分のプロファイル（名前，誕生日など）を登録し，同じSNSを利用している人との間で友人関係を作ることができる。ある利用者が日々の出来事や写真を投稿すると，友人はそれを閲覧してコメントする。これにより，友人同士の交流が活性化され，コミュニティが形成される。コミュニティを介して情報が伝搬し，人と人のつながりはさらに広がっていく。

SNS運営会社の主な収益源は，広告主からの広告料と，SNS上で利用できるアプリケーション（アプリ）の開発会社からの手数料である。広告主は，商品や企業の情報をSNSに投稿することにより，情報がコミュニティを通じてクチコミとして伝搬していくことを期待できるだけではなく，コメントを見ることにより利用者の嗜好を知ることもできる。アプリ開発会社は，SNSを基盤として，ゲームやコミュニケーションなど，人と人との交流を促進するアプリを提供することにより，利用者からアプリの利用料を得ることができる。アプリが増えれば増えるほど，コミュニティは活性化されて利用者が増える。利用者が増えれば増えるほど，広告主にとって広告効果が高まり，SNS運営会社が受け取る広告料が増える。

図表14-5 ソーシャル・ネットワーキング・サービスのビジネスモデル

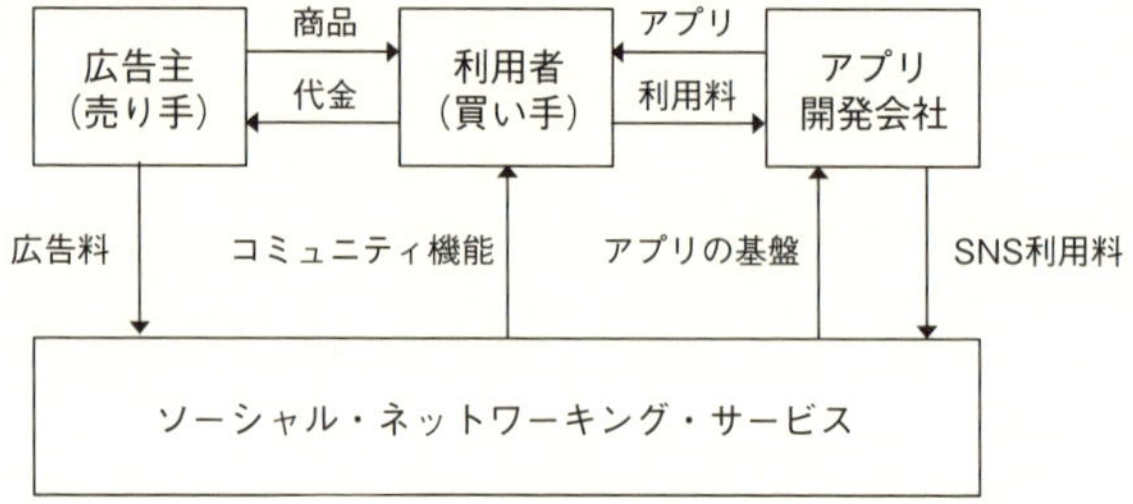

3 プラットフォームビジネスのビジネスモデル

プラットフォームビジネスは，複数のグループが交流・取引するためのプラットフォームを構築・運営することにより，収益を得ている。ここでは，前節で紹介した事例をもとに，ビジネスモデルの視点から，プラットフォームビジネスの価値と収益モデルについて見ていく。

（1）プラットフォームビジネスの価値

プラットフォームビジネスは，プラットフォームに参加するメンバーに対して,「取引費用の削減」,「ブランド力の向上」,「サービスの無料化と販売機会の拡大」などの価値を提供する。

◇取引費用の削減

商品の売り手と買い手は，直接取引するよりもプラットフォームを介して取引することにより，取引費用を削減することができる。買い手は高品質で低価格な商品を短時間で探し出すことができるし，売り手はターゲットとする買い手を絞り込んだ効率的な広告が可能になるからである。また，プラットフォームが注文・決済といったサービスを提供すれば，これらのプロセスで発生する取引費用をさらに削減することができる。

◇ブランド力の向上

売り手は，ブランド力のあるプラットフォームに参加することによって，買い手に対する訴求力が増す。プラットフォームには，良質の売り手を多く集め，高品質で効率的な「取引の場」を提供することによって，ブランド力を維持・強化することが求められる。

◇サービスの無料化と販売機会の拡大

プラットフォームビジネスには，検索サイトやSNSのようにサービスを無料(フリー)で提供するものが多い。広告収入に依存するビジネスが代表的だが，広告主という第三者が費用を負担しているから無料で提供することが可能になる。サービスを無料で提供することによって利用者が増えれば増えるほど，広告効果は高まり，その結果，広告主にとって販売機会が拡大する。

(2) プラットフォームビジネスの収益モデル

◇収益源

本章第2節で紹介した事例に見られるように，プラットフォームビジネスの主な収益源は，販売手数料，テナント料，広告料である。最近は，プラットフォームを運営する中で集めた情報を第三者に販売して収益を得るなど，収益源が多様化している。例えば，ある化粧品のクチコミサイトでは，集めた情報をもとに消費者の嗜好や購買行動を分析するサービスを化粧品会社に有料で提供している。

◇ネットワーク効果

プラットフォームに参加するメンバーが得る価値は，同じグループのメンバーが増えれば増えるほど高くなるだけではなく，別のグループのメンバーが増えても高くなる。例えば，SNSは，利用者が増えれば増えるほど，利用者にとってコミュニティとしての価値は高まるし，広告主やアプリ開発会社は販売機会が増えてプラットフォームから高い価値を得られるようになる。このように，プラットフォームには，参加メンバーが増加すると，プラットフォーム自体の価値が増加するという特性がある。これを，ネットワーク効果あるいはネットワーク外部性という。

◇収益モデルの設計

プラットフォームにはネットワーク効果が働くので，参加メンバーが増えれば増えるほど収益も増える。複数あるグループのうち，どれか1つのグループのメンバーを増やせば，プラットフォーム全体のメンバーが増えていく。あるネットモールでは，最初はテナント料を他のモールよりも安くすることによって多くの加盟店を集め，商品の購入者が増えて加盟店が十分な収益を得られるようになった段階で，テナント料を高くした。

また，「フリー（無料）」を戦略とするプラットフォームでは，より大きなネットワーク効果が働く。第12章で説明したように，「フリー」のビジネスモデルには，「直接的内部相互補助」，「三者間市場」，「フリーミアム」，「非貨幣市場」の4種類があるが，これらを組み合わせたプラットフォームが数多く存在する。あるコンテンツ配信サービスでは，無料会員には限定されたコンテンツを広告付きで配信するが，有料会員にはすべてのコンテンツを広告なしで配信するといったように，会員によって異なるサービスを提供している。これは，広告料をもとに無料コンテンツを制作して無料会員を集めながら，無料会員をより多くのコンテンツを利用できる有料会員へと誘導する狙いであろう。「三者間市場」と「フリーミアム」を組み合わせた事例である。

プラットフォームビジネスでは，ネットワーク効果を前提として，どのように収益を得るかという収益モデルを設計する必要がある。

要点整理

各空欄に入る適切な語句を答えなさい（解答は巻末）。

1．プラットフォームビジネスの概要

企業や消費者が相互に取引をする「場」を（　ア　）といい，（　ア　）を提供することによって複数のグループ間の取引を活性化するビジネスを（　イ　）という。

2．プラットフォームビジネスの事例

プラットフォームビジネスの基本機能として，「取引の仲介」と「コミュニティ形成」がある。

（1）取引仲介型

複数の異なるグループの取引を（　ア　）するプラットフォームビジネスとして，ネットモール，オークションサイト，予約サイト，価格比較サイト，検索サイトなどがある。

（2）コミュニティ形成型

グループ内あるいはグループ間に（　イ　）を形成するプラットフォームビジネスとして，SNS，ツイッター，動画サイトなどの（　ウ　）がある。

3．プラットフォームビジネスのビジネスモデル

プラットフォーム上のグループに提供する価値には，（　ア　）の削減，ブランド力の強化，サービスの無料化と販売機会の拡大などがある。プラットフォームには，参加メンバーが増えると，他の参加メンバーの得る価値が高くなるという特性がある。これを（　イ　）という。プラットフォームビジネスでは，（　イ　）を前提として，どのように収益を得るかという収益モデルを設計する必要がある。

第Ⅳ部 経営情報システムの企画

企業は経営戦略の実現やビジネスシステムの改善を目的として経営情報システムを構築する。企業によって経営戦略やビジネスシステムが異なっている以上，経営情報システムも企業ごとに構築する必要がある。構築の方法を誤ると，経営戦略の実現が困難になるばかりではなく，ビジネスシステムの効率が悪くなったりすることもある。

経営情報システムの構築は，大きく企画フェーズと開発フェーズに分けることができる。企画フェーズでは，経営戦略の立案とビジネスシステムの分析・設計を行い，経営情報システムへの要求（要件）を洗い出して，開発に必要となる費用・日程・要員などを計画する。投資効果を評価してマネジメントの承認を得た後，開発フェーズに入る。開発フェーズでは，経営情報システムの機能と構造を詳細に設計して，プログラムなどを開発する。企画フェーズは経営情報システムの利用者が中心になり，開発フェーズは情報システムの専門家が中心になって進める。利用者には，経営者や管理者も含まれる。

経営情報システムを構築するのに一定の手順があるわけではないが，広く利用されていて定石となっているいくつかの手法がある。第Ⅳ部では，企画フェーズの手法を説明することにより，利用者としてどのように経営情報システムを企画すればよいかを考える。第15章で経営戦略立案の手法としてSWOT分析とバランスト・スコアカードについて説明し，第16章でビジネスシステムの分析・設計手法について説明する。

第15章
経営戦略の立案

本　章　の　要　約

① 経営戦略を立案するための代表的な手法であるSWOT分析では，企業を取り巻く外部環境と自社の能力や経営資源といった内部環境を分析し，外部環境と内部環境を適合させるような戦略を立案する。

② バランスト・スコアカードは，経営戦略の実行プロセスにおけるマネジメントシステムとして開発されたものであり，「財務」，「顧客」，「ビジネスプロセス」，「学習と成長」という4つの視点から，経営戦略を具体的な戦略目標や業績評価指標に展開する。

③ SWOT分析とバランスト・スコアカードを活用することにより，経営戦略を立案して，ビジネスシステムの戦略目標と業績評価指標を設定することができる。

1 SWOT分析(49)

◇SWOT分析とは

経営戦略を立案するには色々な手法がある。ここでは，一般に広く利用されている手法としてSWOT《スウォット》分析について説明する。SWOT分析の基本は，企業を取り巻く外部環境と自社の能力や経営資源といった内部環境を分析し，外部環境と内部環境を適合させるような戦略を立案することである。外部環境は自社の努力だけでは変えることが困難な環境要因であり，ビジネスチャンスとなるような機会と，ビジネス上の阻害要因あるいはリスクとなるような脅威がある。また，内部環境は自社の努力によって変えることのできる環境要因であり，強みと弱みがある。SWOTは，強み（Strengths），弱み（Weaknesses），機会（Opportunities），脅威（Threats）の頭文字をとったものである。

◇戦略オプション

企業の強み，弱み，機会，脅威を図表15-1のような表にすると，4つの象限ができる。これらの象限ごとに，次のような戦略オプションが考えられる。

図表15-1 SWOT分析

		外部環境	
		機会（O）	脅威（T）
内部環境	強み(S)	自社の強みを生かして機会を捉える。	自社の強みで脅威を回避するか機会へ転換する。
	弱み(W)	自社の弱みを補完して機会を捉える。	最悪の事態を招かないように撤退する。

① 機会と強みの象限

機会があって自社の強みを生かすことができる分野である。成功する可能性が高いので，積極的に推進すべきである。

② 脅威と強みの象限

強みで脅威を回避できないか，あるいは，他社にとっては脅威であっても，自社の強みで機会にできないかを考える。脅威を機会に変えることができれば，自社の強みをベースにした多角化が可能になる。ただし，脅威の回避や機会への転換に失敗するリスクはある。

③ 機会と弱みの象限

自社の弱みを補完することによって機会を取り込むことができる分野である。弱みを補完する方法としては，自社能力の改善や他社との提携などがある。成功すれば新規事業を創出することができる。ただし，自社の弱い分野なので失敗するリスクはある。

④ 脅威と弱みの象限

この分野は，機会もなく自社の強みを生かすこともできない分野である。リスクが非常に大きいので，脅威を回避するか，この分野から撤退すべきである。

◇SWOT分析の手順

SWOT分析は，次の5つのステップで行う。

図表15-2 SWOT分析の手順

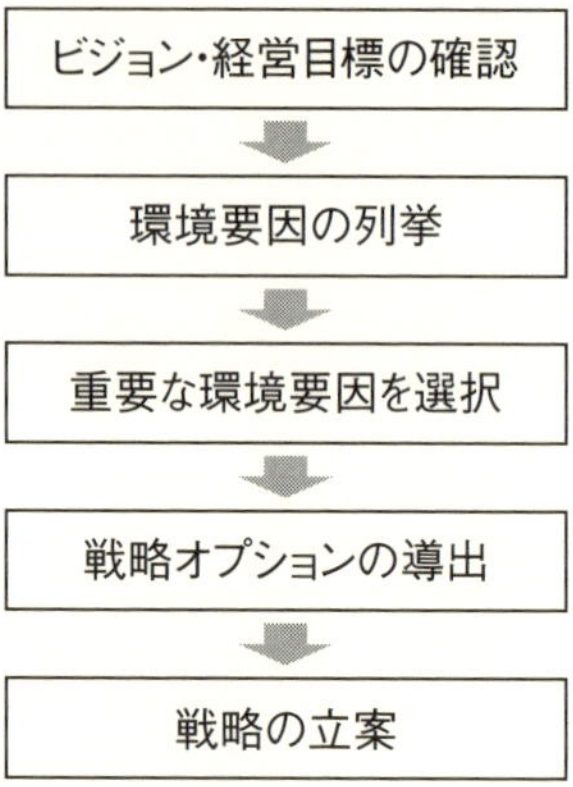

ステップ1　ビジョン・経営目標の確認

経営戦略を立案する上で前提となる企業のビジョンや経営目標を確認する。

ステップ2　環境要因の列挙

ビジョンや経営目標の実現に影響する環境要因を，外部環境（機会，脅威）と内部環境（強み，弱み）に分けて列挙する。外部環境はマクロ環境とミクロ環境に分類することができる。

図表15-3 企業の外部環境―マクロ環境とミクロ環境―

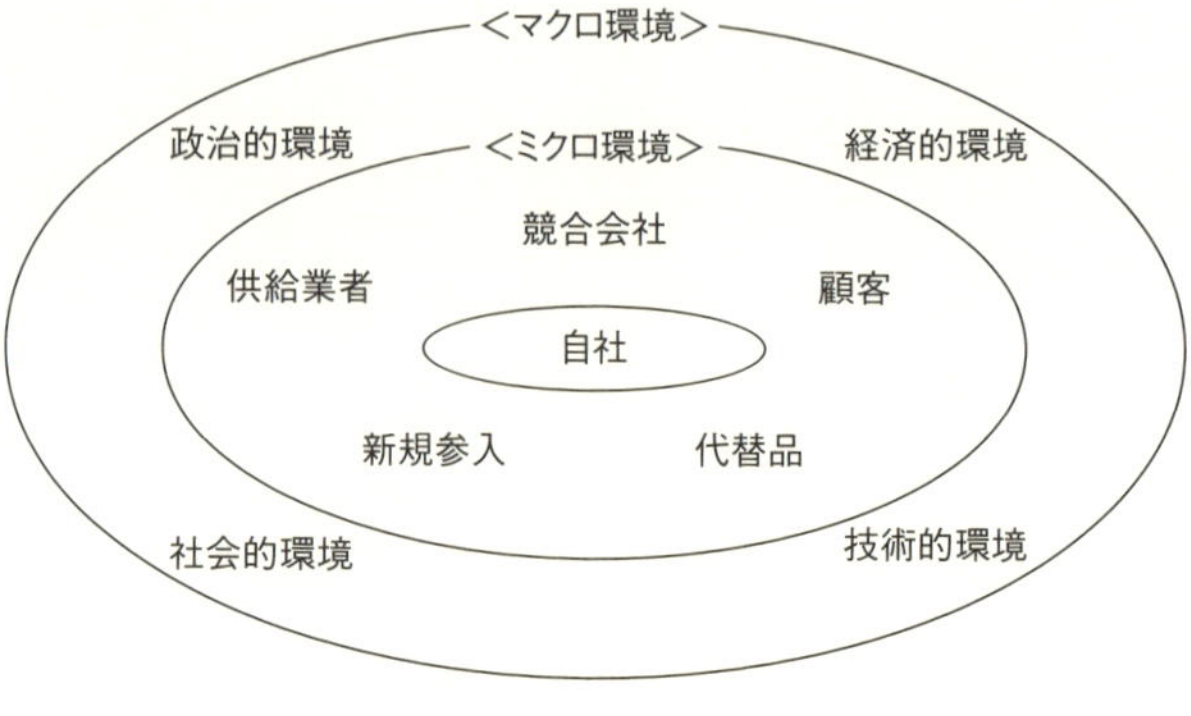

《マクロ環境》

マクロ環境は，特定の企業とは無関係に起こっていて，企業にとって統制することが不可能なものである。政治的（Political）環境，経済的（Economic）環境，社会的（Social）環境，技術的（Technological）環境があり，これら4つのマクロ環境を分析することを，それぞれの頭文字をとってPEST分析という。

《ミクロ環境》

ミクロ環境は，特定の企業を取り巻く環境であり，統制することが不可能ではないが困難なものである。企業の競争環境を作り出している要因には，顧客，競合会社，供給業者，新規参入，代替品の5つがある(50)。

ステップ3　重要な環境要因を選択

ステップ2で列挙した環境要因の中から，戦略を立案するのに重要だと思われるものを選択する。

ステップ4　戦略オプションの導出

ステップ3で選択した環境要因を組み合わせることにより，戦略オプションを導き出す。

ステップ5　戦略の立案

ステップ4で導出した戦略オプションの中から，期待される効果の大きさや実現可能性を考慮しながら最善のものを選び，戦略を立案する。自社の強みを生かして機会を捉えるような戦略を打ち出すことがポイントである。

例題15-1　SWOT分析

ある地方都市の郊外にある中華料理店が，今後3年以内に売上げを1.2倍にする経営目標を立てた。経営目標を達成する上での機会，脅威，強み，弱みを列挙したところ，次のような環境要因が挙がった。

ア．円高によって輸入材料が低価格化している。

イ．知名度が高い。

ウ．駅から遠く駅利用客の来店が少ない。

エ．味の評判がよい。

オ．景気低迷により宴会の需要が減少している。

カ．近くに競合店が開店した。

キ．価格が高いことに対する顧客の不満が多い。

ク．近くにオフィスビルができる。

ケ．中高年を中心に健康志向が高まっている。

コ．駐車場が広く車での来店客を期待できる。

Q1．上記の環境要因を機会，脅威，強み，弱みに分類せよ。

答え（例）

	機会	脅威
外部環境	・近くにオフィスビルができる。 ・健康志向が高まっている。 ・輸入材料が低価格化している。	・競合店が開店した。 ・宴会が減少している。
	強み	弱み
内部環境	・味の評判がよい。 ・駐車場が広い。 ・知名度が高い。	・価格が高い。 ・駅から遠い。

Q2．重要な環境要因を抽出して戦略オプションを導出せよ。

答え（例）

		機会	脅威
		・オフィスビル ・健康志向	・競合店の開店 ・宴会の減少
強み	・味の評判 ・知名度	・中高年を対象に味のよいヘルシーなメニューを販売する。	・知名度を生かして，近隣の会社に宴会の営業活動を行う。
弱み	・価格	・オフィスビルのビジネスマンを対象に低価格のメニューを販売する。	・競合店に対抗できるように商品の低価格化を進める。

Q3．経営目標の達成に有効な戦略オプションを選んで，戦略を立案せよ。

答え（例）

中高年とビジネスマンを対象にしたメニューを販売する。自社の強みである味で差別化するが，同時に低価格化によって価格競争力を高める。

2 バランスト・スコアカード(51)

◇バランスト・スコアカードとは

バランスト・スコアカード（BSC：Balanced ScoreCard）は，経営戦略の実行プロセスにおけるマネジメントシステムとして開発されたものであり，経営戦略を具体的な戦略目標や業績評価指標に展開し，これらを体系化したものである。バランスト・スコアカードを利用すると，経営戦略の実行プロセスにおいて，組織メンバー間で戦略や目標を共有したり，何らかの問題があればそれをキャッチして対策を打つことが可能になる。

◇スコアカード

バランスト・スコアカードでは，「財務」，「顧客」，「ビジネスプロセス」，「学習と成長」という4つの視点に分けて，戦略目標と業績評価指標を設定し，スコアカードを作成する。

図表15-4 スコアカードの例

視点	戦略目標	業績評価指標(KPI)	目標値
財務の視点	利益率の向上	売上高経常利益率	8%
	販売目標の達成	売上高	前年度比5%増
	在庫削減	在庫回転率	前年度比30%改善
顧客の視点	顧客満足度向上	顧客満足度(1～5)	4
	市場占有率拡大	市場占有率	20%
	新規顧客の獲得	新規顧客獲得件数	月30件
ビジネスプロセスの視点	新製品の開発	新製品の開発数	年5製品
	納期の遵守	納期遵守率	90%
	在庫切れの減少	在庫切れ回数	前年度比30%改善
学習と成長の視点	従業員の教育訓練	教育訓練日数	1人あたり年10日
	提案制度の導入	提案件数	1人あたり年10件

◇4つの視点

バランスト・スコアカードの4つの視点の背後には，企業の保有する資産が収益増大や原価低減といった財務的成果をどのように生み出していくかという論理がある。すなわち，企業にとって重要なのは人的資本，情報資本，組織資本といった無形の資産であり，これらの資産はビジネスプロセスを通して顧客価値へと変換され，財務的成果を生み出す。

①　財務の視点

株主や従業員といった利害関係者の期待に応えるために，戦略の具体的な成果として総資本経常利益率，売上高などの財務的目標を設定する。

②　顧客の視点

顧客に提供する価値について，顧客の視点から目標を設定する。これにより，顧客が求めているものや期待にどう応えていくのかを明らかにする。一般には，顧客満足度，顧客ロイヤリティ，新市場開発，新商品開発などに着目する。

③　ビジネスプロセスの視点

「顧客の視点」と「財務の視点」で設定した目標を達成するのに重要なビジネスプロセスを定義し，その目標を設定する。よりよいビジネスプロセスは，顧客への価値を創造するとともに，生産性の向上によって原価を低減させる。

④　学習と成長の視点

顧客への価値を創造し財務的目標を達成する上で必要となる無形の資産を定義する。企業にとって最も重要な資産は従業員のスキルや知識といった人的資本であり，従業員が何をどう学習し成長していくべきかを明らかにする。また，従業員の活動やビジネスプロセスを支援する情報システム（情報資本）の構築も必要となる。さらに，従業員のスキルや知識を統合して顧客への価値を創造するには，組織文化，チームワーク，戦略への方向づけ，リーダーシップといった組織資本も重要になる。

◇戦略目標

戦略目標は，戦略を実行する上での目標であり，4つの視点に立って設定される。各々の戦略目標の間には上下の因果関係があり，上位の戦略目標を達成するには下位の戦略目標を達成しなければならない。例えば，図表15-4の例では，「販売目標の達成」という戦略目標を達成するには，「市場占有率拡大」という戦略目標を達成しなければならない。さらに，市場占有率を拡大するには，「顧客満足度向上」と「新規顧客の獲得」が戦略目標になる。

◇業績評価指標

戦略目標を設定したら，戦略目標ごとに業績評価指標（KPI：Key Perfomance Indicator）を設定する。業績評価指標は数値で表現することが望ましい。これにより，組織メンバーが戦略目標を共有し，戦略目標の達成状況を定量的に把握することが可能になる。数値化によって戦略目標は初めて管理することができるようになるのである。

◇戦略マップ(52)

戦略目標の因果関係を図式化したものを戦略マップという。スコアカードを作成する前に，戦略マップを作ることにより，戦略目標が抽出しやすくなる。

例題15-2　戦略マップ

例題15-1で取り上げた中華料理店について戦略マップを作成せよ。

答え（例）

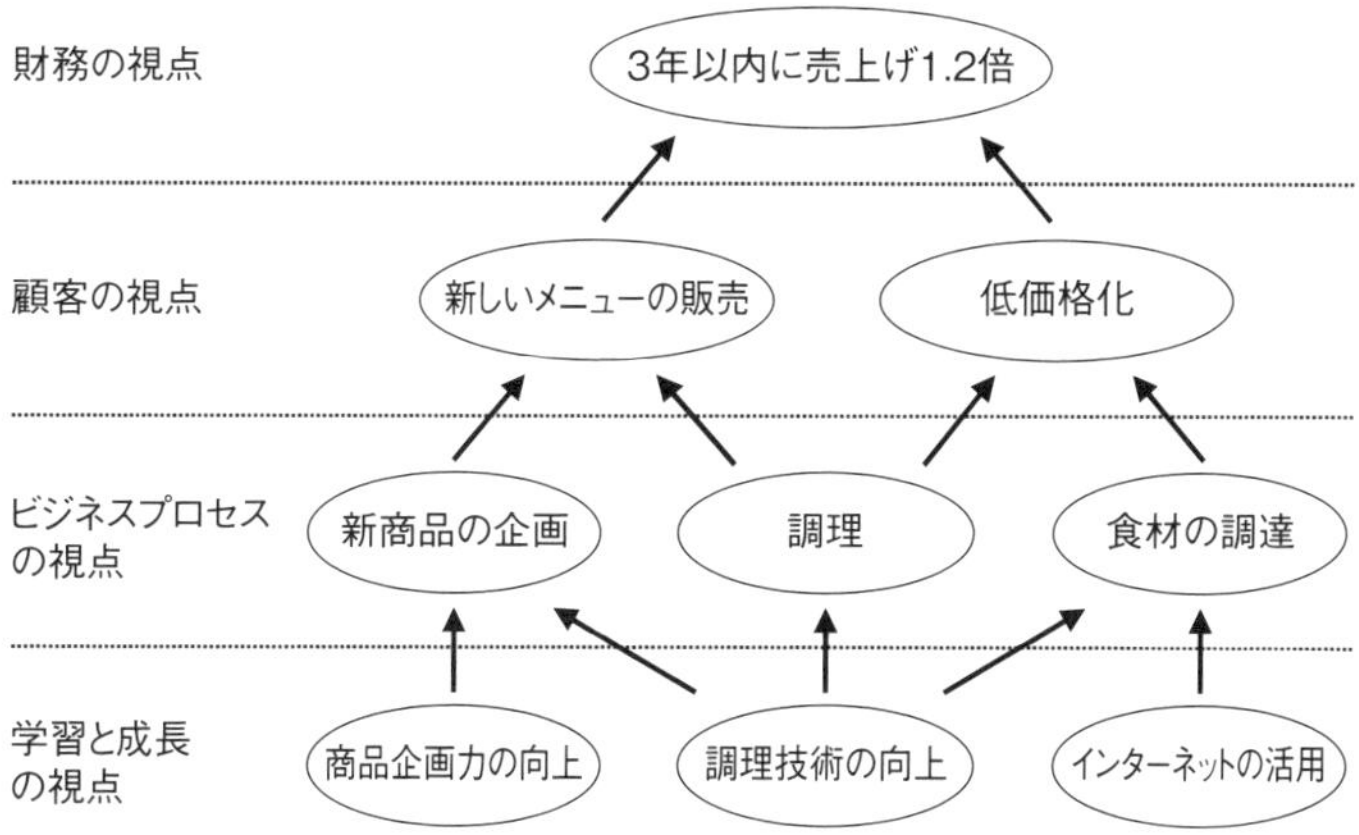

3 SWOT分析とバランスト・スコアカードの活用

◇SWOT分析／バランスト・スコアカードとビジネスシステム

SWOT分析により立案された戦略はバランスト・スコアカードに展開される。バランスト・スコアカードは，ビジネスシステムとそれが顧客に提供する価値について，「学習と成長」，「ビジネスプロセス」，「顧客」，「財務」の4つの視点から戦略目標と業績評価指標を設定したものに他ならない。ただし，バランスト・スコアカードは経営資源の中でも無形の資産を重視している。このように，SWOT分析とバランスト・スコアカードを活用することにより，ビジネスシステムの戦略目標と業績評価指標を設定することができる。

図表15-5　バランスト・スコアカードとビジネスシステム

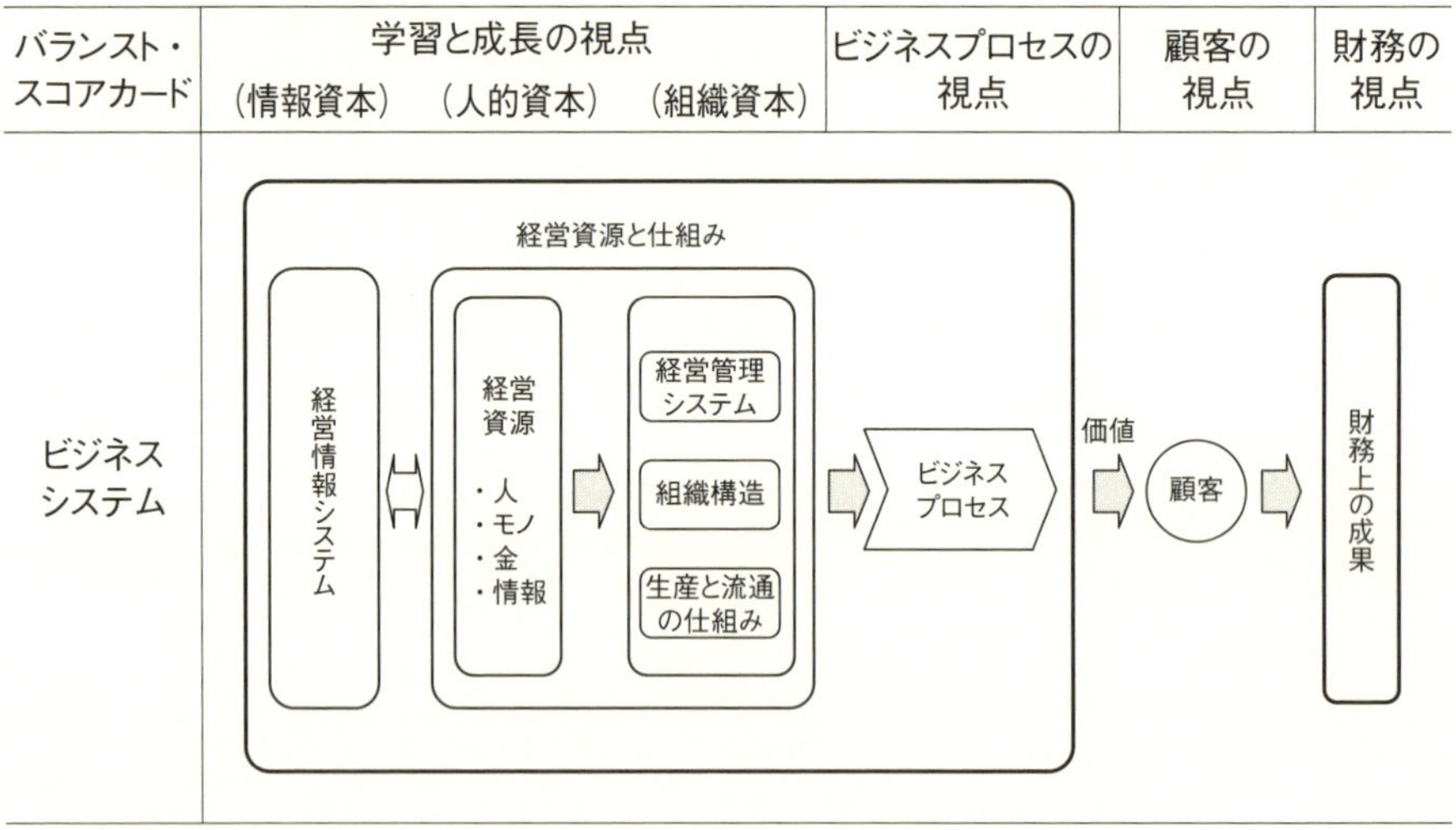

事例15-1　経営戦略の立案プロセス

SWOT分析とバランスト・スコアカードを活用した経営戦略の立案プロセスの事例を以下に示す。

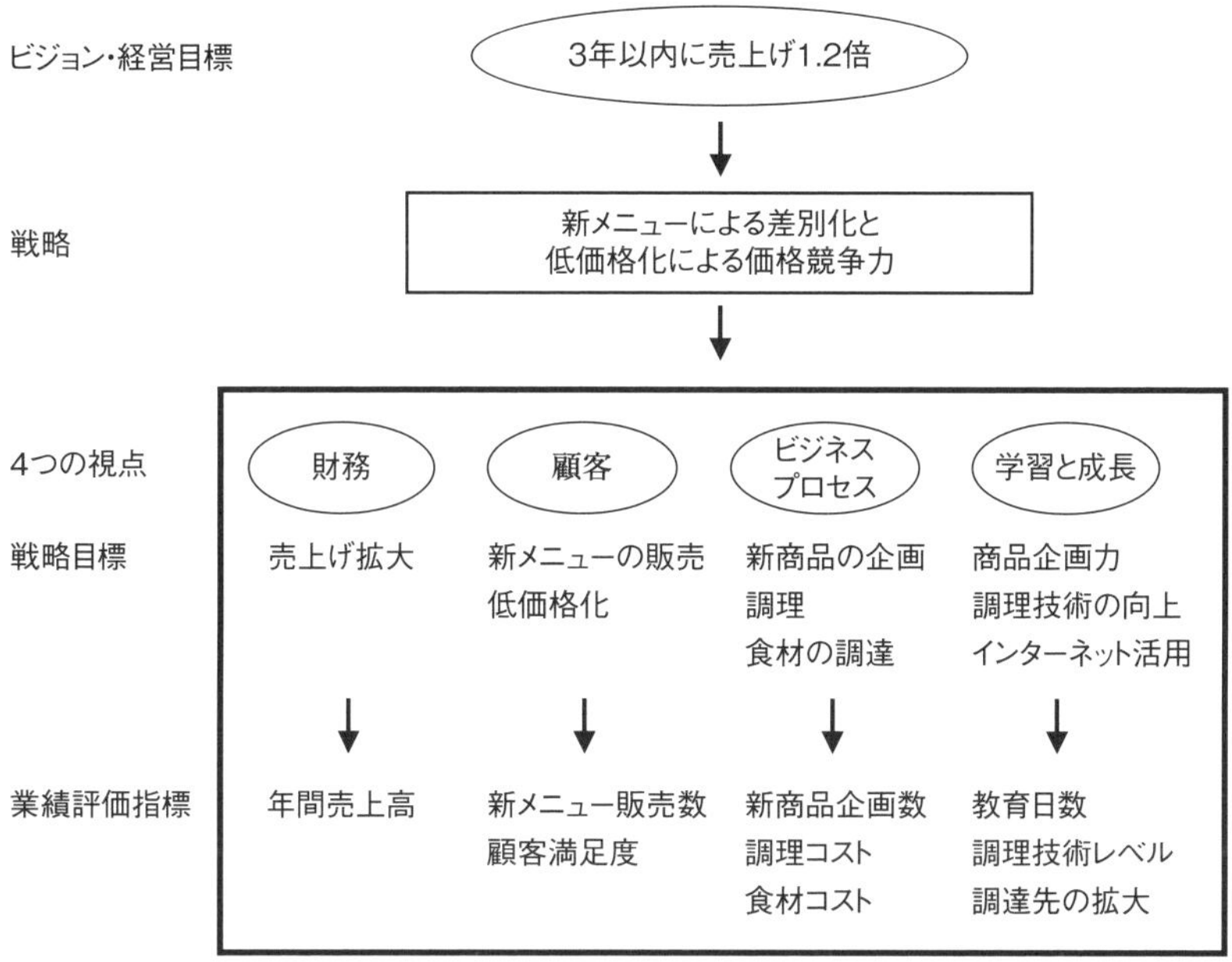

要点整理

各空欄に入る適切な語句を答えなさい（解答は巻末）

1. SWOT分析

① SWOT分析とは

SWOT分析の基本は，企業を取り巻く（　ア　）と自社の能力や経営資源といった（　イ　）を分析し，（　ア　）と（　イ　）を適合させるような戦略を立案することである。

② SWOT分析の手順

外部環境（機会，脅威）と内部環境（強み，弱み）を組み合わせたマトリックスをもとに（　ウ　）を導出し，効果の大きさや実現可能性を考慮しながら戦略を立案する。

2. バランスト・スコアカード

① バランスト・スコアカードとは

経営戦略の実行プロセスにおけるマネジメントシステムとして開発されたものであり，経営戦略を具体的な戦略目標や業績評価指標に展開し，これらを体系化したものである。

② 4つの視点

次の4つの視点に分けて，戦略目標と業績評価指標を設定する。

・（　ア　）の視点：総資本経常利益率，売上高などの財務的目標を設定する。
・（　イ　）の視点：顧客に提供する価値について目標を設定する。
・（　ウ　）の視点：目標を達成するのに重要なビジネスプロセスを定義する。
・（　エ　）の視点：目標達成に必要となる無形の資産を定義する。無形の資産には，（　オ　），（　カ　），（　キ　）の3つがある。

③ 戦略目標と業績評価指標

戦略目標は戦略を実行する上での目標である。戦略目標間には上下の因果関係があり，上位の戦略目標を達成するには下位の戦略目標を達成する必要がある。戦略目標ごとに（　ク　）を設定する。

④ 戦略マップとスコアカード

バランスト・スコアカードでは，戦略目標間の因果関係を図式化した（　ケ　）と，戦略目標を業績評価指標によって定量的に管理するための（　コ　）を作成する。

3. SWOT分析とバランスト・スコアカードの活用

SWOT分析とバランスト・スコアカードを活用することにより，ビジネスシステムの（　ア　）と（　イ　）を設定することができる。

第16章 ビジネスシステムの分析と設計

本　章　の　要　約

① 新しいビジネスシステムは，戦略目標や業績評価指標を達成するとともに，現状の問題を解決するように設計する。ビジネスシステムの分析・設計手法であるビジネスモデリングでは，As-Isモデルによって現行のビジネスシステムを分析し，To-Beモデルによって新しいビジネスシステムを設計する。

② データフローダイアグラムは，データの流れをモデリングする手法である。これにより，情報処理の面からビジネスプロセスを分析・設計し，経営情報システムに対する要求を明確にすることができる。

③ ビジネスシステムの問題を明確にした上で，その原因を探求し，解決策を立案することを問題分析という。問題分析において大切なことは，問題を引き起こしている真の原因を見つけることである。問題分析の結果をもとにTo-Beモデルを作りながら新しいビジネスシステムを設計する。

1 ビジネスシステムの分析・設計手法

◇分析と設計の目的

経営戦略を立案したら，戦略目標と業績評価指標を達成するようにビジネスシステムを作らなければならない。新しく企業を設立する場合を除いて，白紙の状態からビジネスシステムを作ることはなく，ほとんどの場合，すでに存在しているビジネスシステムを変えることになる。現行のビジネスシステムは何らかの問題を抱えているのが通常であり，新しいビジネスシステムは，戦略目標や業績評価指標を達成するとともに，今ある問題を解決するように設計する。

◇ビジネスモデリング[53]

例えば，家を建てるときには，図面や模型を作って，どのような家がよいかを検討する。図面や模型は，これから建てようとしている家を表現しているのであり，設計する人の思考を支援するばかりではなく，多くの人が共同で設計したり，製作したりするときのコミュニケーション手段としても利用される。図面や模型は実物をすべて表現しているわけではないが，設計・製作する上で必要となる寸法や形状などは分かるようになっている。このように，特定の特性（寸法など）に焦点を当てて対象を表現したものをモデルという。

ビジネスシステムを分析・設計するときにもモデルを利用する。ビジネスシステムのモデルを作成することをビジネスモデリングという。モデリングの対象はビジネスシステムのプロセス（ビジネスプロセス）と構造（経営資源と仕組み）である。現行のビジネスシステムを表現したモデルをAs-Is《アズイズ》モデルといい，今後のあるべきビジネスシステムを表現したモデルをTo-Be《ツービー》モデルという。As-Isモデルによってビジネスシステムの現状と問題を分析し，問題の解決方法と戦略目標・業績評価指標の実現方法とを検討した上で，To-Beモデルによって新しいビジネスシステムを設計する。

図表 16-1　分析・設計手順とビジネスモデリング

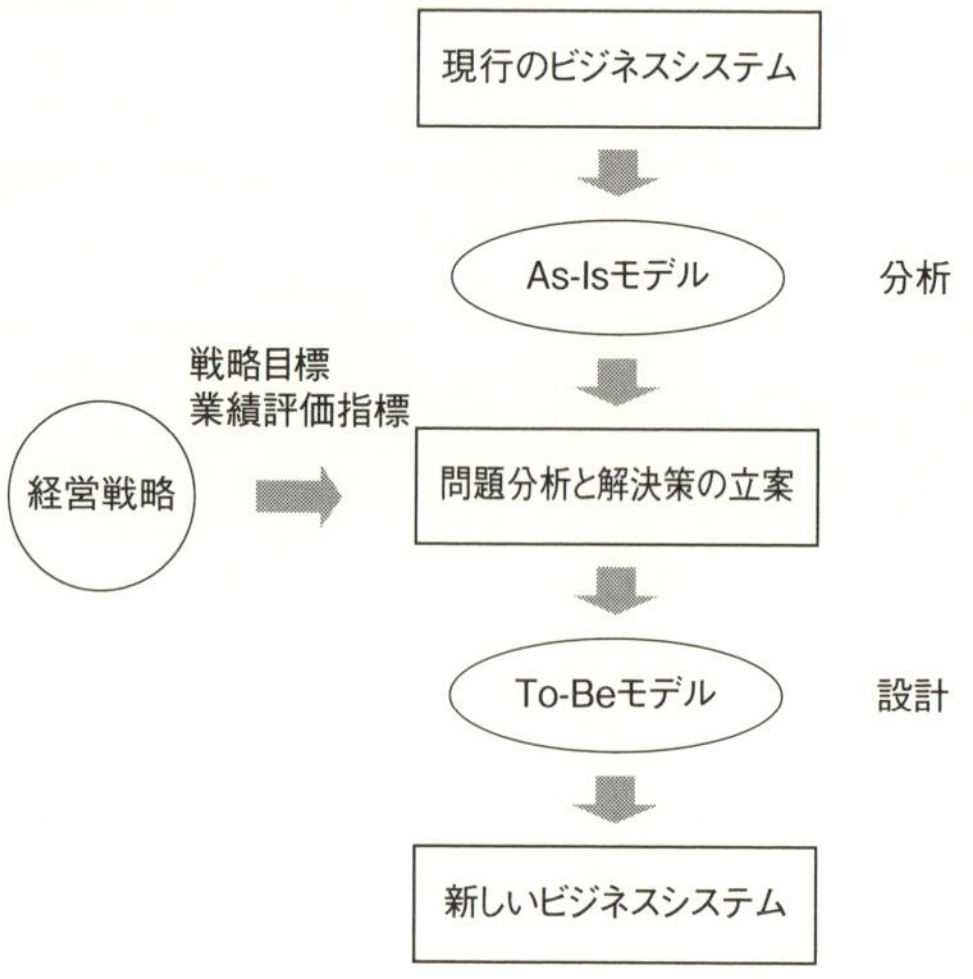

2 データフローダイアグラム[54]

◇データフローダイアグラムとは

ビジネスモデリングの対象は，ビジネスシステムを構成するビジネスプロセス，経営資源，仕組みであり，色々なモデリングの方法がある。本章では，データフローダイアグラム（ＤＦＤ《ディーエフディー》：Data Flow Diagram）について説明する。データフローダイアグラムの目的は，ビジネスプロセスや情報システムにおけるデータの流れをモデリングすることにより，情報処理の面からビジネスプロセスを分析・設計し，経営情報システムに対する要求を明確にすることである。

データフローダイアグラムは，図表16-2に示した4つの記号を使用してデータの流れを表現する。各記号には名前をつける。通常，データフロー名，データストア名，外部名はデータや組織などの名称になるので名詞にするのに対して，プロセス名はデータ処理の動作を表すので動詞または動名詞にする。どのようなデータがどこで作られ，どこで利用されているかといったことを分析することにより，企業が組織として管理しなければならないデータが明らかになる。

図表16-2 データフローダイアグラムの4つの記号

記号	名称	説明
データフロー名 →	データフロー (Data Flow)	データの流れを示す。 （伝票など）
○ プロセス名	プロセス (Process Box)	データの変換（処理）を示す。
═ データストア名 ═	データストア (Data Store)	データの蓄積を示す。 （台帳，データベースなど）
□ 外 部 名	外部の データ発生源／行き先 (External Entity)	データの発生源または行き先を示す。 （組織，人，情報システムなど）

例題 16-1　データフローダイアグラム

次のビジネスプロセスをデータフローダイアグラムによって表現せよ。

「A 社の営業係は，顧客から注文を受け付けると，受注内容を受注台帳に記録し，倉庫係に出荷を指示する。」

答え（例）

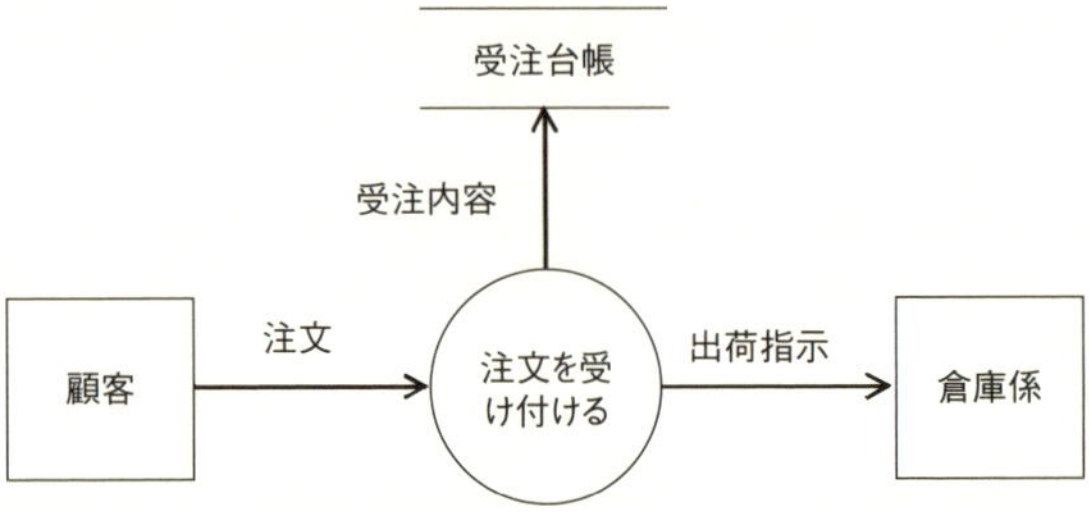

◇4つのモデル

ビジネスプロセスの分析と設計では，As-Is モデルとして現物理モデルと現論理モデルを作成し，To-Be モデルとして新論理モデルと新物理モデルを作成する。

図表 16-3　データフローダイアグラムの4つのモデル

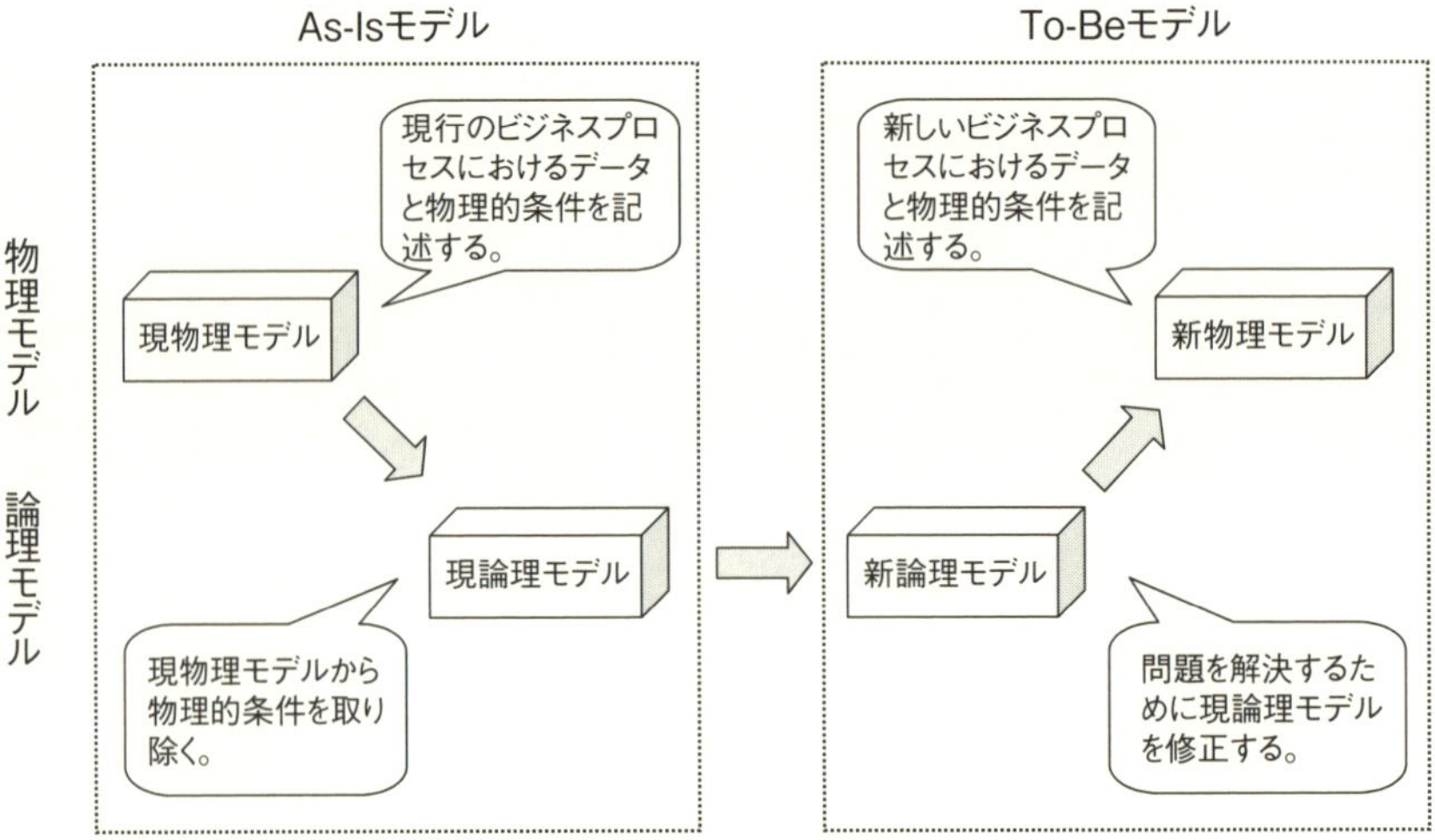

物理モデルと論理モデルとに分けてモデリングするのは，組織にとって本質的に重要なのはデータであり，誰（人や組織）が，いつ（タイミング），どのように（手段や媒体），データを伝達・処理・保管するのかといった物理的条件とは分けて考える必要があるからである。

◇データフローダイアグラムの作成手順

次のような販売業務の現物理モデルを例にして，データフローダイアグラムの作成手順を説明する。

《販売業務の例》

営業係は，顧客からFAXまたは電話で注文を受け付けたら，在庫台帳で在庫の有無を確認する。在庫があれば受注台帳に注文内容を記録し，倉庫係に商品の出荷を指示する。倉庫係は商品と一緒に納入伝票を顧客に送付する。

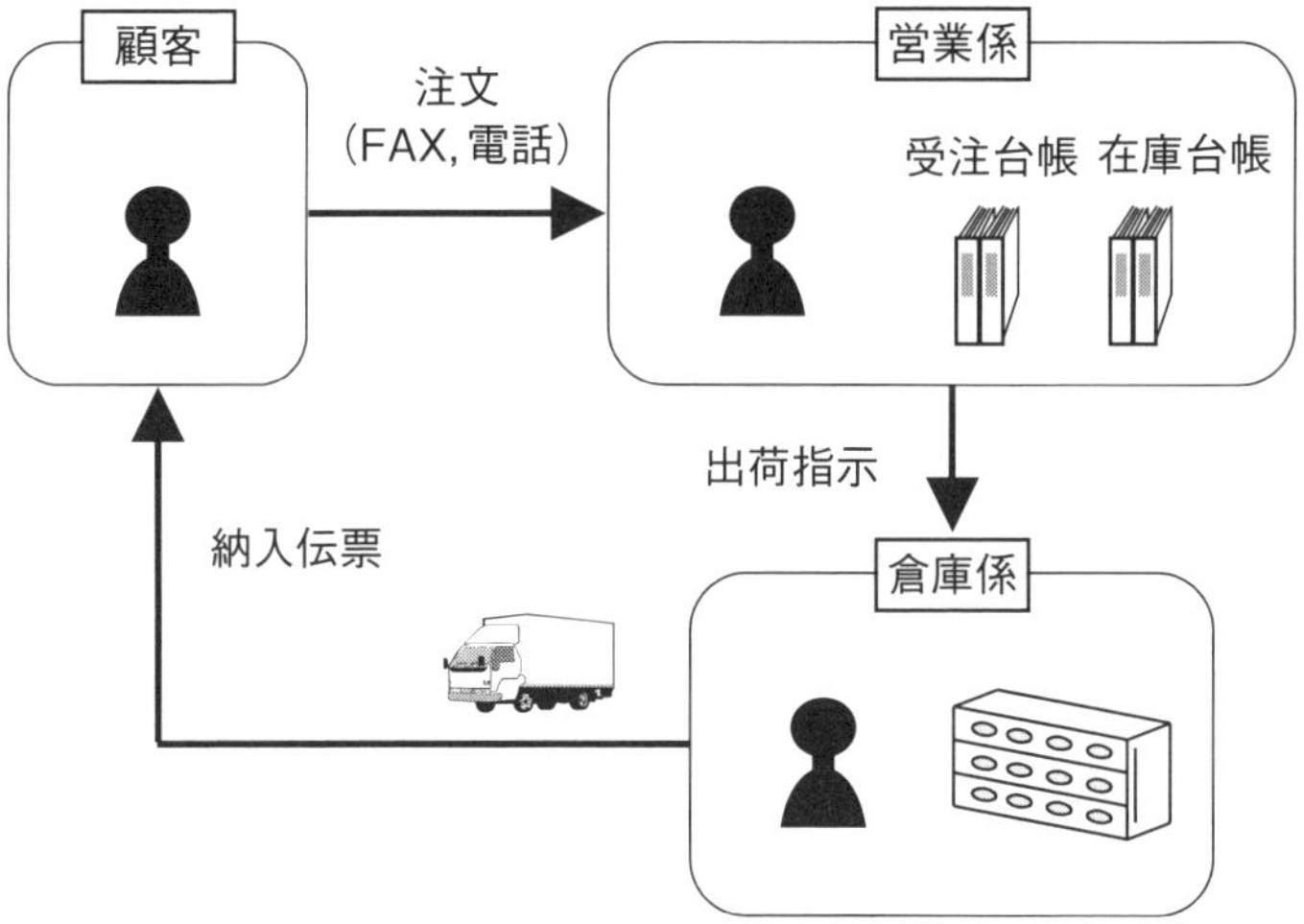

ステップ1　コンテキスト・ダイアグラムを作成する。

モデリングの対象業務を1つのプロセス（Process Box）として表現したものをコンテキスト・ダイアグラムという。これにより，対象業務の範囲と，外部の組織や人（External Entity）との間でのデータの流れを明確にする。

次図のコンテキスト・ダイアグラムは，モデリングの対象は販売業務であり，外部のデータ発生源である顧客から注文を受け取ると業務が開始され，終われば顧客へ納入伝票が送付されることを示している。

図表16-4　コンテキスト・ダイアグラム

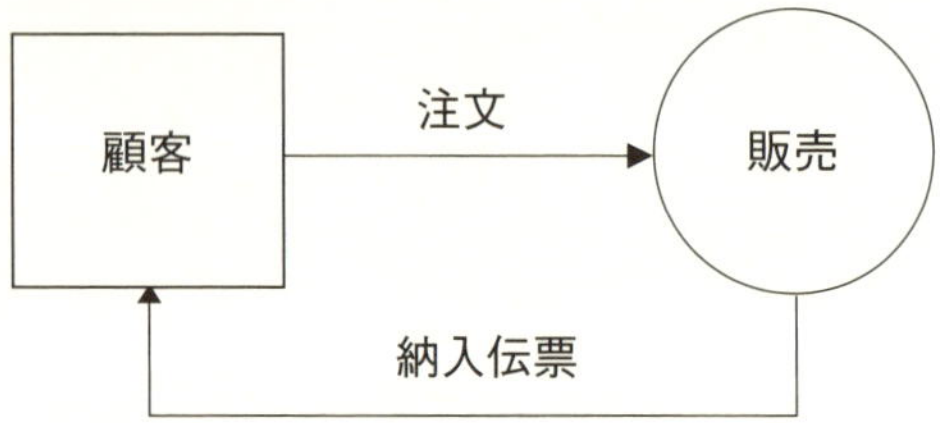

ステップ2　下位のプロセスに分割する。

プロセスをいくつかのプロセスに分割する。プロセスが多いと図式化するのが難しくなるので，7つ以下のプロセスに分割するとよい。分割することを機能展開ということもある。

図表16-5　機能展開図

ステップ3　プロセス間のデータフローとデータストアを定義する。

データフローはプロセス間を流れるデータを表し，データストアはプロセスによって利用される蓄積データを表す。プロセスによって処理した後も保管する必要があるデータはデータストアに蓄積する。

図表16-6 データフローダイアグラム

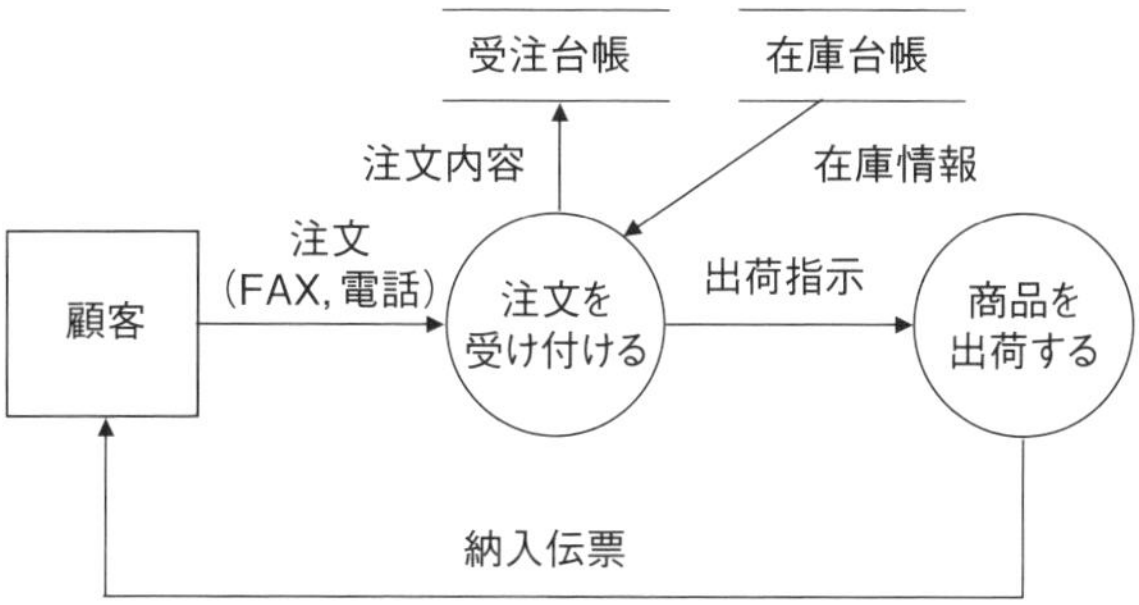

ステップ4　具体的なデータとプロセスが見えてくるまで，ステップ2とステップ3を繰り返す。

3 問題分析と解決策の立案

◇問題分析とは

As-Isモデルによって現行のビジネスシステムを分析することにより，戦略目標や業績評価指標を実現するために取り組まなければいけない課題を明らかにしていく。また，分析の過程で現行のビジネスシステムが持っている色々な問題も見えてくる。一般に，問題とは「あるべき姿と現状とのギャップ」と定義され，現在発生している問題もあれば，将来発生する問題もある。問題分析では，現行のビジネスシステムが持つ課題や問題をいずれも“問題”として捉え，その原因を分析することによって解決策を立案する。問題分析の結果をもとにTo-Beモデルを作りながら新しいビジネスシステムを設計する。これにより，問題（ギャップ）を引き起こしている原因が取り除かれ，戦略目標・業績評価指標を達成できるようになる。

◇因果関係

この世界に起こるすべての出来事には原因があり，出来事はその結果として生じる。問題にも原因があり，その結果としてギャップが発生しているのである。さらに，原因となるような現象が発生しているのには，それを引き起こしているさらなる原因がある。例えば,「売上げの低下」という問題が発生しており，その原因が「顧客数の減少」であるとすると，「顧客数の減少」を結果とする原因が存在する。このような原因と結果の連鎖を因果関係という。

◇原因と解決策の探求

問題分析では，具体的な解決策が見つかるまで原因を探求し，解決策が見つかれば，期待できる効果を検討する。解決策を手段とするならば，効果は目的となる。原因と結果の連鎖と同様に，手段と目的も連鎖をなしており，ある目的は上位の目的の手段となる。

図表 16-7　原因の探索と解決策の探求

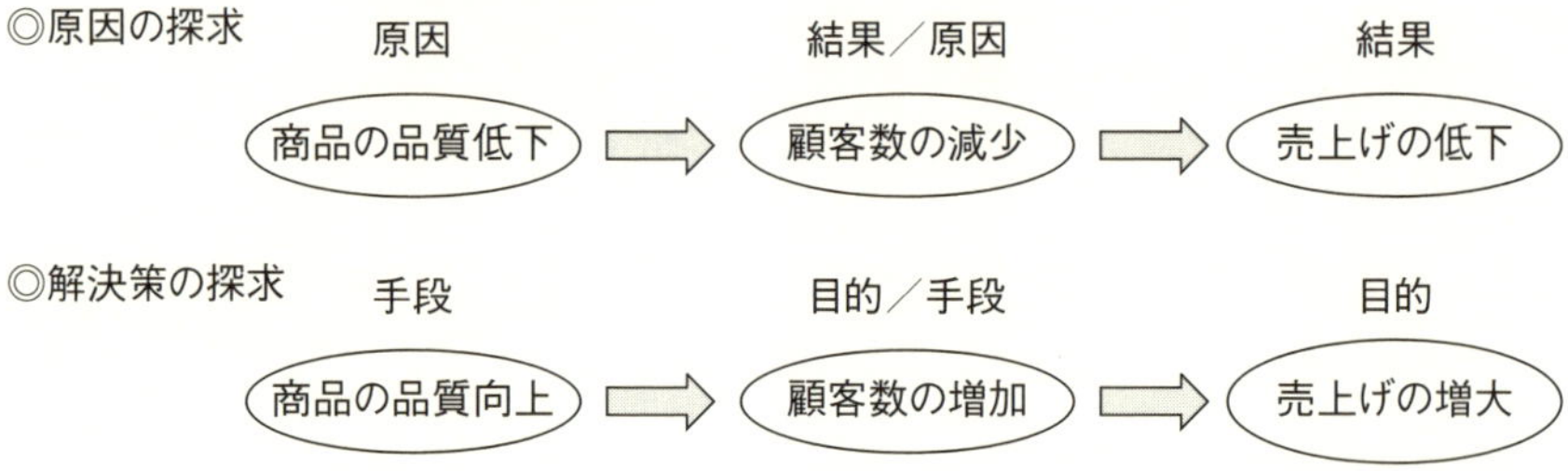

◇ロジックツリー

「結果－原因」,「目的－手段」といった関係はロジックツリーなどを使って表現する。ロジックツリーは,「結果－原因」,「目的－手段」,「全体－部分」といった論理展開をツリー状に図示したものであり，物事を論理的に分析・検討するときに利用される。これにより，問題を引き起こしている原因を分析し，解決策によって問題を解決することができるかどうかを確認することができる。

例題16-2　ロジックツリー

A社では売上げが低下しているという問題があり，その原因を分析したところ，下図のロジックツリーのようになった。解決策を検討せよ。

《結果と原因のロジックツリー》

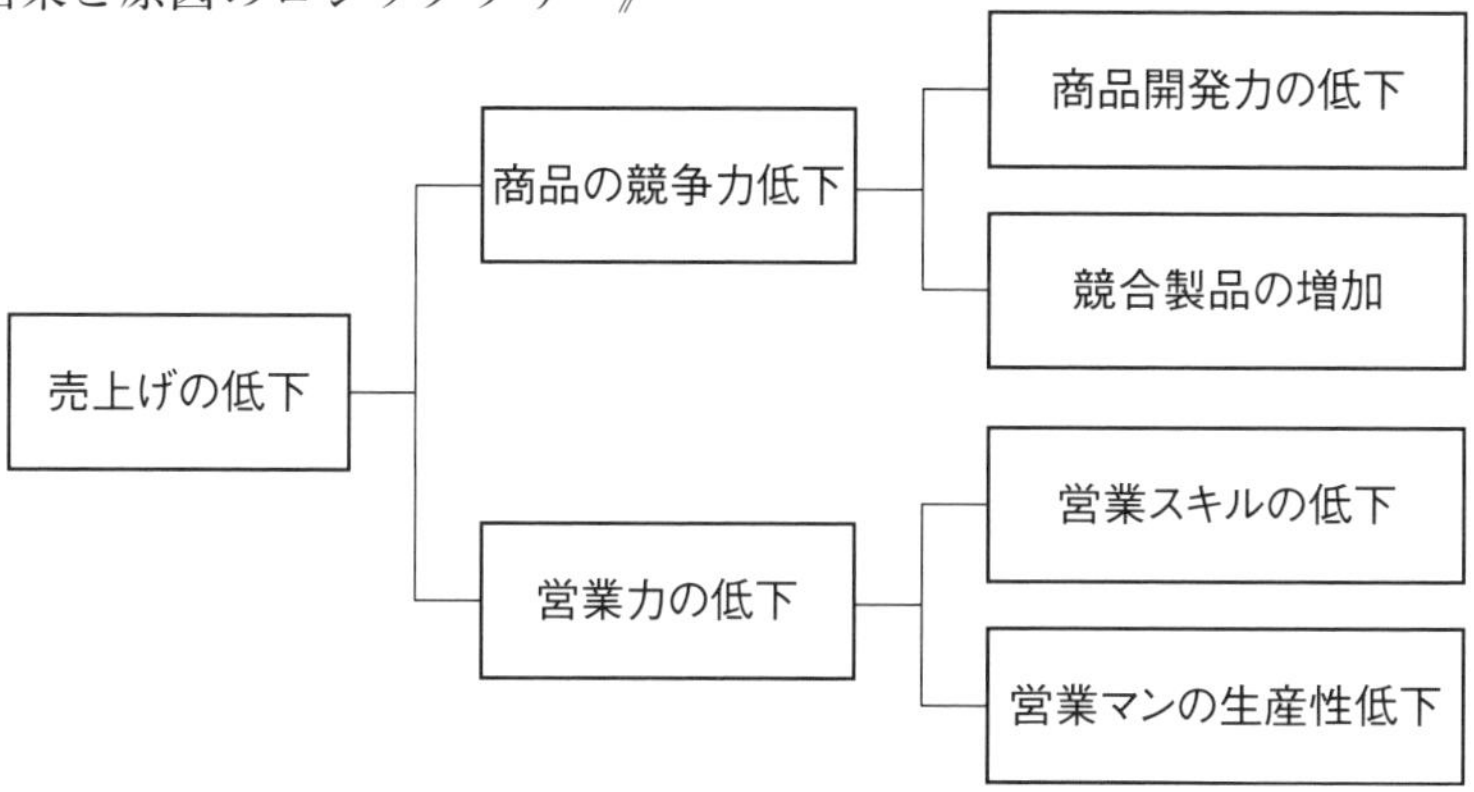

答え（例）

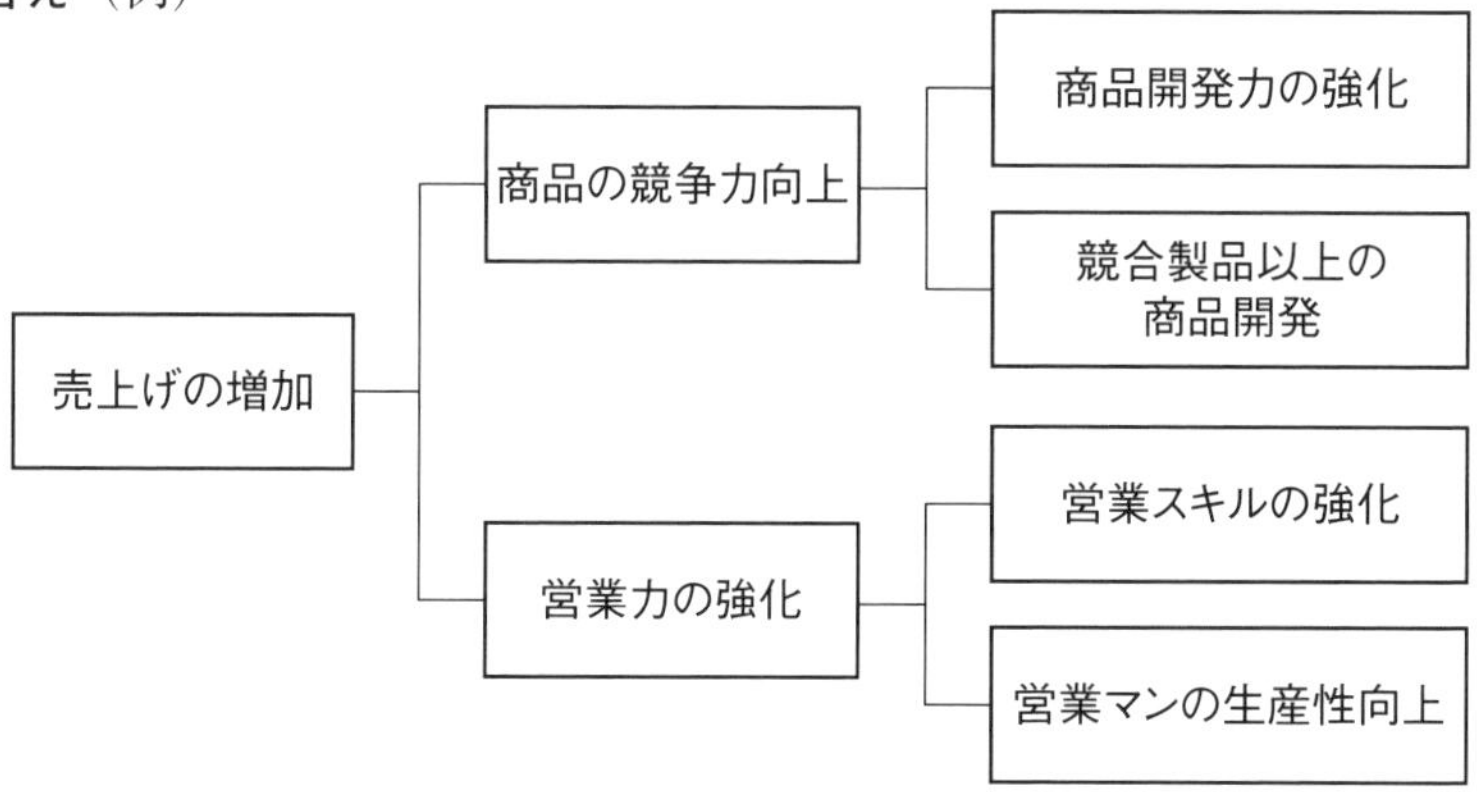

事例16-1　トヨタの問題解決(55)

自動車業界では，高品質の車を効率よく作る「改善力」と，新しい市場を開拓したり，画期的な商品を開発したりする「革新力」が，競争力の源泉である。トヨタは，2008年秋のリーマンショックによって赤字に転落したが，生産合理化効果などにより，2013年3月期の単体決算で5年ぶりに黒字に転じた。同社の復活を支えたのは，社員が現場で日々実践している「問題解決」であり，これが高い「改善力」と「革新力」を生み出している。社員全員に，「問題を発見し，それを解決する力」を基本スキルとして身につけ，それを実践することが求められている。

トヨタは，問題を『「あるべき姿」と「現状」のギャップ』と定義し，問題解決を大きく次の３種類に分けている。

① **発生型問題解決**：現時点で最もよいとされる仕事のやり方や条件は，作業要領書や作業指導書，品質チェック要領書などに，「あるべき姿」（目標や基準，標準など）として定められており，作業者はこれをもとに仕事を進めている。日々「あるべき姿」から外れていないかをチェックし，外れていれば，問題が発生しているとして解決する。

② **設定型問題解決**：今は「あるべき姿」を満たしているが，半年～３年後を見て，より高い次元を目指す必要があるとき，「あるべき姿」を新たに設定することにより，意図的にギャップを作り出して解決する。主に，管理者が行う問題解決である。

③ **ビジョン指向型問題解決**：経済情勢や自動車産業の動向などを分析し，中長期的視野から会社や職場の「あるべき姿」を設定し，「現状」とのギャップを埋めていく。主に，経営者やリーダーが行う問題解決である。

トヨタでは，問題解決のプロセスを次の8つのステップに分けており，客観的なデータや数字にもとづく論理的な思考や分析によって，効率的に問題を解決することを重視している。①問題を明確にする，②現状を把握する，③目標を設定する，④真因を考え抜く，⑤対策計画を立てる，⑥対策を実施する，⑦効果を確認する，⑧成果を定着させる。

要点整理

各空欄に入る適切な語句を答えなさい（解答は巻末）。

1. ビジネスシステムの分析・設計手法

① 分析と設計の目的

ビジネスシステムの現状と問題を分析し，戦略目標や業績評価指標を達成するとともに，今ある問題を解決するように新しいビジネスシステムを設計する。

② ビジネスモデリング

ビジネスシステムを分析・設計するためにモデルを作成すること。

・（　ア　）モデル：現行のビジネスシステムを表現したモデル。

・（　イ　）モデル：今後のあるべきビジネスシステムを表現したモデル。

2. データフローダイアグラム

① データフローダイアグラムとは

データの流れをモデリングする手法であり，情報処理の面からビジネスプロセスを分析・設計し，経営情報システムに対する要求を明確にする。

② 4つの記号と4つのモデル

「（　ア　）」，「プロセス」，「（　イ　）」，「外部のデータ発生源／行き先」の4つの記号を使用して，4つのモデルを作成する。

・現物理モデル：現行のビジネスプロセスにおけるデータと（　ウ　）を記述する。

・　（　エ　）　：現物理モデルから（　ウ　）を取り除く。

・新論理モデル：問題を解決するために現論理モデルを修正する。

・　（　オ　）　：新しいビジネスプロセスにおけるデータと（　ウ　）を記述する。

③ データフローダイアグラムの作成手順

・ステップ1　（　カ　）を作成する。

・ステップ2　下位のプロセスに分割する。

・ステップ3　プロセス間の（　キ　）とデータストアを定義する。

・ステップ4　ステップ2とステップ3を繰り返す。

3. 問題分析と解決策の立案

問題の原因を分析して解決策を立案する。具体的な解決策が見つかるまで（　ア　）を探求することが大切である。（　イ　）によって「結果－原因」，「目的－手段」の連鎖を表現する。

注

⑴ 青島・加藤［2003］によると，競争戦略論はポジショニング・アプローチ，資源アプローチ，ゲームアプローチ，学習アプローチの4つに分類することができる。ここで紹介するマイケル・ポーターの競争戦略論はポジショニング・アプローチの代表的なものである。
⑵ マイケル・ポーターの競争戦略論については，Porter［1980］［1985］を参照。
⑶ 東北大学経営学グループ［2008］pp.95-109などを参考に作成した。
⑷ ビジネスモデルの定義，構造，構築プロセスについては，小樽商科大学ビジネススクール［2005］pp.57-111を参照。
⑸ ビジネスシステムは，事業システムともいう。詳しくは，伊丹・加護野［2003］，伊丹［2003］，加護野［1999］，加護野・井上［2004］を参照。
⑹ バリューチェーンについては，Porter［1985］を参照。
⑺ 伊丹・西野［2004］pp.250-260を参考に作成した。
⑻ トヨタ自動車［2008］pp.61-67を参考に作成した。
⑼ エヌシーネットワークのホームページ（http://www.nc-net.or.jp/（2009.9.18））を参考に作成した。
⑽ 東北大学経営学グループ［2008］pp.200-215を参考に作成した。
⑾ 経営情報システムの概念の詳細は，宮川・上田［2014］，遠山・村田・岸［2008］を参照。
⑿ 詳細は，Wiseman［1998］を参照。
⒀ 春木［2004］pp.111-140を参考に作成した。
⒁ 詳細は，Hammer and Champy［1993］を参照。
⒂ POSシステムと販売情報システムの詳細は，宮下・江原［2000］pp.21-74を参照。
⒃ 東北大学経営学グループ［2008］pp.248-265などを参考に作成した。
⒄ 発注管理の詳細は，宮下・江原［2000］pp.75-108を参照。
⒅ EDIの詳細は，流通システム開発センター［2008］を参照。
⒆ 矢作［1994］pp.142-147を参考に作成した。
⒇ 岸川・中村［2009］pp.144-149を参考に作成した。
(21) MRPの詳細は，鳥羽［1995］を参照。
(22) MRPからMRPⅡ，ERPへの発展については，安田［1999］を参照。
(23) CIMの詳細は，松島［1999］を参照。
(24) Clark and Fujimoto［1991］は，日米欧自動車メーカーの製品開発システムを比較分析しており，製品開発研究の古典ともいえるものである。また，延岡［2002］は製品開発を経営学の視点から解説している。
(25) 岸川・中村［2009］pp.129-131を参考に作成した。
(26) 丸山［2009］pp.92-103を参考に作成した。
(27) CRMの詳細は，南［2005］，藤田［2001］を参照。

(28) リーチとリッチネスの詳細は，Evans and Wurster［2000］を参照。
(29) 日本経済新聞「スターバックスコーヒージャパン（会社研究）」2014年1月24日付朝刊，17面を参考に作成した。
(30) 資生堂［2013］p.42を参考に作成した。
(31) SCMの詳細は，藤野［1999］，Simch-Levi et al.［2000］を参照。
(32) デルのホームページ（http://www.dell.co.jp/（2009.9.18））を参考に作成した。
(33) 武藤［2008］を参考に作成した。
(34) ルディー［2002］を参考に作成した。
(35) 荒木［2003］pp.79-106を参考に作成した。
(36) ナレッジマネジメントは，知識創造論（野中［1990］）を理論的なベースとしている。
(37) 具体的な事例は，岸川・中村［2009］p.95を参照。
(38) Carlos Ghosn［2001］pp.171-178を参考に作成した。
(39) 南［2005］pp.103-122，高橋俊介［2004］pp.160-186を参考に作成した。
(40) アマゾンジャパン株式会社のホームページ『Amazon.co.jp』（http://www.amazon.co.jp（2014.2.13））を参考に作成した。
(41) ロングテールの詳細は，Anderson［2006］を参照。
(42) フリーの詳細は，Anderson［2009］を参照。
(43) 流通.comのホームページ『導入事例』（http://www.mj-bms.com/case（2014.2.13））を参考に作成した。
(44) 株式会社MonotaROのホームページ『会社概要』（https://www.monotaro.com/main/cmpy/addr/（2014.2.6））を参考に作成した。
(45) 株式会社インフォマートのホームページ『事業内容』（http://www.infomart.co.jp/business/index.asp（2014.2.6））を参考に作成した。
(46) アスクルのホームページ『SOLOEL ARENA』（http://auctions.yahoo.co.jp/（2014.4.26））を参考に作成した。
(47) プラットフォームビジネスの定義と事例の詳細は，根来［2013］を参照。
(48) ヤフーのホームページ『ヤフオク！』（http://www.soloelarena.com/（2014.4.26））を参考に作成した。
(49) SWOT分析の詳細は，原田［2003］pp.149-194を参照。
(50) これら5つの要因を競争要因という（Porter［1980］）。
(51) バランスト・スコアカードの詳細は，Kaplan and Norton［1996］を参照。
(52) 戦略マップの詳細は，Kaplan and Norton［2004］を参照。
(53) ビジネスプロセスモデリングの詳細は，戸田・飯島［2000］，小林［2005］を参照。
(54) データフローダイアグラムの詳細は，DeMarco［1979］を参照。
(55) OJTソリューションズ［2014］を参考に作成した。

参考文献

Anderson, C.［2006］*The Long Tail*, Hyperion Books.（訳書, 篠森ゆりこ訳［2006］『ロングテール』早川出版。）

Anderson, C.［2009］*Free : The Future of a Radical Price*, Hyperion Books.（訳書，小林弘人監修・解説／高橋則明訳［2009］『フリー』日本放送出版協会。）

青島矢一・加藤俊彦［2003］『競争戦略論』東洋経済新報社。

荒木勉［2003］『日本型SCMのベストプラクティス』丸善。

Carlos Ghosn（中川治子訳）［2001］『ルネッサンス』ダイヤモンド社。

Clark, K. B. and T. Fujimoto［1991］*Product Development Performance*, Harvard Business School Press.（訳書，田村明比古訳［1993］『実証研究　製品開発力』ダイヤモンド社。）

DeMarco，T.［1979］*Structured Analysis and System Specification*, Prentice Hall.（訳書，高梨智弘・黒田順一郎監訳［1994］『構造化分析とシステム仕様』日経BP出版センター。）

Evans, P. and T. S. Wurster（太田直樹訳）［2000］「ナビゲーションを制する者がeコマースを制す」『Diamond Harvard Business』5月号，pp.46-61, ダイヤモンド社。

藤野直明［1999］『サプライチェーン経営入門』日本経済新聞社。

藤田憲一［2001］『図解　よくわかるCRM』日刊工業新聞社。

Hammer, H. and J. Champy［1993］*Reengineering The Corporation*, Harper Business.（訳書，野中郁次郎監訳［1993］『リエンジニアリング革命』日本経済新聞社。）

原田勉［2003］『MBA戦略立案トレーニング』東洋経済新報社。

春木良且［2004］『情報って何だろう』岩波書店。

伊丹敬之［2003］『経営戦略の論理（第3版）』日本経済新聞社。

伊丹敬之・加護野忠男［2003］『ゼミナール経営学入門（第3版）』日本経済新聞出版社。

伊丹敬之・西野和美編著［2004］『ケースブック　経営戦略の論理』日本経済新聞社。

加護野忠男［1999］『〈競争優位〉のシステム』PHP新書，PHP研究所。

加護野忠男・井上達彦［2004］『事業システム戦略』有斐閣。

Kaplan, R. S. and D. P. Norton［1996］*The Balanced Scorecard*, Harvard Business School Press.（訳書，吉川武男訳［1997］『バランス・スコアカード』生産性出版。）

Kaplan, R. S. and D. P. Norton［2004］*Strategy Maps*, Harvard Business School Press.（訳書，櫻井通晴・伊藤和憲・長谷川惠一監訳［2005］『戦略マップ』ランダムハウス講談社。）

岸川典昭・中村雅章編著［2009］『現代経営とネットワーク（新版）』同文舘出版。

小林隆［2005］『ビジネスプロセスのモデリングと設計』コロナ社。

紺野登［2002］『ナレッジマネジメント入門』日本経済新聞社。

根来龍之監修［2013］『プラットフォームビジネス最前線』翔泳社。

丸山正博［2009］『プレステップマーケティング』弘文堂。

松島桂樹［1999］「CIMとFA」圓川隆夫・黒田充・福田好朗編『生産管理の辞典』pp.386-

406，朝倉書店。

南智惠子［2005］『リレーションシップ・マーケティング』千倉書房。

宮川公男・上田泰編著［2014］『経営情報システム（第4版）』中央経済社。

宮下淳・江原淳［2000］『販売・流通情報システムと診断（増補版）』同友館。

武藤明則［2008］「事業システムと情報技術」『経営学研究』（愛知学院大学）第12巻第3号，pp.57-63。

延岡健太郎［2002］『製品開発の知識』日本経済新聞社。

野中郁次郎［1990］『知識創造の経営』日本経済新聞社。

野中郁次郎・紺野登［2000］『知識経営のすすめ』ちくま新書，筑摩書房。

OJTソリューションズ［2014］『トヨタの問題解決』KADOKAWA。

小樽商科大学ビジネススクール編［2005］『MBAのためのビジネスプランニング』同文舘出版。

Porter, M. E.［1980］*Competitive Strategy*, Free Press.（訳書，土岐坤・中辻萬治・服部照夫訳［1982］『競争の戦略』ダイヤモンド社。）

Porter, M. E.［1985］*Competitive Advantage*, Free Press.（訳書，土岐坤・中辻萬治・小野寺武夫訳［1985］『競争優位の戦略』ダイヤモンド社。）

ルディー和子［2002］『ウォルマート「儲け」のしくみ』あさ出版。

流通システム開発センター編［1997］『EDIの知識』日本経済新聞社。

流通システム開発センター編［2008］『EDIの知識（第2版）』日本経済新聞出版社。

Simch-LeviD., P. Kaminsky and E. Simch-Levi［2000］*Designing and Managing the Supply Chain*, McGraw-Hill Inc.（訳書，久保幹雄監修［2002］『サプライ・チェインの設計と管理』朝倉書店。）

資生堂［2013］『アニュアルレポート2013』。

総務省［2011］『平成22年通信利用動向調査の結果（概要）』。

総務省［2013］『平成24年通信利用動向調査の結果（概要）』。

高橋俊介［2004］『組織マネジメントのプロフェッショナル』ダイヤモンド社。

鳥羽登［1995］『SEのためのMRP』日刊工業新聞社。

戸田保一・飯島淳一編［2000］『ビジネスプロセスモデリング』日科技連出版社。

東北大学経営学グループ［2008］『ケースに学ぶ経営学（新版）』有斐閣。

遠山暁・村田潔・岸眞理子［2008］『経営情報論（新版）』有斐閣。

トヨタ自動車［2008］『Sustainability Report 2008』トヨタ自動車。

Wiseman, C.［1998］*Strategic Information Systems*, Richard D. Irwin.（訳書，土屋守章・辻新六訳［1989］『戦略的情報システム』ダイヤモンド社。）

矢作敏行［1994］『コンビニエンス・ストア・システムの革新性』日本経済新聞社。

安田一彦［1999］「統合業務システム」圓川隆夫・黒田充・福田好朗編『生産管理の辞典』pp.407-420，朝倉書店。

要点整理解答

第１章　経営戦略とビジネスモデル

1. 企業と経営資源

ア　価値　　イ　情報

2. 経営戦略

ア　環境　　　イ　意思決定　　　　ウ　事業構造
エ　競争優位　オ　コスト・リーダーシップ　カ　差別化
キ　集中　　　ク　機能

3. ビジネスモデル

ア　顧客　　イ　価値　　ウ　ビジネスシステム

第２章　生産・流通のプロセスと仕組み

1. 生産・流通の基礎

ア　生産　　イ　流通　　ウ　製造業
エ　流通業　オ　小売業　カ　卸売業

2. 小売業の事業活動

ア　間接流通　　イ　販売計画　　ウ　過剰在庫　　エ　発注時期

3. 製造業の事業活動

ア　加工組立　　イ　見込生産　　ウ　受注生産
エ　製品設計　　オ　生産準備　　カ　調達
キ　加工・組立　ク　プロモーション

第３章　経営管理と経営組織

1. 経営管理

ア　組織　　イ　組織編成　　ウ　動機づけ
エ　統制　　オ　経営管理システム　　カ　インセンティブ・システム
キ　中間管理層（ミドルマネジメント）

2. 経営組織

ア　分業　　　　　イ　調整　　　　　ウ　組織構造
エ　事業部制組織　オ　ビジネスプロセス

3. 組織形態の変遷

ア　事業部制組織　イ　ネットワーク組織

第４章　企業経営と経営情報システム

1. 日本企業の経営課題

ア　多品種少量生産・販売　　イ　グローバリゼーション

2. 経営情報システムの概念

ア　経営管理　　イ　意思決定　　ウ　競争優位
エ　新規事業　　オ　ビジネスプロセス・リエンジニアリング
カ　ビジネスプロセス

3. 経営情報システムの目的と役割

ア　効率性　　イ　有効性　　ウ　ビジネスシステム

4. 経営情報システムの構成

ア　経営管理　　イ　データベース

第5章　販売管理

1. 小売業の店舗運営と販売管理

ア　品揃え　　イ　販売促進　　ウ　顧客

2. POSシステム

ア　バーコード　　イ　OCR値札　　ウ　ICタグ

エ　ストアコントローラ　　オ　ホストコンピュータ　　カ　商品アイテムコード

キ　インストアマーキング　　ク　ソフトメリット

3. POSシステムの特徴と活用

ア　商品管理　　イ　顧客管理　　ウ　コーザルデータ

エ　スキャンパネルデータ

第6章　発注管理

1. 発注管理と情報化

ア　適正在庫　　イ　オーダーエントリーシステム　　ウ　通信プロトコル

エ　EDI

2. EDIによる発注

ア　定量発注方式　　イ　発注点　　ウ　定期発注方式　　エ　棚札方式

第7章　生産

1. 生産の基礎

ア　調達　　イ　原価（Cost）

2. 生産情報システム

ア　オートメーション化　　イ　生産計画システム　　ウ　工程管理システム

エ　在庫管理システム　　オ　部品表　　カ　所要量展開

3. 生産情報システムの発展

ア　ERP　　イ　CIM

第8章　製品開発

1. 製品開発の概要

ア　開発生産性　　イ　製品設計　　ウ　同時並行型

2. 製品開発を支援する情報システム

ア　CAD　　イ　CAE　　ウ　CAM　　エ　ソリッドモデル

3. コンカレント・エンジニアリング

ア　製品　　イ　開発期間

第9章　マーケティング

1. マーケティングの基礎

ア　画一的　　イ　セグメント　　ウ　製品

エ　価格　　オ　流通　　カ　プロモーション

キ　関係性　　ク　LTV（顧客生涯価値）　　ケ　ロイヤリティ（忠誠心）

2. インターネット・マーケティング

ア　インターネット・マーケティング　　イ　価格

ウ　ビジネスインテリジェンス

第10章　サプライチェーン・マネジメント

1. SCMの基礎

ア　情報　　イ　サプライチェーン　　ウ　QR　　エ　ECR

2. SCMの取り組み

ア　マス・カスタマイゼーション　　イ　ポストポーメント　　ウ　計画サイクル

エ　VMI/CRP　　オ　カテゴリーマネジメント　　カ　CPFR

キ　クロスドッキング　　ク　3PL

第11章　経営組織のマネジメント

1. ワークスタイルと組織の変化

ア　ワークスタイル　　イ　組織マネジメント

2. 組織マネジメントと情報システム

ア　グループ（集団）活動　　イ　電子的なコミュニケーション

ウ　ワークフロー管理　　エ　暗黙知　　オ　形式知

カ　共同化　　キ　連結化　　ク　SECI　　ケ　場

3. チーム型組織

ア　チーム　　イ　コミュニケーション

第12章　企業－消費者間電子商取引

1. 企業－消費者間電子商取引の方法

ア　Webサイト　　イ　ネットモール

2. 企業－消費者間電子商取引の仕組み

ア　フルフィルメント　　イ　商品管理　　ウ　決済

3. 企業－消費者間電子商取引のビジネスモデル

ア　ロングテール　　イ　フリー　　ウ　限界費用　　エ　オムニチャネル

第13章　企業間電子商取引

1. 企業間電子商取引の概要

ア　企業間電子商取引　　イ　受発注

2. 企業間電子商取引の方法

ア　EDI　　イ　Webサイト　　ウ　通販サイト

エ　eマーケットプレイス　　オ　N対N

3. 企業間電子商取引のビジネスモデル

ア　取引費用　　イ　価値

第14章　プラットフォームビジネス

1. プラットフォームビジネスの概要

ア　プラットフォーム　　イ　プラットフォームビジネス

2. プラットフォームビジネスの事例

ア　仲介　　イ　コミュニティ　　ウ　ソーシャルメディア

3. プラットフォームビジネスのビジネスモデル

ア　取引費用　　イ　ネットワーク効果

第15章　経営戦略の立案

1. **SWOT分析**

ア　外部環境　　イ　内部環境　　ウ　戦略オプション

2. **バランスト・スコアカード**

ア　財務　　イ　顧客　　ウ　ビジネスプロセス　　エ　学習と成長
オ　人的資本　　カ　情報資本　　キ　組織資本　　ク　業績評価指標（KPI）
ケ　戦略マップ　　コ　スコアカード

3. **SWOT分析とバランスト・スコアカードの活用**

ア　戦略目標　　イ　業績評価指標

第16章　ビジネスシステムの分析と設計

1. **ビジネスシステムの分析・設計手法**

ア　As-Is　　イ　To-Be

2. **データフローダイアグラム**

ア　データフロー　　イ　データストア　　ウ　物理的条件
エ　現論理モデル　　オ　新物理モデル　　カ　コンテキスト・ダイアグラム
キ　データフロー

3. **問題分析と解決策の立案**

ア　原因　　イ　ロジックツリー

索引

数字

欧文

ア

カ

サ

タ

ナ

ハ

マ

ヤ

ラ

ワ

〈著者紹介〉

武藤　明則（むとう　あきのり）

愛知学院大学経営学部教授，経営情報システム担当。
1951年　岐阜県生まれ
1974年　京都大学工学部電気工学科卒業
　同年　日本アイ・ビー・エム（株）入社
1997年　名古屋市立大学大学院経済学研究科修士課程修了
1998年　愛知学院大学経営学部助教授，2004年より現職。

〔著書〕
『ビジネスのためのコンピュータ教科書』（同文舘出版，単著，2014年）
『経営情報システム教科書（補訂版）』（同文舘出版，単著，2012年）
『トヨタショックと愛知経済』（晃洋書房，共著，2011年）
『意思決定のための経営情報シミュレーション（改訂版）』（同文舘出版，共著，2010年）
『現代経営とネットワーク（新版）』（同文舘出版，共著，2009年）
〔論文等〕
「トヨタの製品開発システムと競争力」『オペレーションズ・リサーチ』第50巻第9号，2005年，611-615頁。
「製品開発におけるコラボレーションと情報技術」『日本生産管理学会誌』Vol.10, No.2，2003年，89-94頁。
「自動車産業における新製品開発競争と情報技術」『調査季報』2001年5月号，44-66頁。

ほか

平成26年 9 月20日　初 版 発 行　《検印省略》
令和 7 年 3 月28日　初版10刷発行　略称：経営基礎情報教科書

経営の基礎から学ぶ
経営情報システム教科書

著　者　武 藤 明 則
発行者　中 島 豊 彦

発行所　同文舘出版株式会社
東京都千代田区神田神保町1-41　〒101-0051
電話　営業 (03) 3294-1801　編集 (03) 3294-1803
振替 00100-8-42935　https://www.dobunkan.co.jp

印刷：萩原印刷
製本：萩原印刷

ISBN 978-4-495-38411-1